Kraftfahrzeugtechnikermeister - Das prüfungsrelevante Wissen

Band 3

Sarastro

Kraftfahrzeugtechnikermeister - Das prüfungsrelevante Wissen

Band 3

1. Auflage | ISBN: 978-3-86471-572-3

Erscheinungsort: Paderborn, Deutschland

Dieser Band enthält das prüfungsrelevante Wissen für den dritten Teil der Prüfung zum Kraftfahrzeugtechnikermeister. Inklusive umfangreichem Aufgaben/Lösungsteil.

Kraftfahrzeugtechnikermeister - Das prüfungsrelevante Wissen

Band 3

Sarastro

Vorwort

Das vorliegende Lehr- und Arbeitsbuch dient dem Einsatz in der Erwachsenenbildung. Inhaltlich besteht das Werk aus fünf Teilen:

1. Investition und Finanzierung
2. Rechnungswesen
3. Recht und Steuern
4. Organisation und Personalwesen
5. Marketing

Es ist nicht das Ziel, die gesamte Theorie zu diesen Teilen abzubilden, sondern sich auf die Teile zu konzentrieren, die wirklich prüfungsrelevant sind. Dies ist bewusst so vorgenommen worden, um das Unwesentliche aus dem Buch herauszustreichen.

Für konstruktive Kritik und Anregungen sind die Verfasser und der Verlag stets dankbar. Bitte schreiben Sie uns an: info@sarastro-verlag.de

Paderborn, im Dezember 2012

Inhaltsverzeichnis

1 Investition und Finanzierung

1.1 Investitionsplanung und -rechnung

1.1.1 Investitionsbedarf

1.1.1.1 Investitionsarten

Es gibt verschiedene Möglichkeiten, Investitionen zu charakterisieren:

1. nach der Art der Kapitalbindung:

a. Sachinvestitionen

b. Finanzinvestitionen

c. Potentialinvestitionen

2. nach dem zeitlichen Anfall der Investition:

a. Gründungsinvestitionen

b. Folgeinvestitionen

3. nach dem Investitionsmotiv:

a. Ersatzinvestitionen

b. Rationalisierungsinvestitionen

c. Umstellungsinvestitionen

d. Erweiterungsinvestitionen

e. Sicherungsinvestitionen

1.1.1.2 Investitionszwecke

Im Rahmen von Investitionszwecken lassen sich Netto- und Reinvestitionen unterscheiden. Zusammen bilden diese die Bruttoinvestitionen:

Bruttoinvestitionen = Nettoinvestitionen + Reinvestitionen

Zu den Nettoinvestitionen zählen:

1. Gründungsinvestitionen und

2. Erweiterungsinvestitionen

Zu den Reinvestitionen zählen:

1. Ersatzinvestitionen
2. Rationalisierungsinvestitionen
3. Umstellungs- und Diversifizierungsinvestitionen
4. Sicherungsinvestitionen

1.1.1.3 Investitionsplanung

In der Investitionsplanung wird das für die Unternehmenstätigkeit notwendige Anlagevermögen zusammengestellt.

Folgende Daten müssen im Rahmen der Investitionsplanung zusammengestellt werden:

- Bezeichnung der Investition
- Zeitpunkt der Investition
- Kaufpreis unter Hinzurechnung von Nebenkosten (z.B. Transport, Installation)

Daraus abgeleitet ist die Abschreibungsplanung zu ermitteln. Darin müssen die Nutzungsdauer und die Abschreibungen festgelegt werden.

1.1.1.4 Investitionsentscheidung im Hinblick auf die Finanzierung

Die Investitionsentscheidung ist die verbindliche Festlegung, welche Investitionen getätigt werden sollen. Sie ist der Abschluss der Investitionsplanung. Wesentliche Instrumente der Investitionsentscheidung sind die Investitionsrechnungen, die in den nächsten Kapiteln vorgestellt werden.

1.1.2 Investitionsrechnungen

1.1.2.1 Statische Investitionsrechnungsverfahren

In der Praxis wurden einige Verfahren entwickelt, die von bestechender Einfachheit sind, aber als Nachteil haben, dass sie teilweise zu falschen Entschlüssen führen können.

Allen Verfahren gemein ist, dass sie quasi den Zeitfaktor außer Acht lassen und jede Periode gleich gewichten. Hier zeigt sich schon der elementare Fehler: Da gerade bei hohen Zinssätzen weit entfernt liegende Perioden einen geringen Barwert aufweisen und für eine Investitionsentscheidung quasi außer Acht gelassen werden können, ist eine Gleichbehandlung aller Perioden falsch und führt notgedrungen zu falschen Entscheidungen. Ein einfaches Beispiel soll dies verdeutlichen.

Gegeben sind zwei Investitionen, die jeweils zu einer Anschaffungsinvestition von 100 Geldeinheiten (GE) führen. In den kommenden Perioden kann mit folgenden Rückflüssen gerechnet werden:

Periode	**Investition A**	**Investition B**
1	40	60
2	50	50
3	63	40

Investition A ist ohne Einbeziehung der Zeitkomponente vorzuziehen, da insgesamt 153 GE, bei Investition B aber nur 150 GE zurückfließen. Bei einem Zinssatz von 10% liegt der Barwert bei Investition A bei $-100+\frac{40}{1{,}1}+\frac{50}{1{,}1^2}+\frac{63}{1{,}1^3}=25{,}02$, während der Barwert bei Investition B bei $-100+\frac{60}{1{,}1}+\frac{50}{1{,}1^2}+\frac{40}{1{,}1^3}=25{,}92$ liegt. Somit ist Investition B vorzuziehen. Der Zeitfaktor ist damit entscheidender Faktor bei der Investitionsentscheidung. Er wird bei den statischen Investitionsrechenverfahren aber nicht beachtet, um die Komplexität der Investitionsentscheidung zu reduzieren.

Unterschieden werden können vier Verfahren der statischen Investitionsrechenverfahren:

1. die Kostenvergleichsrechnung,

2. die Gewinnvergleichsrechnung,
3. die Rentabilitätsvergleichsrechnung,
4. die (statische) Amortisationsdauer.

Basis der ersten drei Methoden ist jeweils der durchschnittliche Wert einer Investititi-on. Es werden bei den ersten drei Methoden die Erträge/Aufwendungen bzw. Leis-tungen/Kosten in der Berechnung genutzt, bei der vierten Methode die Einzahlungen und Auszahlungen.

Die genannten Begriffe werden folgendermaßen in den verschiedenen Rechenwer-ken eines Unternehmens genutzt:

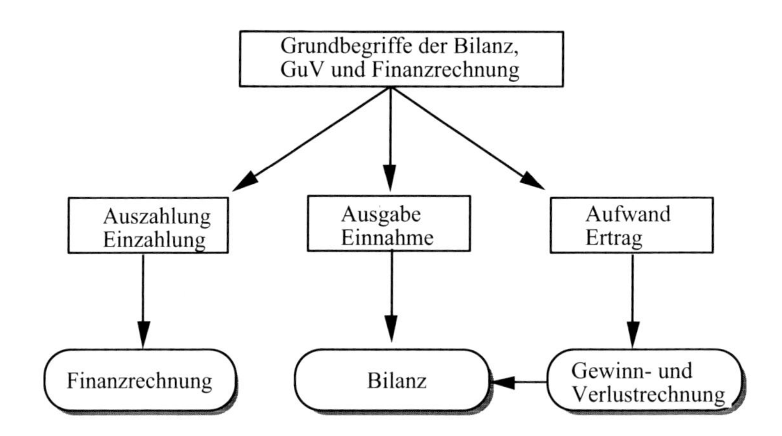

Kosten und Leistungen stellen letztlich Abwandlungen und Erweiterungen von Auf-wendungen und Erträgen dar, die für das interne Rechnungswesen genutzt werden (Aufwendungen und Erträge für das externe Rechnungswesen).

Die Begriffe werden folgendermaßen definiert:

Auszahlungen	Zahlungsmittelabflüsse aus einem Unternehmen pro Periode
Einzahlungen	Zahlungsmittelzuflüsse von außen pro Periode

Ausgaben	Wert aller zugegangenen Güter und Dienstleistungen pro Periode (= Beschaffungswert)
Einnahmen	Wert aller veräußerten Güter und Dienstleistungen pro Periode (Erlös, Umsatz)
Aufwendungen	Nach gesetzlichen Regeln bewerteter Güterverzehr einer Periode
Erträge	Nach gesetzlichen Regeln bewertete Gütererstellung einer Periode

Eine genaue Unterscheidung der Begriffe ist erforderlich, da z. B.:

- für das finanzielle Überleben die Differenz von Einzahlungen – Auszahlungen entscheidend ist,
- die (externe) Gewinnsituation durch die Differenz von Ertrag – Aufwendungen bestimmt wird,
- das Vermögen durch die Differenz von Einnahmen und Ausgaben und den Gewinn (Ertrag – Aufwendungen) bestimmt wird.

Die Berechnung von Auszahlungen und Ausgaben (bzw. Einzahlungen und Einnahmen) unterscheiden sich beispielsweise, wenn eine Ware oder eine Dienstleistung in unterschiedlichen Perioden geliefert und bezahlt worden ist. Für die Gewinn- und Verlustrechnung ist dieser Unterschied ohne Bedeutung. Er wirkt sich beim Kassenbestand und bei den Forderungen aus.

Die Beziehungen zwischen **Auszahlungen**, **Ausgaben** und **Aufwendungen** lassen sich zusammenfassend folgendermaßen darstellen:

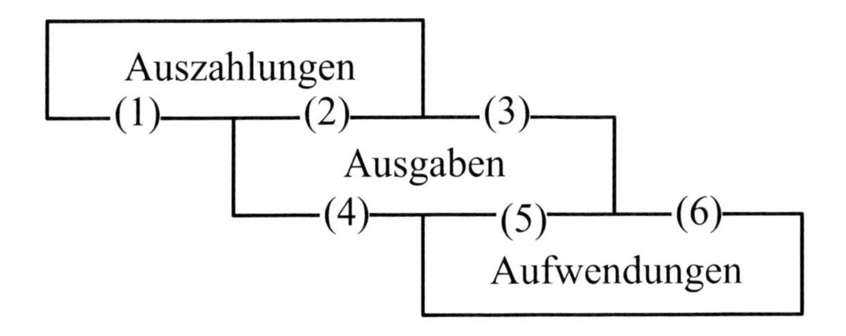

1. Bereich	**2. Begriff:**	**3. Beispiel**
1	Auszahlungen, *die keine* Ausgaben *sind*	Begleichung einer Lieferantenverbindlichkeit aus der Vorperiode
2	Auszahlungen, *die* Ausgaben *sind*	Barkauf von Rohstoffen
3	Ausgaben, *die keine* Auszahlungen *sind*	Zielkauf von Rohstoffen
4	Ausgaben, *die keine* Aufwendungen *sind*	Kauf von Rohstoffen und Verbrauch in einer späteren Periode
5	Ausgaben, *die* Aufwendungen *sind*	Kauf von Rohstoffen und Verbrauch in der gleichen Periode
6	Aufwendungen, *die keine* Ausgaben *sind*	Materialverbrauch aus Lagerbeständen

Die Beziehungen zwischen **Einzahlungen**, **Einnahmen** und **Ertrag** lassen sich analog darstellen:

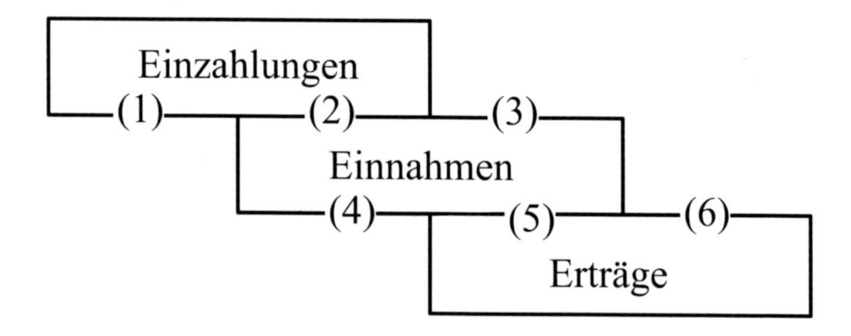

1. Bereich	**2. Begriff:**	**3. Beispiel**
1	Einzahlungen, *die keine* Einnahmen *sind*	Kunde bezahlt Rechnung aus Vorperiode
2	Einzahlungen, *die* Einnahmen *sind*	Barverkauf von Erzeugnissen
3	Einnahmen, *die keine* Einzahlungen *sind*	Zielverkauf von Waren
4	Einnahmen, *die keine* Erträge *sind*	Verkauf einer Maschine zum Buchwert
5	Einnahmen, *die* Erträge *sind*	Verkauf von Erzeugnissen, die in der Periode erstellt wurden
6	Erträge, *die keine* Einnahmen *sind*	Produktion von Fabrikaten auf Lager

Letztendlich können die verschiedenen Rechenwerke eines Unternehmens wie folgt dargestellt werden:

Unterschiede der verschiedenen Rechenwerke des Rechnungswesens:

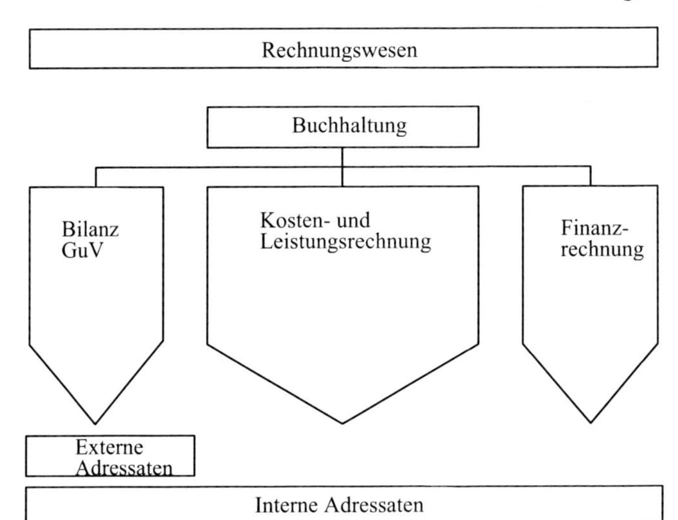

Für die statischen Investitionsrechenverfahren werden zunächst die Kosten genutzt, in der Regel unterteilt in Fixkosten, variable Kosten, kalkulatorische Abschreibungen und kalkulatorische Zinsen. Während sich Fixkosten und variable Kosten häufig mit den gleichen Beträgen in der Gewinn- und Verlustrechnung (GuV) wieder finden sollten, werden die kalkulatorischen Beträge normalerweise nicht in gleicher Höhe in der GuV auftauchen. Dies ist bei den kalkulatorischen Zinsen auf den Nichtausweis von Eigenkapitalkosten in der GuV zurückzuführen, bei den kalkulatorischen Abschreibungen darauf, dass in Deutschland die steuerrechtlichen Abschreibungen nach den AfA-Tabellen im Regelfall nicht dem tatsächlichen Werteverzehr entsprechen dürften.

Zu beachten ist bei den kalkulatorischen Zinsen, dass sich diese auf das durchschnittlich gebundene Kapital beziehen und nicht auf die Anschaffungsinvestition. Wenn sich die Anschaffungsinvestition im Zeitablauf gleichmäßig bis Null im Wert vermindert, entspricht das durchschnittlich gebundene Kapital 50% der Anschaffungsinvestition.

Beispiel:

Die D-AG investiert 100 GE in ein Investitionsprojekt. Durchschnittlich sind damit 50 GE im Projekt gebunden.

Bei einem Restwert von 20 GE wären dagegen 20 GE + $\frac{100\text{ GE} - 20\text{ GE}}{2}$ = 60 GE durchschnittlich gebunden.

Kalkulatorische Abschreibungen ergeben sich grundsätzlich durch die Verteilung der Anschaffungsinvestition abzüglich eines etwaigen Restwertes über die Laufzeit der Investition. Die Art des Werteverzehrs spielt dabei keine Rolle, da eine Durchschnittsbetrachtung durchgeführt wird.

Beispiel:

Die obige Investition von 100 GE habe nach einer Nutzungsdauer von fünf Jahren einen Restwert von 0 GE. Die kalkulatorischen Abschreibungen, die durchschnittlich berücksichtigt werden müssen, betragen damit $\frac{100\text{ GE}}{5\text{ Jahre}}$ = 20 GE/Jahr.

1.1.2.1.1 Kostenvergleichsrechnung

Bei der Kostenvergleichsrechnung werden – wie der Name schon sagt – die Kosten von Investitionen miteinander verglichen. Die Rückflüsse werden dabei nicht berücksichtigt. Damit können prinzipiell nur solche Investitionen verglichen werden, die keine oder aber gleich hohe Rückflüsse haben, beispielsweise Kosten für IT-Systeme, die keine direkten Rückflüsse erwirtschaften.

Bei der Kostenvergleichsrechnung wird diejenige Investition gewählt, die die geringsten Kosten aufweist.

Beispiel:

Die A-GmbH benötigt ein neues IT-System. Für Investition A werden durchschnittliche Kosten von 110 GE veranschlagt, für Investition B durchschnittliche Kosten von 120 GE. Es wird Investition A gewählt, da die Kosten geringer als bei Investition B sind.

Die Investitionsentscheidung nach der Kostenvergleichsrechnung birgt eine ganze Reihe von Problemen. Ganz wesentlich ist hier natürlich der vernachlässigte Zeitpunkt der Kosten zu nennen. Daneben kann die Kostenvergleichsrechnung eigentlich nur dann eingesetzt werden, wenn die Nutzungsdauer der verschiedenen Investitionen identisch ist.

Beispiel:

Die im obigen Beispiel genannte Investition A kann sechs Jahre genutzt werden, Investition B nur vier Jahre. Aufgrund der Weiterentwicklung im IT-Bereich wird mit einer Kostendegression gerechnet, so dass in vier Jahren für ein IT-System nur noch 80 GE pro Jahr gezahlt werden müssen.

Aufgrund der dargestellten Probleme ist der Nutzen der Kostenvergleichsrechnung natürlich nur sehr eingeschränkt. Gleichwohl wird sie gerade im Mittelstand noch stark verwendet. Dies ist insbesondere darauf zurückzuführen, dass sie einfach einsetzbar ist und nicht die Ermittlungsprobleme der dynamischen Investitionsrechenverfahren aufweist.

1.1.2.1.2 Gewinnvergleichsrechnung

Bei der Gewinnvergleichsrechnung werden zusätzlich zu den Abflüssen auch die Rückflüsse von Investitionen beachtet. Die Entscheidung fällt für die Investition, die den höchsten Gewinn verspricht.

Beispiel:

Die A-AG hat zwischen zwei Investitionen zu wählen. Aus Investition A wird ein durchschnittlicher Gewinn von 80 GE erwartet, aus Investition B ein Gewinn von 60 GE. Die Entscheidung fällt für Investition A.

Die Probleme der Gewinnvergleichsrechnung entsprechen denjenigen der Kostenvergleichsrechnung. Der zeitliche Anfall der Gewinne wird nicht beachtet, ebenso wenig wie die Laufzeit der Investitionen.

Beispiel:

Obige genannte Investition A wird drei Jahre lang erwartet, Investition B fünf Jahre. Über die Gesamtlaufzeit von Investition A wird damit ein Gewinn von 240 GE erwartet, bei Investition B von 300 GE. Um einen Vergleich zu ermöglichen, müsste die Folgeinvestition in drei Jahren mit in die Entscheidung einbezogen werden. Wenn eine Investition gefunden würde, die mehr als 60 GE in den verbleibenden zwei Jahren bis zum Ablauf der Investition B versprechen würde, müsste Investition A gewählt werden, ansonsten Investition B.

Da ein Blick in die weitere Zukunft bei Investitionsentscheidungen natürlich immer schwer ist, ist die Gewinnvergleichsrechnung als Investitionsentscheidungsmodell eigentlich nicht geeignet. Auch hier stellt sich aber wieder der elementare Vorteil ein, dass die Gewinnvergleichsrechnung einfach einsetzbar ist und den Nutzer vor keine mathematischen Probleme stellt.

1.1.2.1.3 Rentabilitätsvergleichsrechnung

Die Rentabilitätsvergleichsrechnung erweitert die Gewinnvergleichsrechnung durch den zusätzlichen Blick auf das eingesetzte Kapital. Während die Gewinnvergleichsrechnung die Höhe des eingesetzten Kapitals nur indirekt durch die kalkulatorischen Zinsen mitberücksichtigt, bezieht die Rentabilitätsvergleichsrechnung den Gewinn (vor Abzug kalkulatorischer Zinsen) auf das durchschnittlich in einer Investition gebundene Kapital.

Beispiel:

Es wird Bezug auf das Beispiel aus der Gewinnvergleichsrechnung genommen. Aus Investition A wird dabei ein durchschnittlicher Gewinn von 80 GE erwartet, aus Investition B ein Gewinn von 60 GE. In Investition A sind durchschnittlich 300 GE Kapital gebunden, in Investition B 200 GE. Der kalkulatorische Zinssatz beträgt 10%, womit der Gewinn vor kalkulatorischen Zinsen bei Investition A 110 GE beträgt (80 GE zuzüglich 10% von 300 GE) und bei Investition B 80 GE (60 GE zuzüglich 10% von 200 GE).

Die Rentabilität bei Investition A beträgt damit

$$\frac{110}{300} = 36{,}67\%$$

und bei Investition B

$$\frac{80}{200} = 40\%.$$

Da die Rentabilität bei Investition B höher ist, würde die Wahl hier auf Investition B fallen.

Auch bei der Rentabilitätsvergleichsrechnung werden aber einige Probleme in Kauf genommen. Zunächst gelten die gleichen wie bei der Gewinnvergleichsrechnung. Der zeitliche Anfall wird nicht beachtet, ebenso wenig wie die Nutzungsdauer. Da Investition B zwei Jahre länger laufen würde als Investition A, wäre die Alternative bei Investition A nach drei Jahren zu prüfen.

Zusätzlich stellt sich bei der Rentabilitätsvergleichsrechnung die Frage, was mit dem weniger eingesetzten Kapital bei Investition B passiert. Streng genommen hat die Rentabilitätsvergleichsrechnung die Prämisse, dass das eingesetzte Kapital bei allen Alternativen gleich groß sein muss. Da Investition B aber 100 GE weniger Kapital bindet, muss dieses Kapital anderweitig angelegt werden. Wenn die Rentabilität für diese 100 GE wiederum 40% beträgt, wäre Investition B Investition A vorzuziehen. Bei einer Rentabilität unter 30% wäre aber Investition A vorzuziehen, da die Rentabilität auf das gesamte investierte Kapital dann nur $\frac{80 + < 30}{300} < 36{,}7\%$ betragen würde.

Solche Überlegungen sind bei der Rentabilitätsvergleichsrechnung zusätzlich anzustellen, da es ansonsten Fehlinvestitionen geben kann.

Gleichzeitig wird damit auch ein Fehler der Gewinnvergleichsrechnung deutlich. Da das investierte Kapital nicht berücksichtigt wird, werden nicht alle notwendigen Informationen in die Investitionsentscheidung einbezogen.

1.1.2.1.4 Statische Amortisationsrechnung

Das vierte statische Investitionsrechenverfahren, die statische Amortisationsrechnung, basiert als einziges auf Zahlungsgrößen. Untersucht wird hier die Frage, wann das investierte Kapital wieder zurückgeflossen ist.

Beispiel:

Investition B verursacht eine Anschaffungsauszahlung von 400 GE. Die jährlichen Rückflüsse betragen 100 GE. Damit beträgt die Amortisationsdauer $\frac{400}{100} = 4$ Jahre.

Die statische Amortisationsrechnung ist weniger als Entscheidungsgrundlage für Investitionsentscheidungen zu verstehen, sondern eher als Risikomessmethode geeignet. Beispielsweise könnte die Unternehmensleitung vorgeben, dass ausschließlich solche Investitionen ausgewählt werden können, die in weniger als fünf Jahren amortisiert werden.

Beispiel:

Während Investition B wie oben beschrieben in vier Jahren amortisiert wird, beträgt die Amortisationsdauer bei Investition A sechs Jahre. Da die Unternehmensleitung fünf Jahre als maximale Amortisationsdauer angibt, kann Investition A nicht gewählt werden.

1.1.2.2 Dynamische Investitionsrechnungsverfahren

Für eine Investition – unabhängig davon, ob es sich um eine private Investition handelt oder um die eines Unternehmens – muss, sofern es keine übergeordneten nichtökonomische Gründe gibt, immer eine Regel gelten:

Die erwarteten Rückflüsse aus der Investition müssen größer sein als die Höhe der Investition selbst.

Hierbei werden zwei Probleme angesprochen, die in der Investitionsrechnung gelöst werden müssen:

- Es handelt sich immer um Erwartungen, nicht um Fakten. Erwartungen sind aber nicht sicher, sondern immer mit Unsicherheit verbunden. Diese Unsicherheit – das Risiko – muss in die Investitionsrechnung einbezogen werden.
- Erwartungen betreffen die Zukunft. Wenn Rückflüsse in der Zukunft mit heutigen Investitionen verglichen werden, muss einkalkuliert werden, dass die Zeit einen Wert hat. Dieser Wert wird über den Zins einkalkuliert.

Somit ist es Kerngedanke der Investitionsrechnung, eine heutige Investition mit ihren erwarteten, risikobehafteten Rückflüssen in der Zukunft zu vergleichen. Welcher Zins mindestens für diesen Vergleich einbezogen werden muss, lässt sich relativ einfach erklären. Zusätzlich zu einer Investition besteht immer mindestens eine Opportunität, tatsächlich sind es sehr viele Opportunitäten. Die einfachste Opportunität ist aus privater Sicht natürlich der Konsum, dieser wird hier aber nicht betrachtet. Stattdessen soll die Opportunität eines Unternehmens betrachtet werden. Statt eine Maschine zu kaufen, kann ein Unternehmen das Kapital auch am Kapitalmarkt anlegen. Neben risikoreichen Investitionen wie Aktien stehen hier auch risikofreie Anlagemöglichkeiten zur Verfügung. Auch wenn etwa Einlagen bei Banken relativ risikoarm sind, gibt es nur wenige risikolose bzw. quasi risikolose Anlagemöglichkeiten. Hier können etwa Bundesanleihen genannt werden. Unabhängig von der aktuellen Verschuldungsproblematik des Staates haben aber auch Staatsanleihen immer ein Risiko. Da es keine risikoloseren Anlagen gibt, werden Staatsanleihen von soliden Staaten deshalb als risikolos bezeichnet.

Angenommen, eine Bundesanleihe rentiert zurzeit mit 3%. Wenn 100 € in eine Bundesanleihe investiert werden, sind nach einem Jahr 103 € vorhanden. Jede andere Investition muss also mindestens eine Verzinsung von 3% versprechen, um mit der Investition in die Bundesanleihe mithalten zu können. Damit ist der zweite oben angesprochene Punkt einkalkuliert.

Andererseits hat eine Investition aber immer ein höheres Risiko als eine Bundesanleihe, es sei denn, sie basiert auf absolut sicheren Erwartungen. Ansonsten muss eine Anlage eine höhere Rendite erbringen als die risikolose Anlageform, da ein Anleger – bei gleicher Renditeerwartung – immer die risikoärmere Investition wählen würde (sofern sich der Anleger rational verhält). Tatsächlich muss die Investition also eine Rendite von mehr als 3% erwirtschaften, angenommen 7%. Aus einer Investition von heute 100 € müssen damit in einem Jahr mindestens 107 € werden. Sofern es einen geringeren Betrag geben würde, wäre es sinnvoller, auf die Investition zu verzichten und eine andere Anlagemöglichkeit zu suchen. Wenn die Investition mehr als 107 € verspricht, beispielsweise 108 €, wäre die Investition dagegen vorteilhaft, da der Anleger für sein Risiko ein höheres Ergebnis erreichen kann als er eigentlich erwarten konnte.

Das Risiko für den Anleger besteht darin, dass – obwohl er 108 € erwartet hat, am Ende nur 90 € oder sogar 125 € herauskommen. Es handelt sich bei den 108 € ebenso wie bei den anderen oben angegebenen Werten nur um Erwartungen. Wären die Werte sicher, wären sie risikolos. Bei allen Rechenverfahren zur Investitionsrechnung sollte beachtet werden, dass es sich immer um eindeutige mathematische Lösungen handelt, sich dahinter aber unterschiedliche ökonomische Ergebnisse verbergen können.

Zum Vergleich wurden oben die Werte nach einem Jahr aus einer Investition verglichen. Nahe liegender ist dagegen der Vergleich der Werte heute. Dies lässt sich formeltechnisch über den Barwert abbilden:

$$\text{Barwert} = \sum_{t=0}^{\infty} \frac{\text{Cash-flow}_t}{(1+i)^t}$$

Während der Cash-flow bei einer normalen Investition im Anfangsjahr negativ ist (Anschaffungsauszahlung), ist der Cash-flow in den weiteren Jahren positiv.

Der Barwert hängt von drei Faktoren ab:

- die Cash-flows der jeweiligen Jahre,
- die Anzahl der Jahre sowie
- der Abzinsungssatz i.

Der Abzinsungssatz i bildet das Risiko der Investition wie oben dargestellt ab. Im Folgenden werden aus didaktischen Gründen einfache Zinssätze wie 10% verwendet. Die Probleme bei der tatsächlichen praktischen Ermittlung werden in Kapitel 2.1.2 ausführlicher erläutert.

Die Anwendung des Barwertes für die Investitionsrechnung sei an nachfolgendem Beispiel verdeutlicht.

Beispiel:

Aus der Investition A erwartet die A-AG nach einer Anschaffungsauszahlung von 500 Geldeinheiten (GE) jährliche Rückflüsse von 100 GE, die sechs Jahre andauern. Der Zinssatz beträgt 10%. Der Barwert der Anschaffungsauszahlung beträgt -500 GE. Die jährlichen Rückflüsse haben folgende Barwerte:

Jahr 1	**Jahr 2**	**Jahr 3**	**Jahr 4**	**Jahr 5**	**Jahr 6**
90,91	82,64	75,13	68,30	62,09	56,45

Die Summe der Barwerte beträgt 435,53, womit sich zusammen mit der Anschaffungsauszahlung ein Nettobarwert von -64,47 ergibt. Es wäre somit für die A-AG sinnvoller, eine Alternativanlage zu wählen, die 10% Rendite verspricht.

Bei einem Zinssatz von 5% ergeben sich dagegen folgende Barwerte:

Jahr 1	Jahr 2	Jahr 3	Jahr 4	Jahr 5	Jahr 6
95,24	90,70	86,38	82,27	78,35	74,62

Die Summe der Barwerte ergibt damit 507,57 und der Nettobarwert 7,57. Bei einem Zinssatz von 5% wäre die Investition A somit vorteilhaft und sollte vorgenommen werden.

Der Barwert ist zwar zunächst nur ein mathematischer Wert, allerdings kann er von einem Anleger sofort entnommen werden. Wenn die Investition A richtig kalkuliert wurde, sollte für die Anschaffungsauszahlung ein Kredit zu 5% aufgenommen werden, der aber nicht nur 500 GE umfassen muss, sondern sogar 507,57 GE. Mit den Rückflüssen aus der Investition kann der Kredit dann genau bedient werden, so dass dem Anleger bereits sofort 7,57 GE für andere Investitionen oder für den Konsum zur Verfügung stehen.

Während aus didaktischen Gründen mit glatten Zinssätzen wie 10% gearbeitet wird, muss in den Unternehmen natürlich mit genaueren Werten gearbeitet werden. Generell gilt: nur wenn ein Unternehmen mehr erwirtschaftet als seine Kapitalkosten, hat es Wert steigernd gearbeitet, womit es auch attraktiv für Investoren wäre. Ein Unternehmen, das nachhaltig weniger als die Kapitalkosten erwirtschaftet, vernichtet damit einen Teil des Eigenkapitals.

Praktisch stellt sich aber das Problem, wie Kapitalkosten bestimmt werden, insbesondere, wenn die Eigenkapitalkosten berechnet werden, d. h. der Zinssatz, mit dem das Eigenkapital mindestens verzinst werden muss.

Es existieren verschiedene Verfahren, Kapitalkosten zu ermitteln:

- Opportunitätskostensatz: Unabhängig von der konkreten Finanzierungsart wird ein Zinssatz für die entgangene Investitionsalternative festgelegt,
- Einheitlicher (gewichteter) Zinssatz für Fremd- und Eigenkapital,

- Gespaltener Zinssatz entsprechend der effektiv gezahlten Fremdkapitalzinsen und für Eigenkapital entsprechend dem üblichen Kapitalmarktzins.

Da es kein allgemein anerkanntes Verfahren gibt, mit dem sich die Kapitalkosten ermitteln lassen, geben Unternehmen alternativ auch feste Kapitalkosten an, unabhängig etwa von der Marktzinsentwicklung.

Die bisher beschriebene Anwendung der dynamischen Investitionsrechnung wird Kapitalwertmethode genannt. Daneben existiert die Annuitätenmethode, die aus der Kapitalwertmethode abgeleitet wird und zur gleichen Investitionsentscheidung führt wie die Kapitalwertmethode.

1.1.2.3 Sonstige dynamische Investitionsrechnungsverfahren

Neben dem Barwert ist aus praktischer Sicht eine weitere Frage von Interesse. Der Barwert sagt zwar aus, ob eine Investition sinnvoll ist oder nicht, er sagt aber nicht aus, wie eine Investition rentiert. Da es aber für Anleger weitaus interessanter ist zu hören, wie eine Investition rentiert als zu hören, wie der Barwert einer Investition ist, wurde mit dem internen Zinssatz ein Instrument entwickelt, das Informationen über die Rendite einer Investition liefert.

Der interne Zinssatz ist der Zinssatz, bei dem der Barwert einer Investition Null wird:

$$\text{Barwert} = \sum_{t=0}^{\infty} \frac{\text{Cash-flow}_t}{(1+i)^t} = 0$$

Damit zeigt der interne Zinssatz denjenigen Wert an, bei dem eine Alternativinvestition mit dieser Rendite genauso gut wäre wie die betrachtete Investition.

1.1.2.4 Aussagefähigkeit der Verfahren

Der interne Zinssatz hat eine ganze Reihe von Problemen. Zum einen sind die Lösungen nicht eindeutig, da es bei der obigen Formel maximal so viele Lösungen gibt wie die Anzahl an Jahren.

Weiterhin hat der interne Zinssatz die Prämisse, dass alle Kapitalanlagen und Kapitalaufnahmen zum internen Zinssatz erfolgen. Da dies eine sehr unrealistische Prämisse ist, kann der interne Zinssatz faktisch nicht als Entscheidungskriterium genutzt werden, wenn bereits der Barwert berechnet wurde. Dieser ist für die Entscheidung definitiv überlegen.

1.2 Finanzierungsmöglichkeiten der Unternehmen und die Finanzierungsarten auf internationalen Märkten und bezüglich des Außenhandels

1.2.1 Finanzierungsregeln

1.2.1.1 Vertikale Finanzierungsregeln (Vermögensstruktur, Kapitalstruktur)

Die Analyse der Vermögensstruktur und der Kapitalstruktur sind wesentliche Bestandteile der finanzwirtschaftlichen Bilanzanalyse. Die Generierung von Informationen über die Bonität und Liquidität ist Ziel der finanzwirtschaftlichen Bilanzanalyse.

Kennzahlen zur Vermögens- und Kapitalstrukturanalyse lassen sich auf unterschiedliche Weise gliedern. Hier wird in Kennzahlen zu

- Strukturuntersuchungen innerhalb einer Bilanzseite,
- Strukturuntersuchungen zwischen den Bilanzseiten sowie
- dynamische Untersuchungen

untergliedert. Da sich hunderte Kennzahlen definieren lassen, werden hier nur die wesentlichen dargestellt.

Strukturuntersuchungen innerhalb einer Bilanzseite

Mit Strukturkennzahlen innerhalb einer Bilanzseite lässt sich die Wichtigkeit einzelner Bilanzpositionen ermitteln und daraus die Flexibilität des Unternehmens ableiten. Auf der Aktivseite lassen sich mit der Anlage- und Umlaufintensität die Wichtigkeit dieser Größen ermitteln:

$$\text{Anlageintensität} = \frac{\text{Anlagevermögen}}{\text{Gesamtvermögen}}$$

$$\text{Umlaufintensität} = \frac{\text{Umlaufvermögen}}{\text{Gesamtvermögen}}$$

Je geringer die Anlageintensität und damit je größer die Umlaufintensität ist, umso besser wird die Flexibilität des Unternehmens eingeschätzt. Dies lässt sich damit begründen, dass Umlaufvermögen schneller in Liquidität umgewandelt werden kann, womit sich das Unternehmen schneller an veränderte Gegebenheiten anpassen kann.

Während Anlage- und Umlaufintensität die Aktivseite eines Unternehmens untersuchen, wird mit der Eigen- und der Fremdkapitalquote (letztere auch als Anspannungsgrad I bezeichnet) die Passivseite durchleuchtet.

Die Eigenkapitalquote zeigt an, welcher Anteil mit Eigenkapital finanziert wurde:

$$\text{Eigenkapitalquote} = \frac{\text{Eigenkapital}}{\text{Gesamtkapital}}$$

Analog zeigt die Fremdkapitalquote, welcher Anteil des Gesamtkapitals mit Fremdkapital finanziert wurde:

$$\text{Fremdkapitalquote} = \frac{\text{Fremdkapital}}{\text{Gesamtkapital}}$$

Je höher die Eigenkapitalquote, umso sicherer ist das Unternehmen finanziert. Allerdings geht dies auf Kosten der Eigenkapitalrentabilität (siehe unten: Leverage Effekt).

Strukturuntersuchungen zwischen den Bilanzseiten

Neben der isolierten Analyse von Aktiv- und Passivseite werden darüber hinaus auch Kennzahlen berechnet, die die Aktiv- und Passivseite in einen Zusammenhang bringen. Hier wird häufig die Fristenkongruenz analysiert, um die Frage beantworten zu können, ob das Unternehmen das investierte Vermögen mit Kapital gleicher Laufzeit refinanziert hat. Diese Überlegungen schlagen sich beispielsweise in den goldenen Finanzierungsregeln nieder.

Dynamische Untersuchungen

Bei dynamischen Untersuchungen werden Bilanzzahlen mit Stromgrößen in Verbindung gestellt.

Umschlagshäufigkeiten messen, wie häufig sich bestimmte Bilanzpositionen in einer bestimmten Periode „umschlagen“, wobei die jeweiligen Kehrwerte die Umschlagsdauer dieser Positionen zeigen.

Kennzahlen zu Investitionen und Abschreibungen
Kennzahlen, die sich in diesem Bereich berechnen lassen, sollen Auskunft über das Wachstum des Unternehmens und das Alter der Sachanlagen geben.

Letzteres Ziel wird mit dem Anlagenabnutzungsgrad versucht zu erreichen:

$$\text{Anlagenabnutzungsgrad} = \frac{\text{kumulierte Abschreibungen auf das Sachanlagevermögen}}{\text{Sachanlagevermögen zu historischen Anschaffungskosten}}$$

1.2.1.2 Horizontale Finanzierungsregeln (Goldene Finanzierungsregel, goldene Bilanzregel)

Horizontale Finanzierungsregeln beschreiben das Verhältnis von Kennzahlen der Aktivseite zu Kennzahlen der Passivseite.

Die beiden wichtigsten Regeln sind die goldene Finanzierungsregel und die goldene Bankregel. Die Goldene Finanzierungsregel besagt, dass die Dauer der Kapitalbindung im Vermögen nicht länger als die Dauer der Kapitalüberlassung sein darf. Damit sollte langfristig gebundenes Vermögen durch langfristiges Kapital, kurzfristig gebundenes Vermögen durch kurzfristiges Kapital finanziert werden.

Auf die Bilanz angewendet bedeutet dies, dass das Anlagevermögen durch das langfristige Kapital (langfristiges Fremdkapital + Eigenkapital) und das Umlaufvermögen durch die kurzfristigen Verbindlichkeiten finanziert sein sollten. Diese Regel wird auch als goldene Bilanzregel bezeichnet.

1.2.2 Finanzierungsarten und -möglichkeiten

Generell lassen sich auch Finanzierungsarten wie folgt einstufen:

- nach der Herkunft des Kapitals:
  - Außenfinanzierung (externe Finanzierung)
  - Innenfinanzierung (interne Finanzierung)
- nach der Rechtsstellung der Kapitalgeber:
  - Eigenfinanzierung
  - Fremdfinanzierung
- nach der Dauer der Kapitalbereitstellung
  - kurzfristig (bis ein Jahr)
  - mittelfristig (ein bis fünf Jahre)
  - langfristig (über fünf Jahre)
  - unbefristet

Bei der Außenfinanzierung wird das Kapital von außen zugeführt, also beispielsweise durch Kreditaufnahme, Kapitalerhöhungen und dergleichen. In der Innenfinanzierung stammt das Kapital hingegen aus dem Unternehmen selbst, d. h. es handelt sich um selbst erwirtschaftetes Kapital eines Unternehmens.

Wird das Kapital zum Eigenkapital zugeführt, so wird dies als Eigenfinanzierung bezeichnet. Erhöht das Kapital hingegen das Fremdkapital, so handelt es sich um Fremdfinanzierung.

Eine übliche Systematisierung der verschiedenen Finanzierungsarten ist in Abbildung 1 dargestellt. Zu beachten ist dabei, dass teilweise buchhalterische Größen (Gewinnthesaurierung) mit Finanzierungsgrößen gleichgesetzt werden, was genau genommen natürlich nicht richtig ist, da sich Einzahlungen/Auszahlungen und Erträge/Aufwendungen voneinander unterscheiden.

<table>
<tr><td>Finanzierungsarten</td><td>Außenfinanzierung</td><td>Innenfinanzierung</td><td></td></tr>
<tr><td>Eigenfinanzierung</td><td>Beteiligungsfinanzierung (Einlagenfinanzierung)
Subventionsfinanzierung</td><td>Selbstfinanzierung (Gewinnthesaurierung)</td><td rowspan="3">Aus Sicht der Gesellschafter</td></tr>
<tr><td>Eigen- und Fremdfinanzierung</td><td></td><td>Finanzierung aus durch Vermögensverkauf
freigesetzten Mitteln
Sale-and-Lease-Back-Verfahren
Factoring
Forfaitierung
Asset Backed Securities
Swap-Geschäfte
Finanzierung durch Rationalisierung
Finanzierung aus Abschreibungsgegenwerten</td></tr>
<tr><td>Fremdfinanzierung</td><td>Kreditfinanzierung</td><td>Finanzierung aus Rückstellungen</td></tr>
<tr><td colspan="4">Aus der Sicht der Gesellschaft</td></tr>
</table>

Abbildung 1: Zuordnung der Instrumente zu den Finanzierungsarten (Quelle: Gräfer/Beike/Scheld, „Finanzierung“, 5. Auflage, 2001, S. 28)

Langfristige Kapitalanlagen werden am Kapitalmarkt gehandelt, kurz- und mittelfristige am Finanzmarkt. An diesen Märkten treffen die Wirtschaftsobjekte mit einem Überschuss an Finanzierungsmitteln auf Wirtschaftsobjekte mit einem Bedarf an Finanzierungsmitteln. Üblicherweise werden Unternehmen einen Bedarf aufweisen.

Es haben sich international unterschiedliche Finanzmärkte entwickelt. Hierzu zählen beispielsweise die Devisenmärkte, der Eurokapitalmarkt, der Eurogeldmarkt, der Eurokreditmarkt, die amerikanischen Offshore-Märkte oder der Asien-Dollar-Markt. Unter dem Karibik-Dollar-Markt versteht man insbesondere die Bahamas, Cayman-Inseln und Panama, an denen der Kapitalmarkt wenig reguliert ist und hohe Renditen ermöglicht. Bedeutendste internationale Handelsplätze sind New York, London, Tokio, Hongkong, Frankfurt und Paris.

1.2.2.1 Innenfinanzierung (offene Selbstfinanzierung, stille Selbstfinanzierung, Finanzierung aus Abschreibungsgegenwerten, Finanzierung aus langfristigen Rückstellungen, Finanzierung aus Vermögensumschichtung, Cash-flow-Berechnung)

Innenfinanzierung ist das selbst erwirtschaftete Kapital eines Unternehmens. Generell lässt sich auch die Innenfinanzierung in Eigen- und Fremdfinanzierung unterteilen. Zur Fremdfinanzierung im Rahmen der Innenfinanzierung zählt die Finanzierung aus langfristigen Rückstellungen. Auch wenn es sich hier nicht direkt um einen Zahlungsmittelzufluss handelt, kann das Unternehmen für die Dauer der Rückstellungen die Auszahlungen verschieben und damit Vermögenswerte finanzieren.

Die Innenfinanzierung aus Eigenfinanzierung stellt die offene und stille Gewinnverwendung des Unternehmens dar. Offene Gewinnverwendung ist die Thesaurierung des Jahresüberschusses in die Gewinnrücklagen. Von stiller Gewinnverwendung spricht man dagegen, wenn durch die Bildung von stillen Reserven Finanzierungsmittel generiert werden. Im Unterschied zur offenen Selbstfinanzierung steht das Eigenkapital nicht offen in der Bilanz, sondern ist still in Vermögensgegenständen gebunden.

Die Finanzierung aus Vermögensumschichtung entsteht, wenn Vermögenswerte veräußert werden und dafür Zahlungsmittel entstehen. Je nach Vermögenswert, werden hierfür unterschiedliche Begriffe verwendet:

- Sale-and-Lease-Back-Verfahren verwendet man für die Veräußerung und Rückmiete von Anlagevermögen,

- Factoring, Forfaitierung und Asset Backed Securities sind Maßnahmen zur Veräußerung von Forderungen zur Generierung von Zahlungsmitteln.

Bilanziell haben diese Maßnahmen die gleichen Auswirkungen: Vermögenswerte, die nicht Zahlungsmittel sind, werden reduziert, dafür werden die Zahlungsmittel erhöht.

Finanzierung aus Abschreibungsgegenwerten bedeutet die Ausnutzung des Zustandes, dass ein Vermögensgegenstand des Anlagevermögens erst mit der Verschrottung nicht mehr nutzbar ist, über die Abschreibung aber dem Unternehmen bereits Finanzmittel zur Verfügung gestellt werden. Voraussetzung ist allerdings, dass die Abschreibungen auch in die Preise einkalkuliert wurden. Ist dies der Fall, fließen dem Unternehmen die Zahlungsmittel zu, die erst bei der Reinvestition benötigt werden. Zwischenzeitlich kann das Unternehmen die Zahlungsmittel anderweitig verwenden.

1.2.2.2 Beteiligungsfinanzierung (bei Einzelunternehmen, bei Personengesellschaften, bei Kapitalgesellschaften, Kapitalerhöhung bei GmbH, AG, Formen der Kapitalerhöhung)

Generell lassen sich Unternehmen nach Rechtsformen in folgende Kategorien einordnen:

1. Einzelunternehmen
2. Personengesellschaften
    a. Offene Handelsgesellschaften
    b. Stille Gesellschaft
    c. Kommanditgesellschaft
    d. Gesellschaft bürgerlichen Rechts
    e. Partnergesellschaft
3. Kapitalgesellschaften

   a. Aktiengesellschaft
   b. Gesellschaft mit beschränkter Haftung
   c. Kommanditgesellschaft auf Aktien
4. Mischformen
   a. Doppelgesellschaft
   b. AG & Co. KG
   c. GmbH & Co. KG
5. sonstige Rechtsformen
   a. Genossenschaft
   b. Versicherungsverein auf Gegenseitigkeit
   c. Stiftung
   d. Verein

Die wichtigsten Gesellschaftsformen werden mit ihren Eigenschaften im Folgenden dargestellt.

Gesellschaft bürgerlichen Rechts

Die GbR ist nicht voll rechtsfähig, kann aber selbst klagen, verklagt werden, Gesellschafter anderer Gesellschaften werden oder Schecks ausstellen. Für die Gründung einer GbR sind mehrere Personen notwendig. Gründungsmitglieder können dabei sein:

- natürliche Personen
- juristische Personen und
- andere Personengesellschaften

Durch den Gesellschaftsvertrag verpflichten sich die Gesellschafter gegenseitig, die Erreichung eines gemeinsamen Zweckes in der durch den Vertrag bestimmten Weise zu fördern, insbesondere die vereinbarten Beiträge zu leisten (§ 705 BGB).

Allgemein kann der Gründungsvertrag formfrei, sogar mündlich erfolgen. Nur gewisse Einzelvorschriften sind zu beachten, etwa die Zustimmungsbedürftigkeit für einen Minderjährigen als Gesellschafter einer GbR.

Das Gesellschaftsvermögen wird durch die Beiträge der Gesellschafter und die laufende Geschäftstätigkeit erbracht (§ 718 BGB).

Das Gesellschaftsvermögen ist gesamthänderisch gebunden (§ 719 BGB). Der einzelne Gesellschafter kann weder über seinen Anteil verfügen noch die Teilung des Vermögens verlangen.

Wenn im Gesellschaftsvertrag nichts anderes vereinbart ist, wird der Gewinn nach Köpfen verteilt (§ 722 BGB).

Offene Handelsgesellschaft

Die Offene Handelsgesellschaft ist eine Gesellschaft, deren Zweck auf den Betrieb eines Handelsgewerbes unter gemeinschaftlicher Firma gerichtet ist, wenn bei keinem der Gesellschafter die Haftung gegenüber den Gesellschaftsgläubigern beschränkt ist. (§ 105 HGB). Sie ist nicht voll rechtsfähig, kann aber selbst klagen, verklagt werden, Gesellschafter anderer Gesellschaften werden oder Schecks ausstellen. Sie kann auch Grundstücke in eigenem Namen erwerben (§ 124 HGB).

Für die Gründung einer OHG sind mehrere Personen notwendig. Gründungsmitglieder können dabei sein:

- natürliche Personen
- juristische Personen und
- andere Personengesellschaften

Die Gründung ist formfrei (wie bei der GbR, § 105 Abs. 3 HGB), muss aber auf den Betrieb eines Handelsgewerbes unter gemeinschaftlicher Firma ausgerichtet sein und ins Handelsregister eingetragen sein (§ 106 HGB).

Die Gesellschafter haften für die Verbindlichkeiten der Gesellschaft den Gläubigern als Gesamtschuldner persönlich (§ 128 HGB). Neue Gesellschafter haften für alle Verbindlichkeiten, die 5 Jahre vor ihrem Eintritt in die Gesellschaft entstanden sind, die Haftung verjährt fünf Jahre nach Auflösung der Gesellschaft.

Wenn im Gesellschaftsvertrag nichts anderes vereinbart ist, gilt eine Verteilung nach Köpfen (§ 722 BGB); vorab erhält jeder Gesellschafter bis zu 4% seiner Kapitalanteile als Gewinnausschüttung.

Kommanditgesellschaft

Die Kommanditgesellschaft ist wie die OHG eine Handelsgesellschaft. Teilweise haften die Gesellschafter unbeschränkt (Komplementäre), teilweise beschränkt (Kommanditisten).

Der Komplementär haftet persönlich und unmittelbar für die Schulden der KG, hat aber die gleichen Rechte wie der Gesellschafter einer OHG. Der Kommanditist haftet dagegen nur mit seiner Einlage, ist aber von der Geschäftsführung ausgeschlossen.

Wenn im Gesellschaftsvertrag nichts anderes vereinbart ist, gilt eine Verteilung nach Köpfen (§ 722 BGB); vorab erhält jeder Gesellschafter bis zu 4% seiner Kapitalanteile als Gewinnausschüttung.

Stille Gesellschaft

Der typische stille Gesellschafter ist nicht am Gesellschaftsvermögen beteiligt, sondern nur am Gewinn beteiligt. Beteiligungen am Verlust sind vereinbar, aber nicht üblich.

Der atypische stille Gesellschafter ist nicht nur am Gewinn beteiligt, sondern auch am Verlust, am Firmenwert und an den stillen Reserven des Unternehmens.

Aktiengesellschaft

Die Aktiengesellschaft ist eine Kapitalgesellschaft mit eigener Rechtspersönlichkeit, d. h. sie ist eine juristische Person. Für die Verbindlichkeiten haftet nur das Gesellschaftsvermögen, das Grundkapital ist in Aktien aufgeteilt.

Der Mindestnennbetrag des Grundkapitals beträgt 50.000 €, wobei der Mindestnennwert pro Aktie 1 € beträgt.

Die Aktiengesellschaft hat drei Organe:

- die Hauptversammlung ist die Vertretung der Kapitaleigner
- der Aufsichtsrat wird von der Hauptversammlung bestimmt und hat Überwachungsaufgaben
- der Vorstand führt die Geschäfte

Kommanditgesellschaft auf Aktien

Die Kommanditgesellschaft auf Aktien ist eine spezielle Kommanditgesellschaft, bei der das Kommanditkapital in Aktien unterteilt ist.

Gesellschaft mit beschränkter Haftung

Die Gesellschaft mit beschränkter Haftung ist eine juristische Person, bei der die Gesellschafter nur mit ihren Einlagen auf das Stammkapital haften. Sie kann durch eine einzelne Person gegründet werden, wobei das Stammkapital mindestens 25.000 € betragen muss. Organe sind die Geschäftsführer und die Gesellschafterversammlung als Vertretung der Gesellschafter. Bei großen Gesellschaften kann zusätzlich die Mitbestimmung greifen (Aufsichtsrat bei mehr als 500 Arbeitnehmern).

GmbH & Co. KG

Die GmbH & Co. Co KG ist eine Mischform, bei der die Vorteile der KG mit denen der GmbH verbunden werden. Komplementär ist bei dieser Mischform die GmbH, so dass alle Beteiligten beschränkt haften. Gleichzeitig bleibt es aber eine KG, so dass etwa die steuerlichen Vorschriften für Personengesellschaften gelten.

Beteiligungsfinanzierung in den verschiedenen Rechtsformen

Unter Beteiligungsfinanzierung versteht man die Eigenkapitalfinanzierung eines Unternehmens durch Zuführung von Außen. Es handelt sich somit um Eigen- und Außenfinanzierung.

Grundsätzlich ist die Beteiligungsfinanzierung im Rahmen der Gründung eines Unternehmens notwendig. Danach findet die Beteiligungsfinanzierung im Rahmen von Kapitalerhöhungen statt. Die Beteiligungsfinanzierung kann bar, mit Sachwerten oder mit Rechten erfolgen. Die letzten beiden Methoden sind jeweils sehr aufwändig, da Bewertungsprobleme bestehen.

Die Beteiligungsfinanzierung unterscheidet sich nach der Rechtsform des Unternehmens.

Einzelfirma oder Personengesellschaften (OHG und KG)

Bei Einzelfirmen und Personengesellschaften besteht kein vorgeschriebenes Haftungskapital. Eine Mindesteinlage ist somit nicht zu erbringen. Die Haftung erfolgt grundsätzlich unbeschränkt, nur bei den Kommanditisten der KG ist sie beschränkt auf die Kapitaleinlage. Die Gesellschafter erhalten Leitungsbefugnis, wobei diese bei der KG auf die Komplementäre beschränkt ist.

Kapitalgesellschaften:

Bei der GmbH nennt man den Eigentümer Gesellschafter, bei der Aktiengesellschaft Aktionär. Während bei der GmbH das Mindestkapital 25.000 € beträgt, das zur Hälfte einzuzahlen ist, beträgt das Mindestkapital der AG 50.000 €.

Die Haftung ist generell auf die Kapitaleinlage beschränkt (vor der Eintragung ins Handelsregister unbeschränkt!). Leitungsbefugnis hat bzw. haben in der GmbH der bzw. die Geschäftsführer. Die Überwachung wird von der Gesellschafterversammlung bzw. einem etwaigen Aufsichtsrat übernommen. Bei der AG liegt die Leitung beim Vorstand, der vom Aufsichtsrat überwacht wird. Letzterer wird von der Hauptversammlung gewählt.

Die Kapitalerhöhung der AG kann auf vier Arten erfolgen:

1. die ordentliche Kapitalerhöhung, die durch die Ausgabe und den Verkauf junger Aktien erfolgt;
2. die genehmigte Kapitalerhöhung, die eine ordentliche Kapitalerhöhung ist, aber vorab von der Hauptversammlung für die Zukunft genehmigt wird;
3. die bedingte Kapitalerhöhung, die nur bei Eintritt bestimmter Bedingungen (beispielsweise Mitarbeiteraktienprogramme) durchgeführt wird;
4. die Kapitalerhöhung aus Gesellschaftsmitteln stellt die Umwandlung von Rücklagen in gezeichnetes Kapital dar.

Während die ersten drei Methoden zu Liquiditätszuflüssen führen, ist die vierte Methode liquiditätsneutral.

Die Kapitalerhöhung wird in die nominelle Kapitalerhöhung und das Agio unterteilt. Während die nominelle Kapitalerhöhung das gezeichnete Kapital erhöht, geht das Agio in die Kapitalrücklage ein.

Bei Kapitalerhöhungen steht den Altaktionären das so genannte Bezugsrecht zu, sofern dieses nicht von der Hauptversammlung ausgeschlossen wird.

1.2.2.3 Fremdfinanzierung

Fremdfinanzierung stellt das Kapital dar, das von Nicht-Eigenkapitalgebern einem Unternehmen zur Verfügung gestellt wurde. Es lässt sich grundsätzlich in zwei Arten unterteilen:

- die kurzfristige Fremdfinanzierung betrifft Finanzierungsmaßnahmen mit einer Laufzeit bis ein Jahr,
- die langfristige Fremdfinanzierung betrifft Finanzierungsmaßnahmen mit einer Laufzeit von mehr als einem Jahr.

1.2.2.3.1 Langfristige Fremdfinanzierung

In der langfristigen Fremdfinanzierung lassen sich unterschiedliche Instrumente einsetzen. Das gängigste Instrument ist das Darlehen. Ein Darlehen ist ein schuldrechtlicher Vertrag durch den der Darlehensnehmer Geld für eine bestimmte Zeit zum Gebrauch bekommt. Bei Fälligkeit hat der Darlehensnehmer dem Darlehensgeber das Geld zurückzubezahlen. Da die Überlassung entgeltlich erfolgt, ist zusätzlich ein Zins zu entrichten.

Darlehen lassen sich je nach Ausgestaltung in

- endfällige Darlehen,
- Annuitätendarlehen,
- Tilgungsdarlehen

unterscheiden. Zudem lassen sich unterschiedliche Sicherheiten vereinbaren:

- Zu den Grundpfandrechten zählen Hypothek und Grundschuld. Dadurch werden Grundstücke belastet, so dass der Gläubiger bei Nichtzahlung durch gerichtliche Zwangsvollstreckung das Grundpfandrecht verwerten kann. Die Grundschuld ist das dingliche Recht aus einem Grundstück. Die Grundschuld bleibt unabhängig von der Höhe der tatsächlichen (Rest-) Schuld bestehen, d. h. ist nicht an einen Kredit direkt gebunden. Die Hypothek ist ebenfalls ein dingliches Recht aus einem Grundstück. Im Gegensatz zur Grundschuld sinkt die Hypothek aber mit Tilgung einer Forderung. Die Hypothek erlischt mit Tilgung der Forderung. Sie ist damit direkt an das Bestehen der Forderung gebunden.
- Durch eine Bürgschaft verpflichtet sich ein Bürge, gegenüber dem Gläubiger für die Verbindlichkeit des Schuldners aufzukommen.
- Bei einer Ausfallbürgschaft springt der Bürge nur für die Verluste des Gläubigers ein, die nach erfolgter Zwangsvollstreckung nachweisbar noch bestehen.
- Bei einer selbstschuldnerischen Bürgschaft kann der Gläubiger vom Bürgen sofortige Zahlung verlangen, wenn der Kreditnehmer seinen Verpflichtungen nicht nachkommt

Ein Schuldscheindarlehen ist ein spezielles Darlehen, bei dem das Kapital durch Kapitalsammelstellen wie Versicherungen zur Verfügung gestellt wird. Der organisierte Kapitalmarkt muss dabei nicht in Anspruch genommen werden.

Industrieobligationen sind die Anleihen von Unternehmen. Es handelt sich hierbei um börsennotierte Wertpapiere, d. h. der An- und Verkauf erfolgt über die Börse. Vereinbart werden dabei die Höhe der Anleihe, der Zinssatz und die Laufzeit.

1.2.2.3.2 Kurzfristige Fremdfinanzierung (Lieferantenkredit, Kundenkredit/Kundenanzahlungen, Kontokorrentkredit, Wechselkredit, Lombardkredit, Avalkredit, Factoring))

Die kurzfristige Fremdfinanzierung lässt sich wie folgt untergliedern:

- Lieferantenkredite stellen die „normale" Form der kurzfristigen Fremdfinanzierung dar. Hierbei nutzt ein Unternehmen die Zahlungsziele seiner Lieferanten und nutzt das Kapital zur Finanzierung des eigenen Geschäfts. Es handelt sich bei Skontomöglichkeit aber um die teuerste Form der Finanzierung.

- Kundenkredit beinhaltet, dass der Kunde Anzahlungen vornimmt, mit denen das Unternehmen sein Geschäft finanziert
- Der Kontokorrentkredit ist der Überziehungskredit der Unternehmen. Ein solcher Kredit kann, muss aber nicht in Anspruch genommen werden.
- Der Wechselkredit entsteht durch ein Wechselgeschäft und ist mittlerweile nur noch wenig gebräuchlich.
- Beim Lombardkredit wird ein Kredit durch eine bewegliche Sache oder durch ein verbrieftes Recht gesichert.
- Der Avalkredit ist kein klassischer Kredit, sondern eine Bürgschaft, bei der ein Unternehmen einem Kreditinstitut eine Prämie für die Bürgschaft bezahlt. Das Kreditinstitut ist damit der Bürge.
- Unter Factoring versteht man den Forderungsverkauf eines Unternehmens. Die bestehenden Forderungen werden an ein Factoringunternehmen verkauft, das die Forderungen mit einem Abschlag erwirbt. Zu unterscheiden sind dabei je nach Form des Factorings, wer das Risiko des Ausfalls trägt. Beim echten Factoring geht das Ausfallrisiko auf den Käufer über, beim unechten Factoring bleibt es beim Verkäufer.

2 Rechnungswesen

2.1 Grundlegende Aspekte des Rechnungswesens

2.1.1 Abgrenzung von Finanzbuchhaltung, Kosten- und Leistungsrechnung, Auswertungen und Planungsrechnung

Während im Produktionsprozess der Unternehmung Sachgüter hergestellt werden, ist es Aufgabe des Rechungswesens, Informationen zur Verfügung zu stellen. Unter dem Begriff "**Betriebliches Rechnungswesen**" werden sämtliche Verfahren zusammengefasst, deren Aufgabe es ist, alle im Betrieb auftretenden Geld- und Leistungsströme, die vor allem - aber nicht ausschließlich - durch den Prozess der betrieblichen Leistungserstellung und -verwertung hervorgerufen werden, mengen- und wertmäßig zu erfassen und zu überwachen. Die Notwendigkeit des betrieblichen Rechnungswesens ergibt aus drei Gründen:

1) *Betriebswirtschaftlich* sollte das Rechnungswesen die Vorgänge in einem Betrieb so genau wie möglich in einem Zahlenwerk abbilden, damit auch in einer komplexeren Betriebsstruktur die Grundlagen für eine wirksame Kostenkontrolle und eine effektive Steuerung des Leistungsprozesses durch das Management gegeben sind.

2) *Rechtlich* werden an ein Unternehmen je nach Größe und Gesellschaftsform bestimmte Anforderungen speziell an den so genannten Jahresabschluss gestellt, die im wesentlichen durch die Vorschriften des HGB, rechtsformspezifische Gesetze und der Steuergesetze bestimmt werden.

3) *Finanziell* muss die Überlebensfähigkeit eines Unternehmens derart gesichert werden, dass die Unternehmung jederzeit über die zur Erfüllung ihrer Verpflichtungen notwendige Liquidität verfügt.

Um diesen Ansprüchen gerecht zu werden, setzt sich das betriebliche Rechnungswesen in einer vereinfachten Darstellung aus den Bereichen Buchhaltung, Bilanzierung (für internen und externen Jahresabschluss), Finanzrechnung und der Kostenrechnung zusammen.

Buchhaltung

Die Buchhaltung ist für die Bereitstellung der Ausgangsdaten der Rechenwerke Finanzrechnung, Bilanz und auch Kostenrechnung zuständig. Bei der Betrachtung des Aufbaus und der Analyse der Resultate der o.a. Rechenwerke ist zu berücksichtigen,

- für welchen Empfängerkreis die Informationen gedacht sind (Rechnungsadressat),
- für welchen Zweck diese Informationen benötigt werden (Rechnungszweck).

Entsprechend dieser Einflussfaktoren wird mit jeweils anderen Rechnungsgrößen ein spezifisches Rechnungsziel angestrebt:

	Finanzrechnung	**Bilanz/GuV– Rechnung** **extern**	**intern**	**Kosten- und Leistungsrechnung**
Rechnungsadressat	Unternehmensleitung	Kapitalgeber, Staat, etc.	Unternehmensleitung	Unternehmensleitung
Rechnungszweck	Liquiditätslage	Vermögens-, Finanz- und Ertragslage		Wirtschaftlichkeit
Rechnungsziel	Zahlungsüberschuss	Gewinn - im bilanziellen Sinn		Betriebsergebnis
Rechnungsgrößen	Einzahlung/ Auszahlung	Einnahme/Ausgabe Ertrag/Aufwand		Kosten/Leistungen

Fallweise auftretende Rechnungen wie zum Beispiel Investitionsrechnungen beziehen zwar Daten aus dem betrieblichen Rechnungswesen, werden an dieser Stelle wegen ihrer übergreifenden Bedeutung (z.B. wegen der Notwendigkeit, technologische Gesichtspunkte zu erfassen) diesem hier nicht zugerechnet.

Die Buchhaltung muss die lückenlose, planmäßige und ordnungsgemäße Aufzeichnung aller Geschäftsfälle eines Unternehmens darstellen. Diese ergeben sich durch

- Beziehungen zur Umwelt (den Beschaffungs- und Absatzmärkten, den Kapitalmärkten sowie dem Staat) sowie

- Werteverbräuche oder -zuwächse innerhalb des Unternehmens.

Entsprechend der gesetzlichen Vorschriften (speziell §§ 238-289 HGB) muss ein Unternehmen über eine Buchführung verfügen, die bestimmten Anforderungen genügt. Viele Unternehmen begnügen sich mit dieser gesetzlichen Pflicht und werten die so gewonnenen Daten nicht vertiefend für die Steuerungszwecke des Managements aus.

Bilanz sowie Gewinn- und Verlustrechnung

Die Abschlussdaten der Buchhaltung fließen in den Jahresabschluss der Unternehmung (**Bilanz** und **Gewinn- und Verlustrechnung**) ein. Der **Jahresabschluss** soll die Vermögens-, Finanz- und Ertragslage des Unternehmens darlegen. Durch die vom Gesetzgeber vorgegebene Informations- und Zahlungsbemessungsfunktion des Jahresabschlusses treten bei dieser Rechnungslegung mehr "bilanzpolitische Motive" in den Vordergrund, d.h. Unternehmen versuchen durch bewusste Eingriffe auf die vermittelten Informationen das Bild positiv oder negativ zu beeinflussen.

Im Gegensatz zu dieser extern orientierten Selbstdarstellung der Unternehmung werden in Unternehmen allerdings auch Bilanzen für den internen Gebrauch erstellt, die dann im Wesentlichen von bilanzpolitischen Motiven frei sein sollten. Zu dieser erstellten vergangenheitsbezogenen Dokumentation und Rechnungslegung werden in der Finanzrechnung für den internen Gebrauch auch Planbilanzen erstellt. Diese formulieren zukunftsbezogene Zielgrößen der Unternehmung.

Externe Bilanzen werden in Deutschland in der Regel nur für gesamte Unternehmen aufgestellt und entsprechend der gesetzlichen Vorschriften publiziert.

Finanzrechnung

In der **Finanzrechnung** sind die regelmäßigen Kontroll- und Planungsrechnungen bezüglich der Geldströme zusammengefasst. In dieses Rechenwerk werden z.B. die oben angesprochene quartalsweise GuV als Grundlage einer **Liquiditätsplanung** einbezogen, die sicherzustellen hat, dass in der Unternehmung zu jeder Zeit die nötigen finanziellen Mittel bereitstehen, um z.B. Rechnungen, Löhne, Steuern o.ä. begleichen zu können. Adressat dieses Rechenwerkes ist selbstverständlich nur die Unternehmensleitung, es sei denn, dass im Fall einer Kreditverhandlung die betreffende Bank eine Offenlegung dieser Unterlagen zur Bedingung macht. Die fallweise auftretenden Investitionsrechnungen sind ebenfalls in enger Abstimmung mit der Finanzrechnung durchzuführen.

2.1.2 Grundsätze ordnungsgemäßer Buchführung

Die Grundsätze ordnungsgemäßer Buchführung (GoB) werden nicht in Gesetzen kodifiziert, sondern nur im HGB, beispielsweise im § 239 Abs. 4 HGB, erwähnt. Sie werden aus den handelsrechtlichen Bilanzierungsvorschriften abgeleitet und ergeben sich

- aus dem Wortlaut der gesetzlichen Vorschriften,
- dem Bedeutungszusammenhang der gesetzlichen Vorschriften,
- der Entstehungsgeschichte der gesetzlichen Vorschriften.

Zu den GoB zählt beispielsweise (§ 239 Abs. 2 HGB):

„Die Eintragungen in Büchern und die sonst erforderlichen Aufzeichnungen müssen vollständig, richtig, zeitgerecht und geordnet vorgenommen werden."

2.1.3 Buchführungspflichten nach Handels- und Steuerrecht

Die Buchführungspflicht ergibt sich im Handelsrecht gemäß § 242 HGB. Danach hat jeder Kaufmann eine Bilanz und eine GuV aufzustellen. Wer Kaufmann ist, ergibt sich aus den §§ 1 ff. HGB.

Die steuerliche Buchführungspflicht ergibt sich aus den §§ 140 und 141 AO. Gemäß § 140 AO ist jeder steuerrechtlich buchführungspflichtig, wer dies nach einem anderen Gesetz bereits ist (beispielsweise durch den § 242 HGB). Durch den § 141 AO werden auch verschiedene andere Unternehmer und Land- und Forstwirte buchführungspflichtig nach dem Steuerrecht, die bestimmte Schwellenwerte überschreiten.

Wer keinerlei Buchführungspflicht unterliegt, hat gemäß § 4 Abs. 3 EStG eine Einnahmen-Überschussrechnung zu erstellen.

2.1.4 Bilanzierungs- und Bewertungsgrundsätze

Die Bilanzierungsgrundsätze sind im § 252 HGB genannt:

- Identitätsprinzip: Wertansätze in Eröffnungs- und Schlussbilanz müssen übereinstimmen (§ 252 Abs. 1 Nr. 1 HGB)
- Going Concern-Prinzip: Fortführung der Unternehmenstätigkeit (§ 252 Abs. 1 Nr. 2 HGB)
- Einzelbewertungsprinzip: Vermögensgegenstände sind grundsätzlich einzeln zu bewerten (§ 252 Abs. 1 Nr. 3 HGB)

  => Durchbrechung bei Festwertverfahren (untergeordnete Bedeutung von Sachanlagevermögen sowie Roh-, Hilfs- und Betriebsstoffen gemäß § 240 Abs. 3 HGB), Gruppenbewertung (gleichartige Vermögensgegenstände des Vorratsvermögens (§ 240 Abs. 4 HGB) sowie Verbrauchsfolgeverfahren (§ 256 HGB)
- Stichtagsprinzip
- Vorsichtsprinzip: „Es ist vorsichtig zu bewerten, namentlich sind alle vorhersagbaren Risiken und Verluste, die bis zum Abschlussstichtag entstanden sind, zu berücksichtigen, selbst wenn diese erst zwischen dem Abschlussstichtag und dem Tag der Aufstellung des Jahresabschlusses bekannt geworden sind; Gewinne sind nur zu berücksichtigen, wenn sie am Abschlussstichtag realisiert sind.“ (§ 252 Abs. 1 Nr. 4 HGB)
- Abgrenzungsprinzip (§ 252 Abs. 1 Nr. 5 HGB): Erträge und Aufwendungen sind periodengerecht auszuweisen
- Stetigkeitsgebot (§ 252 Abs. 1 Nr. 6 HGB): Bewertungsmethoden sind stetig anzuwenden

Die Bewertungsgrundsätze ergeben sich aus den §§ 253 und 255 HGB. In der Erstbewertung ist das Anlage- und Umlaufvermögen mit den Anschaffungs- oder Herstellungskosten zu bewerten. Die Definition der Anschaffungs- und Herstellungskosten ist im § 255 genannt.

§ 255 Abs. 1 HGB: Anschaffungskosten sind die Aufwendungen, die geleistet werden, um einen Vermögensgegenstand zu erwerben und ihn in einen betriebsbereiten Zustand zu versetzen, soweit sie dem Vermögensgegenstand einzeln zugeordnet werden können. Zu den Anschaffungskosten gehören auch die Nebenkosten sowie die nachträglichen Anschaffungskosten. Anschaffungspreisminderungen sind abzusetzen.

Anschaffungskosten ergeben sich damit aus: Anschaffungskosten + Nebenkosten + nachträgliche Anschaffungskosten - Anschaffungspreisminderungen (im Wesentlichen Skonti und Boni)

§ 255 Abs. 2 HGB: Herstellungskosten sind die Aufwendungen, die durch den Verbrauch von Gütern und die Inanspruchnahme von Diensten für die Herstellung eines Vermögensgegenstands, seine Erweiterung oder für eine über seinen ursprünglichen Zustand hinausgehende wesentliche Verbesserung entstehen. Dazu gehören die Materialkosten, die Fertigungskosten und die Sonderkosten der Fertigung. Bei der Berechnung der Herstellungskosten dürfen auch angemessene Teile der notwendigen Materialgemeinkosten, der notwendigen Fertigungsgemeinkosten und des Wertverzehrs des Anlagevermögens, soweit er durch die Fertigung veranlasst ist, eingerechnet werden. Kosten der allgemeinen Verwaltung sowie Aufwendungen für soziale Einrichtungen des Betriebs, für freiwillige soziale Leistungen und für betriebliche Altersversorgung brauchen nicht eingerechnet zu werden. Aufwendungen im Sinne der Sätze 3 und 4 dürfen nur insoweit berücksichtigt werden, als sie auf den Zeitraum der Herstellung entfallen. Vertriebskosten dürfen nicht in die Herstellungskosten einbezogen werden.

Damit ergeben sich die Herstellungskosten aus: Einzelkosten (Pflicht) + Gemeinkosten (Wahlrecht)

Das Anlagevermögen - in der Erstbewertung mit den Anschaffungs- und Herstellungskosten bewertet - ist gemäß § 253 HGB planmäßig über die Nutzungsdauer abzuschreiben. Sinkt der Wert dauerhaft unter den Buchwert, ist eine außerplanmäßige Abschreibung vorzunehmen (§ 253 Abs. 2 HGB). Bei nicht dauerhafter Wertminderung kann eine außerplanmäßige Abschreibung vorgenommen werden (§ 253 Abs. 2 HGB). Im Umlaufvermögen ist eine Abschreibung auf den niedrigeren Börsen- oder Marktpreis verpflichtend vorzunehmen (§ 253 Abs. 3 HGB).

2.2 Finanzbuchhaltung

2.2.1 Grundlagen

Die Buchhaltung ist für die Bereitstellung der Ausgangsdaten der Rechenwerke Finanzrechnung, Bilanz und auch Kostenrechnung zuständig. Bei der Betrachtung des Aufbaus und der Analyse der Resultate der o.a. Rechenwerke ist zu berücksichtigen,

- für welchen Empfängerkreis die Informationen gedacht sind (Rechnungsadressat),
- für welchen Zweck diese Informationen benötigt werden (Rechnungszweck).

2.2.2 Jahresabschluss

Der Jahresabschluss besteht gemäß § 242 HGB aus den Bestandteilen Bilanz und Gewinn- und Verlustrechnung.

Die Gliederung der Bilanz ist in § 266 HGB festgelegt. Danach ist die Aktivseite, die die Mittelverwendung darstellt, nach dem Produktionsprozess gegliedert. Zunächst ist das Anlagevermögen, dann das Umlaufvermögen darzustellen. Als weitere Aktivposition taucht am Ende der Gliederung der Rechnungsabgrenzungsposten auf.

Innerhalb von Anlage- und Umlaufvermögen ist der Produktionsprozess abgebildet (in Klammern die Position in der vorgegebenen Gliederung). Im Anlagevermögen wird zunächst die Idee, die immateriellen Vermögensgegenstände (Position A. I), abgebildet. Als nächstes werden Grundstücke (A II. 1.) zur Produktion benötigt. Hierauf werden Gebäude (A II. 1.) errichtet, darin technische Anlagen und Maschinen (A II. 2.) gestellt, Betriebs- und Geschäftsausstattung (A II. 3.) usw. Das übrig gebliebene Geld kann für Finanzanlagen (A III.) verwendet werden.

Im Umlaufvermögen sind zunächst Roh-, Hilfs- und Betriebsstoffe (B I. 1.) zu erwerben. Diese werden im Produktionsprozess zunächst zu unfertigen Erzeugnissen (B I. 2.), dann zu fertigen Erzeugnissen (B I. 3.). Aus dem Verkauf der Produkte erhält das Unternehmen Forderungen (B II.), die nach Zahlungseingang zum Kassenbestand werden (B IV.). Dazwischen werden noch Wertpapiere des Umlaufvermögens (B III.) dargestellt.

Die Passivseite ist nach der Mittelherkunft gegliedert. Zunächst wird das Eigenkapital (A.) dargestellt, dann die Rückstellungen (B.) und zum Schluss die Verbindlichkeiten (C.).

Auch die Gewinn- und Verlustrechnung ist nach § 275 HGB für große Kapitalgesellschaften vorgegeben. Bei Anwendung des Gesamtkostenverfahrens sind auszuweisen (§ 275 Abs. 2 HGB):

1. Umsatzerlöse

2. Erhöhung oder Verminderung des Bestands an fertigen und unfertigen Erzeugnissen

3. andere aktivierte Eigenleistungen

4. sonstige betriebliche Erträge

5. Materialaufwand:

a) Aufwendungen für Roh-, Hilfs- und Betriebsstoffe und für bezogene Waren

b) Aufwendungen für bezogene Leistungen

6. Personalaufwand:

a) Löhne und Gehälter

b) soziale Abgaben und Aufwendungen für Altersversorgung und für Unterstützung,

davon für Altersversorgung

7. Abschreibungen:

a) auf immaterielle Vermögensgegenstände des Anlagevermögens und Sachanlagen sowie auf aktivierte Aufwendungen für die Ingangsetzung und Erweiterung des Geschäftsbetriebs

b) auf Vermögensgegenstände des Umlaufvermögens, soweit diese die in der Kapitalgesellschaft üblichen Abschreibungen überschreiten

8. sonstige betriebliche Aufwendungen

9. Erträge aus Beteiligungen,

davon aus verbundenen Unternehmen

10. Erträge aus anderen Wertpapieren und Ausleihungen des Finanzanlagevermögens,

davon aus verbundenen Unternehmen

11. sonstige Zinsen und ähnliche Erträge,

davon aus verbundenen Unternehmen

12. Abschreibungen auf Finanzanlagen und auf Wertpapiere des Umlaufvermögens

13. Zinsen und ähnliche Aufwendungen,

davon an verbundene Unternehmen

14. Ergebnis der gewöhnlichen Geschäftstätigkeit

15. außerordentliche Erträge

16. außerordentliche Aufwendungen

17. außerordentliches Ergebnis

18. Steuern vom Einkommen und vom Ertrag

19. sonstige Steuern

20. Jahresüberschuss/Jahresfehlbetrag.

Bei Anwendung des Umsatzkostenverfahrens sind auszuweisen (§ 275 Abs. 3 HGB):

1. Umsatzerlöse
2. Herstellungskosten der zur Erzielung der Umsatzerlöse erbrachten Leistungen
3. Bruttoergebnis vom Umsatz
4. Vertriebskosten
5. allgemeine Verwaltungskosten
6. sonstige betriebliche Erträge
7. sonstige betriebliche Aufwendungen
8. Erträge aus Beteiligungen,
davon aus verbundenen Unternehmen
9. Erträge aus anderen Wertpapieren und Ausleihungen des Finanzanlagevermögens,
davon aus verbundenen Unternehmen
10. sonstige Zinsen und ähnliche Erträge,
davon aus verbundenen Unternehmen
11. Abschreibungen auf Finanzanlagen und auf Wertpapiere des Umlaufvermögens
12. Zinsen und ähnliche Aufwendungen,
davon an verbundene Unternehmen
13. Ergebnis der gewöhnlichen Geschäftstätigkeit
14. außerordentliche Erträge
15. außerordentliche Aufwendungen

16. außerordentliches Ergebnis

17. Steuern vom Einkommen und vom Ertrag

18. sonstige Steuern

19. Jahresüberschuss/Jahresfehlbetrag.

Bei anderen Gesellschaften reichen vielfach schon verkürzte Gewinn- und Verlustrechnungen, gerade für Zwecke des elektronischen Bundesanzeigers aus. Bei kleinen Gesellschaften kann auf die Gewinn- und Verlustrechnung komplett verzichtet werden.

Bestandskonten sind die Konten in der Buchführung, die die Bilanzpositionen abbilden. Dagegen bilden die Erfolgskonten die Konten der Gewinn- und Verlustrechnung ab.

2.3 Kosten- und Leistungsrechnung

2.3.1 Kosten- und Leistungsrechnung - Einführung

Welche Hauptaufgaben hat das betriebliche Rechnungswesen? Wir wollen wissen, ...

1. wie viel wir verdient haben;
2. wo wir wirtschaftlicher arbeiten können,
3. welche Preise wir für unsere Produkte verlangen sollen.

Unter dem Begriff "Betriebliches Rechnungswesen" werden sämtliche Verfahren zusammengefasst, deren Aufgabe es ist, alle im Betrieb auftretenden Geld- und Leistungsströme, die vor allem - aber nicht ausschließlich - durch den Prozess der betrieblichen Leistungserstellung und verwertung hervorgerufen werden, mengen- und wertmäßig zu erfassen und zu überwachen. Das betriebliche Rechnungswesen gibt es aus drei Gründen:

1) Betriebswirtschaftlich sollte das Rechnungswesen die Vorgänge in einem Betrieb so genau wie möglich in einem Zahlenwerk abbilden, damit auch in einer kom-

plexeren Betriebsstruktur die Grundlagen für eine wirksame Kostenkontrolle und eine effektive Steuerung des Leistungsprozesses durch das Management gegeben sind.

2) Rechtlich werden an ein Unternehmen je nach Größe und Gesellschaftsform bestimmte Anforderungen speziell an den sogenannten Jahresabschluss gestellt, die im wesentlichen durch die Vorschriften des HGB, rechtsformspezifische Gesetze und der Steuergesetze bestimmt werden.

3) Finanziell muss die Überlebensfähigkeit eines Unternehmens derart gesichert werden, dass die Unternehmung jederzeit über die zur Erfüllung ihrer Verpflichtungen notwendige Liquidität verfügt.

Um diesen Ansprüchen gerecht zu werden, setzt sich das betriebliche Rechnungswesen in einer vereinfachten Darstellung aus den Bereichen Buchhaltung, Bilanzierung (für internen und externen Jahresabschluss), Finanzrechnung und der Kostenrechnung zusammen.
Die Buchhaltung ist für die Bereitstellung der Ausgangsdaten der Rechenwerke Finanzrechnung, Bilanz und auch Kostenrechnung zuständig. Bei der Betrachtung des Aufbaus und der Analyse der Resultate der o.a. Rechenwerke ist zu berücksichtigen,

- für welchen Empfängerkreis die Informationen gedacht sind (Rechnungsadressat),
- für welchen Zweck diese Informationen benötigt werden (Rechnungszweck).

Entsprechend dieser Einflussfaktoren wird mit jeweils anderen Rechnungsgrößen ein spezifisches Rechnungsziel angestrebt.

Während sich die Bilanz an externe Interessierte ausrichtet, d.h. den Staat, die Kapitaleigner usw., richtet sich die Kostenrechnung an die Unternehmensleitung.

Die Buchhaltung muss die lückenlose, planmäßige und ordnungsgemäße Aufzeichnung aller Geschäftsfälle eines Unternehmens darstellen. Diese ergeben sich durch

- Beziehungen zur Umwelt (den Beschaffungs- und Absatzmärkten, den Kapitalmärkten sowie dem Staat) sowie
- Werteverbräuche oder -zuwächse innerhalb des Unternehmens.

Entsprechend der gesetzlichen Vorschriften (speziell §§ 238 289 HGB) muss ein Unternehmen über eine Buchführung verfügen, die bestimmten Anforderungen genügt. Viele Unternehmen begnügen sich mit dieser gesetzlichen Pflicht und werten die so gewonnenen Daten nicht vertiefend für die Steuerungszwecke des Managements aus.

Mit Hilfe der Kosten- und Leistungsrechnung wird der Leistungserstellungs- und Leistungsverwertungsprozess durchleuchtet und in Verbindung mit den handelnden Personen im Unternehmen gebracht. Die KLR ist somit ein Instrument der Unternehmensführung. Folgende Funktionen der Unternehmensführung werden mit Hilfe der Kosten- und Leistungsrechnung unterstützt:

1. Planungsfunktion

Planung versucht den Leistungserstellungs- und Leistungsverwertungsprozess im Voraus hinsichtlich seiner wirtschaftlichen Konsequenzen zu durchdenken und zielgerichtet auszurichten. Im Rahmen der Kosten- und Leistungsrechnung werden dazu vor Beginn der Planungsperiode die Ziele (z.B. im Absatz- und Produktionsbereich) und die zugehörigen Maßnahmen unter Beachtung der Randbedingungen (z.B. Absatzbeschränkungen, Kapazitätsgrenzen) in ihren wirtschaftlichen Auswirkungen vorausgedacht.

2. Kontrollfunktion

Kontrolle versucht aufgrund realisierter Werte von Zielen und Maßnahmen Abweichungen zwischen Plan und Ist zu ermitteln, die Ursachen zu ergründen und Konsequenzen für die handelnden Personen und Systeme abzuleiten. Kontrolle und Planung bilden zusammen einen Regelkreis, für den in der Kosten- und Leistungsrechnung Informationen ermittelt, analysiert und dokumentiert werden (Informations- und Dokumentationsaufgabe).

3. Entscheidungsfunktion

Jede Disposition im Betrieb ist zukunftsbezogen und beinhaltet ein Wählen zwischen verschiedenen Handlungsalternativen. Eine Funktion der KLR besteht nun darin, die kostenmäßigen Konsequenzen der in Frage kommenden Entscheidungsalternativen sichtbar zu machen; d.h. es werden jene Änderungen der Gesamtkosten aufgezeigt, die sich als Folge einer bestimmten Entscheidung voraussichtlich ergeben (Entscheidungsunterstützungsaufgabe).

In den verschiedenen Teilgebieten des betrieblichen Rechnungswesens werden unterschiedliche Ziele verfolgt. Um eine klare Abgrenzung zwischen diesen zu erreichen, wird mit unterschiedlichen ökonomischen Größen gearbeitet, für die sich bestimmte Begriffe herausgebildet haben.

Folgende Begriffe werden genutzt:

Auszahlungen	Zahlungsmittelabflüsse aus einem Unternehmen pro Periode
Einzahlungen	Zahlungsmittelzuflüsse von außen pro Periode
Ausgaben	Wert aller zugegangenen Güter und Dienstleistungen pro Periode (= Beschaffungswert)
Einnahmen	Wert aller veräußerten Güter und Dienstleistungen pro Periode (Erlös, Umsatz)
Aufwendungen	Nach gesetzlichen Regeln bewerteter Güterverzehr einer Periode
Erträge	Nach gesetzlichen Regeln bewertete Gütererstellung einer Periode

Eine genaue Unterscheidung der Begriffe ist erforderlich, da z.B.:

- für das finanzielle Überleben die Differenz von Einzahlungen - Auszahlungen entscheidend ist,
- die Gewinnsituation durch die Differenz von Ertrag - Aufwendungen bestimmt wird,
- das Vermögen durch die Differenz von Einnahmen und Ausgaben und den Gewinn (Ertrag - Aufwendungen) bestimmt wird.

Die Berechnung von Auszahlungen und Ausgaben (bzw. Einzahlungen und Einnahmen) unterscheiden sich beispielsweise, wenn eine Ware oder eine Dienstleistung in unterschiedlichen Perioden geliefert und bezahlt worden ist. Für die Gewinn- und Verlustrechnung ist dieser Unterschied ohne Bedeutung. Er wirkt sich beim Kassenbestand und bei den Forderungen aus.

Im Unterschied dazu lassen sich Kosten durch folgende Merkmale kennzeichnen:

1) Es muss ein Verbrauch an Gütern und/oder Dienstleistungen vorliegen.

Der Verbrauchsvorgang ist durch einen Wertverlust der betreffenden Wirtschaftsgüter gekennzeichnet. Als Verbrauch ist nicht nur die Substanzminderung bei Sachgütern (Materialverbrauch) anzusehen, sondern auch der durch den Gebrauch von Sachgütern eintretende allmähliche Wertverzehr, der im Rechnungswesen als Abschreibungen erfasst wird. Ebenso muss der Verbrauch von immateriellen Wirtschaftsgütern als Kosten berücksichtigt werden, soweit sie einem Verzehr oder einer Wertminderung unterliegen (z.B. Ablauf von Patentnutzungsrechten, Forderungsausfälle). Auch für die Bereitstellung von Kapital entstehen Kosten (Opportunitätskosten für betrieblich gebundenes Eigenkapital).

2) Der Verbrauch muss betriebsbedingt sein.

Zu den Kosten darf nur derjenige Verbrauch gerechnet werden, der in einem unmittelbaren oder mittelbaren Zusammenhang mit der Leistungserstellung steht (Leistungsbezogenheit). So gehören z.B. Aufwendungen für Fahrzeuge, die betrieblich genutzt werden, zu den Kosten, während Aufwendungen für einen vom Geschäftsinhaber privat genutzten PKW nicht zu den Kosten gerechnet werden.

3) Der Verbrauch ist zu bewerten.

Da Kosten eine Wertgröße darstellen, d.h. in Geldeinheiten ausgedrückt werden, müssen die Verbrauchsmengen mit Preisen bewertet werden.

Kosten = betriebsbedingter Verzehr • zugehöriger Kostenwert

Die Wahl des zugehörigen Kostenwertes (des „Preises“) steht grundsätzlich frei, sollte jedoch den Werteverzehr abbilden. Zur Auswahl stehen u.a. Anschaffungspreise, Wiederbeschaffungspreise und Durchschnittspreise. Welcher Wert angesetzt wird, hängt von der gewünschten Informationsgenauigkeit, der Wirtschaftlichkeit und dem Rechnungszweck ab.

Abgrenzung von Kosten und Aufwendungen

Es gibt Aufwendungen, die nichts mit der regelmäßigen Erstellung von Betriebsleistungen in der Abrechnungsperiode zu tun haben. Sie werden als neutrale Aufwendungen bezeichnet und dürfen nicht in das Betriebsergebnis (als Ergebnis der KLR) mit einbezogen werden, um ein unverzerrtes Bild des Betriebsgeschehens zu erhalten.

Ein Aufwand oder ein Ertrag ist neutral, wenn mindestens eines der folgenden Merkmale zutrifft:

• betriebsfremd = nicht auf die betriebliche Tätigkeit bezogen; z.B. eine Spende an das Rote Kreuz

• periodenfremd = nicht auf die Abrechnungsperiode bezogen; z.B. Mietvorauszahlungen

• außergewöhnlich = unregelmäßig anfallend oder ungewöhnlich hoch; z.B. vorzeitiger Totalschaden einer Maschine durch unsachgemäße Bedienung

Periodenfremde und außerordentliche Erfolgspositionen sind zwar in der Regel im Zusammenhang mit der Verfolgung des Betriebszwecks entstanden. Ihr Ansatz in der Kosten- und Leistungsrechnung würde aber das dort zu entwerfende Bild des normalen Betriebsgeschehens über Produktion und Absatz verfälschen. Hierzu gehört beispielsweise der Verkauf einer Maschine unter dem Buchwert oder eine Auflösung von Rückstellungen. Daher werden sie zu den Aufwendungen gerechnet, die nicht Kosten sind.

Aufwendungen, die durch den Betriebszweck verursacht wurden, werden als Zweckaufwendungen entweder unverändert als Grundkosten oder mit einem anderen Wert als Anderskosten in die Kostenrechnung übernommen. Von Zusatzkosten wird gesprochen, wenn den verrechneten Kosten kein Aufwand gegenübersteht. Damit lässt sich der Begriff Kosten folgendermaßen definieren:

Kosten: betriebsgerichteter, bewerteter Verbrauch von Gütern und Dienstleistungen in einer Periode

Folgende Verbindungen/Unterschiede zwischen Kosten und Aufwendungen lassen sich ermitteln:

1 Aufwendungen, die keine Kosten sind (neutrale Aufwendungen)

- betriebsfremd, sachzielfremd
- außergewöhnlich
- periodenfremd

Beispiele: Spenden, z.B. an die Caritas, Verkauf einer Maschine unter Buchwert, Steuernachzahlung, Mietvorauszahlung

2 Kosten, denen Aufwendungen in gleicher Höhe entsprechen (Grundkosten)

Beispiele: verarbeitete Roh-, Hilfs-, und Betriebsstoffe, Löhne, Gehälter, Fremdkapitalzinsen

3 Kosten, denen Aufwendungen in anderer Höhe entsprechen (Anderskosten)

Beispiele: Kalkulatorische Abschreibungen, kalkulatorische Wagnisse, kalkulatorische Zinsen für zur Verfügung gestelltes Kapital

4 Kosten, denen keine Aufwendungen gegenüberstehen (Zusatzkosten)

Beispiele: Kalkulatorischer Unternehmerlohn, kalkulatorische Miete, kalkulatorische Eigenkapitalzinsen

Die zu erstellende Kosten- und Leistungsrechnung (KLR) wird im Unterschied zur Bilanz und Finanzrechnung auch für einzelne Bereiche im Unternehmen aufgestellt. Solche Bereiche können organisatorische Einheiten (wie Abteilungen), technische Einheiten (wie Maschinen) oder marktfähige Leistungen (z.B. Produkte) sein. Sie rechnet nicht mit Zahlungen, sondern betrachtet den Verbrauch oder den Zuwachs an Güter-/ Dienstleistungsmengen im Betrieb.

Die Hauptaufgabe besteht darin, den Verbrauch von Produktionsfaktoren und die damit verbundene Entstehung von Leistungen (Produkten) mengen- und wertmäßig zu erfassen und die Wirtschaftlichkeit der Leistungserstellung zu überwachen. Die

Zahlen der Kosten- und Leistungsrechnung werden nicht veröffentlicht, sondern dienen zur Information des Managements auf allen Unternehmensebenen (vom Meister an der Maschine bis hin zum Produktmanager), um sie zur Planung, Steuerung und Kontrolle des Betriebsgeschehens zu verwenden. Um das Betriebsgeschehen zeitnah steuern zu können, müssen die Kosten- und Leistungsinformationen relativ häufig aus der Buchhaltung gewonnen werden können (z.B. monatliche Umsatz- und Kostendaten).

Für die Kosten- und Leistungsrechnung sind nur dann gesetzliche Vorschriften zu berücksichtigen, wenn öffentliche Aufträge abgewickelt werden. Jedes Unternehmen ist somit frei, die KLR seinen Produktionsstrukturen und seinen Organisations- und Managementerfordernissen anzupassen. Bei Zulieferen ist beispielsweise der Preis- und Qualitätsdruck der industriellen Kunden das entscheidende Problem. Daher müssen die Kosten der einzelnen Produkte möglichst exakt ausgewiesen und Hinweise zur Rationalisierung in den zu identifizierenden Betriebsbereichen gegeben werden.

Bei Unternehmen, die Konsumentenmärkte beliefern (z.B. Kosmetikindustrie), liegen die Steuerungserfordernisse häufig eher bei den Umsätzen der einzelnen Artikelvarianten und der Steuerung des Außendienstes.

Für den Aufbau der Kosten- und Leistungsrechnung wird die folgende Einteilung verwendet, die sich auch in der Literatur durchgesetzt hat:

- Kostenartenrechnung,
- Kostenstellenrechnung und
- Kostenträgerrechnung.

Kostenartenrechnung

Die Kostenartenrechnung dient der Erfassung und Systematisierung aller Kostenarten, die in der betreffenden Abrechnungsperiode angefallen sind. Die Zahlen, die in die Kostenartenrechnung eingehen, stammen aus der Buchhaltung oder aus vorgeschalteten Hilfsrechnungen (z.B. Lohn- und Gehaltsbuchhaltung). Hier wird die Frage beantwortet:

"Welche Kosten sind in welcher Höhe angefallen?"

Kostenstellenrechnung

In der Kostenstellenrechnung werden die angefallenen Kosten auf die in Anlehnung an die Aufbauorganisation gebildeten Kostenstellen verteilt, um sie Verantwortungsbereichen der Führungskräfte zuzuordnen. Die Verrechnung von Kosten in Kostenstellen dient weiterhin einer besseren Kalkulation der Endprodukte in den Fällen, in denen eine direkte Zurechnung der Kosten auf die einzelnen Endprodukte kaum möglich ist. Die Kostenstellenrechnung beantwortet folgende Frage:

"Wo (d.h. in welcher Organisationseinheit) sind welche Kosten in welcher Höhe entstanden?"

Kostenträgerrechnung

Die Kostenträgerrechnung bildet die letzte Stufe des Abrechnungsvorganges in der Kostenrechnung. Die in der Abrechnungsperiode angefallenen Kosten werden jetzt nicht mehr herkunftsbezogen, sondern verwendungsbezogen den Endprodukten (Kostenträgern) zugerechnet. Die Kostenträgerrechnung gliedert sich in:

- Kostenträgerstückrechnung (Kalkulation)
- Kostenträgerzeitrechnung (kurzfristige Erfolgsrechnung)

Die Kostenträgerrechnung gibt Antwort auf folgende Frage:

"Wofür sind welche Kosten in welcher Höhe entstanden?"

2.3.2 Kostenartenrechnung

Die Kosten- und Leistungsrechnung ist am besten zu verstehen, wenn man ein konkretes Unternehmen mit seinen Managementerfordernissen betrachtet. Daher gehen wir in diesem Teil von der AluGuss GmbH aus. Die in diesem Fall gewonnenen Erkenntnisse lassen sich natürlich auch auf andere Unternehmen übertragen.

Um den Fall in sich überschaubar und konsistent zu halten, mussten einige technische Rahmenbedingungen (z.B. Kapazitätsdaten) angepasst werden. Sie entsprechen damit nicht notwendigerweise den realistischen Größen.

Betrachtet wird ein mittelständisches Unternehmen in der Rechtsform einer GmbH mit Sitz in Westfalen, das Zulieferer speziell für die Automobilindustrie ist. Beschäftigt sind etwa 250 Mitarbeiter.

Die AluGuss GmbH operiert in den Geschäftsbereichen Aluminium- und Kunststofffertigung mit der entsprechenden Geschäftsbereichsstruktur:

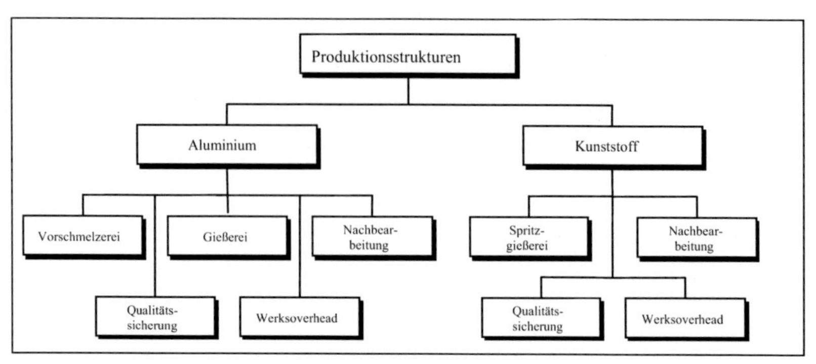

Abb.: Übersicht Produktionsstrukturen der AluGuss GmbH

Die Fertigung der Produkte Kühlkörper und Gehäuse für Lichtmaschinen erfolgt in einem mehrstufigen Produktionsprozess, der sich in die Hauptbereiche Vorschmelzerei, Druckgießerei und Oberflächenbehandlung gliedert. Die Produktion erfolgt auftragsbezogen. Die Produktionsstufen Vorschmelzerei und Druckgießerei durchlaufen immer die einzelnen Stufen der Nachbearbeitung, je nach Produktart. Vor bzw. hinter den einzelnen Produktionsstufen befinden sich Lager, in denen Einsatzstoffe aus den Vorstufen oder zugekaufte Waren (z.B. Eingießteile) bereitgestellt werden. Eine Ausnahme bildet die Vorschmelzerei: Die extrem heiße Schmelze wird direkt an die Gießerei weitertransportiert. Zu den so genannten Werksoverheads gehört neben dem innerbetrieblichen Transport zum Beispiel die Betriebswerkstatt oder die Arbeitsvorbereitung.

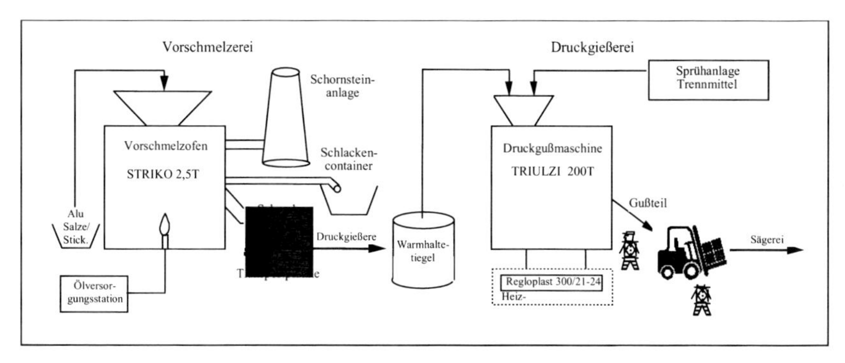

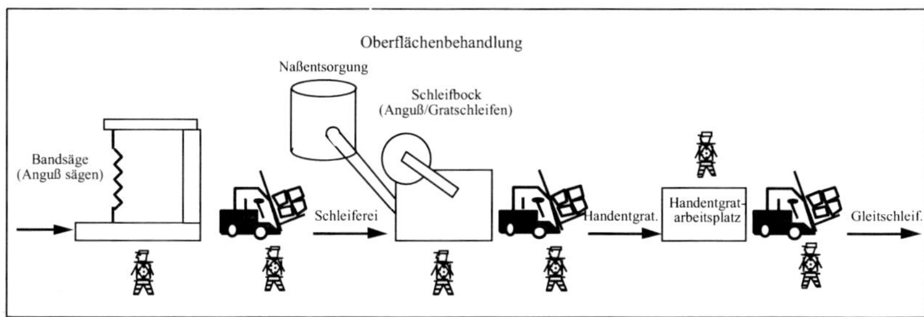

Abb.: Der Fertigungsablauf in der AluGuss GmbH

Die AluGuss GmbH befindet sich in einer für viele mittelständische Betriebe typischen Marktsituation: Die starke konjunkturelle Abhängigkeit von den Hauptabnehmern erlaubt keine eigenständige Marktpolitik. Auf dem hart umkämpften Markt sind Preiserhöhungen nicht durchsetzbar. Ergebnisverbesserungen sind daher vornehmlich nur durch Mengenausweitung und Kostensenkung erzielbar. Die bisherigen Steuerungsinstrumente des Managements reichen für sinnvolle Produkt- und Fertigungsentscheidungen nicht aus. Die Geschäftsleitung hat daher vor drei Jahren eine mittlere DV-Anlage mit 30 Terminals in der Hoffnung gekauft, aktuelle Informationen über Umsätze, Kosten, Betriebsergebnisse etc. zu gewinnen.

2.3.2.1 Einteilung der Kosten

Die Gesamtkosten kann man nach verschiedenen Kriterien einteilen, wobei sich Überschneidungen einstellen können. Es ergeben sich unterschiedliche Kosten**arten**begriffe:

Einteilung nach betrieblichen Entstehungsbereichen

Bei Anwendung dieses Kriteriums werden die Kosten beispielsweise eingeteilt in: Logistikkosten, Fertigungskosten, Verwaltungskosten und Vertriebskosten, je nachdem, in welchem betrieblichen Bereich sie entstehen. Diese Aufteilung ist im Einzelfall natürlich wesentlich differenzierter zu betrachten. Ihre größte Relevanz hat diese Einteilung im Bereich der Kostenstellenrechnung.

Einteilung nach der Herkunft

Primäre Kostenarten fallen beim Verbrauch von Gütern und Dienstleistungen an, die von außen bezogen wurden, z.B. Gehälter oder Rohstoffverbrauch.

Sekundäre Kostenarten entstehen dagegen beim Verbrauch innerbetrieblich erstellter Leistungen. Bei der Erstellung dieser innerbetrieblichen Leistungen fallen in den die innerbetrieblichen Leistungen herstellenden Kostenstellen unter Umständen neben primären auch sekundäre Kosten an, wenn eine solche Kostenstelle ihrerseits wieder innerbetriebliche Leistungen empfängt.

In der Kostenartenrechnung werden nur die primären Kostenarten erfasst. Die sekundären Kostenarten werden abrechnungstechnisch erst innerhalb der Kostenstellenrechnung betrachtet.

Einteilung nach der Zurechenbarkeit

Einzelkosten sind Kosten, die einem Bezugsobjekt (z.B. Kostenträger, Kostenstelle, Periode) direkt zurechenbar sind und auch direkt zugerechnet werden. Kostenträgereinzelkosten bedürfen zur Ermittlung der Selbstkosten nicht der Verrechnung über die Kostenstellenrechnung, z.B. Fertigungsmaterial und Fertigungslöhne, die für eine bestimmte Leistungserstellung anfallen. Sind Einzelkosten nicht einem einzelnen Stück eines Kostenträgers zurechenbar, sondern nur einem hierarchisch höheren Bezugsobjekt, z.B. einem Auftrag, so spricht man in aller Regel von **Sondereinzelkosten**. Dabei wird zwischen Sondereinzelkosten der Fertigung, wie z.B. Kosten für Modelle und Gußformen und Sondereinzelkosten des Vertriebes, wie z.B. Versandspesen, unterschieden.

Gemeinkosten betreffen mehrere Bezugsobjekte gemeinsam. Deshalb können sie nicht dem einzelnen Bezugsobjekt direkt zugerechnet werden. Kostenträgergemeinkosten werden über die Kostenstellenrechnung den Kostenträgern indirekt zugerechnet. Beispiele: Energiekosten, Hilfslöhne, Gehälter.

Unechte Gemeinkosten können zwar direkt zugerechnet werden und es sind daher vom Charakter her Einzelkosten, ihre gesonderte Erfassung würde jedoch in keinem Verhältnis zum Informationsgewinn stehen, z.B. geringwertige Kleinteile wie Blechschrauben.

Einteilung hinsichtlich des Verhaltens bei Variation einer Kosteneinflussgröße

Bei **variablen Kosten** handelt es sich um Kostenbestandteile, die sich bei Variation einer Kosteneinflussgröße ändern. Wird als Kosteneinflussgröße die Beschäftigung unterstellt, so wird dann von **beschäftigungsvariablen Kosten** gesprochen, wenn eine Änderung der Beschäftigung (Ausbringung) auch eine Änderung dieser Kostenbestandteile bewirkt. Wird bei einer Analyse auf die Gestalt des Zusammenhangs zwischen Beschäftigungsänderung und Kostenverlauf abgestellt, so lassen sich die beschäftigungsvariablen Kosten weiter unterteilen in proportionale, degressive, progressive und regressive Kosten.

Im Unterschied zu den variablen Kosten handelt es sich bei den **fixen Kosten** um Kostenbestandteile, die bei Variation der betrachteten Kosteneinflussgröße in unveränderter Höhe anfallen. Beschäftigungsfixe Kosten als Beispiel fallen unabhängig von Veränderungen im qualitativen oder quantitativen Leistungsprogramm in gleicher Höhe an. Sie sind bei kurzfristiger Betrachtungsweise auch durch eine Einstellung der Produktion des Leistungsprogramms nicht abbaubar. Durch ihre Zeitraumbezogenheit lassen sich diese beschäftigungsfixen Kosten jedoch in aller Regel gleichzeitig als variabel in Bezug auf die Kosteneinflussgröße Kalenderzeit bezeichnen (Wechsel der Bezugsgröße).

Einteilung nach Art der verbrauchten Produktionsfaktoren

Bei einer groben Differenzierung nach diesem Kriterium ergeben sich:

- Werkstoffkosten (z.B. Fertigungsmaterial)
- Personalkosten (z.B. Lohn, Gehalt, Sozialversicherung)
- Betriebsmittelkosten (z.B. Energie, Schmierstoffe)
- Dienstleistungskosten (einschließlich öffentl. Abgaben)

Bei der Einteilung nach der Art der verbrauchten Produktionsfaktoren steht insbesondere das Problem der Erfassung und Bewertung des Verbrauchs im Vordergrund.

Verbrauch von Material

Materialkosten sind der bewertete Verbrauch von Rohstoffen (Aluminium als Rohstoff für die Druckgussteile), Hilfsstoffen (Gewindeeinsatz aus Messing) und Betriebsstoffen (Fett zum Abschmieren der Druckgussmaschine). Die Erfassung der Materialkosten erfolgt in zwei Schritten:

1. Bestimmung des mengenmäßigen Verbrauchs und

2. monetäre Bewertung des mengenmäßigen Verbrauchs.

(1) Erfassung des mengenmäßigen Verbrauchs

Die Erfassung des mengenmäßigen Verbrauchs an Material kann mit Hilfe verschiedener Verfahren erfolgen.

Retrograde Methode

In der retrograden Methode, auch Rückrechnung genannt, wird von den erstellten Halb- bzw. Fertigfabrikaten ausgegangen. Die Grundbedingung für diese Anwendung ist, dass der Verbrauch für jede Ausbringungseinheit eines Produktes bereits exakt erfasst wurde (z.B. in Stücklisten). Der Materialverbrauch wird wie folgt ermittelt:

Anzahl gefertigte Stücke • Soll-Stoffverbrauch je Stück = Materialverbrauch

Berechnung zum Ausgangsbeispiel:

Lichtmaschinengehäuse :	500.000 • 1,0 kg =	500.000 kg
Scheibenheberhalterung :	2.400.000 • 0,3 kg =	720.000 kg
Materialverbrauch		1.220.000 kg

Durch diese Rechnung erhält man Soll-Verbrauchsmengen, weil bei jeder Einheit der gleiche Verbrauch unterstellt wird. Der Ist-Verbrauch und damit auch der außergewöhnliche Verbrauch bleiben unbekannt.

Inventurmethode (Befundrechnung)

Der Materialverbrauch wird hier nicht laufend, sondern am Ende des Abrechnungszeitraumes durch Gegenüberstellung der Einkäufe mit dem Endbestand erfasst.

Berechnung zum Ausgangsbeispiel:

Anfangsbestand	1.000 t
+ Zugang	1.500 t
- Endbestand	1.300 t
Materialverbrauch	1.200 t

Bei dieser Methode wird der gesamte Materialverbrauch erfasst, auch der nicht bestimmungsgemäße Verbrauch (Verderb, Schwund, Diebstahl). Der nicht betriebstypische Verbrauch wird somit kostenrechnerisch wie zweckgerichteter behandelt. Eine Soll-Ist-Abweichungsanalyse bzgl. des Verbrauchs ist deshalb nicht möglich. Weiterhin sind Ort (Kostenstelle) und Zweck (Kostenträger) des Verbrauchs so nicht feststellbar.

Skontrationsmethode (Fortschreibungsmethode)

Die Mängel der Inventurmethode werden in dieser Methode dadurch vermieden, dass die verbrauchten Materialmengen direkt mit Hilfe von Materialentnahmescheinen erfasst werden, die bei jedem Lagerabgang unter Angabe der Kostenstelle und der Auftragsnummer ausgestellt werden. Der Materialverbrauch wird wie folgt ermittelt:

Berechnung zum Ausgangsbeispiel:

Alle Abgänge:	03.04.	250 t
	09.04.	210 t
	16.04.	290 t
	24.04.	260 t
	28.04.	190 t
Materialverbrauch		1.200 t

Durch den Vergleich des Soll-Bestandes (Lagerbestand lt. Kartei) mit dem Ist-Bestand lt. Inventur ergibt sich der nicht zweckgerichtete Verbrauch. Des Weiteren ist durch die Erfassung über Materialentnahmescheine die exakte Zurechnung zur empfangenden Kostenstelle sowie auf die Kostenträger möglich.

(2) Bewertung des Materialverbrauchs

Die Bewertung des Materialverbrauchs kann man zu unterschiedlichen Preisen vornehmen. Grundsätzlich sind folgende Wertansätze möglich:

Anschaffungswerte

Der Ansatz der tatsächlichen Anschaffungspreise als Wertobergrenze ist zwar handels- und steuerrechtlich vorgeschrieben, bei steigenden Preisen erweisen sie sich jedoch nicht als vorteilhaft, weil die Substanzerhaltung des Unternehmens beeinträchtigt wird.

Wiederbeschaffungswerte

Der Ansatz dieser Werte trägt zur Substanzerhaltung des Unternehmens bei, indem der Wert berücksichtigt wird, der notwendig ist, um das zu verbrauchende Material zu einem späteren Zeitpunkt wieder zu beschaffen. Problematisch ist dabei die Festlegung des Wiederbeschaffungspreises, da zum einen der Zeitpunkt der Wiederbeschaffung, zum anderen die entsprechenden Preise geschätzt werden müssen. Deshalb kann statt des Wiederbeschaffungswertes der Tageswert, z.B. am Tag der Lagerentnahme, als Wertansatz verwendet werden.

Verrechnungswerte

Die obigen Wertansätze orientieren sich am Beschaffungsmarkt und unterliegen damit auch dessen Schwankungen. Durch den Ansatz von (festen) Verrechnungspreisen schaltet man unternehmensexterne Einflüsse (z.B. ständig wechselnde Preise) auf das innerbetriebliche Rechnungswesen aus. So wird eine sinnvolle Kostenkontrolle möglich, denn Abweichungen zwischen Soll- und Istkosten sind dann "nur" noch auf Veränderungen der Mengenkomponente und damit im Wesentlichen auf interne Einflüsse zurückzuführen.

Weiterhin werden verschiedene Bewertungsarten unterschieden:

- **Einzelbewertung** findet Anwendung bei Wirtschaftsgütern, deren Preise stark schwanken und die von erheblichem Einfluss auf die Kosten des Endproduktes sind, z. B. Auftragsfertigung: Schiffsdiesel in der Werft.

- **Sammel- oder Gruppenbewertung** findet Anwendung bei Wirtschaftsgütern, die gleichartig (Sammelbewertung) und gleichwertig (Gruppenbewertung) sind.
- **Festbewertung** findet Anwendung bei Wirtschaftsgütern, die von geringerem Einfluss auf die Kosten des Endprodukts sind, z. B. Kleinteile wie Schrauben in der Möbelindustrie, und deren Bestand mengenmäßig und wertmäßig jedes Jahr annähernd gleich ist.

Folgende Verbrauchswerte sollen vorliegen:

Daten des Ausgangsbeispiels: Materialbestandskonto Aluminium in Tonnen					
Anfangsbestand	1.000 t	zu 2.500 €	03.04. Abgang		250 t
05.04. Zugang	500 t	zu 2.800 €	09.04. Abgang		210 t
18.04. Zugang	1.000 t	zu 2.700 €	16.04. Abgang		290 t
			25.04. Abgang		260 t
			28.04. Abgang		190 t
			Endbestand		1.300 t
Summe	2.500 t			Summe	2.500 t

Die permanente Durchschnittswertermittlung

Berechnung zum Ausgangsbeispiel:				
Anfangsbestand	01.04.	1.000 t x 2.500 €	=	2.500.000,- €
Abgang	03.04.	250 t x 2.500 €	=	625.000,- €
Summe		750 t		1.875.000,- €
Zugang	05.04.	500 t x 2.800 €	=	1.400.000,- €

Summe		1.250 t	3.275.000,- € (=2.620 €/t)
Abgang	09.04.	210 t x 2.620 € =	550.200,- €
Abgang	16.04.	290 t x 2.620 € =	759.800,- €
Summe		750 t	1.965.000,- €
Zugang	18.04.	1.000 t x 2.700 € =	2.700.000,- €
Summe		1.750 t	4.665.000,- € (=2.665,71 €/t)
Abgang	25.04.	260 t x 2.665,71€ =	693.086,- €
Abgang	28.04	190 t x 2.665,71€ =	506.486,- €
Endbestand	30.04.	1.300 t	3.465.428,- € =2.665,71 €/t)

Bei jedem Materialzugang wird ein neuer Durchschnittswert berechnet, zu dem der Verbrauch bewertet wird. Ändert sich der Durchschnittswert nach einem Zugang, so erfolgt der Verbrauch dann zu dem neu berechneten Wert. Der gesamte Materialverbrauch beträgt bei der permanenten Durchschnittswertermittlung: 3.134.572,-- €.

Die periodische Durchschnittswertermittlung

Berechnung zum Ausgangsbeispiel:			
Anfangsbestand	01.04.	1.000 t x 2.500 € =	2.500.000,- €
Zugang	05.04.	500 t x 2.800 € =	1.400.000,- €
Zugang	18.04.	1.000 t x 2.700 € =	2.700.000,- €
Summe		= 2.500 t	= 6.600.000.- €
			(=2.640 € je t)

Jeder Verbrauch wird in der Abrechnungsperiode mit 2.640,-- € je Tonne bewertet, d.h. der Materialverbrauch beläuft sich auf

1.200 t • 2.640,-- €/t = 3.168.000,-- €

Da der Durchschnittswert erst am Ende der Periode ermittelt werden kann, existieren zwei Möglichkeiten zur Materialbewertung:

- Während der Periode wird der Materialverbrauch nur mengenmäßig erfasst und die Bewertung am Ende der Periode nachgeholt.
- Die Bewertung erfolgt während der Periode zum Durchschnittswert der Vorperiode, am Ende erfolgt eine Korrektur evtl. Preisdifferenzen.

Die Fifo-Methode (first in - first out)

Hierbei müssen die Auszubildenden unterstellen, dass die zuerst erworbenen oder hergestellten Güter auch zuerst verbraucht werden (z.B. Lagerung in einem Silo).

Berechnung zum Ausgangsbeispiel:		
Abgang 03.04.		250 t x 2.500 € = 625.000 €
Abgang 09.04.		210 t x 2.500 € = 525.000 €
Abgang 16.04.		290 t x 2.500 € = 725.000 €
Abgang 25.04.	260 t davon:	250 t x 2.500 € = 625.000 €
		10 t x 2.800 € = 28.000 €
Abgang 28.04.		190t x 2.800 € = 532.000 €
Materialverbrauch insgesamt:		3.060.000 €

Die permanente Lifo-Methode (last in - first out)

Bei diesem Sammelbewertungsverfahren haben die Auszubildenden anzunehmen, dass die zuletzt erworbenen Güter als erste verbraucht werden (z. B. Lagerung in Form einer Halde).

Berechnung zum Ausgangsbeispiel:		
Abgang 03.04.	250 t x 2.500 € =	625.000,- €
Abgang 09.04.	210 t x 2.800 € =	588.000,- €
Abgang 16.04.	290 t x 2.800 € =	812.000,- €
Abgang 25.04.	260 t x 2.700 € =	702.000,- €
Abgang 28.04.	190 t x 2.700 € =	513.000,- €
Materialverbrauch insgesamt:		3.240.000,- €

Die permanente Hifo-Methode (highest in - first out)

Hierbei unterstellen die Auszubildenden, dass die am teuersten eingekauften Wirtschaftsgüter zuerst verbraucht werden.

Berechnung zum Ausgangsbeispiel:		
Abgang 03.04.	250 t x 2.500 € =	625.000,- €
Abgang 09.04.	210 t x 2.800 € =	588.000,- €
Abgang 16.04.	290 t x 2.800 € =	812.000,- €
Abgang 25.04.	260 t x 2.700 € =	702.000,- €
Abgang 28.04.	190 t x 2.700 € =	513.000,- €
Materialverbrauch insgesamt:		3.240.000,- €

Es sei darauf hingewiesen, dass das Lifo- und das Hifo-Verfahren hier nur zufällig zum gleichen Ergebnis führen.

Einsatz von Personal

Die Personalkosten umfassen Löhne, Gehälter, gesetzliche sowie freiwillige Sozialkosten und sonstige Personalkosten. Diese Größen werden für die Kostenrechnung aus der Lohn- und Gehaltsbuchhaltung entnommen, berichtigt durch kalkulatorische Aufschläge, die

- diskontinuierliche Zahlungen (z.B. Urlaubs-, Weihnachtsgeld) bzw. Aufwendungen (z.B. Zuführungen zu Pensionsrückstellungen) gleichmäßig auf die Perioden verteilen,
- unsichere Zahlungen (z.B. Schlechtwettergeld) verstetigen.

Zu den **gesetzlichen Sozialkosten** zählen vorwiegend die Arbeitgeberanteile zur Renten-, Kranken- und Arbeitslosenversicherung. **Freiwillige Sozialkosten** entstehen durch direkte Leistungen an die einzelnen Arbeitnehmer (z.B. freiwillige Pensionszusagen) und durch Leistungen, die die Arbeitnehmer des Unternehmens gemeinsam nutzen können (z.B. Sportanlagen).

Zu den **sonstigen Personalkosten** zählen die Kosten für Personalwerbung, Umzugskosten und Abfindungskosten.

Bei den Löhnen wird zwischen Fertigungs- und Hilfslöhnen unterschieden:

- **Fertigungslöhne** fallen für Arbeiten an, die unmittelbar an den zu erstellenden Produkten geleistet werden. Die Fertigungslöhne lassen sich direkt auf den Kostenträger als Einzelkosten zurechnen.
- **Hilfslöhne** werden für solche Arbeitsleistungen aufgewendet, die nur mittelbar der Leistungserstellung dienen. Sie werden i.d.R. durch die verschiedenen Aufträge oder Kostenträger gemeinsam verursacht (z.B. Löhne für den Betriebselektriker). Dann sind sie als Kostenträgergemeinkosten zu verrechnen.

2.3.2.2 Kalkulatorische Kosten

Anderskosten und **Zusatzkosten** werden gemeinsam als **kalkulatorische Kosten** bezeichnet. Diese werden eigens für kostenrechnerische Zwecke kalkuliert.

Kalkulatorischer Unternehmerlohn

Bei Personengesellschaften und Einzelunternehmungen fallen für die Arbeit des im Betrieb tätigen Unternehmers keine Aufwendungen an, da der Unternehmer an sich selbst kein Gehalt zahlt, sondern seine Tätigkeit durch den Gewinn abgegolten wird. Handels- und steuerrechtlich darf die Arbeitsleistung eines Unternehmers nicht durch ein Gehalt vergütet werden.

In der Kostenrechnung ist der Ansatz eines fiktiven Unternehmerlohns hingegen erforderlich, weil:

- die Arbeitsleistung des Unternehmers einen betriebsbedingten Werteverzehr darstellt und somit in der Kalkulation angesetzt werden muss;
- die Kostenrechnungen von Personengesellschaften oder Einzelunternehmen mit Kapitalgesellschaften sonst nicht vergleichbar wären

Für die Ermittlung der Höhe des **kalkulatorischen Unternehmerlohns** kommen zwei Methoden in Frage:

1) Der kalkulatorische Unternehmerlohn bestimmt sich nach dem durchschnittlichen Gehalt eines leitenden Angestellten in einer vergleichbaren Position in einem vergleichbaren Unternehmen.
2) Der kalkulatorische Unternehmerlohn wird nach dem **Opportunitätsprinzip** festgelegt, d.h. der Unternehmer setzt das Gehalt an, das er selbst in einer vergleichbaren Position bei gleicher Arbeitsleistung in einem anderen Unternehmen bekommen würde.

Generell kann auch bei Kapitalgesellschaften der Ansatz eines kalkulatorischen Unternehmerlohns notwendig sein, wenn das Geschäftsführergehalt – insbesondere bei Gesellschafter-Geschäftsführern – nicht dem „Marktgehalt" entspricht.

Kalkulatorische Miete

Kalkulatorische Miete wird für Räume verrechnen, die ein Unternehmer dem Betrieb aus seinem Privatvermögen zur Verfügung stellt. Dabei wird die ortsübliche Miete für gewerblich genutzte Räume als Mietwert angesetzt.

Alternativ kann der Ansatz kalkulatorischer Miete auch sinnvoll sein, wenn ein Unternehmen bestimmte Gebäude vermieteten könnte und aufgrund der Eigennutzung darauf verzichtet (**Opportunitätskostengedanke**):

Beispiel:

Eine Bank, die in einem eigenen Gebäude eine Filiale auf der Düsseldorfer Kö. betreibt, könnte diese mit den dort üblichen hohen Mieten belasten, um zu ermitteln, ob eine Filialschließung und Fremdvermietung der Räume günstiger wäre.

Es ist darauf zu achten, dass beim Ansatz kalkulatorischer Opportunitätskosten immer eine Doppelverrechnung von Kosten ausgeschlossen werden muss. Im Beispiel dürfte die Filiale also keine Instandhaltungskosten der Räume mehr tragen.

Kalkulatorische Wagnisse

Jede Unternehmung muss mit Risiken rechnen, die zu zeitlich und in der Höhe unvorhersehbaren Aufwendungen führen können. Diese Verlustgefahr, die man als Wagnis bezeichnet, bezieht sich auf das allgemeine Unternehmerwagnis und spezielle Einzelwagnisse.

Das allgemeine Unternehmerwagnis erfasst Verluste, die ein Unternehmen als Ganzes treffen, z.B. Stillstand des Betriebes, technischer Fortschritt, Modewechsel (Nachfrageverschiebungen) oder allgemeine Wirtschaftskrisen. Dieses allgemeine Wagnis ist **nicht** Bestandteil der kalkulatorischen Kosten. Es wird durch den Gewinn abgegolten. Die Grenzziehung zwischen dem allgemeinen Unternehmerwagnis und den speziellen Wagnisarten ist häufig nur schwer möglich, da sich das Unternehmerwagnis auch in den Kostenarten manifestiert.

Spezielle Einzelwagnisse stehen dagegen in einem unmittelbaren Zusammenhang mit der Erzeugung und dem Vertrieb von Produkten und Dienstleistungen, soweit sie nicht versicherungstechnisch abgedeckt sind. Sobald Versicherungsprämien gezahlt werden, stellen sie keine kalkulatorischen Kosten, sondern ordentlichen Aufwand dar. Es ist aber auch möglich, dass ein die Versicherung übersteigendes Risiko zusätzlich mit kalkulatorischen Wagniskosten belegt wird. Damit ein spezielles Einzelwagnis in der Kostenrechnung berücksichtigt werden kann, müssen bestimmte Kriterien erfüllt sein:

(1) die Wagniskosten sind in Höhe und Zeitpunkt ihres Anfalls unbestimmt, aber

(2) die Verluste sind abschätzbar und

(3) die vermutete Höhe der Verluste liegt über einer "Fühlbarkeitsschwelle".

Beispiele:

- **Beständewagnis** (Diebstahl, Verderb, Preisverfall; z.B. Preisschwankungen beim Aluminium)
- **Entwicklungswagnis** (Kosten für fehlgeschlagene Forschungs- und Ent-

wicklungsarbeiten)

- **Vertriebswagnis** (Forderungsausfälle, Währungsverluste)
- **Gewährleistungswagnis** (Garantieverpflichtungen) u.a.

In der Kostenrechnung werden die Wagniskosten nicht nur summarisch ausgewiesen, sondern differenziert auch nach mehreren Wagniskostenarten. Um die verschiedenen Arten kalkulatorischer Wagnisse zu bemessen, werden die Haupteinflussgrößen wagnisbedingter Verluste als Bezugsgröße herangezogen. Beispielsweise werden für das Anlagenwagnis die durchschnittlichen Reparaturkosten der letzten Jahre infolge von unsachgemäßer Bedienung angesetzt. Im Bereich Vertrieb werden die Forderungsausfälle auf den Umsatz bezogen, ebenso auch berechtigte Gewährleistungsansprüche und freiwillige Kulanzregelugen.

Folgende allgemeine Formel kann zur Berechnung kalkulatorischer Wagnisse genutzt werden:

Kalk. Wagnisse = Bezugsbasis * Wagniszuschlag

(1) Die Bezugsgrößen können in den Kostenstellen unterschiedlich sein. Grundsätzlich gilt, dass die genaueste mögliche Bezugsbasis anzusetzen ist.

(2) Der Wagniszuschlag berechnet sich aus den tatsächlichen durchschnittlichen Verlusten der letzten Jahre unter Fortschreibung eines eventuell auftretenden Trends.

Beispiel:

Die AluGuss GmbH hatte im Jahr 2000 Umsatzerlöse von 50 Mio. €, die alle auf Ziel erfolgten. Die Forderungsausfälle beliefen sich in dem Jahr auf 4,5 Mio. €. Daraus wird ein allgemeines Vertriebswagnis von 9% abgeleitet. Der Umsatzplan für die Lichtmaschinengehäuse sieht für 2001 einen Umsatz von 5,5 Mio. € vor.

Es ergeben sich dann kalkulatorische Wagnisse von 5,5 Mio. € * 0,09 = 0,495 Mio. €.

Die bereits in der Gewinn- und Verlustrechnung berücksichtigten Forderungsausfälle dürfen dann nicht mehr berücksichtigt werden. Sie sind in diesem Fall zu eliminieren.

Ebenso ist mit allen anderen in der Gewinn- und Verlustrechnung bereits enthaltenen Aufwendungen zu verfahren.

Kalkulatorische Abschreibungen

Bei Wirtschaftsgütern, die über einen längeren Zeitraum im Betrieb genutzt werden (z.B. eine Druckgussmaschine), werden ihre Anschaffungskosten nicht im Jahr der Anschaffung komplett als Aufwand verrechnet, sondern anteilig auf die Jahre der wirtschaftlichen Nutzung verteilt. Dies geschieht durch den Ansatz von **Abschreibungen**, die den jährlichen Werteverzehr (Wertminderung) eines Wirtschaftsgutes zum Ausdruck bringen sollen.

Gründe, die zu solchen Abschreibungen führen, sind:

- der Einsatz der Anlagen im Betriebsprozess (verbrauchsbedingte Abschreibung im engsten Sinne)
- wirtschaftliche Gesichtspunkte; z.B. Bedarfsverschiebung auf den Absatzmärkten, technischer Fortschritt (wirtschaftlich bedingte Abschreibung)
- eine zeitlich begrenzte Nutzung eines Wirtschaftsgutes; z.B. Fristablauf von Patenten und Lizenzen (zeitbedingte Abschreibung)

Dabei unterscheiden sich die kalkulatorischen Abschreibungskosten von dem bilanziellen Abschreibungsaufwand. Während die bilanziellen Abschreibungen in ihrer Höhe durch handels- und steuerrechtliche Bewertungsvorschriften bestimmt werden (§ 253 HGB; § 7 EStG), sollen die in der KLAR zu ermittelnden **kalkulatorischen Abschreibungen** eine "verbrauchsbedingte" Abschreibung darstellen, die unabhängig von bilanzpolitischen und steuerrechtlichen Erwägungen sind. Es dürfen nur Abschreibungen für Wirtschaftsgüter vorgenommen werden, die betriebsnotwendig sind; stillgelegte Anlagen z.B. muss sie unberücksichtigt lassen, dagegen hat sie betriebsnotwendige Reserveanlagen einzubeziehen.

Folgende drei Determinanten bestimmen die Höhe der periodischen Abschreibungen:

1. Die Abschreibungsbasis

Die **Abschreibungsbasis** ist der Wert des Investitionsgutes, der abzuschreiben ist. Bei den bilanziellen Abschreibungen wird der Betrag der Anschaffungs- bzw. Herstellungskosten angesetzt, der gleichzeitig die Wertobergrenze darstellt. Demgegenüber wird bei der kalkulatorischen Abschreibung vom **Wiederbeschaffungspreis** (WBP) abgeschrieben. Dabei lässt sie sich vom Prinzip der Substanzerhaltung leiten. Sie unterscheidet dabei zwischen einem **Wiederbeschaffungspreis am Ende der Nutzungsdauer** und einem **Wiederbeschaffungspreis am Ende der betrachteten Nutzungsperiode**.

2. Die Nutzungsdauer

Das ist die nach Zeitperioden oder nach technischen Maßeinheiten bestimmte maximale Inanspruchnahme. Bilanziell wird die **betriebsgewöhnliche Nutzungsdauer**, die in den AfA-Tabellen (Absetzung für Abnutzung) festgelegt ist, angesetzt. Kostenrechnerisch wird mit der **betriebsindividuellen Nutzungsdauer** gerechnet.

3. Die Abschreibungsmethode

Die **Abschreibungsmethode** ist die Systematik, durch die die Abschreibungsbasis auf die Nutzungsdauer verteilt wird. Folgende Methoden werden verwendet:

1. Lineare Abschreibung

Dieses Verfahren ermöglicht eine gleichmäßige Verteilung des Abschreibungsaufwands über die Nutzungsdauer, d.h. die Jahresbeträge bleiben gleich.

Formel: $\frac{\text{Abschreibungsbasis}}{\text{Nutzungsdauer}}$ = jährlicher Abschreibungsbetrag

Bei Berücksichtigung von Preissteigerungen wird zunächst der Wiederbeschaffungspreis am Ende der tatsächlichen Nutzungsdauer ermittelt und dann werden die jährlich gleichbleibenden AfA-Beträge berechnet.

Formeln:

WBP in % (nach tatsächl. ND) = $100\,(1 + i)^n$

$$\frac{\text{Wiederbeschaffungspreis am Ende der ND}}{\text{tatsächliche ND}} = \text{jährliche Abschreibungsrate}$$

Beispiel:

Eine im Januar 2005 gekaufte Druckgussmaschine der AluGuss GmbH mit einem Anschaffungswert von 1.200.000,-- € wird bilanziell über 10 Jahre abgeschrieben. Für Zwecke der Kostenrechnung ist vom Wiederbeschaffungspreis über eine Nutzungsdauer von 12 Jahren abzuschreiben.

Ohne Berücksichtigung des WBP bei einer individuellen Nutzungsdauer von 12 Jahren ergibt sich ein Abschreibungsbetrag von 100.000,-- €. Bei der Ermittlung des Wiederbeschaffungspreises wird eine durchschnittliche Preissteigerungsrate von i = 4% pro Jahr angenommen.

Zunächst wird der Wiederbeschaffungspreis am Ende der tatsächlichen Nutzungsdauer ermittelt und dann werden die jährlich gleichbleibenden AfA-Beträge berechnet.

$$\text{WBP in \% (nach tatsächl. ND)} = 100\,(1 + i)^n = 100\,(1 + 0{,}04)^{12}$$

$$\text{WBP} = 160{,}10\ \%\ \text{von}\ 1.200.000\ € = 1.921.200{,}\text{--}\ €$$

Anschließend wird die folgende Formel angewendet:

$$\frac{\text{Wiederbeschaffungspreis am Ende der ND}}{\text{tatsächliche ND}} = \text{jährliche Abschreibungsrate}$$

Abschreibungsjahr	bilanzielle AfA	kalk. Abschreibung
2005	120.000,--	160.100,--
2006	120.000,--	160.100,--
2007	120.000,--	160.100,--
...	120.000,--	160.100,--
2014	120.000,--	160.100,--
2015	---	160.100,--
2016	---	160.100,--

2. Geometrisch-degressive Abschreibung

Die **geometrisch-degressive Abschreibung** ist durch fallende Abschreibungsbeträge während der Nutzungsdauer gekennzeichnet. Diese werden mittels eines festen Prozentsatzes vom jeweiligen Restbuchwert ermittelt.

Beispiel:

Für die Druckgussmaschine wird mit einem Satz von 30 % vom Restbuchwert abgeschrieben. Für 2005 erhält man einen Abschreibungsbetrag in Höhe von 576.360,--€ (30 % von 1.921.200,-- €). Im darauf folgenden Jahr ist der Abschreibungsbetrag mit 30 % vom Restbuchwert zu ermitteln. Der Restbuchwert beträgt zu Beginn des Jahres 2006 1.344.840,-- € (1.921.200,-- € abzüglich der im Vorjahr abgeschriebenen 576.360,-- €).

3. Arithmetisch-degressive Abschreibung

Bei der **arithmetisch-degressiven Abschreibung** stellen die Abschreibungsbeträge eine fallende arithmetische Reihe dar, d.h. die Höhe des Abschreibungsbetrages nimmt in jeder Periode um denselben absoluten Betrag ab. Dieses Verfahren wird in der Praxis selten verwendet.

Beispiel:

Zur Ermittlung wird die Summe der Abschreibungsjahre 1 bis 12 gebildet. Dieses ergibt einen Wert von 78. Nun ist der WBP durch 78 zu dividieren. Der so gewonnene Betrag von 24.631,-- € ist in umgekehrter Jahresreihenfolge für 2005 mit 12, für 2006 mit 11, für 2007 mit 10, usw. zu multiplizieren. Das ergibt für 2005 einen Abschreibungsbetrag von 295.572,-- €.

4. leistungsabhängige Abschreibung

Bei der **leistungsabhängigen Abschreibung** wird der Anteil der Gesamtleistung, welche im betrachteten Jahr in Anspruch genommen wird, als Abschreibungsbetrag angesetzt.

Formel: $\frac{\text{Abschreibungsbasis} \bullet \text{Jahresleistung}}{\text{Gesamtpotential}}$ = jährliche Abschreibungsbetrag

Beispiel:

Für eine der Druckgussmaschinen mit einem Anschaffungswert von 1,2 Mio. €, die durchgängig mit der Fertigung von Pumpengehäusen beschäftigt ist, bedeutet dieses bei einer erwarteten Gesamtnutzung von 8 Mio. Druckgussteilen folgende Abschreibungsbeträge:

Jahr	Produktionsmenge	Abschreibungsbetrag
1	660.000	158.499,--
2	644.000	154657,--
3	712.000	170.987,--
4	598.000	143.610.--
5	612.000	146.972,--
6	654.000	157.058,--
Plan 7	700.000	168.105,--

Für Jahr 1: $\frac{1.921.200,\text{-- €} \bullet 660.000 \text{ St.}}{8.000.000 \text{ St.}}$ = 158.499,-- €

Index-orientierte Abschreibung:

Bei der **index-orientierten Abschreibung** werden die Wiederbeschaffungspreise für die betrachtete Abrechnungsperiode bestimmt. Das index-orientierte Abschreibungsverfahren kann nicht allein angewandt werden, sondern wird mit der linearen, degressiven und leistungsabhängigen Abschreibung kombiniert.

Formel für Ermittlung des Wiederbeschaffungspreises:

1. Jahr: Anschaffungskosten • Index Abrechnungsperiode

2.-6. Jahr: WBP Vorperiode $\cdot \frac{\text{Index Abrechnungsperiode}}{\text{Index Vorperiode}}$

Beispiel:

Lineare index-orientierte Abschreibung für die Druckgussmaschine

Preisindex des Investitionsgütergewerbes:

2000	*2001*	*2002*	*2003*	*2004*	*2005*
100	102,1	103,8	105,5	107,8	110,7

Die AluGuss GmbH hat die im Januar 2000 angeschaffte Druckgussmaschine in den Jahren 2000-2005 unter Zugrundelegung der jeweils bekannten Indizes linear abgeschrieben.

Abschreibungsjahr	WBP	kalk. Abschreibung	aufsumm. Beträge
2001	1.225.200,--	102.100,--	102.100,--
2002	1.245.600,--	103.800,--	205.900,--
2003	1.266.000,--	105.500,--	311.400,--
2004	1.293.600,--	107.800,--	419.200,--
2005	1.328.400,--	110.700,--	529.900,--

Trotz der Wahl einer linearen Abschreibungsmethode beobachten wir steigende kalkulatorische Abschreibungsbeträge. Dies liegt an der Anpassung des Wiederbeschaffungspreises an die aktuelle Preisentwicklung. Über alle Perioden kumuliert, entsprechen die Abschreibungsbeträge nicht dem Wiederbeschaffungspreis am Ende der Nutzungsdauer. Dennoch wird in den jeweiligen Perioden der "richtige" Abschreibungsbetrag aufgrund der aktuellen Daten ermittelt. Eine Nachholung zuwenig abgeschriebener Beträge aus den Vorperioden ist in der Regel nicht sinnvoll, da diese Abschreibungsanteile dann periodenfremd wären.

Die Kostenrechnung ist keine mehrperiodige sondern eine einperiodige Rechnung, bei der es darauf ankommt, jede Abrechnungsperiode isoliert mit möglichst realistischen Betriebsmittelkosten zu belasten.

Das Problem bei der Ermittlung kalkulatorischer Abschreibungsbeträge liegt in der Prognose. Sowohl der Wiederbeschaffungspreis als auch die individuelle Nutzungsdauer sind gleichermaßen unsicher. Wird ein Wirtschaftsgut in einem überschaubaren Zeitraum häufig wiederbeschafft, kann das Prognoseproblem aufgrund von Erfahrungswerten einigermaßen zuverlässig gelöst werden. Bei längeren Nutzungsdauern steigt die Prognoseunsicherheit.

Wird die Druckgussmaschine beispielsweise weniger lange genutzt als geplant, so reichen die Abschreibungsbeträge nicht zur Substanzerhaltung aus.

In der Kostenrechnung werden ab diesem Zeitpunkt keine Abschreibungen verrechnet. In der Finanzbuchhaltung wird ein eventueller Restbuchwert als außerordentlicher Aufwand der GuV belastet.

Bei einer längeren Nutzung als geplant erfolgt in der Praxis häufig eine Abschreibung über 100%. Ein weiterer Grund neben der ein periodigen Kostenrechnungsbegründung liegt darin, dass man "Sprünge in den verrechneten Abschreibungen" (und damit letztlich in den Herstellkosten) vermeiden will.

Beispiel:

Das Standardprodukt "Lichtmaschinengehäuse" wird seit drei Jahren auf einer bereits vollständig abgeschriebenen Druckgussmaschine gefertigt. Würden wir keine Abschreibungen mehr verrechnen, so würde unser Vertrieb das Produkt unter Umständen auf einer falschen Kostenbasis anbieten. Falls 1998 eine neue Maschine eingesetzt würde, wären Preiserhöhungen gegenüber dem Automobilunternehmen kaum möglich.

2.3.2.3 Kalkulatorische Zinsen

Kalkulatorische Zinsen setzen sich zusammen aus dem betrieblich gebundenen Vermögen multipliziert mit dem kalkulatorischen Zinssatz. Zunächst soll die Ermittlung des betrieblich gebundenen Vermögens beschrieben werden.

Während in der Gewinn- und Verlustrechnung nur die Zinsen für das Fremdkapital als Aufwand erscheinen, werden in der Kostenrechnung Zinsen auf das gesamte

Vermögen berechnet. Hier kommt der Opportunitätskostengedanke zum tragen. Kalkulatorische Zinsen haben demnach drei Aufgaben:

1. Mindestrendite auf das gebundene Vermögen

   Durch die Vermögensverwendung im Unternehmen schließt sich eine alternative Verwendung des Kapitals aus. Damit entgeht der mögliche Nutzen aus der Alternative. Dieser Nutzenentgang stellt eine Mindestgewinnvorgabe für das Unternehmen dar und wird auf die einzelnen Verantwortungsbereiche heruntergebrochen.

2. Vergleichbarkeit

   Kostenstellen mit gleicher Vermögensbindung sollen gleich behandelt werden, unabhängig von der Finanzierungsstruktur (Verhältnis von Fremd- und Eigenkapital).

3. Steuerung der Kostenstellen

   Jeder Entscheidungsträger muss einkalkulieren, dass das in seinem Verantwortungsbereich gebundene Vermögen eine Rendite abwerfen muss. Der Einsatz von Vermögen bekommt deshalb einen Preis. Dies führt zur optimalen Verwendung der Ressourcen im Unternehmen.

Zum betrieblich gebundenen Vermögen gelangt man in folgenden Schritten:

Anlagevermögen
- nicht betriebsnotwendige Teile
= betriebsnotwendiges Anlagevermögen

+

Umlaufvermögen
- nicht betriebsnotwendige Teile
= betriebsnotwendiges Umlaufvermögen

=

betriebsnotwendiges Vermögen

-

Abzugskapital

=

betriebsnotwendiges Kapital

In die Kostenrechnung gehen nur betriebsnotwendigen Teile des Vermögens ein, da nur diese für den nachhaltigen Erfolg des Betriebes gebraucht werden. Bei nicht betriebsnotwendigen Vermögensteilen muss überlegt werden, ob sie nicht verkauft werden können. Nicht betriebsnotwendig könnten z.B. sein:

- Mietshäuser, in denen keine Betriebsangehörigen wohnen,
- nicht genutzte Grundstücke,
- stillgelegte Betriebsabteilungen,
- Wertpapiere, mit denen keine unternehmenspolitischen Beteiligungsziele verfolgt werden, usw.

Vom betriebsnotwendigen Vermögen wird noch das Abzugskapital abgezogen, da manche Vermögenspositionen schon in anderer Form verzinst worden sind. Eine erneute Erfassung würde zu einer Doppelverzinsung führen. Deshalb müssen diese Positionen abgezogen werden.

Beispiel für Abzugskapital: Verbindlichkeiten aus Lieferungen und Leistungen.

Bei diesen ist bereits ein Zinsanteil in der Form einkalkuliert, dass die Lieferanten aufgrund des vereinbarten Zahlungsziels einen „Kredit“ geben und damit die Zinskosten in ihre Preise einkalkulieren müssen.

Der „Preis“ für das betriebsnotwendige Vermögen wird durch den kalkulatorischen Zinssatz bestimmt. Seine Höhe soll sich an der besten zur Verfügung stehenden Alternativanlage orientieren. In der Praxis wird aber häufig ein Mischzinssatz aus (tatsächlich gezahlten) Fremdkapitalzinsen und langfristigem Zinssatz für Kapitalanlagen berechnet.

Bewertungsmethoden des betriebsnotwendigen Vermögens

(1) Bewertung des Anlagevermögens

Für das über mehrere Abrechnungsperioden hinweg genutzte Anlagevermögen stellt sich die Frage, wie dieses im Zeitablauf gebunden ist. Für deren Beantwortung kommen im Wesentlichen zwei Konzepte in Betracht:

a) Restbuchwertverzinsung

Beim Verfahren der Restbuchwertverzinsung werden die kalkulatorischen Zinsen jeweils auf die nach der Verrechnung von Abschreibungen verbleibenden Restbuchwerte der Anlagegüter berechnet. Die kalkulatorischen Zinsen nehmen somit im Laufe der Zeit mit den Restbuchwerten ab. Die kalkulatorischen Zinsen werden nicht auf der Basis von den Anfangs- oder Endbuchwerten einer Abrechnungsperiode berechnet, da sonst die Zinslast zu hoch bzw. zu niedrig ausfiele. Vielmehr werden die kalkulatorischen Zinsen vom durchschnittlichen jährlichen Restbuchwert berechnet, der sich aus dem arithmetischen Mittel des Anfangs- und Endbuchwertes ergibt.

Durchschnittlicher jährlicher Restbuchwert: $\varnothing R_t = \frac{R_{t-1} + (R_{t-1} - a_t)}{2}$

Kalkulatorische Zinsen $= \varnothing R_t \cdot i_{kalk.}$

Symbol

$\varnothing R_t$	durchschnittlicher Restbuchwert der t-ten Periode
$i_{kalk.}$	kalkulatorischer Zinssatz
R_{t-1}	Restbuchwert der Vorperiode t-1
a_t	Abschreibungen der t-ten Periode

Beispiel:

Ausgangswert: 120.000,-- €

Nutzungsdauer: 4 Jahre, lineare Abschreibung

Zinssatz: 10 %

Periode	Anfangsbuchwert	Endbuchwert	Durchschnittlicher jährlicher Restwert	Kalkulatorische Zinsen
1	120.000	90.000	105.000	10.500
2	90.000	60.000	75.000	7.500
3	60.000	30.000	45.000	4.500
4	30.000	0	15.000	1.500
				24.000

b) Durchschnittswertverzinsung

Beim Verfahren der Durchschnittswertverzinsung werden die kalkulatorischen Zinsen vom halben Anschaffungspreis berechnet. Das Konzept unterstellt, dass während der gesamten Nutzungsdauer eines Anlagegutes im Durchschnitt die Hälfte der Anschaffungs- bzw. Herstellungskosten als Kapital in diesem Betriebsmittel gebunden sind. Die hierauf abstellende Zinskostenrechnung führt zu konstanten Zinsen im Zeitablauf.

Durchschnittlich gebundenes Kapital: $\varnothing K = \frac{AK(bzw. HK)}{2}$

Kalkulatorischen Zinsen: $= \varnothing K \cdot i_{kalk.}$

Symbol

$\varnothing K$ durchschnittlich gebundenes Kapital

$AK(bzw. HK)$ Anschaffungs- bzw. Herstellungskosten eines Anlagegutes

<u>Beispiel:</u>

Kalkulatorische Zinsen = $\frac{120.000 €}{2} \cdot 0{,}1 = 6.000$,-- €

Summe Zinsen = 6.000,-- $€ \cdot 4$ = 24.000,-- €

Beurteilung der Verfahren

Die beiden Verfahren führen in der Summe zu gleich hohen kalkulatorischen Zinsen. Sie unterscheiden sich lediglich durch deren unterschiedliche zeitliche Verteilung.

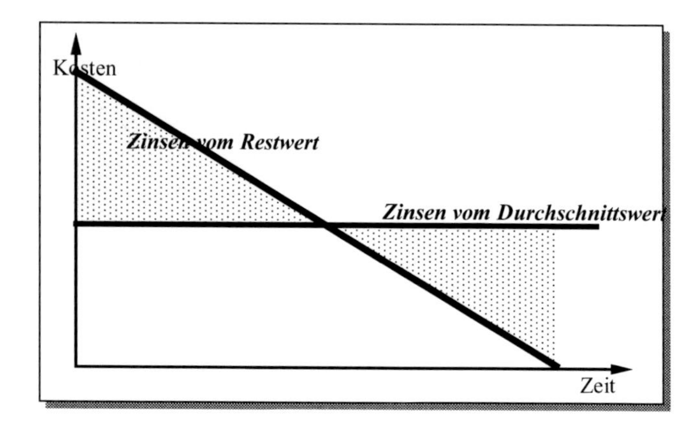

Bei der Restwertverzinsung werden die Buchwerte aus der jeweils letzten Bilanz bzw. der Anlagenkartei entnommen. Es wird versucht, die tatsächliche Kapitalbindung zu berücksichtigen. Alte Anlagen werden mit geringeren Zinsen belastet als neue Anlagen. Weiterhin kann die Methode der Restwertverzinsung Entscheidungsgrundlage sein bei der Wahl zwischen Weiternutzung und Ausmusterung von Anlagegütern. Gegen die Methode der Restwertverzinsung wird eingewandt, dass sie fallende kalkulatorische Zinsen liefert und damit nicht dem Normalisierungsstreben der Kostenrechnung (Vermeidung von Kostensprüngen) entspräche. Die Methode wurde jedoch für die Grenzplankostenrechnung entwickelt, bei dem Zinsen auf das Anlagevermögen fixe Kosten darstellen und somit nicht in die (Grenz-)Kalkulationssätze eingehen. Bei dieser Anwendung verstößt sie damit auch nicht gegen das Normalisierungstreben.

Die Durchschnittswertverzinsung, die in der Praxis überwiegend anzutreffen ist, stellt dagegen auf jährlich gleich bleibende kalkulatorische Zinsen ab und entspricht damit dem Normalisierungsstreben der (Vollkosten-)Kalkulation. Da aus der Bilanz die historischen Anschaffungs- bzw. Herstellkosten nicht ersichtlich sind, müssen diese allerdings in einer Nebenrechnung festgehalten werden.

(2) Bewertung des Umlaufvermögens

Bei der Bewertung des Umlaufvermögens wird man mit ähnlichen Problemen wie bei der Bewertung des Anlagevermögens konfrontiert. Dies gilt insbesondere für die Bewertung des Vorratsvermögens. Da die Höhe und Zusammensetzung von Lagerbeständen, Forderungen, liquiden Mitteln und anderen Bestandteilen des Umlaufvermögens innerhalb einer Abrechnungsperiode erheblich schwanken kann, wird als Grundlage der Zinskostenberechnung der Durchschnittswert des betriebsnotwendigen bzw. betrieblich eingesetzten Umlaufvermögens einer Periode gewählt. Sind für die Berechnung lediglich der Anfangs- (AB) und Endbestand (EB) des betrieblichen Umlaufvermögens bekannt, bestimmt sich der Durchschnittswert wie folgt:

$$\varnothing UV_t = \frac{AB + EB}{2}$$

Sind die Bestände der einzelnen Teilperioden einer Abrechnungsperiode (z.B. Jahr) bekannt, wird das durchschnittlich gebundene Umlaufvermögen wie folgt ermittelt:

$$\varnothing \mathrm{UV_t} = \frac{\mathrm{AB} + 12\text{-}\mathrm{Monats}\text{-}\mathrm{EB}}{13}$$

Symbole

$\varnothing UV_t$ durchschnittlich gebundenes Umlaufvermögen der t-ten Periode

AB/EB Anfangsbestand/Endbestand

Ermittlung des kalkulatorischen Zinssatzes

Hinsichtlich der Ermittlungsmethode finden sich unterschiedliche Ansätze:

- Opportunitätskostensatz: Unabhängig von der konkreten Finanzierungsart wird ein Zinssatz für die entgangene Investitionsalternative festgelegt,
- Einheitlicher (gewichteter) Zinssatz für Fremd- und Eigenkapital,

Gespaltener Zinssatz entsprechend der effektiv gezahlten Fremdkapitalzinsen und für Eigenkapital entsprechend dem üblichen Kapitalmarktzins.

2.3.3 Die Kostenstellenrechnung

Zur Durchführung der Kalkulationsrechnung, die sich in drei Schritten vollzieht, bedient man sich des Betriebsabrechnungsbogens (BAB):

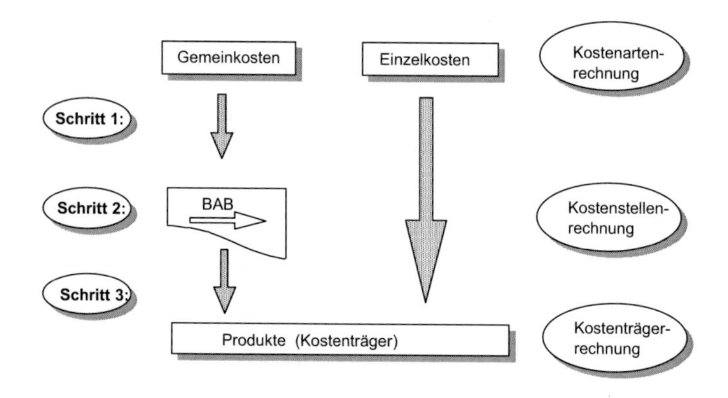

2.3.3.1 Die Notwendigkeit der Kostenstellenrechnung

Kostenstellen sind betriebliche Abrechnungsbereiche, in denen der Güterverzehr stattfindet. Sie werden nach Tätigkeits- und Verantwortungskriterien gebildet und selbständig abgerechnet.

Die **Kostenstellenrechnung** dient dem Management zur Steuerung des Kosten- und Leistungszusammenhanges in den verschiedenen Bereichen des Betriebes. Die in der Kostenartenrechnung erfassten Gemeinkosten werden den jeweiligen organisatorischen Einheiten des Betriebes zugerechnet. Hierdurch kann sowohl die Managementleistung der für den jeweiligen Organisationsbereich Verantwortlichen beurteilt, als auch die Entwicklung der verschiedenen Kostenarten in den einzelnen Bereichen zur Wirtschaftlichkeitskontrolle oder Abweichungsanalyse betrachtet werden.

Weiteres Ziel der Kostenstellenrechnung ist es, auf indirektem Wege eine möglichst verursachungsgerechte Zurechnung der Gemeinkosten auf die Kostenträger zu ermöglichen. Dazu werden Informationen über die Inanspruchnahme der Kostenstellen durch den Kostenträger benötigt. Die Kostenstellenrechnung ist somit abrechnungstechnisch ein Bindeglied zwischen Kostenarten- und Kostenträgerrechnung.

Zur Steuerung des Unternehmens sowie für eine sinnvolle Planung und Kontrolle ist es für die Geschäftsleitung wichtig zu wissen, an welcher Stelle im Unternehmen Kosten verursacht werden.

Die für die unterschiedlichen Tätigkeiten anfallenden Kosten werden in Einzelkosten und Gemeinkosten unterteilt. Die Kosten für Aluminium und andere Materialien, sowie Fertigungslöhne und alle weiteren Einzelkosten werden direkt den Kostenträgern zugerechnet. Zur Produktion von beispielsweise Aluminiumgehäusen ist jedoch eine Vielzahl von weiteren Tätigkeiten erforderlich, die mit der eigentlichen Erstellung eines der Produkte nur indirekt zusammenhängen, wie beispielsweise die Buchhaltung, die Beschaffung von Aluminium, die Kundenabrechnung und andere Verwaltungstätigkeiten oder aber auch Reparaturarbeiten der angestellten Maschinenschlosser an den Fertigungsmaschinen.

Auch für diese Gemeinkosten sollte jedoch eine Zurechenbarkeit auf die Kostenträger erreicht werden. So, wie beispielsweise die Materialkosten für Aluminium zur Produktion eines Lichtmaschinengehäuses anhand des bestimmten Mengenbedarfes direkt der Lichtmaschine zugerechnet werden können, lassen sich für alle Kostenarten die Ursachen ihrer Entstehung ermitteln. Als Ursachen und somit Erfassungsbereiche der Gemeinkosten werden die Orte ihrer Entstehung, die Kostenstellen, betrachtet. Der Erfassungsbereich für die Gehälter der Werkstattschlosser wäre demnach eine Kostenstelle "Werkstatt", und die kalkulatorischen Zinsen für das in der Druckgussmaschine gebundene Kapital würden in einer Kostenstelle "Druckgussmaschine" erfasst.

2.3.3.2 Bildung von Kostenstellen

Bei der Bildung von Kostenstellen sind folgende Grundsätze zu beachten.

Grundsatz des Kosten- und Leistungszusammenhanges

Die einer Kostenstelle zugerechneten Kosten müssen mit deren Leistung in Zusammenhang stehen. Diese muss bestimmbar und quantifizierbar sein. Die Leistung wird im Fertigungsbereich häufig in Stunden gemessen (z.B. Maschinenkostenstellen, Personalkostenstellen). Bei der Kostenstellenbildung ist es daher notwendig, die erbrachten Leistungen in Art oder Höhe eindeutig zu kennzeichnen und bei Unterschieden jeweils eigenständige Kostenstellen zu bilden. Betriebsteile werden nur zu einer Kostenstelle zusammengefasst, wenn sie gleiche Leistungen in Art und Höhe erbringen.

Beispiel:

Die Druckgussmaschine 200 t erbringt quantitativ die gleiche Leistung wie die Druckgussmaschine 400 t, wenn sie in gleicher Zeit die gleiche Stückzahl erstellt. Jedoch unterscheiden sich die erbrachten Leistungen qualitativ, da von der zu erreichenden Beschaffenheit des jeweiligen Produktes nur die eine oder die andere Maschine verwendet werden kann.

Grundsatz der Identität

Eine Kostenstelle sollte eindeutig der Unternehmensorganisation und damit einem Verantwortungsbereich zuzurechnen sein. Der Kostenstellenleiter ist für die in seinem Bereich angefallenen Kosten verantwortlich, da diese entweder durch seine Entscheidungen verursacht werden oder auf die in seinem Verantwortungsbereich erstellten Leistungen zuzurechnen sind. Beispielsweise können in der Fertigung pro Stufe Meister, in den Materialstellen Lagerverwalter und in der Verwaltung Abteilungsleiter als Verantwortliche für ihre jeweilige Kostenstelle eingesetzt werden.

Die übergeordneten Vorgesetzten werden durch die hierarchische Verdichtung der Kostenstellen gegenüber dem Management zur Verantwortung gezogen.

Grundsatz der Eindeutigkeit

Die Kostenstellen müssen eindeutig und überschneidungsfrei bestimmt werden können. Dieses gelingt am besten, wenn räumliche oder technische Einheiten, wie Maschinen oder Lagerräume, als Anhaltspunkte bei der Kostenstellenbildung genommen werden. Um Überschneidungen oder das Fehlen von kostenverursachenden Betriebseinheiten zu vermeiden, sollte ein Kostenstellenplan schriftlich fixiert werden, in dem eine genaue Beschreibung des Umfanges und der einzelnen Bestandteile einer jeden Kostenstelle auf jeder Verdichtungsstufe erfolgt. Die Kostenstelle "Fertigungshalle" wäre beispielsweise nicht eindeutig.

Grundsatz der Wirtschaftlichkeit

Die Unterteilung der Kostenstellen muss so genau sein, dass die Erfordernisse der Betriebskontrolle und der Erzeugniskalkulation erfüllt werden. Die Unterteilung sollte berücksichtigen, dass eine sehr feine Einteilung in der Kontierung der Kosten und in deren Abrechnung arbeitsaufwendig und damit kostenintensiv und somit nur dann sinnvoll ist, wenn diese Kosten durch die zusätzlichen Informationen für die Betriebssteuerung gerechtfertigt werden.

Beispiel:

Eine Einrichtung getrennter Kostenstellen für eine Schreibmaschine und einen PC im Büro der Sekretärin des Geschäftsführers würde diesem Grundsatz widersprechen.

Die Kostenstellen werden je nach der Art der erstellten Leistungen in Hilfs- und Hauptkostenstellen untergliedert.

Hilfskostenstellen erbringen hauptsächlich Leistungen für andere Kostenstellen und wirken somit nur mittelbar an der absatzbestimmten Leistungserstellung mit.

Beispiele:

Die **Kostenstelle Gabelstapler** erbringt ihre Leistungen für die Fertigungskostenstellen, indem sie die Zwischenprodukte von einer Fertigungsstufe zur nächsten transportiert.

Die **Werkstatt** erbringt ihre Leistungen für die Kostenstellen, deren Maschinen oder Geräte zu reparieren sind, was beispielsweise auch für die Gabelstapler erforderlich sein kann.

Hilfskostenstellen rechnen ihre Kosten nach Maßgabe der Inanspruchnahme an andere Kostenstellen ab. In der Praxis erbringen in aller Regel einige Kostenstellen Leistungen, die nicht ausschließlich am Markt sondern auch in nachgelagerten Kostenstellen verwertet werden.

Hauptkostenstellen sind unmittelbar an der absatzbestimmten Leistungserstellung beteiligt.

Beispiel:

Die Druckgussmaschine 400 t erbringt ihre Leistung direkt für die Gussteile, die auf ihr gefertigt werden und kann dadurch ihre Kosten nach Maßgabe der Inanspruchnahme direkt über die Kostenträger abrechnen.

Hierarchische Verdichtung der Kostenstellen

Bei einer Vielzahl von Kostenstellen bedarf es einer organisierten Kostenstellenstruktur, um eine wirksame Wirtschaftlichkeitskontrolle der verschiedenen Unternehmensbereiche durchführen zu können.

Für die Geschäftsleitung ist es zu umfangreich, jede einzelne Kostenstelle des Unternehmens auf ihre Kostenstruktur zu prüfen. Daher wird diese Aufgabe an die untergeordnete Führungsebene, zum Beispiel die Bereichsleitungen Einkauf, Fertigung, Vertrieb, delegiert, so dass der Geschäftsleitung selbst nur noch die Kontrolle der komprimierten Bereiche, der Verdichtungskostenstellen der untergeordneten Führungsebenen, zur eigenen Kontrolle bleiben. Die Bereichsleiter sind somit verantwortlich für die ihnen unterstellten Kostenstellen. Sie delegieren die detaillierte Verantwortung nach dem gleichen Prinzip auf die wiederum ihnen unterstellten Führungsbereiche weiter. So ist jeweils der Leiter der Druckgießerei, der Vorschmelzerei und der Oberflächenbehandlung dem Leiter der Fertigung für die Kostenkontrolle in ihren Verdichtungskostenstellen verantwortlich. Der Fertigungsleiter kontrolliert lediglich die drei Bereiche als Verdichtungskostenstellen.

Diese Form der Verantwortungsdelegierung wird bis auf die Ebene der einzelnen, detaillierten Kostenstellen fortgesetzt, so dass sich für das gesamte Unternehmen ein hierarchisch verdichtetes Kostenstellensystem ergibt.

Bei der Verdichtung der Kostenstellen eines Bereiches zu einer Verdichtungskostenstelle ist darauf zu achten, dass die innerbetrieblichen Leistungen dieser Kostenstellen untereinander in der verdichteten Kostenstelle nicht doppelt ausgewiesen werden. Es müssen daher zunächst die von außerhalb des Bereiches bezogenen und abgegebenen innerbetrieblichen Leistungen bewertet und verrechnet werden, bevor die Kostenstellen zu einer Verdichtungskostenstelle zusammengefasst werden.

2.3.3.3 Erfassung der Kosten in den Kostenstellen

Folgende Grundsätze der Kostenerfassung sind zu beachten:

Kostenverursachungsprinzip

Das **Kostenverursachungsprinzip** stellt das maßgebliche Prinzip der Kostenzurechnung dar. Soweit als möglich sollten alle Kosten in richtiger Höhe dem jeweiligen Verursacher angelastet werden. Dieses Zurechnungsprinzip kann jedoch nur dann angewendet werden, wenn eine eindeutige Kausalbeziehung zwischen Kosten und Leistungen besteht. Da dieses meistens nicht der Fall ist, bedient man sich anderer "Hilfsprinzipien" der Kostenzurechnung.

Durchschnittsprinzip

Das **Durchschnittsprinzip** lässt sich beispielsweise bei Einproduktbetrieben, bzw. für Kostenstellen mit Einproduktfertigung einsetzen. Zur Berechnung der Durchschnittskosten werden die gesamten Kosten durch die ausgebrachten Leistungseinheiten dividiert. So erhält man die anteiligen Stückkosten.

Proportionalitätsprinzip

Beim **Proportionalitätsprinzip** wird versucht, über die Bestimmung geeigneter Schlüsselgrößen Proportionalitätsbeziehungen zwischen Kosten und Leistungen herzustellen.

> Beispiel:
>
> Die Heizkosten eines Verwaltungsgebäudes können anhand der Heizkörperanzahl der einzelnen Büroräume verteilt werden.

Kostentragfähigkeitsprinzip

Das **Kostentragfähigkeitsprinzip** orientiert sich bei der kostenmäßigen Belastung der einzelnen Kalkulationsobjekte und Kostenstellen an deren Belastbarkeit, die sich am Überschuss der Erlöse über die den betreffenden Kalkulationsobjekten direkt zurechenbaren Kosten misst.

Festzuhalten bleibt, dass ein Abrücken vom Verursachungsprinzip natürlich immer mit einer Verringerung der Aussagefähigkeit der Kosten- und Leistungsrechnung einhergeht. Insbesondere der Unternehmensleitung werden nur dann relevante Daten zur Entscheidungsvorbereitung zur Verfügung gestellt, wenn es gelingt, eindeutige Maßstäbe der Kostenverursachung zu finden und Kosten verursachungsgerecht zuzurechnen.

2.3.3.4 Der Betriebsabrechnungsbogen als Organisationsmittel

Der Betriebsabrechnungsbogen (BAB) ist eine Tabelle zur Erfassung und Verteilung der Gemeinkosten, die in ihren Spalten die Kostenstellen und in ihren Zeilen die Kostenarten ausweist. In ihm werden zunächst die Gemeinkosten nach dem Verursachungsprinzip in ihren Entstehungsbereichen erfasst, so dass eine Zuordnung des jeweiligen Betrages einmal in der Zeile zur entsprechenden Kostenart, und in der Spalte zur verantwortlichen Kostenstelle möglich ist. Die Gemeinkosten, die direkt in den Kostenstellen erfasst werden, nennt man **primäre Gemeinkosten**. Ist für ihre Erfassung in den Kostenstellen eine Schlüsselgröße erforderlich, wie zum Beispiel bei der Erfassung der anteiligen Mietkosten, werden man diese Kosten bezogen auf die entsprechenden Kostenstellen als **Kostenstellengemeinkosten** bezeichnet. Können die Kosten ohne weitere Hilfsmittel direkt in den Kostenstellen erfasst werden, wie das Gehalt des Werkstattmeisters, so handelt es sich um **Kostenstelleneinzelkosten**. Die Verteilung der Gemeinkosten auf die Kostenstellen erfolgt nach dem Verursachungsprinzip; die hilfsweise Verwendung von Durchschnitts- oder Proportionalitätsprinzip verletzt das Identitätsprinzip und ist möglichst zu vermeiden. Die primären Gemeinkosten werden nach Abschluss der Kostenerfassung durch die Leistungsinanspruchnahme anderer Kostenstellen, die **sekundären Gemeinkosten**, ergänzt und mit diesen zusammen den sie in Anspruch nehmenden Kostenträgern zugerechnet.

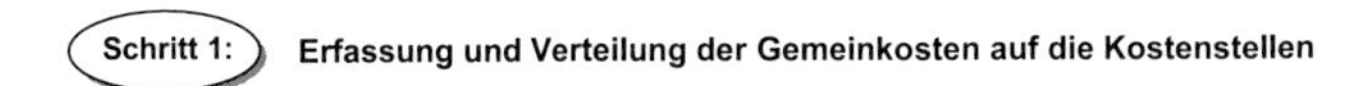

Direkt den Produkten zuzurechnen! Aber: Überwachung in den Kostenstellen!

BAB						
		Kostenstellen				
Kostenarten	Schlüssel	Hilfskosten-stellen	Material-stellen	Fertigungs-stellen	Verwaltungs-stellen	Vertriebs-stellen
Einzelkosten	Kein Schlüssel		→	→		
Gemeinkosten Hilfslöhne Energie Miete etc.	Std. Verbrauch m^2	→	→	→	→	→
Primäre Gemeinkosten						

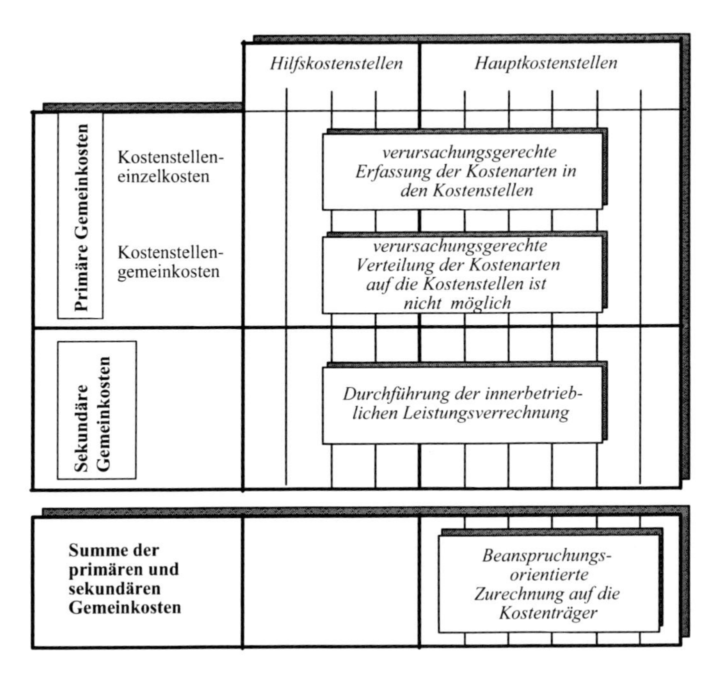

2.3.3.5 Die Erfassung der primären Gemeinkosten

Bei der Erfassung der Gemeinkosten unterscheidet man *Kostenstelleneinzel-* und *Kostenstellengemeinkosten.* Die *Kostenstelleneinzelkosten* können nach dem Verursachungsprinzip mit Hilfe von Materialbelegen oder Gehaltsabrechnungen unmittelbar in den Kostenstellen erfasst werden. Bei den *Kostenstellengemeinkosten* sind zur Erfassung in den verursachenden Kostenstellen indirekte Maßstäbe erforderlich. Diese sollten sowohl zu der von einer Kostenstelle in Anspruch genommenen Leistung als auch zu den Kosten einer Kostenart einen proportionalen Charakter aufweisen und zudem ohne Schwierigkeiten messbar sein. Im Grundsatz lassen sich bei diesen Bezugsgrößen *Mengen-* und *Wertschlüssel* unterscheiden.

Als **Mengenschlüssel** werden *Zählgrößen* wie die Zahl der hergestellten oder abgesetzten Einheiten, *Zeitgrößen* wie Kalender- oder Fertigungszeit, *Raumgrößen* wie Längen-, Flächen- oder Raummaße, oder *technische Maßgrößen* wie kWh oder PS bezeichnet.

Als **Wertschlüssel** werden *Kostengrößen* wie Fertigungslöhne, Fertigungsmaterial oder Herstellkosten, *Verrechnungsgrößen* wie Verrechnungspreise, *Einstandsgrößen* wie den Wareneingangswert oder den Lagerzustandswert, oder *Absatzgrößen* wie Warenumsatz oder Kreditumsatz bezeichnet.

Beispiel:

Der kalkulatorische Mietwert für die Fertigungshalle wurde von der Abteilung Betriebsstatistik auf 50.000,- € monatlich geschätzt. Die Gesamtfläche aller betrieblichen Abrechnungsbereiche in der Fertigungshalle beträgt 2.500 m². Somit hat jede Kostenstelle des Bereiches 20.- € je m² kalkulatorische Miete zu verantworten. Die Druckgussmaschine 600t, die 35 m² der Halle in Anspruch nimmt, verursacht somit kalkulatorische Miete im Wert von 700,- € im Monat.

In dem folgenden Auszug aus dem BAB, der allein für die Bereiche Vorschmelzerei und Druckgießerei 35 Kostenstellen enthält, werden die primären Gemeinkosten für acht ausgewählte Kostenstellen betrachtet:

	Hilfskostenstellen			Hauptkostenstellen			sonstige Hilfs- oder Hauptkostenstellen	
	Werkstatt	*Gabel-stapler*	*Energie/ Trafo*	*Vor-schmelz-ofen*	*Druckguß-maschine 200t*	*Druckguß-maschine 400t*	*sonstige Fertigungs-stellen*	*sonstige Kosten-stellen*
Ko.Arten:								
AfA	6.543,50	3.896,40	14.596,80	5.896,00	10.945,00	14.987,00	18.945,00	19.845,00
Gehälter	12.693,00	8.536,80	0,00	5.698,00	8.846,00	9.886,40	6.798,00	28.783,00
Hilfslöhne	3.586,40	4.895,00	0,00	0,00	0,00	0,00	3.898,20	7.876,40
Hilfsmat.	532,80	25,36	995,80	735,80	590,45	776,40	576,40	454,30
Hilfsstoffe	36,95	31,80	12,90	165,00	175,00	145,80	315,60	45,60
Wasser	23,80	5,98	10,80	0,00	10,90	5,98	89,40	78,93
sonstiges	1.615,55	2.504,86	1.916,30	42,80	218,35	94,62	3.957,40	3.509,77
prim. GK	25.032,00	19.896,20	17.532,60	12.537,60	20.785,70	25.896,20	34.580,00	60.593,00

Bereits nach der Erfassung der primären Gemeinkosten in den Kostenstellen des BAB könnte dieser der Unternehmensleitung zur Kostenkontrolle dienen, wenn er beispielsweise mit Betriebsabrechnungsbögen vergangener Perioden verglichen würde.

Da jedoch grundsätzlich alle gewählten Schlüsselgrößen die Gefahr der Vereinfachung in sich bergen und deshalb zu einer ungenauen Zurechnung der Gemeinkosten führen können, sollte die Gruppe der zu schlüsselnden Kostenarten möglichst vermieden oder zumindest gering gehalten werden.

2.3.3.6 Abrechnung der Kostenstellen

Nachdem für alle Kostenstellen die zu verantwortenden Gemeinkosten ermittelt wurden, gilt es für die Kostenstellenleiter, diese zu rechtfertigen. Die Hauptkostenstellen sind direkt an der Erstellung der absatzfähigen Erzeugnisse beteiligt, und können die sie belastenden Kosten den entsprechenden Kostenträgern, die sie in Anspruch genommen haben, zurechnen.

<u>Beispiel:</u>

Wenn die "Druckgussmaschine 400t" beispielsweise 300 Stunden im Monat arbeitet, so können ihre Gemeinkosten von 25.896,20 € dem jeweils gefertigten Kostenträger zu einem Satz von 86,32 € pro in Anspruch genommener Fertigungsstunde zugeschlagen werden. Alternativ hierzu ergibt sich die Möglichkeit, bei einer Verarbeitung von 5.000 t Aluminium im Monat die Kosten von 25.896,20 € zu einem Satz von 5,18 € je verarbeiteter Tonne Aluminium zu verrechnen.

Der Kostenstellenleiter Druckgussmaschine wird so darauf bedacht sein, einen lückenlosen Nachweis über die Fertigungszeiten der jeweiligen Produkte zu führen, um die in seinem Bereich entstandenen Kosten vollständig zu rechtfertigen.

Neben den Hauptkostenstellen, die ihre Kosten für die erstellten Leistungen den Kostenträgern direkt nach Inanspruchnahme zurechnen können, sind die Hilfskostenstellen nur indirekt an der Erstellung absatzfähiger Produkte beteiligt.

Beispiel:

Für den Werkstattleiter ist es nicht möglich, die in seinem Bereich erfassten Kosten verursachungsgerecht direkt an die Kostenträger weiterzugeben. Die Kosten der Werkstatt sind durch Instandsetzungsarbeiten für andere Kostenstellen entstanden.

Ebenso arbeitet die Kostenstelle Gabelstapler nicht direkt für die Aluminiumgehäuse, sondern dient als Transportmittel zwischen den unterschiedlichen Fertigungsbereichen nur indirekt der eigentlichen Produktion.

Die primären Gemeinkosten werden für die Hilfskostenstellen in gleicher Weise erfasst wie für die Hauptkostenstellen. Bei der Gemeinkostensumme von 25.032,- € und 500 Arbeitsstunden in der Kostenstelle Werkstatt pro Monat müsste die genutzte Reparaturstunde durch andere Kostenstellen mit 50,64 € bewertet werden.

In diesem Stundensatz wären jedoch nur die primären Gemeinkosten berücksichtigt. Transportiert die Hilfskostenstelle Fuhrpark aus dem Vertriebsbereich beispielsweise Schweißgeräte oder technische Gase vom Händler zur Werkstatt, wird die Kostenstelle Werkstatt mit dem anteiligen Kilometersatz des Fuhrparks belastet. Die Gemeinkostensumme der Werkstatt würde sich so um diese sekundären Gemeinkosten erhöhen.

Die erhöhte Gemeinkostensumme würde über den entsprechend höheren Reparaturstundensatz an die Kostenstellen verrechnet, die die Werkstatt in Anspruch nehmen.

Das Problem der gegenseitigen Leistungsinanspruchnahme stellt sich in der AluGuss GmbH anhand eines Ausschnittes aus der Druckgießerei wie folgt dar:

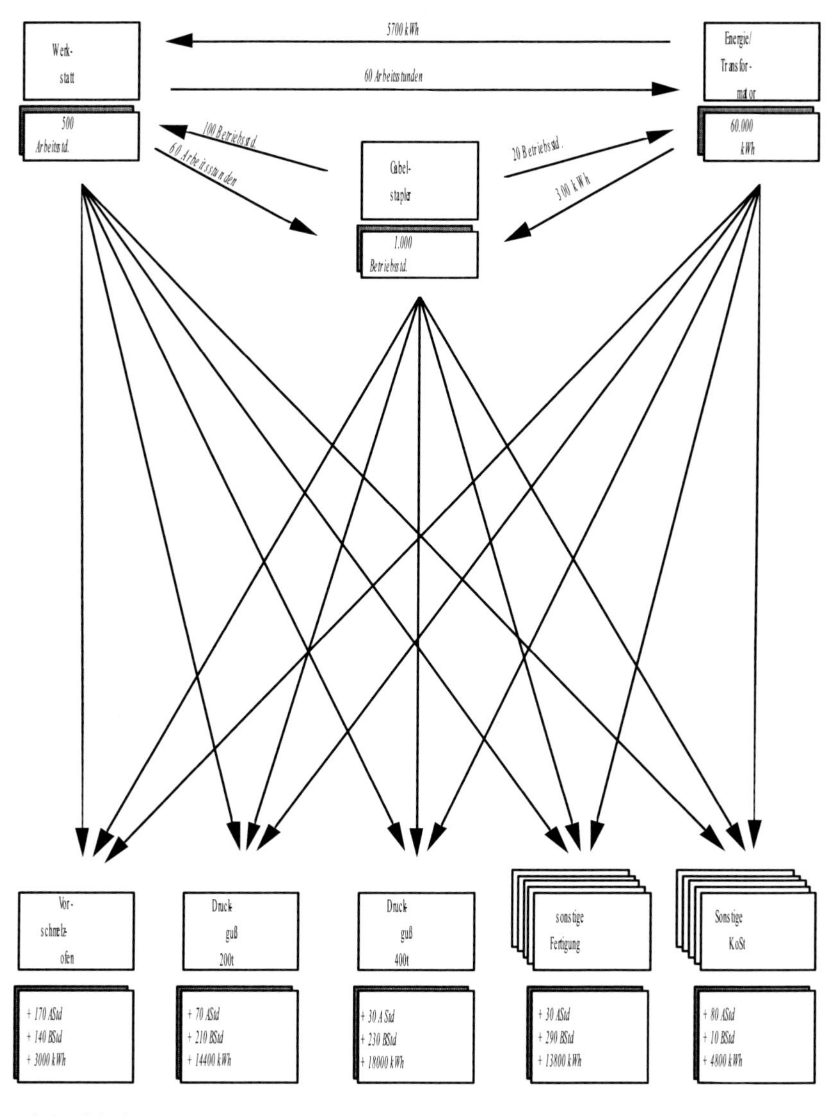

Astd = Arbeitsstunden der Werkstatt
Bstd = Betriebsstunden der Gabelstapler

Fortsetzung des obigen Beispiels:

Bei Betrachtung der Kostenstelle Werkstatt, wird ersichtlich, dass die 25.032,- € primäre Gemeinkosten nicht alle Kosten beinhalten, die der Kostenstellenleiter Werkstatt zu verantworten hat. Es fehlen hier noch die bewerteten 100 Arbeitsstunden der Kostenstelle Gabelstapler für den Transport von Reparaturobjekten sowie der bewertete Stromverbrauch von 5.700 kWh. Die Kostenstellen Gabelstapler und Energieversorgung wiederum haben die Kostenstelle Werkstatt in Anspruch genommen, weshalb sich hier das Problem der wechselseitigen Bewertung ergibt.

Für dieses, überall auftretende Problem der innerbetrieblichen Leistungsverrechnung gibt es verschiedene Lösungsmethoden, die von unterschiedlichen Ansätzen ausgehen und dementsprechend unterschiedlich genaue Ergebnisse liefern.

Beim **Kostenartenverfahren** werden nur die den innerbetrieblichen Leistungen zurechenbaren Einzelkosten eines bestimmten innerbetrieblichen Auftrags erfasst und auf die empfangende Kostenstelle umgelegt. Die bei diesem innerbetrieblichen Auftrag anfallenden Gemeinkosten bleiben unberücksichtigt, d.h. die die Leistung empfangende Kostenstelle wird mit zu geringen Kosten belastet. Dieses kann zu erheblichen Kostenverzerrungen führen, wenn die Gemeinkostenanteile sehr hoch sind.

Im Gegensatz zum Kostenartenverfahren werden bei den **Kostenstellenumlageverfahren**, die im folgenden näher betrachtet werden, sowohl die Einzelkosten als auch die Gemeinkosten des innerbetrieblichen Auftrags von den Hilfskostenstellen auf die Hauptkostenstellen umgelegt.

An die Verteilung der primären Gemeinkosten auf die Kostenstellen schließt sich somit abrechnungstechnisch die innerbetriebliche Leistungsverrechnung an. Sie ist notwendig, weil die Kostenstellen nicht nur primäre Produktionsfaktoren verzehren, sondern auch Leistungen anderer Hilfskostenstellen in Anspruch nehmen, die bei der Bildung von Zuschlagssätzen für die Kalkulation benötigt werden. Das Hauptproblem der innerbetrieblichen Leistungsverrechnung besteht darin, dass die Hilfskostenstellen sich gegenseitig mit Leistungen beliefern und dadurch ein Bewertungsproblem entsteht.

Durchführung der innerbetrieblichen Leistungsverrechnung

Innerhalb eines Unternehmens gibt es auch einen (internen) Markt mit Lieferanten und Abnehmern:

- Transport von Teilen zu einem Werk
- Reparatur einer Maschine
- Interne Stromversorgung der Fertigungsabteilung

Die internen Lieferanten müssen "bezahlt" werden, daher werden die Abnehmer mit den entstandenen Kosten belastet.

Die Kostenentlastung von internen Lieferanten (=Hilfskostenstellen) und die Belastung von Abnehmern (=Hauptkostenstellen) geschieht durch die innerbetriebliche Leistungsverrechnung.

Schritt 3:

Die Gemeinkosten der Hilfskostenstellen werden im Rahmen der innerbetrieblichen Leistungsverrechnung als sekundäre Gemeinkosten auf die Hauptkostenstellen Materialstelle, Fertigungsstelle, Verwaltung und Vertrieb verteilt

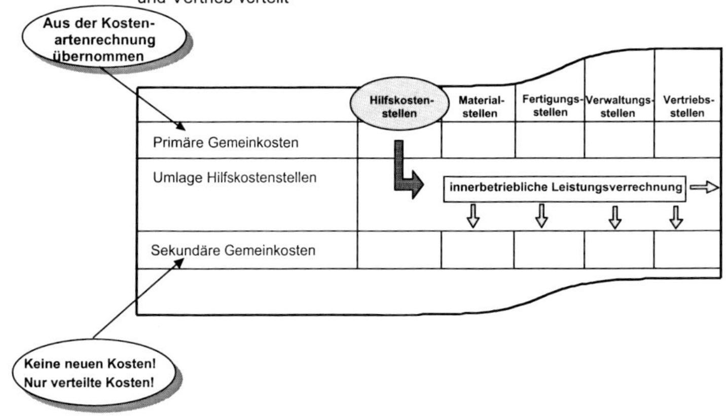

Anbauverfahren

Beim **Anbauverfahren** wird auf die gegenseitige Abrechnung der Hilfskostenstellen verzichtet und so das gegenseitige Bewertungsproblem umgangen. Die primären Kosten der Hilfskostenstellen werden nur auf die Hauptkostenstellen verteilt. Es sei darauf hingewiesen, dass durch diese Vereinfachung jedoch eine erhebliche Verzerrung der Kostenstruktur auftreten kann, so dass dieses Verfahren nur eine näherungsweise genaue Gemeinkostenzuordnung ermöglicht. Durch die Vernachlässigung der Leistungsverflechtung zwischen den Hilfskostenstellen reduziert sich der Gesamtwert der mengenmäßig erstellten Leistung in den Hilfskostenstellen.

Beispiel:

Von den gesamten 500 Arbeitsstunden der Werkstatt wurden insgesamt 120 Stunden für andere Hilfskostenstellen und 380 Stunden für die Hauptkostenstellen gearbeitet. Da die Verflechtung mit den anderen Hilfskostenstellen vernachlässigt wird, ist für die Verteilung der Gemeinkosten nur noch die Summe der für alle Hauptkostenstellen erbrachten Leistungen für die Verteilung relevant.

	empfangende Kostenstellen							
	Hilfskostenstellen			Hauptkostenstellen			sonstige Hilfs- oder Hauptkostenstellen	
abgebende Kostenstellen:	*Werkstatt*	*Gabelstapler*	*Energie/ Trafo*	*Vorschmelzofen*	*Druckgußmaschine 200t*	*Druckgußmaschine 400t*	*sonstige Fertigungsstellen*	*sonstige Kostenstellen*
Werkstatt 380 Std.				170 *Std.*	70 *Std.*	30 *Std.*	30 *Std.*	80 *Std.*
Gabelst. 880 Std.				140 *Std.*	210 *Std.*	230 *Std.*	290 *Std.*	10 *Std.*
Energie 54 MWh				3.000 *kWh*	14.400 *kWh*	18.000 *kWh*	13.800 *kWh*	4.800 *kWh*

Die Werkstatt belastet daher jede Kostenstelle, die sie in Anspruch genommen hat, mit 25.032,- / 380 = 65,87 € pro geleisteter Arbeitsstunde. Für den Vorschmelzofen ergibt sich dann durch 170 in Anspruch genommene Arbeitsstunden ein Wert von 11.198,53 €:

	Hilfskostenstellen			Hauptkostenstellen			sonstige Hilfs- oder Hauptkostenstellen	
	Werkstatt	*Gabelstapler*	*Energie/ Trafo*	*Vorschmelzofen*	*Druckgußmaschine 200t*	*Druckgußmaschine 400t*	*sonstige Fertigungsstellen*	*sonstige Kostenstellen*
primäre GK	25.032,00	19.896,20	17.532,60	12.537,60	20.785,70	25.896,20	34.580,00	60.593,00
Umlage:								
Werkstatt	-25.032,00			11.198,53	4.611,16	1.976,21	1.976,21	5.269,89
Gabelst.		-19.896,20		3.165,30	4.747,96	5.200,14	6.556,70	226,09
Energie			-17.532,60	974,03	4.675,36	5.844,20	4.480,55	1.558,45
sek.GK	0,00	0,00	0,00	15.337,86	14.034,48	13.020,55	13.013,48	7.054,43
primäre und sek. GK	0,00	0,00	0,00	27.875,46	34.820,18	38.916,75	47.593,47	67.647,43

Stufenleiterverfahren

Das **Stufenleiterverfahren** berücksichtigt neben den Leistungsströmen von den Hilfs- zu den Hauptkostenstellen zusätzlich die Leistungsströme der Hilfskostenstellen untereinander, jedoch nur in eine Richtung. Auch hier sei darauf hingewiesen, dass diese Abrechnungstechnik zur Folge hat, dass alle innerbetrieblichen Leistungen, die Hilfskostenstellen an andere vorgelagerte und bereits abgerechnete Hilfskostenstellen erbringen, unberücksichtigt bleiben. Einmal abgerechnete Hilfskostenstellen werden nicht wieder mit sekundären Gemeinkosten belastet. Die Hilfskostenstellen müssen deshalb so geordnet werden, dass die an vorgelagerte Stellen erbrachten Leistungen möglichst gering sind.

Beispiel:

	empfangende Kostenstellen							
	Hilfskostenstellen			Hauptkostenstellen			sonstige Hilfs- oder Hauptkostenstellen	
abgebende Kostenstellen:	*Werkstatt*	*Gabelstapler*	*Energie/ Trafo*	*Vorschmelzofen*	*Druckgußmaschine 200t*	*Druckgußmaschine 400t*	*sonstige Fertigungsstellen*	*sonstige Kostenstellen*
Werkstatt 500 Std.		60 *Std.*	60 *Std.*	170 *Std.*	70 *Std.*	30 *Std.*	30 *Std.*	80 *Std.*
Gabelst. 900 Std.			20 *Std.*	140 *Std.*	210 *Std.*	230 *Std.*	290 *Std.*	10 *Std.*
Energie 54 MWh				3.000 *kWh*	14.400 *kWh*	18.000 *kWh*	13.800 *kWh*	4.800 *kWh*

Die Werkstatt belastet hier jede Kostenstelle von der sie in Anspruch genommen wurde mit 25.032,- / 500 = 50,06 € pro geleisteter Arbeitsstunde. Für den Vorschmelzofen ergibt sich dann durch 170 in Anspruch genommene Arbeitsstunden ein Wert von 8.510,88 €, die Gabelstapler werden durch 60 Stunden mit Kosten von 3.003,84 € belastet. Dieser Wert wird nun bei der Verteilung der Gabelstaplerkosten mit berücksichtigt; Aus dem 22.900,04 € zu verteilenden Kosten und der für die relevanten Kostenstellen erbrachten 900 Stunden ergibt sich ein Stundensatz von 25,45 € und die entsprechenden Belastungen für die in Anspruch nehmenden Kostenstellen:

	Hilfskostenstellen			Hauptkostenstellen			sonstige Hilfs- oder Hauptkostenstellen	
	Werkstatt	*Gabel-stapler*	*Energie/ Trafo*	*Vor-schmelz-ofen*	*Druckguß-maschine 200t*	*Druckguß-maschine 400t*	*sonstige Fertigungs-stellen*	*sonstige Kosten-stellen*
primäre GK	25.032,00	19.896,20	17.532,60	12.537,60	20.785,70	25.896,20	34.580,00	60.593,00
Umlage:								
Werkstatt	-25.032,00	3.003,84	3.003,84	8.510,88	3.504,48	1.501,92	1.501,92	4.005,12
Gabelst.		-22.900,04	508,89	3.562,23	5.343,34	5.852,23	7.378,90	254,44
Energie			-21.045,33	1.169,18	5.612,09	7.015,11	5.378,25	1.870,70
sek.GK	0,00	0,00	0,00	13.242,29	14.459,91	14.369,26	14.259,09	6.130,26
primäre und sek. GK	0,00	0,00	0,00	25.779,89	35.245,61	40.265,46	48.839,07	66.723,26

Der Verrechnungsfehler wird bei diesem Verfahren am geringsten gehalten, wenn mit der Hilfskostenstelle begonnen wird, die im direkten Vergleich der wertmäßigen Leistungsabgaben der Hilfskostenstellen untereinander den höchsten Wert abgibt.

2.3.3.7 Die simultane Verrechnung innerbetrieblicher Leistungen

Bei den bisher vorgestellten sukzessiven Verfahren der innerbetrieblichen Leistungsverrechnung wurden entweder keine Leistungsströme zwischen den Hilfskostenstellen verrechnet oder der gegenseitige Leistungsaustausch zwischen den Hilfskostenstellen wurde nur ungenügend berücksichtigt. Im Gegensatz hierzu kann die **simultane Verrechnung** die gegenseitigen Leistungsbeziehungen zwischen den Hilfskostenstellen vollständig erfassen. Zudem bauen diese Verfahren auf dem Prinzip der exakten Kostenüberwälzung auf, bei dem die Summe der primären und sekundären Kosten einer Hilfskostenstelle genau den zu Verrechnungspreisen bewerteten insgesamt abgegebenen Leistungen der Hilfskostenstelle entspricht. Die Grundlage der simultanen Verfahren bildet ein lineares Gleichungssystem, in dem die Variablen die zu ermittelnden Verrechnungssätze für eine Leistungseinheit einer Kostenstelle darstellen und die Anzahl der Gleichungen der Anzahl der Hilfskostenstellen entspricht. Unter Verwendung folgender Symbole kann das lineare Gleichungssystem formuliert werden:

m Anzahl der Hilfskostenstellen

j Index der Hilfskostenstelle ($j=1,2,...,m$)

K_{Pj} Summe der primären Gemeinkosten der Hilfskostenstelle *j*

x_j Gesamte innerbetriebliche Leistungsmenge der Hilfskostenstelle *j*

x_{ij} Von der Hilfskostenstelle *i* an die Hilfskostenstelle *j* abgegebene innerbetriebliche Leistungsmenge

K_j Primäre und sekundäre Gemeinkosten der Hilfskostenstelle *j*

p_j Innerbetrieblicher Verrechnungssatz der Hilfskostenstelle *j*

Die gesamten Kosten einer Hilfskostenstelle *j* ergeben sich aus den primären Kosten K_{Pj} und den an die Hilfskostenstelle *j* abgegebenen innerbetrieblichen Leistungen anderer Kostenstellen.

(I) $$K_j = K_{Pj} + x_{1j} \cdot p_1 + x_{2j} \cdot p_2 + ... + x_{mj} \cdot p_m$$

Die Bewertung der insgesamt abgegebenen Leistung zum Verrechnungspreis q_j muss den gesamten Kosten K_j der Hilfskostenstelle entsprechen:

(II) $$K_j = x_j \cdot p_j$$

Da die Bedingungen (I) und (II) für alle Hilfskostenstellen gelten, ergibt sich ein lösbares System mit m linearen Gleichungen und m zu ermittelnden Verrechnungssätzen in der Form:

(III) $$x_j \cdot p_j = K_{Pj} + \sum_{i=1}^{m} x_{ij} \cdot p_i \quad (j = 1, ..., m)$$

Entsprechend gilt dann für den Verrechnungssatz der Hilfskostenstelle:

(IV) $$p_j = \frac{K_{Pj} + \sum_{i=1}^{m} x_{ij} \cdot p_i}{x_j}$$

Gilt für die Leistungsbeziehung *i=j*, so handelt es sich um den Eigenverbrauch der Hilfskostenstelle j, d.h. jene Menge, die die Kostenstelle an sich selbst liefert. Diese Leistungsmenge wird von der gesamten in der Hilfskostenstelle erstellten Leistungsmenge abgezogen, so dass die dadurch verursachten Kosten über die verringerte Leistungsabgabe an andere Kostenstellen überwälzt werden.

Beispiel:

	empfangende Kostenstellen							
	Hilfskostenstellen			Hauptkostenstellen			sonstige Hilfs- oder Hauptkostenstellen	
abgebende Kostenstellen:	*Werkstatt*	*Gabelstapler*	*Energie/ Trafo*	*Vorschmelzofen*	*Druckguß-maschine 200t*	*Druckguß-maschine 400t*	*sonstige Fertigungsstellen*	*sonstige Kostenstellen*
Werkstatt 500 Std.	0 *Std.*	60 *Std.*	60 *Std.*	170 *Std.*	70 *Std.*	30 *Std.*	30 *Std.*	80 *Std.*
Gabelst. 1.000 Std.	100 *Std.*	0 *Std.*	20 *Std.*	140 *Std.*	210 *Std.*	230 *Std.*	290 *Std.*	10 *Std.*
Energie 60 MWh	5.700 *kWh*	300 *kWh*	0 *kWh*	3.000 *kWh*	14.400 *kWh*	18.000 *kWh*	13.800 *kWh*	4.800 *kWh*

Unter Verwendung der Indizes 1 (2,3) für die Hilfskostenstelle Werkstatt (Gabelstapler, Transport) ergibt sich nachstehendes Gleichungssystem:

Werkstatt: (1) $500p_1 = 25.032{,}00 + 100p_2 + 5.700p_3$

Gabelstapler: (2) $1.000p_2 = 19.896{,}20 + 60p_1 + 300p_3$

Energie: (3) $60.000p_3 = 17.532{,}60 + 60p_1 + 20p_2$

Dieses Gleichungssystem lässt sich nun mit Hilfe des Gleichsetzungs- oder Einsetzungsverfahrens lösen:

(1a) $500p_1 - 100p_2 - 5.700p_3 = 25.032{,}00$

(2a) $-60p_1 + 1.000p_2 - 300p_3 = 19.896{,}20$

(3a) $-60p_1 - 20p_2 + 60.000p_3 = 17.532{,}60$

(4)=(2a)-(3a) $1.020p_2 - 60.300p_3 = 2.363{,}60$

(5)=(2a)*8,33 + (1a) $8.233{,}3p_2 - 8.200p_3 = 190.833{,}67$

(4) in (5) => (6) $p_3 = 0{,}36$

(6) in (4) => (7) $p_2 = 23{,}54$

(6) und (7) in (1) => (8) $p_1 = 58{,}86$

Die ermittelten Verrechnungssätze sind noch in die Hauptkostenstellengleichungen einzusetzen, um die gesamten primären und sekundären Kosten der Hauptkostenstellen zu berechnen.

Auch bei einer größeren Anzahl von Kostenstellen ist das Verfahren mit Hilfe der modernen DV-Technologie heute einfach anwendbar. Zudem gibt es eine Reihe von iterativen Näherungslösungen. Grundsätzlich enthält das Gleichungsverfahren das Anbau- und Stufenleiterverfahren als Spezialfälle. Eine Kenntnis der Leistungsströme ist daher a priori nicht notwendig.

2.3.3.8 Gegenüberstellung der Verfahren

Durch Division der verrechneten Gemeinkosten durch die abgegebene Leistung einer Hilfskostenstelle erhält man ihre Verrechnungspreise. Die Auszubildenden stellen dann die Verrechnungspreise der verschiedenen Verfahren aus dem Beispiel gegenüber.

Beispiel:

Verfahren	Werkstatt	Gabelstapler	Energie/Trafo
Anbauverfahren	65,87	22,61	0,33
Stufenleiterverfahren	50,06	25,44	0,39
Simultanes Verfahren	58,86	23,54	0,36

Je nach Verfahren werden die Hauptkostenstellen nach Verrechnung der innerbetrieblichen Leistung unterschiedlich stark belastet. Beispielsweise wird die Hauptkostenstelle Vorschmelzofen, die viele Werkstattstunden in Anspruch nimmt, beim Anbauverfahren überproportional stark mit sekundären Gemeinkosten belastet. Ebenso wird die Hauptkostenstelle Druckguss, die einen relativ hohen Energieverbrauch aufweist, beim Stufenleiterverfahren mit zu hohen sekundären Gemeinkosten belegt. Einzig das simultane Verfahren führt zu einer richtigen Verteilung der sekundären Gemeinkosten.

2.3.4 Kostenträgerrechnung

Neben der Überwachung der Kostenartenentwicklung insgesamt und in einzelnen Funktionsbereichen ist es ein wichtiges Ziel der Kostenrechnung, die Kosten den einzelnen Kostenträgern zuzurechnen.

Bei der Erstellung der betrieblichen Leistungen (Güter) werden Kosten verursacht. Es ist davon auszugehen, dass die erstellten Güter die gesamten Kosten der Unternehmung zu tragen haben und somit die Kostenträger bilden. Die Kostenträger unterscheidet man in für den Markt bestimmte Leistungen und innerbetriebliche Leistungen:

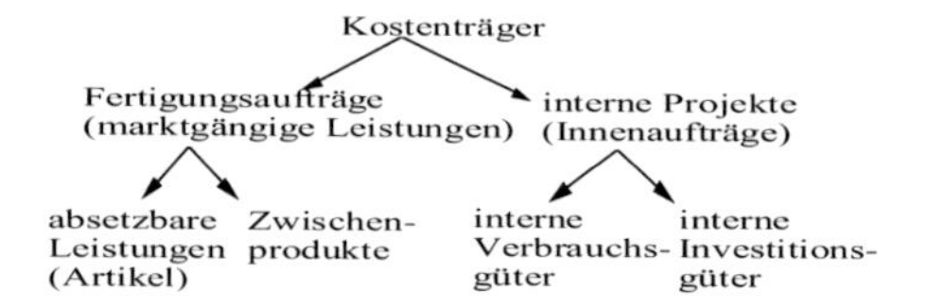

Mit Hilfe der Kostenträgerrechnung möchte man die Frage beantworten:

- *Wofür die Kosten angefallen sind?*

Sie übernimmt für die Kostenträgerrechnung die Kostenträgereinzelkosten aus der Kostenartenrechnung und die Kostenträgergemeinkosten aus der Kostenstellenrechnung. Je nach Rechnungsart lässt sich die Kostenträgerrechnung unterscheiden in eine Kostenträgerstückrechnung, die die Zurechnung der Kosten auf die Kostenträger möglich macht und in eine Kostenträgerzeitrechnung, die eine zeitbezogene Erfolgskontrolle ermöglicht.

Die durch interne Projekte erstellten Güter und Dienstleistungen werden entweder als aktivierte Eigenleistungen (interne Investitionsgüter) erfasst oder sie werden im Rahmen der internen Leistungsverrechnung auf die Kostenstellen verrechnet (interne Verbrauchsgüter). Im Mittelpunkt der Kostenträgerrechnung stehen daher die marktgängigen Leistungen.

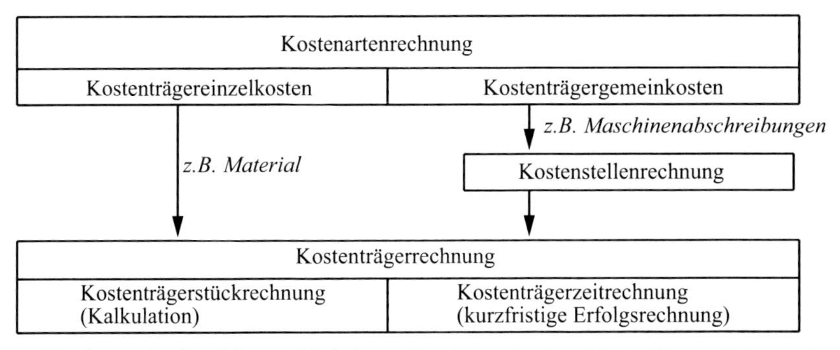

- *Was kostet das Produkt pro Stück ?*
- *Was kostet das Produkt im Monat /Jahr etc. ?*

Die Kostenträger der Alu GmbH

Als **Kostenträger** werden alle Produkte bezeichnet, die im betrieblichen Produktionsprozess erstellt wurden.

Beispiele:

Neben den intern ge- und verbrauchten Produkten (verschiedene Legierungen, Wärme, selbsterstellte Werkzeuge und Maschinen) sind die absetzbaren Produkte wie z.B. Aluminiumgehäuse für Motoren (Artikel CA 360, CA 380, CA 390), Lichtmaschinen, Antriebslager (Artikel XT4, XT5, XT6), verschiedene Kühlkörper oder Krätze (als Nebenprodukt) die Kostenträger.

2.3.4.1 Kostenträgerstückrechnung

Aufgaben der Kostenträgerstückrechnung

Aufgabe der **Kostenträgerstückrechnung** ist die Ermittlung der Kosten pro Kostenträger, damit:

- Informationen für die Preispolitik zum Zwecke der Festlegung von Preisuntergrenzen oder zur Feststellung von Angebotspreisen für öffentliche Aufträge bereitgestellt werden können,
- Informationen für die Programmpolitik geliefert werden können, um die Kostenträger entsprechend der Vorteilhaftigkeit ihres Kosten-Erlös-Verhältnisses fördern oder eliminieren zu können.

- Informationen für die Beschaffungspolitik bereitzustellen, um Preisober- grenzen festzustellen und über Eigenfertigung oder Fremdbezug entscheiden zu können.
- Informationen für die Bestandsbewertung der fertigen und unfertigen Erzeugnisse bereitgestellt werden können.
- Informationen für die Abrechnung innerbetrieblicher Projekte (z.B. selbst erstellte Maschinen) bereitgestellt werden können, die auch die Grundlage für deren bilanzielle Bewertung darstellen.

Einteilung der Kostenträgerstückrechnung

Die Aufgabe der Kostenträgerstückrechnung (Selbstkostenrechnung, Kalkulation) besteht darin, mit Hilfe bestimmter Kalkulationsverfahren die Selbstkosten und die Herstellkosten pro betriebliche Erzeugniseinheit zu ermitteln. Nach dem Kalkulationszeitpunkt kann man dabei Vor-, Zwischen- und Nachkalkulation unterscheiden.

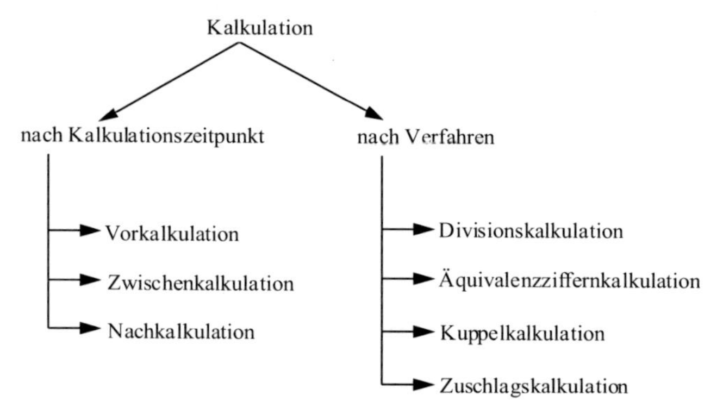

Die **Vorkalkulation** ermittelt die Selbst- und Herstellkosten auf der Grundlage von erwarteten Mengen und Preisen (Prognosedaten). Die **Zwischenkalkulation** wird dann angewandt, wenn es sich um Kostenträger handelt, deren Produktionsdauer sich über mehrere Abrechnungsperioden erstreckt (z.B. Schiffbau). Sie wird zu Bilanz- und Dispositionszwecken sowie zur laufenden Wirtschaftlichkeitsüberprüfung durchgeführt. Die **Nachkalkulation**, die erst nach Beendigung des Leistungserstellungsprozesses durchgeführt wird und deshalb auf Istgrößen basiert, wird zu Kontrollzwecken durchgeführt, d.h. es wird überprüft, ob die Planwerte der Vorkalkulation eingehalten wurden.

Wie aus obiger Abbildung ersichtlich, werden verschiedene Kalkulationsverfahren unterschieden. Um eine möglichst verursachungsgerechte Verteilung der Gesamtkosten auf die einzelnen Kostenträger zu erreichen, muss bei der Wahl des Kalkulationsverfahrens das Produktionsprogramm und die Organisation des Produktionsprozesses der Unternehmung berücksichtigt werden. In der Alu GmbH wird dabei das Verfahren der Zuschlagskalkulation angewendet.

2.3.4.2 Kostenträgerzeitrechnung (Kurzfristige Erfolgsrechnung)

In der Kostenträgerstückrechnung werden die Herstell- und Selbstkosten eines Kostenträgers ermittelt. Die **Kostenträgerzeitrechnung** (**kurzfristige Erfolgsrechnung**) soll den Erfolg der Kostenträger differenziert darstellen.

Die GuV bietet der Unternehmensführung als jährliche vergangenheitsorientierte Erfolgsrechnung keine ausreichenden Informationen für eine Wirtschaftlichkeitskontrolle. Sie ist durch Bewertungsentscheidungen verzerrt und verwendet keine Kosten- und Leistungsgrößen.

Die Unternehmensführung ist daran interessiert, ständig über die Entwicklung des betrieblichen Erfolgs informiert zu werden, um möglichst kurzfristig Maßnahmen zur Verbesserung dieses Erfolges treffen zu können. Dies setzt eine hohe Aktualität der gelieferten Informationen und die Verwendung der richtigen Wertansätze voraus. Den Erfolg der betrieblichen Leistungserstellung möglichst schnell und differenziert darstellen, ist Aufgabe der kurzfristigen Erfolgsrechnung (KER). Sie wird mit Hilfe des Gesamtkostenverfahren (GKV) oder des Umsatzkostenverfahrens (UKV) durchgeführt.

Beide Verfahren finden auch bei Aufstellung der GuV-Rechnung Anwendung (vgl. § 275 HGB). Verfahrenstechnisch besteht also zwischen der kurzfristigen Erfolgsrechnung und der GuV-Rechnung kein Unterschied. Die Wertansätze stimmen jedoch wegen den möglichen Differenzen zwischen Aufwendungen und Kosten meist nicht überein.

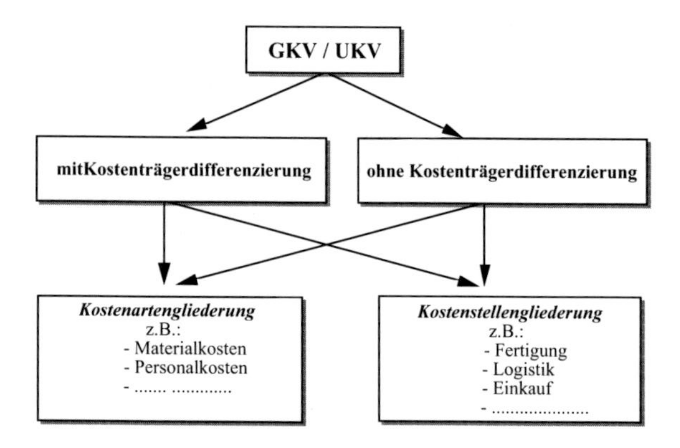

Gesamtkostenverfahren

Beim **Gesamtkostenverfahren** (GKV) werden den gesamten Leistungen einer Periode die gesamten Kosten gegenübergestellt. Das GKV lässt also Aussagen über die Kostenstruktur und ihre Veränderung im Periodenvergleich zu. Bestandsmehrungen/-minderungen werden explizit ausgewiesen, wodurch das Verhältnis zwischen Produktionsmenge und Absatzmenge ersichtlich wird.

In der *Literatur* wird oft die irrige Meinung vertreten, mit dem GKV sei nur die Feststellung des Gesamtergebnisses möglich. Welche Kostenträger diesen Erfolg positiv oder negativ beeinflusst haben, könne mit dem GKV nicht ermittelt werden. Dieser Auffassung wird widersprochen. Gesamtkosten besagt nur, dass alle angefallenen Kosten einer Periode erfasst werden, einschließlich der durch Bestandsveränderungen an Halb- und Fertigerzeugnissen verursachten Kosten. Warum sollte es aber nicht möglich sein, eine Aufteilung auf Kostenträger vorzunehmen?

Ob eine Aufteilung des Ergebnisses auf Kostenträger erfolgt bzw. in welchen Zeitabständen eine Erfolgsermittlung durchgeführt wird, ist abhängig von den internen Informationen, die das Management für Planung und Entscheidungsfindung benötigt.

Die Darstellung der kurzfristigen Erfolgsrechnung ist sowohl in tabellarischer als auch in kontenmäßiger Form möglich. Aufgrund der besseren Übersichtlichkeit ist bei Zuordnung der Kosten auf Kostenträger eine tabellarische Darstellungsweise vorzuziehen.

	Kostenträger Kühlkörper	Kostenträger Lichtmasch.-gehäuse	Kostenträger ....
Umsatzerlöse +/- Bestandsveränderungen (fertige und unfertige Erzeugnisse) + aktivierte Eigenleistungen			
= Gesamtleistung - Kosten (nach Kostenarten oder Kostenstellen gegliedert)			
= Betriebsergebnis			

Eine Aufteilung des Gesamtbetriebsergebnisses ist nicht nur nach Kostenträgern möglich. Zusätzlich kann je nach gewünschtem Informationsgehalt der Kurzfristigen Erfolgsrechnung eine weitere Untergliederung erfolgen. *Kriterien* hierfür sind z.B. Absatzgebiete, Kundengruppen, Verantwortungsbereiche. Eine differenzierte Darstellung des Gesamterfolgs setzt voraus, dass entsprechende Informationen aus der Betriebsbuchhaltung zur Verfügung stehen.

Umsatzkostenverfahren

Das Umsatzkostenverfahren (UKV) liefert den kurzfristigen Absatzerfolg, d.h. den Umsatzerlösen werden die dafür entstandenen Kosten gegenübergestellt. Somit kann der Erfolgsbeitrag der einzelnen Kostenträger ermittelt werden. Auch beim UKV kann eine *weitere Untergliederung* der Kostenträger nach Absatzgebieten, Kundengruppen usw. erfolgen.

Kostenträger Kühlkörper	Kostenträger Lichtmasch.-gehäuse	Kostenträger ....

Umsatzerlöse - umsatzbezogene Kosten (nach Kostenarten oder -stellen gegliedert)			
= Ergebnis			

Beide Verfahren führen zum gleichen Periodenerfolg. Welches Verfahren man wählt, ist z.B. abhängig von der mit der Ergebnisrechnung gewünschten Aussage oder der Verfügbarkeit der für das Verfahren benötigten Daten.

2.3.4.3 Kalkulationsverfahren

2.3.4.3.1 Divisionskalkulation

Einstufige Divisionskalkulation

Die **einstufige Divisionskalkulation** ist die einfachste Methode der Selbst- oder Herstellkostenermittlung. Sie ist sinnvoll anwendbar bei Unternehmen mit einem einheitlichen Erzeugnis oder mit Betriebsbereichen, die unterschiedliche Erzeugnisse auf getrennten, parallelen Fertigungsanlagen produzieren. Dies sind hauptsächlich Unternehmen der Massenfertigung, wie z.B. Zementfabriken, Kalkbrennereien, Ziegeleien, Brauereien oder Gas- und Elektrizitätswerke.

Bei solchen Unternehmen ist eine Einteilung der Kostenarten in Einzel- und Gemeinkosten für Zwecke der Produktkalkulation nicht erforderlich, da die Selbstkosten einer Leistungseinheit durch einfache Division der Gesamtkosten eines Abrechnungszeitraumes durch die erzeugte Menge ermittelt werden können. Folgende Berechnungsformel wird verwendet:

Stückselbstkosten = Gesamtkosten der Abrechnungsperiode / produzierte Leistungsmenge der Periode

Die Kostenstellenrechnung wird in diesem Fall für Kalkulationszwecke nicht benötigt, jedoch wird sie zu Zwecken der Kostenkontrolle durchgeführt.

Für die Anwendbarkeit der einstufigen Divisionskalkulation müssen folgende Voraussetzungen erfüllt sein:

1) Einproduktbetrieb bzw. Betriebsbereiche, die auf getrennten, parallelen Fertigungsanlagen produzieren

2) keine Lagerbestandsveränderungen an Halbfabrikaten

3) keine Lagerbestandsveränderungen an Fertigfabrikaten

Beispiel:

In unserem Unternehmen wird im Betriebsbereich Vorschmelzerei die Legierung L226 ausschließlich in einem speziellen Vorschmelzofen geschmolzen:

Gesamtkosten des Bereiches in dieser Periode: € 55.594,-

Bei einer produzierten Leistungsmenge von 14,2 t in dieser Periode ergeben sich die Herstellkosten wie folgt:

$$\text{Herstellkosten: } \frac{55.594,\text{-- €}}{14,2\text{ t}} = 3.915,07\text{ €/t}$$

Zweistufige Divisionskalkulation

Treten Lagerbestandsveränderungen an Fertigfabrikaten auf (Voraussetzung 3 entfällt), so ist zum Zwecke der Bewertung der gelagerten Erzeugnisse eine Aufteilung der Gesamtkosten in Herstellkosten und nicht mit der Herstellung zusammenhängende Verwaltungs- und Vertriebskosten notwendig, da nicht verkaufte Erzeugnisse zu Herstellkosten zu bewerten sind. Der Kostenträgerrechnung muss dann eine einfache Kostenstellenrechnung mit den Kostenstellen Herstellung und Verwaltung/Vertrieb vorangehen. In einem solchen Fall findet die **zweistufige Divisionskalkulation** Anwendung.

Mehrstufige Divisionskalkulation

Besteht die Fertigung eines Produkts aus mehreren Produktionsstufen zwischen denen:

- technologische Mengeneinsatzänderungen

- Ausschuss

- oder Zwischenläger

auftreten (Voraussetzung 2 u. 3 entfallen), so muss in der Divisionskalkulation eine Trennung der Produktionsstufen vorgenommen werden und eine durchwälzende Kalkulation erfolgen, die dann als **mehrstufige Divisionskalkulation** bezeichnet wird. Die Kosten der verschiedenen Produktionsstufen beziehen sich dann jeweils auf unterschiedliche Mengen an Halbfabrikaten. Für jede Produktionsstufe müssen daher eigene Kostenstellen gebildet werden, denen die Herstellkosten zuzurechnen sind. Zur Ermittlung der Stückkosten der jeweiligen Produktionsstufe sind die Herstellkosten der Stufe durch die Ausbringungsmenge dieser Stufe zu dividieren. In den folgenden Produktionsstufen sind nun die Kosten der in dieser Stufe weiterverarbeiteten Mengen auf dieselbe Weise zu verrechnen. Dieser Prozess setzt sich bis zur letzten Produktionsstufe und damit bis zur Zurechnung auf das Fertigfabrikat fort. Zur Selbstkostenkalkulation sind auf die so entstandenen Herstellkosten nun noch die Verwaltungs- und Vertriebsgemeinkosten zu verrechnen.

Formel:

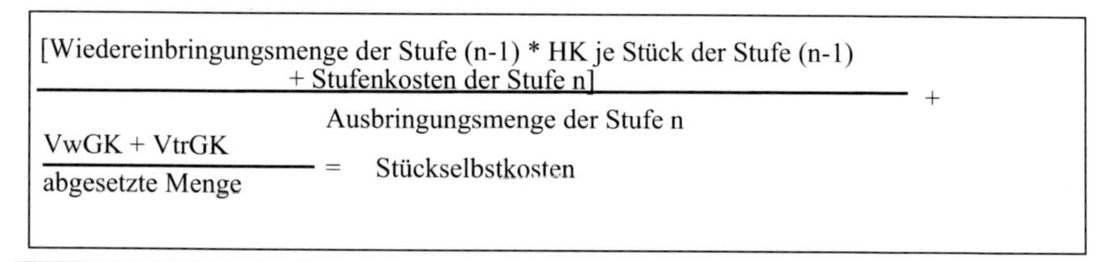

[Wiedereinbringungsmenge der Stufe (n-1) * HK je Stück der Stufe (n-1)
+ Stufenkosten der Stufe n]
Ausbringungsmenge der Stufe n
+
VwGK + VtrGK
abgesetzte Menge
= Stückselbstkosten

Beispiel:

Die AluGuss GmbH fertigt in einem gesonderten Betriebsbereich ein Motorengehäuse. In der letzten Periode wurden 2.018 Stück hergestellt.

Der Produktionsprozess läuft über folgende Stufen:

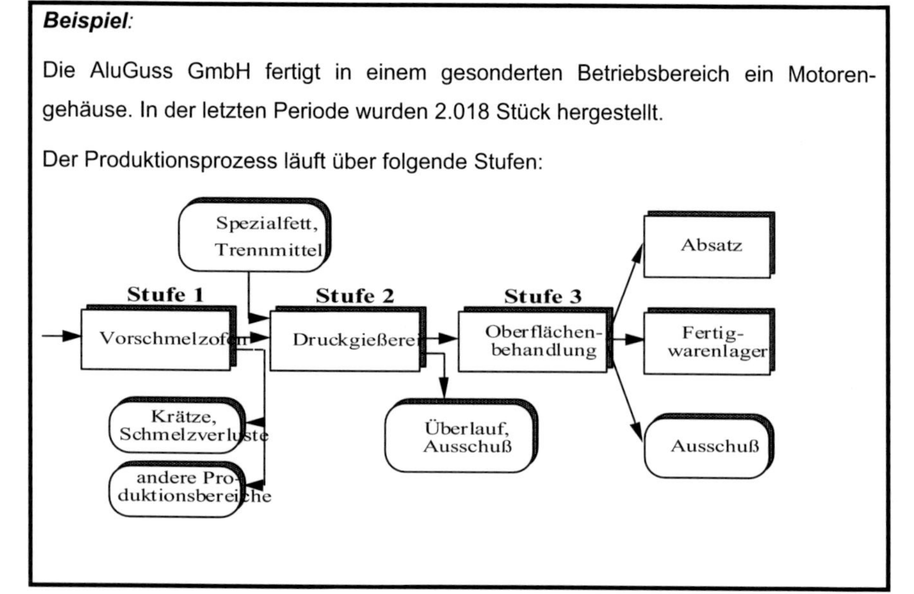

1. Stufe:

Nach dem Schmelzen, Abschöpfen der Krätze (Verunreinigungen im Aluminium, die im flüssigen Zustand an der Oberfläche schwimmen) und Abrechnung der Verluste bleiben noch 14,2t flüssiges Alu übrig. Hiervon werden 5,9t für andere Produktionsbereiche zur Verfügung gestellt.

Stufenkosten: € 55.594,-

2. Stufe:

Aus den übrigen 8,3t werden 2.100 Motorengehäuse gefertigt, von denen 67 wegen Mängeln aussortiert werden müssen.

Stufenkosten: € 36.594,-

3. Stufe:

Bei den verbleibenden Gehäusen werden der Anguss entfernt und die Kanten entgratet. Nach einer abschließenden kompletten Oberflächenbehandlung werden die Gehäuse verpackt. In dieser Stufe müssen 15 Stück aussortiert werden. Von den restlichen 2.018 Stück gehen nur 1.850 in den Verkauf, der Rest wird aufs Lager genommen.

Stufenkosten: € 25.628,60

Verwaltungsgemeinkosten: 14,5% der Herstellkosten des Umsatzes (Annahme)

Vertriebsgemeinkosten: 9,0 % der Herstellkosten des Umsatzes (Annahme)

Zu ermitteln sind die Herstellkosten je Leistungseinheit der einzelnen Produktionsstufen sowie die Selbstkosten je abgesetztes Motorengehäuse und der Wert der Lagerbestandsveränderungen.

HK Stufe 1: 55.594,-- € : 14,2t = 3.915,07 €/t

HK Stufe 2: $\frac{(8{,}3 \cdot 3.915{,}07) + 36.594}{2.033}$ = 33,9838 €/Stück

HK Stufe 3: $\frac{(2.033 \cdot 33{,}9838) + 25.628{,}60}{2.018}$ = 46,9364 €/Stück

HK der Produktion: 46,9364 €/Stück • 2.018 Stück = 94.717,66 €

HK des Umsatzes: 46,9364 €/Stück • 1.850 Stück = 86.832,34 €

<u>Selbstkosten des Umsatzes</u>

HK	86.832,34 €
+ VwGK	12.590,69 € (14,5% der HK des Umsatzes)
+ VtrGK	7.814.91 € (9,0% der HK des Umsatzes)
Selbstkosten	**107.237,94 €**

<u>Selbstkosten je abgesetztes Motorengehäuse:</u>

107.237,94 € : 1.850 Stück = **57,97 €/Stück**

<u>Lagerbestandsveränderungen:</u>

168 Stück • 46,9364 €/Stück **= 7.885,32 €**

Diese Art der mehrstufigen Divisionskalkulation wird auch als **durchwälzende Divisionskalkulation** bezeichnet, weil die Kosten der Vorstufe auf die nächste überwälzt werden.

In der *Literatur* findet sich auch häufig die addierende Divisionskalkulation, bei der die Stückkosten einer jeden Stufe unabhängig von den Kosten der Vorstufe ermittelt werden. Die Herstellkosten ergeben sich dann aus der Addition der einzelnen Stufenstückkosten. Diese Vorgehensweise ist nur dann möglich und führt zum richtigen Ergebnis, wenn die eingangs erwähnten Voraussetzungen, also keine technologische Mengeneinsatzänderungen, kein Ausschuss und keine Zwischenlager, vorliegen und darüber hinaus sich die Bezugsbasis (z.B. Kosten/Stück, Kosten/kg) nicht ändert.

Die *Vorteile der durchwälzenden Divisionskalkulation* liegen darin, dass auf jeder Stufe der Herstellung unmittelbar erkennbar wird, welche Kosten bis zur jeweils betrachteten Fertigungsstufe angefallen sind. Diese Information ist nötig für Entscheidungen über Eigenerstellung bzw. Fremdbezug und daraus folgend für die Bestimmung der Fertigungstiefe. Allerdings können solche Entscheidungen nur getroffen werden, wenn zusätzliche Informationen, beispielsweise über fixe und variable Kosten, berücksichtigt werden.

Auf der anderen Seite ist diese Art der Kalkulation relativ zeitaufwendig, da jede nachfolgende Fertigungsstufe erst dann kalkuliert werden kann, wenn die Kosten der

Vorstufe erfasst wurden. In der Praxis wird dieses Problem dadurch umgangen, indem mit standardisierten Kosten kalkuliert wird.

2.3.4.3.2 Zuschlagskalkulation

Die **Zuschlagskalkulation** basiert auf der Trennung der Gesamtkosten in Einzel- und Gemeinkosten und wird vor allem in Unternehmen der Einzel- und Serienfertigung angewendet. Durch direkte Zurechnung der Einzelkosten auf das Kalkulationsobjekt wird dem Verursachungsprinzip Rechnung getragen. Die übrigbleibenden Gemeinkosten werden über Zuschlagssätze auf das Kalkulationsobjekt verteilt. Hier richtet sich die Zurechnung also eher nach dem Proportionalitätsprinzip.

Verfahren zur Berechnung von Zuschlagssätzen

Als Zuschlagsgrundlage der Gemeinkosten (GK) kommen u. a. drei verschiedene Größen in Betracht:

1) auf Basis der Menge (z.B. Stück, kg) als **Mengenzuschlag** : GK/Stück

2) auf Basis der Zeit (z.B. Std., Minute) als **Zeitzuschlag** : GK/Std.

3) auf Basis des Wertes (€ EK) als **Wertzuschlag** : GK/EK

Je nach Kalkulationsverfahren und Kostenstelle werden die verschiedenen Zuschlagssätze wie folgt eingesetzt:

Verfahren der Zuschlagskalkulation	**Kostenstellen** Material	Fertigung	Verwalt./Vertr.
summarische Zuschlagskalkulation		Wertzuschlag	
differenzierende Zuschlagskalkulation	Wertzuschlag Mengenzuschlag	Wertzuschlag Mengenzuschlag Zeitzuschlag	Wertzuschlag Mengenzuschlag
Maschinenstundensatzrechnung	---	Zeitzuschlag	---

Nach dem gewünschten Grad der Genauigkeit der Kalkulation kommen unterschiedliche Verfahren in Betracht.

Summarische Zuschlagskalkulation

Bei der **summarischen Zuschlagskalkulation**, die als leicht zu handhabendes, aber pauschales Verfahren dann anwendbar ist, wenn der Anteil der Gemeinkosten an den Gesamtkosten verhältnismäßig gering ist, kann für Zwecke der Kalkulation auf eine Kostenstellenbildung verzichtet werden. Die Kostenträgergemeinkosten werden als ein geschlossener Block ("summarisch") zugerechnet. Das Verfahren wird oft in Handwerksbetrieben verwendet, die über keine Kostenstellenrechnung verfügen.

Als Zuschlagsgrundlage werden in der Praxis alternativ verwendet:

- Summe der Materialeinzelkosten (Fertigungsmaterial),
- Summe der Lohneinzelkosten (Fertigungslohn),
- Summe aus Fertigungsmaterial und Fertigungslohn (ggf. zuzüglich Sondereinzelkosten der Fertigung).

Der Zuschlagssatz für die gesamten Gemeinkosten wird mit dieser Formel ermittelt:

$$\text{Zuschlagssatz in \%} = \frac{\text{Gemeinkostensumme} \cdot 100}{\text{gewählte Einzelkostensumme}}$$

Prämissen:

- alle Produkte durchlaufen alle Produktionsstufen,
- die Inanspruchnahme der Produktionsstufen ist proportional zueinander,
- es besteht eine proportionale Beziehung zwischen sämtlichen Einzel- und den Gemeinkosten.

Differenzierende Zuschlagskalkulation

Bei der **differenzierenden Zuschlagskalkulation** werden die Gemeinkosten in Material-, Fertigungs-, Verwaltungs- und Vertriebsgemeinkosten aufgespalten. Dies geschieht in der Kostenstellenrechnung (Betriebsabrechnungsbogen). Mit Hilfe der im Betriebsabrechnungsbogen ermittelten Zuschlagssätze werden nun die Gemeinkosten den für die einzelnen Produkte erfassbaren Einzelkosten direkt zugerechnet. Hierfür wird folgendes Kalkulationsschema angewandt:

<table>
<tr><td>Fertigungsmaterial (MEK)
(Einzelkosten)</td><td rowspan="2">Materialkosten</td><td rowspan="5">Herstellkosten</td><td rowspan="8">Selbstkosten</td></tr>
<tr><td>Materialgemeinkosten (MGK)
(zugeschlagen auf Basis des Fertigungsmaterials)</td></tr>
<tr><td>Fertigungslohn
(Einzelkosten)</td><td rowspan="3">Fertigungskosten</td></tr>
<tr><td>Fertigungsgemeinkosten
(zugeschlagen auf Basis des Fertigungslohns, für jede Fertigungshauptstelle gesondert)</td></tr>
<tr><td>Sondereinzelkosten der Fertigung
(Einzelkosten höherer Zurechnungsebene z.B. Rüstkosten für einen Auftrag)</td></tr>
<tr><td colspan="2">Verwaltungsgemeinkosten
(zugeschlagen auf Basis der Herstellkosten)</td><td rowspan="3">Verwaltungs u. Vertriebskosten</td></tr>
<tr><td colspan="2">Vertriebsgemeinkosten
(zugeschlagen auf Basis der Herstellkosten)</td></tr>
<tr><td colspan="2">Sondereinzelkosten des Vertriebs
(Einzelkosten höherer Zurechnungsebene z.B. Verpackungskosten eines Auftrages)</td></tr>
</table>

Soll die differenzierte Zuschlagskalkulation angewendet werden, so sollten die Fertigungsgemeinkosten in sinnvollem Verhältnis zu den Fertigungseinzelkosten stehen. In maschinenintensiven Fertigungen ist dies häufig nicht der Fall (Zuschlagssätze von 1000% und mehr), weswegen hier oft die Maschinenstundensatzrechnung angewendet wird.

Zuschlagskalkulation mit Maschinenstundensätzen

Die technische Entwicklung im Fertigungsbereich führt dazu, dass immer leistungsfähigere und kostenintensivere Maschinen eingesetzt werden, die die menschliche Arbeit in zunehmendem Maße ersetzen. Dadurch sinkt der relative Anteil der Fertigungslöhne und zugleich steigen die Fertigungsgemeinkosten (insbesondere Abschreibungen, Zinsen auf das betriebsnotwendige Kapital und Wartungskosten für die Maschinen). Es wird eine andere Bezugsgröße zur Verteilung der Fertigungsgemeinkosten benötigt. Diese Entwicklung führte zur Einführung der **Maschinenstundensatzrechnung** (MSR).

2.3.4.3.3 Maschinenstundensatzrechnung

Maschinenabhängige und maschinenunabhängige Kosten

Die einzelnen Gemeinkostenarten sind daraufhin zu untersuchen, ob sie maschinenstunden- oder fertigungslohnabhängig sind. Die maschinenabhängigen Fertigungsgemeinkosten werden auf Grundlage der Maschinenlaufstunden verrechnet. Die nicht maschinenabhängigen Fertigungsgemeinkosten werden **Restfertigungsgemeinkosten** genannt und auf Grundlage der Fertigungslöhne verrechnet.

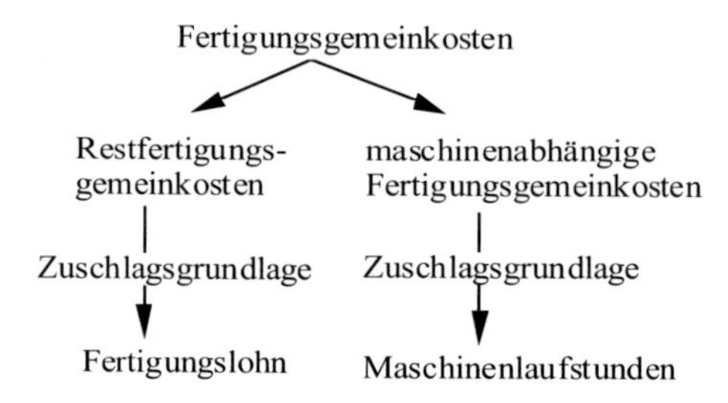

Berechnung des Maschinenstundensatzes

Alle maschinenabhängigen Fertigungsgemeinkosten werden auf die Anzahl der Laufzeitstunden der entsprechenden Maschinen verteilt. Hierfür wird zunächst die Anzahl der Maschinenlaufstunden pro Abrechnungsperiode (pro Monat, pro Jahr) benötigt.

Beispiel:

Bei der Alu GmbH ergäbe sich bei einer jährlichen Arbeitszeit von 52 Wochen, abzüglich 2 Wochen Betriebsurlaub, á 35 Std. und einer durchschnittlichen, jährlichen Ausfallzeit von 450 Std. eine jährliche Laufzeit von 1.300 Std. Die Summe der maschinenabhängigen Gemeinkosten (aus der Kostenstellenrechnung) von 209.950,- € wird durch die Laufzeit dividiert. Somit beträgt der Maschinenstundensatz 161,50 €/ Stunde. Wird nun eine Mengeneinheit eines bestimmten Produktes 2 Minuten auf dieser Druckgussmaschine gefertigt, so lassen sich die maschinenabhängigen Fertigungsgemeinkosten bestimmen: 2/60 Std. • 161,50 €/Std. = 5,38 €.

Zuschlagskalkulation mit Maschinenstundensätzen

Fertigungslohn (Einzelkosten)	**Fertigungskosten**
Restfertigungsgemeinkosten (zugeschlagen auf Basis des Fertigungslohns, für jede Fertigungshauptstelle gesondert)	
maschinenabhängige Gemeinkosten Maschinenstundensatz der Inanspruchgenommenen Maschinen multipliziert mit der Zeit der Inanspruchnahme	
Sondereinzelkosten der Fertigung (Einzelkosten höherer Zurechnungsebene, z.B. Auftrag)	

Beispiel:

Die Alu GmbH bekommt einen Auftrag zur Fertigung von 1.000 Kühlkörpern. Mit Hilfe der Zuschlagskalkulation mit Maschinenstundensätzen soll der Auftrag kalkuliert werden. Neben den drei Produktionsstufen Vorschmelzerei, Druckgießerei und Oberflächenbehandlung, in denen jeweils unterschiedlich maschinenintensiv produziert wird, müssen die Kostenstellen Verwaltung und Vertrieb in die Kalkulation eingehen.

Produktionsstufe 1: Vorschmelzerei (je Tonne)

Bezeichnung	Maßeinh.	Menge	Preis/Maßeinh.	Wert
Aluminium	t	1,05	2.450,-	2.572,50
Krätze	t	0,064	-300,-	-19,20
Materialeinzelkosten				2.553,30
Materialgemeinkosten	Wertz.	16% auf MEK		408,53
Materialkosten				2.961,83
Fert.-Lohn	Std.	2,35	47,72	112,14
Vorschmelzofen	t	1	172,23	172,23
Fertigungseinzelkosten				284,37
a) masch.-abh. GK	Std.	1,55	12,41	19,24
b) Restfertig. GK	Wertz.	9% auf FEK		25,59
Fertigungsgemeinkosten				44,83
Fertigungskosten				329,20
Herstellkosten				**3.291,03**

Produktionsstufe 2: Druckgießerei (je Stück)

Bezeichnung	Maßeinh.	Menge	Preis/Maßeinh.	Wert
Vorstufe Alu	t	0,0052	3.291,03	17,11
Materialeinzelkosten				17,11
Materialgemeinkosten	Wertz.	7% auf MEK		1,20
Materialkosten				18,31
Fert.-Lohn	Std.	0,044	55,-	2,42
Fert.-Lizenz	Stück	1	3,23	3,23
Fertigungseinzelkosten				5,65
a) masch.-abh. GK	Std.	0,016	62,-	0,99
b) Restfertig. GK	Wertz.	14% auf FEK		0,79
Fertigungsgemeinkosten				1,78
Fertigungskosten				7,43
Herstellkosten				**25,74**

Produktionsstufe 3: Oberflächenbehandlung (je Stück)

Bezeichnung	Maßeinh.	Menge	Preis/Maßeinh.	Wert
Vorstufe Rohling	Stück	1	25,74	25,74
Alu-Rückführung	t	-0,0006	2.450,-	-1,47
Materialeinzelkosten				24,27
Materialgemeinkosten	Wertz.	3% auf MEK		0,73
Materialkosten				25,-
Fert.-Lohn	Std.	0,11	49,54	5,45
Fertigungseinzelkosten				5,45
a) masch.-abh. GK	Std.	0,17	24,75	4,21
b) Restfertig. GK	Wertz.	86% auf FEK		4,69
Fertigungsgemeinkosten				8,90
Fertigungskosten				14,35
Herstellkosten				**39,35**

Um die Selbstkosten zu ermitteln, müssen nun noch die Verwaltungs- und Vertriebsgemeinkosten durch Zuschlagssätze berücksichtigt werden:

Verwaltungsgemeinkostenzuschlag: 14% auf die HK

Vertriebsgemeinkosten: 8% auf die HK

Herstellkosten	€ 39.350,-
+ VwGK-Zuschlag (14%)	€ 5.509,-
+ VtrGK-Zuschlag (8%)	€ 3.148,-
	€ 48.007,- Selbstkosten des Auftrages
	€ 48,01 Selbstkosten pro Stück

2.3.4.3.4 Äquivalenzziffernkalkulation

Die **Äquivalenzziffernkalkulation** ist ein der Divisionskalkulation verwandtes Verfahren. Sie ist in Unternehmen sinnvoll, die Erzeugnisarten mit nur geringfügigen Unterschieden (Sorten) produzieren. Typisch hierfür ist die Produktion in gleichen Fertigungsbereichen. Auch in Dienstleistungsbranchen - z.B. Banken - kann sie angewendet werden.

Folgende <u>Voraussetzungen</u> müssen bei Anwendung dieses Kalkulationsverfahrens erfüllt sein:

- Erzeugnisse müssen artgleich sein (z.B. Ziegel, Biersorten, Bausteine, Zigaretten),
- Erzeugnisse müssen in einem festen Kostenverhältnis zueinander stehen.

Das Verhältnis der Kosten eines Produktes zu den Kosten anderer Produkte wird mit Hilfe von Verhältniszahlen ausgedrückt, die **Äquivalenzziffern** (ÄQZ) genannt werden. Sie werden aus in der Vergangenheit gesammelten Erfahrungswerten gebildet bzw. anhand fertigungstechnischer Analysen ermittelt und solange als konstant angenommen, bis eine Änderung der Kosteneinflussgrößen eine Neuberechnung erforderlich macht. Kernproblem der Äquivalenzziffernkalkulation stellt die möglichst verursachungsgerechte Ermittlung dieser Äquivalenzziffern dar.

Für gewöhnlich erhält eine Produktsorte (evtl. Hauptsorte) die Äquivalenzziffer 1,0 und den übrigen Produktsorten werden dann Äquivalenzziffern zugeordnet, die das ermittelte Kostenverhältnis in bezug auf die Hauptsorte repräsentieren. Die Äquivalenzziffer 1,3 einer Produktsorte entspräche somit einer gegenüber der Hauptsorte um 30% höheren Kostenzuordnung.

Da die Äquivalenzziffern das Kostenverhältnis jeweils einer Einheit verschiedener Sorten repräsentieren, müssen bei unterschiedlichen Produktionsmengen die Sorten kostenmäßig "normiert" werden. Hierzu werden sie mit Produktionsmenge und Kostenanteil gewichtet. Das Ergebnis ist eine (dimensionslose) **Umrechnungszahl**.

Die Berechnung der stückbezogenen Gemeinkosten erfolgt mittels Division der angefallenen Gemeinkosten durch die Summe der Umrechnungszahlen, die anschließend mit den ermittelten Äquivalenzziffern zu multiplizieren sind.

Entsprechend den betrieblichen Gegebenheiten sind unterschiedliche Varianten dieses Kalkulationsverfahrens anwendbar. So kann die Äquivalenzziffernrechnung sowohl auf die Gesamtkosten (**summarisch**), als auch nur auf bestimmte Kostenartengruppen oder Kostenarten (z. B. nach Personalkosten und Maschinenkosten differenziert) angewandt werden. Zusätzlich unterscheidet man, ob für alle Produktionsstufen eine einheitliche (**einstufige**), oder für mehrere Produktionsstufen unterschiedliche Äquivalenzziffern verwendet werden (z.B. **mehrstufig** für Vorschmelzofen, Druckgießerei und Oberflächenbehandlung).

		nach Kostenstellen	
		eine ÄQZ(-reihe) für alle Produktionsstufen	mehrere ÄQZ(-reihen) für verschiedene Produktionsstufen
nach Kostenarten	eine ÄQZ(-reihe) für alle Kostenarten	einstufige, summarische ÄQZ-Rechnung	mehrstufige, summarische ÄQZ-Rechnung
	mehrere ÄQZ(-reihen) für mehrere Kostenarten	einstufig, differenzierte ÄQZ-Rechnung	mehrstufige, differenzierte ÄQZ-Rechnung

Die Berechnung der Stückgemeinkosten kann für den einfachsten Fall (**einstufige, summarische Äquivalenzziffernrechnung**) mittels der nachstehend dargestellten Formel erfolgen. Durch Differenzierung der Formel nach Produktionsstufen bzw. Kostenarten ist sie entsprechend auf die o.g. Varianten anwendbar.

Formel:

$$k_i = \frac{\text{gesamte GK}}{\sum_{i=1}^{n} a_i x_i} \cdot a_i$$

k = Stückgemeinkosten
a = Äquivalenzziffer
x = Produktionsmenge
ax = Umrechnungszahl
i = Sorte (1,..., n)

Beispiel (einstufig/summarisch):

Auf einer Spezial-Druckgussmaschine werden drei verschiedene Alu-Gehäuse gegossen, da sie für eine optimale Funktionstüchtigkeit eine besondere Materialdichte benötigen. Technisch bedingt verursachen die drei Gehäuse beim Gießen unterschiedliche Kosten (Rüstzeiten, unterschiedliche Formen, etc.). Hierfür wurden folgende Äquivalenzziffern ermittelt:

Sorte	Äquivalenzziffer	Menge (Stück)
CA 360	0,6	3.800
CA 380	1,0	1.200
CA 390	1,6	2.300

Insgesamt sind in diesem Bereich 76.970 € an Gemeinkosten angefallen. Wie hoch ist nun der Anteil der GK pro Gehäuse der verschiedenen Sorten?

Lösung:

Sorte	Äquivalenzziffer	Menge (Stück)	Umrechnungszahl
CA 360	0,6	3.800	2.280
CA 380	1,0	1.200	1.200
CA 390	1,6	2.300	3.680

Summe der Umrechnungszahlen = 7.160

$$k_{CA360} = \frac{76.970,-\text{ €}}{7.160} \cdot 0,6 = 6,45\text{ €}$$

$$k_{CA380} = \frac{76.970,-\text{ €}}{7.160} \cdot 1,0 = 10,75\text{ €}$$

$$k_{CA390} = \frac{76.970,-\text{ €}}{7.160} \cdot 1,6 = 17,20\text{ €}$$

Hinweis: Um die Herstellkosten einer Einheit zu ermitteln, müssen die jeweiligen Einzelkosten noch hinzugerechnet werden.

2.3.5 Vergleich von Vollkosten- und Teilkostenrechnung

Die Deckungsbeitragsrechnung ist eine Teilkostenrechnung, d. h. sie geht in der Betrachtung nur von den variablen Kosten aus. Sie geht von der Überlegung aus, dass kurzfristig nur die variablen Kosten entscheidungsrelevant sind. Entsprechend ist die Kennzahl

Deckungsbeitrag = Erlöse – variable Kosten

die entscheidende Kennzahl der Deckungsbeitragsrechnung.

Kurzfristig reicht es aus, bei Zusatzaufträgen einen Preis oberhalb der variablen Kosten zu wählen, da damit die Fixkosten zusätzlich gedeckt werden. Bei Grundaufträgen müssen dagegen zusätzlich die Fixkosten „verdient“ werden, damit ein Unternehmen nicht dauerhaft Verluste macht.

Erst wenn die Fixkosten gedeckt sind, wird Gewinn erzielt!

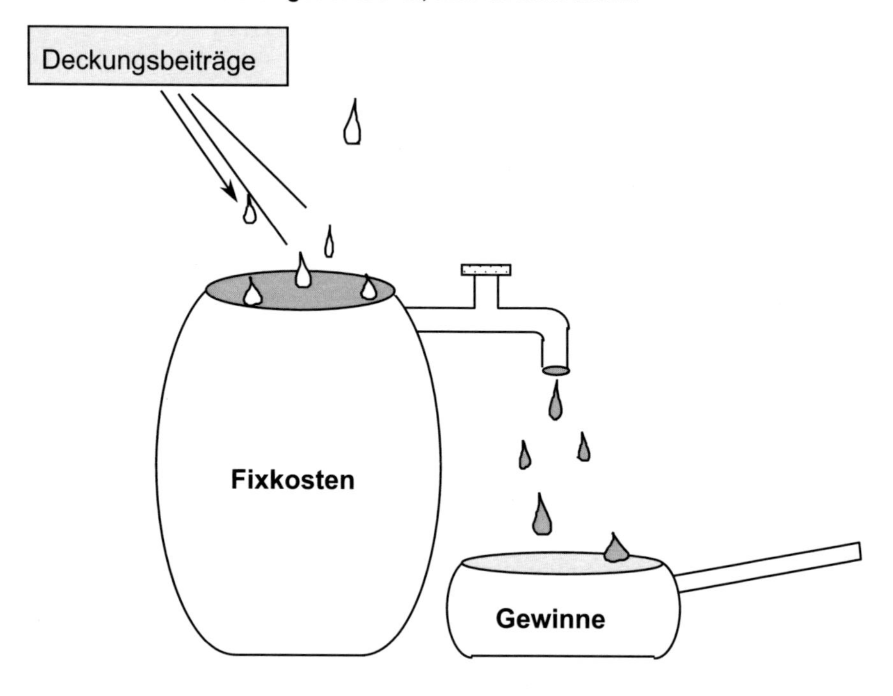

Bei jedem Produkt hat der Deckungsbeitrag positiv zu sein. Ein negativer Deckungsbeitrag spricht für die Streichung des Produktes aus dem Produktportfolio.

Natürlich ist die Sicht auf die Deckungsbeiträge nur kurzfristig richtig – langfristig müssen auch die Fixkosten betrachtet werden

Beispiel:

Ein Unternehmen verkauft ein Produkt zum Preis von 5 € bei Stückkosten von 3 €. Die Fixkosten betragen 30.000 €. Insgesamt werden 20.000 Stück verkauft.

In der Kalkulation werden damit folgende Daten gemessen (Kostenträgerstückrechnung):

Preis je Stück	5,00 €
- Variable Stückkosten	3,00 €
Deckungsbeitrag pro Stück	2,00 €
- Fixe Stückkosten	1,50 €
Betriebsergebnis pro Stück	0,50 €

In der Kostenträgerzeitrechnung ergeben sich die folgenden Daten:

Erlöse	100.000 €
- variable Kosten	60.000 €
Deckungsbeitrag	40.000 €
- Fixkosten	30.000 €
Betriebsergebnis	10.000 €

2.4 Auswertung der betriebswirtschaftlichen Zahlen

2.4.1 Aufbereitung und Auswertung der Zahlen

Unter Bilanzpolitik ist die zweckorientierte Beeinflussung der publizierten Unternehmensdaten, die sich aus Jahresabschluss und Lagebericht zusammensetzen, zu verstehen.

Ziel der Bilanzpolitik ist die Beeinflussung des Jahresüberschusses durch die Wahl bestimmter Bilanzierung- und Bewertungsmethoden durch das Unternehmen, wobei das Ergebnis gemindert oder erhöht werden kann. Mit der Bilanzpolitik lässt sich

- die Ausschüttungspolitik,
- die Steuerpolitik und
- die Informationspolitik

beeinflussen.

Generelles Ziel der Bilanzpolitik ist die Verstetigung der Unternehmensergebnisse. Damit soll nach außen ein geringer erscheinendes Unternehmensrisiko dargestellt werden, was zu einer höheren Unternehmensbewertung führt.

Zu unterscheiden sind zwei Formen der Bilanzpolitik:

- mit der materiellen Bilanzpolitik wird die Höhe der ausgewiesenen Abschlussdaten gesteuert;
- mit der formellen Bilanzpolitik wird die Darstellung der Vermögens-, Finanz- und Ertragslage beeinflusst.

In einem Wechselspiel befindet sich die Bilanzpolitik mit der Bilanzanalyse:

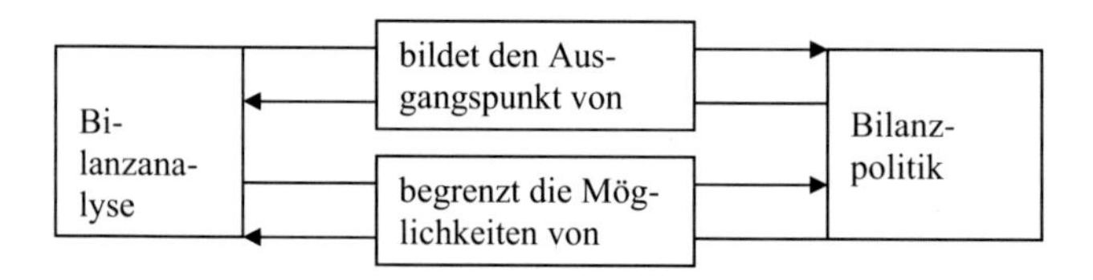

Abbildung 2: Die Interdependenz zwischen Bilanzanalyse und Bilanzpolitik

Als Bilanzanalyse bezeichnet man eine Methode, mit deren Hilfe Informationen aus Jahresabschlüssen so aufbereitet werden, dass sie den Informationszielen von Interessengruppen besser genügen, als die ursprünglichen Zahlen und Angaben des Jahresabschlusses. Ziel der Bilanzanalyse ist es, die bilanzpolitischen Eingriffe zu identifizieren und rückgängig zu machen. Umgekehrt muss es Ziel der Bilanzpolitik sein, so in den Jahresabschluss einzugreifen, dass dies mit der Bilanzanalyse nicht erkannt werden kann.

Aus Sicht der Bilanzanalyse lassen sich bilanzpolitische Instrumente in drei Bereiche einteilen:

- solche Maßnahmen, die bilanzanalytisch auch in quantitativer Höhe nachvollzogen werden können;
- solche Maßnahmen, die zwar bilanzanalytisch erkannt werden können, aber nicht quantifizierbar sind und

- solche Maßnahmen, die weder erkannt noch quantifiziert werden können.

Als Informationsziel der Bilanzanalyse wird die Beurteilung der Vermögens-, Finanzlage und Ertragslage eines Unternehmens genannt. Dieses Informationsziel findet seinen Ausdruck in einer finanzwirtschaftlichen und in einer erfolgswirtschaftlichen Analyse. Je nachdem, welcher Adressat mit einer Bilanzanalyse angesprochen werden soll, ergeben sich unterschiedliche Gewichtungen für die erfolgswirtschaftliche und die finanzwirtschaftliche Analyse.

Ziel der finanzwirtschaftlichen Bilanzanalyse ist die Generierung von Informationen über die Bonität und Liquidität des Unternehmens. Primär soll damit die Frage beantwortet werden, ob das Unternehmen in der Zukunft seinen Zahlungsverpflichtungen nachkommen kann. In diesem Rahmen können strukturelle und dynamische Untersuchungen angewendet werden.

Bei Strukturuntersuchungen wird die Bilanz selbst analysiert. Bei Untersuchung der Aktivseite wird die Vermögensbindung untersucht, wobei als Kennzahlen etwa die Anlagenintensität, die Investitionsquote oder die Wachstumsquote berechnet werden. Auf der Passivseite wird hingegen die Zusammensetzung des Kapitals analysiert, womit die Bonität und die Liquidität näher untersucht werden sollen. Als Kennzahl findet hier insbesondere die Eigenkapitalquote Anwendung.

Neben der isolierten Analyse von Aktiv- und Passivseite werden darüber hinaus auch Kennzahlen berechnet, die die Aktiv- und Passivseite in einen Zusammenhang bringen. Hier wird häufig die Fristenkongruenz analysiert, um die Frage beantworten zu können, ob das Unternehmen das investierte Vermögen mit Kapital gleicher Laufzeit refinanziert hat. Diese Überlegungen schlagen sich beispielsweise in den goldenen Finanzierungsregeln nieder.

Bei dynamischen Untersuchungen werden Bilanzzahlen mit Stromgrößen, insbesondere aus der Kapitalflussrechnung, in Verbindung gestellt. Kennzahlen sind etwa der dynamische Verschuldungsgrad.

Die erfolgswirtschaftliche Bilanzanalyse hat das Ziel, Aussagen über die Ertragskraft des Unternehmens zu gewinnen. Hierbei stellt der ökonomische Gewinn eine in idealtypischer Form gebildete Erfolgsgröße dar. Der ökonomische Gewinn stammt aus der Investitionsrechnung und zeigt den zukünftig zu erwartenden Einzahlungsüberschuss, der bei Erhaltung des Ertragswertes der Unternehmung ausgeschüttet werden kann. Diese Diskrepanz zwischen vergangenheitsorientierter Bilanzanalyse und zukunftsorientiertem ökonomischen Gewinn kann natürlich nicht gelöst werden. Die erfolgswirtschaftliche Bilanzanalyse kann somit nur versuchen, die Entwicklung in der Zukunft abschätzen zu helfen.

Die Ermittlung eines operativen Ergebnisses ist ein Ziel der erfolgswirtschaftlichen Analyse. In der erfolgswirtschaftlichen Analyse sind die wichtigsten Erfolgsquellen herauszufiltern, um Aussagen über die Ertragskraft zu gewinnen. Durch die Erfolgsspaltung wird der Erfolg eines Unternehmens in seine einzelnen Bestandteile zerlegt. Die einzelnen Erfolgsquellen werden damit voneinander getrennt, um genauer analysiert werden zu können. Wichtigste Kriterien für die Erfolgsspaltung sind:

- Nachhaltigkeit,
- Betriebszugehörigkeit und
- Periodenbezogenheit

des Erfolges.

Als „nachhaltig" werden Erfolge angesehen, die voraussichtlich auch künftig in ähnlicher Höhe auftreten werden. Sie werden als ordentlich definiert, während der verbleibende Rest als außerordentlich zu betrachten ist.

Mit dem Kriterium der Betriebszugehörigkeit wird auf die eigentliche betriebliche Tätigkeit eines Unternehmens abgestellt. Die Betriebszugehörigkeit ist dadurch charakterisiert, dass ihr Fehlen unmittelbar die gewöhnliche Geschäftstätigkeit beeinträchtigt. Ob Erfolgsbeiträge betrieblich oder nicht betrieblich entstanden sind, lässt sich dabei aber nicht immer eindeutig klären. Insofern ist die externe Analyse teilweise auf Mutmaßungen angewiesen.

Unter der Periodenbezogenheit wird die Zuordnung nur solcher Vorgänge verstanden, die in einer Periode verursacht wurden. Nicht der Periode zugehörige Vorgänge werden als außerordentlich eingestuft, um periodenübergreifende Erfolgsverlagerungen zu vermeiden. Auch hier scheitert die externe Nachvollziehbarkeit in der Regel an fehlenden Angaben im Jahresabschluss.

Die Analyse der Vermögensstruktur und der Kapitalstruktur sind wesentliche Bestandteile der finanzwirtschaftlichen Bilanzanalyse. Wie bereits oben dargestellt, ist die Generierung von Informationen über die Bonität und Liquidität Ziel der finanzwirtschaftlichen Bilanzanalyse.

Kennzahlen zur Vermögens- und Kapitalstrukturanalyse lassen sich auf unterschiedliche Weise gliedern. Hier wird in Kennzahlen zu

- Strukturuntersuchungen innerhalb einer Bilanzseite,
- Strukturuntersuchungen zwischen den Bilanzseiten sowie
- dynamische Untersuchungen

untergliedert.

Im Rahmen der Ertrags- und Liquiditätsanalyse werden die Ertragssituation und die Liquiditätslage eines Unternehmens analysiert. Zunächst sind die Jahresabschlüsse zum Zweck der Analyse aufzubereiten.

Maßgebliche Kennzahlen in der Ertragsanalyse sind Rentabilitätskennzahlen. Neben der Eigenkapitalrentabilität steht hier die Gesamtkapitalrentabilität im Vordergrund.

In der Liquiditätsanalyse werden einerseits Kennzahlen generiert, die einen Zusammenhang zwischen Aktivseite und Passivseite herstellen, und andererseits solche Kennzahlen, die aus der Liquiditätsorientierten Kapitalflussrechnung stammen.

Adressat der Bilanzanalyse können sowohl interne als auch externe Quellen sein. Externe Quellen sind etwa Kreditinstitute, die eine Bonitätsanalyse vornehmen, aber auch Konkurrenten, die eine Konkurrenzanalyse durchführen. Interne Quellen nutzen die Bilanzanalyse zur Selbsteinschätzung des Unternehmens, aber auch im Konkurrenzvergleich.

Zur Analyse sind zunächst Zeitreihen zu bilden, damit die Entwicklung im Zeitablauf betrachtet werden kann. Durch Betriebsvergleiche lassen sich Durchschnittswerte etwa für eine Branche betrachten und damit die Lage im Vergleich zur direkten Konkurrenz betrachtet werden.

2.4.2 Rentabilitätsrechnungen

Mit Rentabilitätsmaßen wird eine Ergebnisgröße in Bezug zu einer Kapitalgröße gestellt. Generell lassen sich je nach Adressat verschiedene Rentabilitätsgrößen unterscheiden:

Bewertung Adressat	Eigentümer	Kapitalgeber/Unternehmen
Buchwerte (bilanzielle Rentabiltätsanalyse)	I. Eigenkapitalrentabilität	III. Gesamtkapitalrentabilität IV. Umsatzrentabilität
Marktwerte (marktorientierte Rentabilitätsanalyse)	II. KGV	

Abbildung 3: Ansätze zur Rentabilitätsanalyse

Aus Sicht der Eigentümer sind die Eigenkapitalrentabilität und das Kurs-Gewinn-Verhältnis (KGV) die entscheidenden Kennzahlen. Das Kurs-Gewinn-Verhältnis gibt dabei an, wie viele Jahre es dauert, mit dem Gewinn den aktuellen Kurs zu bezahlen und ist eine Kennzahl der Börsenbewertung. Für die hier vorgenommene Betrachtung spielt diese Kennzahl keine Rolle.

Mit der Eigenkapitalrentabilität wird der Jahresüberschuss in Bezug zum durchschnittlichen bilanziellen Eigenkapital gesetzt:

$$\text{Eigenkapitalrentabilität} = \frac{\text{Jahresüberschuss}}{\text{durchschnittliches bilanzielles Eigenkapital}}$$

Wichtig:

Die Eigenkapitalrentabilität kann auch bei sinkendem Jahresüberschuss steigen, wenn das Eigenkapital überproportional sinkt!

Neben der Eigenkapitalrentabilität und dem KGV lassen sich mit der Umsatzrentabilität und der Gesamtkapitalrentabilität zwei weitere Rentabilitätsgrößen berechnen. Zunächst soll die Umsatzrentabilität betrachtet werden.

Die Umsatzrentabilität stellt das Ergebnis eines Unternehmens zum Umsatz in Beziehung:

$$\text{Umsatzrentabilität} = \frac{\text{Ergebnis}}{\text{Umsatz}}$$

Für sich allein genommen ist diese Kennzahl wenig aussagekräftig. Sie muss vielmehr im Zusammenhang mit den Werten anderer Unternehmen der gleichen Branche betrachtet werden. So liegt die Umsatzrentabilität beispielsweise im Einzelhandel deutlich unter dem Wert der Konsumgüterindustrie, diese wiederum geringer als die von Pharmaunternehmen. Das Ergebnis als Zähler der Umsatzrentabilität ist zudem zu hinterfragen. Es kann sowohl ein Ergebnis nach Zinsen und Steuern, als auch eines vor Zinsen und Steuern sein. Letzteres ist deshalb von Vorteil, weil die Umsatzrentabilität dann unabhängig von der Kapitalstruktur, d. h. dem Leverage-Effekt, berechnet wird.

Der Verschuldungsgrad, gemessen am Verhältnis von Fremdkapital zu Eigenkapital, stellt für den Eigenkapitalgeber ein Ertragsrisiko und für den Fremdkapitalgeber ein Bonitätsrisiko dar. Abgebildet werden kann das Kapitalstrukturrisiko durch den Leverage-Effekt. Daher soll der Leverage-Effekt zunächst allgemein formuliert werden.

r = Gesamtkapitalrentabilität

re = Eigenkapitalrentabilität

rf = Fremdkapitalrentabilität

EK = Eigenkapital

FK = Fremdkapital

E = Ergebnis vor Zinsen

(1) $r = \frac{\text{Gewinn} + \text{Zinsen}}{\text{EK} + \text{FK}}$

(2) $E = r \times (EK + FK)$

oder

(3) $E = re \times EK + rf \times FK$

aus (2) und (3) folgt:

$re \times EK + rf \times FK = r \times (EK + FK)$

(4) $re = r + (r - rf) \times \frac{FK}{EK}$

In Abbildung 4 ist der Leverage-Effekt grafisch veranschaulicht. Die einzelnen Leverage-Geraden liegen zwischen der Winkelhalbierenden (bei vollständiger Eigenfinanzierung) und der Parallelen zur Ordinate, die durch den Fremdkapitalzins läuft (bei vollständiger Fremdfinanzierung). Die Leverage-Gerade dreht sich am Fremdkapitalzins. Ist die Gesamtkapitalrentabilität größer als der Fremdkapitalzins, dann steigt die Eigenkapitalrentabilität mit steigendem Verschuldungsgrad. Fällt die Gesamtkapitalrentabilität unter den Fremdkapitalzins, steigt das Risiko von Verlusten mit steigendem Verschuldungsgrad.

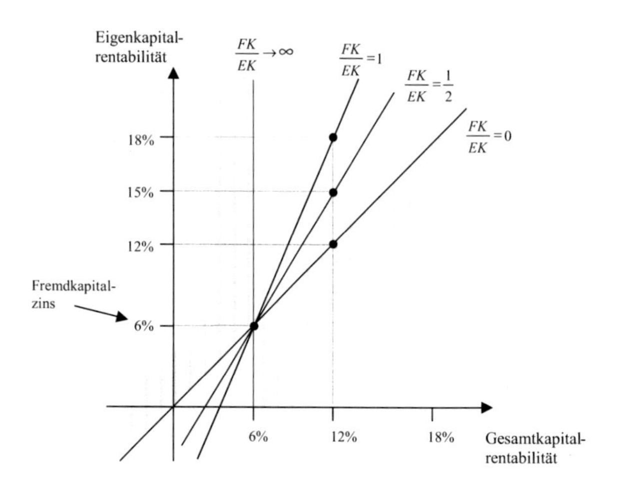

Abbildung 4: Der Leverage-Effekt

Aufgrund des Leverage-Effektes spielt die Gesamtkapitalrentabilität bei Unternehmensvergleichen die entscheidende Rolle. Da die Eigenkapitalrentabilität neben der Gesamtkapitalrentabilität vom Verschuldungsgrad abhängt, ist eine isolierte Betrachtung der Eigenkapitalrentabilität nicht sinnvoll. Für die Frage der Mittelverwendung ist allein die Gesamtkapitalrentabilität die heranzuziehende Größe.

Die Gesamtkapitalrentabilität ergibt sich aus:

$$\text{Gesamtkapitalrentabilität} = \frac{\text{Ergebnis vor Zinsen und Steuern}}{\text{Eigenkapital} + \text{Fremdkapital}}$$

Die Rentabilität ist aber nicht die einzig entscheidende Größe im Rahmen der Unternehmenssteuerung. Vorrang ist zunächst die Liquidität, die die Zahlungsfähigkeit eines Unternehmens beschreibt, zeitgerecht und vollständig die Verbindlichkeiten zu bedienen. Liquidität ist deshalb zunächst vorrangig, da bei Illiquidität die Insolvenz droht.

2.5 Planungsrechnung

Das bisher beschriebene Kostenrechnungssystem muss stärker differenziert werden, um die Funktionen der Unternehmensführung:

- Planung

- Entscheidung

- Kontrolle

besser unterstützen zu können. Die in der Theorie entwickelten und in der Praxis verbreiteten Kostenrechnungssysteme unterscheiden sich deshalb in zwei wesentlichen Dimensionen von dem hier vorgestellten System.

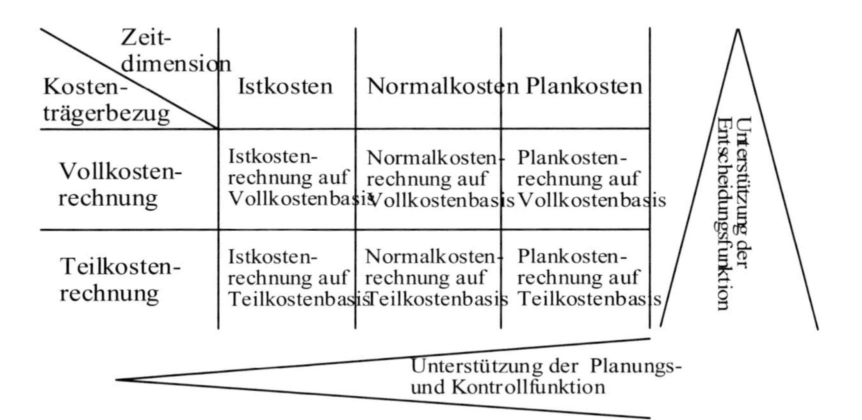

Zeitdimension / Kostenträgerbezug	Istkosten	Normalkosten	Plankosten
Vollkostenrechnung	Istkostenrechnung auf Vollkostenbasis	Normalkostenrechnung auf Vollkostenbasis	Plankostenrechnung auf Vollkostenbasis
Teilkostenrechnung	Istkostenrechnung auf Teilkostenbasis	Normalkostenrechnung auf Teilkostenbasis	Plankostenrechnung auf Teilkostenbasis

Grundsätzlich können die beschriebenen Instrumente und Systeme auf alle o.g. Dimensionen ausgerichtet werden.

2.5.1 Dimension Istkosten - Normalkosten - Plankosten

Kostenrechnungssysteme sollen die Planungs- und Kontrollfunktionen im Rahmen der Unternehmensführung unterstützen. Dieses setzt neben der Ermittlung von Ist-Kosten zur Kontrolle auch die Vorgabe von Kosten im Rahmen der Planung voraus. Diese Vorgabe kann sich entweder auf eine passive Prognose der erwarteten "normalen" Kosten beschränken oder aktiv durch Maßnahmen die "geplanten" Kosten zu beeinflussen suchen. Man unterscheidet daher:

Istkosten sind tatsächlich angefallene Kosten (genauer: mit Ist-Preisen (Anschaffungspreisen) bewertete Ist-Verbrauchsmengen) vergangener Abrechnungsperioden. Zufällige Schwankungen der Preise und Mengen beeinflussen die Höhe der Istkosten.

Normalkosten sind normierte Kosten, die sich zum einen aus dem Durchschnitt vergangener Abrechnungsperioden, zum anderen an für die Zukunft prognostizierten Normalvorstellungen ableiten. Zufällige Schwankungen der Preise und Mengen werden bei der Ermittlung von Normalkosten weitgehend bereinigt.

Plankosten sind zukunftsbezogene Vorstellungen über das Mengen - und Wertgerüst, das mit Hilfe geplanter Maßnahmen und vor dem Hintergrund bestehender Randbedingungen in der Abrechnungsperiode erreicht werden kann.

Die Istkosten einer Abrechnungsperiode werden selten mit den für diese Periode erwarteten Kosten übereinstimmen. Die resultierenden Kostenabweichungen haben jedoch unterschiedliche Aussagen:

- Abweichungen zu den Normalkosten zeigen lediglich, ob besser oder schlechter als der "normale Schlendrian" gearbeitet wurde,

- Abweichungen zu den Plankosten zeigen, ob die geplanten Ziele mit den geplanten Maßnahmen erreicht wurden und falls nicht, welche Ursachen dafür verantwortlich waren.

2.5.2 Starre Plankostenrechnung

Die starre Plankostenrechnung basiert auf der Vorgehensweise, zunächst für jede Kostenstelle die Plankosten bei einem vorgegebenen Planbeschäftigungsgrad (so genannte Planausbringung) zu bestimmen. Diese Plankosten bleiben – unabhängig von der Ist-Beschäftigung – konstant. Der Name „starre" Plankostenrechnung rührt daher, dass neben den Plankosten auch das geplante Produktionsverfahren, die geplanten Seriengrößen etc. starr bleiben, d. h. unverändert.

Der Planverrechnungssatz für jede Kostenstelle ergibt sich durch die Division der Plankosten durch die Planausbringungsmenge. Dieser Wert dient der Berechnung der internen Leistungsverrechnung. Da nicht zwischen Fixkosten und variablen Kosten unterschieden wird, handelt es sich um eine Vollkostenrechnung.

Beispiel:

Für eine Kostenstelle wird eine Planbeschäftigung von 50.000 Stück kalkuliert. Die Plankosten betragen 200.000 €, d. h. der Planverrrechnungssatz 200.000 € / 50.000 Stück = 4 € / Stück.

Tatsächlich werden 30.000 Stück produziert mit Istkosten von 150.000 €. Die auf den Kostenträger verrechneten Plankosten betragen 30.000 Stück × 4 € / Stück = 120.000 €. Damit werden 30.000 € Kosten zu wenig auf den Kostenträger verteilt.

Ob die Abweichung aus einer mangelnden Kapazitätsauslastung oder aus Ressourcenverschwendung stammt, lässt sich aus der Differenz aber nicht ableiten.

Das Beispiel zeigt die Vor- und Nachteile der starren Plankostenrechnung relativ deutlich:

- das System ist einfach nutzbar,
- es ermöglicht eine laufende Abrechnung,
- es ist für eine Kostenkontrolle unbrauchbar, da eine Kostenabweichung nicht sinnvoll interpretiert werden kann,
- das Verursachungsprinzip wird nicht beachtet, da die Fixkosten proportionalisiert werden.

Eine starre Plankostenrechnung ist somit nur als Entwicklungsstufe hin zu einer flexiblen Plankostenrechnung zu erwähnen, die ansonsten praktisch ohne Bedeutung ist.

2.5.3 Flexible Plankostenrechnung

2.5.3.1 Flexible Plankostenrechnung auf Vollkostenbasis

Im Gegensatz zur starren Plankostenrechnung trennt die flexible Plankostenrechnung die Kosten in fixe und variable Kosten auf. Damit ist man in der Lage, die Sollkosten zu berechnen, die bei der Ist-Beschäftigung unter Annahme eines wirtschaftlichen Umgangs mit den Ressourcen anfallen müssten.

Sollkosten = fixe Kosten + variable Planstückkosten × Ist-Beschäftigung

Obiges Beispiel fortgesetzt:

Für eine Kostenstelle wird eine Planbeschäftigung von 50.000 Stück kalkuliert. Die Plankosten betragen 200.000 €, davon fixe Plankosten = 100.000 € und variable Plankosten = 100.000 €. Die variablen Planstückkosten betragen 100.000 € / 50.000 Stück = 2 € / Stück.

Tatsächlich werden 30.000 Stück produziert mit Istkosten von 180.000 €. Die auf den Kostenträger verrechneten variablen Plankosten betragen 30.000 Stück × 2 € / Stück = 60.000 €. Zuzüglich die fixen Plankosten betragen die Sollkosten 100.000 € (Fixkosten) + 60.000 € (variable Kosten) = 160.000 €. Damit werden 20.000 € Kosten zu wenig auf den Kostenträger verteilt.

2.5.3.2 Abweichungsanalyse

Ein großer Vorteil der flexiblen Plankostenrechnung besteht darin, dass Abweichungen aus einer mangelnden Kapazitätsauslastung oder aus Ressourcenverschwendung ermittelt werden können.

Die Differenz zwischen Istkosten und Sollkosten wird Preis-/Verbrauchsabweichung genannt. Sie kann entweder aus Preisveränderungen der Einsatzfaktoren zurückzuführen sein oder auf einen unwirtschaftlichen Ressourceneinsatz. Um die Verantwortlichen bestimmen zu können, müsste in einem solchen Fall die Abweichungsanalyse nach Kostenbestimmungsfaktoren ermittelt werden.

Obiges Beispiel fortgesetzt:

Die Sollkosten betragen 160.000 €, die Istkosten 180.000 €. Damit beträgt die Preis-/Verbrauchsabweichung 20.000 €. Es sind somit 20.000 € Mehrkosten entstanden. Ob sie auf höhere Preise oder Unwirtschaftlichkeit zurückzuführen sind, lässt sich hier nicht beantworten.

Neben der Preis-/Verbrauchsabweichung lässt sich die Beschäftigungsabweichung ermitteln. Sie zeigt an, ob eine Unter-/Überschreitung der Planbeschäftigung zu veränderten Kosten geführt hat.

Die Beschäftigungsabweichung ergibt sich als Differenz zwischen Sollkosten und verrechneten Plankosten (aus der starren Plankostenrechnung!).

Obiges Beispiel fortgesetzt:

Die Plankosten betragen 160.000 €. Die Plankosten betragen 200.000 € bei einer Planbeschäftigung von 50.000 Stück, d. h. der Planverrechnungssatz 200.000 € / 50.000 Stück = 4 € / Stück. Bei der Istmenge von 30.000 € betragen die verrechneten Plankosten 30.000 Stück × 4 € / Stück = 120.000 €. Die Differenz zwischen 160.000 € und 120.000 € = 40.000 € ist die Beschäftigungsabweichung. Durch das Unterschreiten der Planbeschäftigung (30.000 Stück gegen 50.000 Stück) werden die Fixkosten über den Planverrechnungssatz nicht vollständig auf die Kostenträger verrechnet. Dieser nicht verrechnete Teil der Fixkosten (40.000 €) stellt die Beschäftigungsabweichung dar.

2.5.3.3 Flexible Plankostenrechnung auf Grenzkostenbasis

Im Rahmen der flexiblen Plankostenrechnung auf Grenzkostenbasis werden allein die variablen Kosten betrachtet. Die Fixkosten werden von den Kostenstellen direkt in die Kostenträgerzeitrechnung übertragen.

Die verrechneten Plankosten auf Grenzkostenbasis entsprechen somit immer den variablen Soll-Kosten.

Obiges Beispiel fortgesetzt:

Für eine Kostenstelle wird eine Planbeschäftigung von 50.000 Stück kalkuliert. Die Plankosten betragen 200.000 €, davon fixe Plankosten = 100.000 € und variable Plankosten = 100.000 €. Die variablen Planstückkosten betragen 100.000 € / 50.000 Stück = 2 € / Stück.

Tatsächlich werden 30.000 Stück produziert mit Istkosten von 180.000 €. Die Fix-Istkosten entsprechen den Plan-Fixkosten und betragen damit 100.000 €. Die variablen Istkosten haben damit einen Wert von 180.000 € - 100.000 € = 80.000 €.

Die variablen Soll-Istkosten betragen 2 € / Stück × 30.000 Stück = 60.000 €.

Die Preis-/Verbrauchsabweichung beträgt damit 80.000 € - 60.000 € = 20.000 €.

Die flexible Plankostenrechnung auf Grenzkostenrechnung ist insbesondere für kurzfristige Entscheidungen heranzuziehen, da die Fixkosten kurzfristig im Regelfall ohne Belang sind.

3 Recht und Steuern

3.1 Rechtliche Zusammenhänge

3.1.1 BGB Allgemeiner Teil

3.1.1.1Rechtssubjekte

Ein Rechtssubjekt ist eine Einheit, die Träger von Rechten und Pflichten sein kann. Diese Eigenschaft wird als Rechtsfähigkeit bezeichnet.

Die einfachste Einheit ist die natürliche Person. Organisationseinheiten, die durch den Zusammenschluss natürlicher Personen entstehen, sind die Bruchteilsgemeinschaft (§§ 741 ff. BGB), die Miteigentümergemeinschaft (§§ 1008 bis 1011 BGB), die eheliche Gütergemeinschaft (§§ 1415 ff. BGB), die Erbengemeinschaft (§§ 2032 ff BGB), die Gesellschaft Bürgerlichen Rechts (§§ 705 ff BGB), und die Personenhandelsgesellschaften, namentlich die Offene Handelsgesellschaft (§§ 105 ff HGB) und die Kommanditgesellschaft (§§ 161 ff HGB).

Bei der Bruchteilsgemeinschaft und der Miteigentümergemeinschaft verfügt das Mitglied über seinen Bruchteil völlig unabhängig von allen anderen Mitgliedern. Dagegen ist bei den anderen Formen nur ein gemeinsames Handeln möglich.

Durch die Personenabhängigkeit werden Körperschaften von den Personalgesellschaften unterschieden. Zu den Körperschaften zählen der nicht rechtsfähige und der rechtsfähige Verein des Bürgerlichen Rechts (§§ 21 ff BGB) sowie die Kapitalgesellschaften des Handelsrechts, im Besonderen die Gesellschaft mit beschränkter Haftung und die Aktiengesellschaft.

Im Gegensatz zu den Personalgesellschaften sind Körperschaften nicht an den Bestand ihrer Mitglieder gebunden.

Die Rechtsfähigkeit erlangt eine natürliche Person durch die Geburt (vgl. § 1 BGB). Dagegen findet sich die Rechtsfähigkeit für Aktiengesellschaften und Gesellschaften mit beschränkter Haftung in den jeweiligen Gesetzen.

Für die Aktiengesellschaft wird in § 1 Abs. 1 Satz 1 AktG festgehalten:

„Die Aktiengesellschaft ist eine Gesellschaft mit eigener Rechtspersönlichkeit.“

Für die Gesellschaft mit beschränkter Haftung wird in § 13 Abs. 1 GmbHG festgehalten:

„Die Gesellschaft mit beschränkter Haftung als solche hat selbständig ihre Rechte und Pflichten; sie kann Eigentum und andere dingliche Rechte an Grundstücken erwerben, vor Gericht klagen und verklagt werden."

Während bei natürlichen Personen die Geburt entscheidend ist, ist dies bei juristischen Personen die Eintragung in dass vom Gericht geführte Register (vgl. § 41 Abs. 1 AktG; § 11 Abs. 1 GmbHG).

Im Gegensatz zu den Begriffen der natürlichen Person und der juristischen Person ist die Definition der „Sache" in einem einzelnen Paragraphen geregelt:

„Sachen im Sinne des Gesetzes sind nur körperliche Gegenstände" (§ 90 BGB).

3.1.1.2 Recht- und Geschäftsfähigkeit

Geschäftsfähig ist gemäß § 2 BGB, wer volljährig ist, d. h. mit Vollendung des 18. Lebensjahres. Geschäftsunfähig ist (§ 104 BGB):

1. wer nicht das siebente Lebensjahr vollendet hat,

2. wer sich in einem die freie Willensbestimmung ausschließenden Zustand krankhafter Störung der Geistestätigkeit befindet, sofern nicht der Zustand seiner Natur nach ein vorübergehender ist.

Nach Vollendung des 7. Lebensjahres bis zur Vollendung des 18. Lebensjahres ist ein Mensch beschränkt geschäftsfähig. Der Minderjährige bedarf zu einer Willenserklärung, durch die er nicht lediglich einen rechtlichen Vorteil erlangt, der Einwilligung seines gesetzlichen Vertreters (§ 107 BGB).

Der Geschäftsabschluss eines beschränkt geschäftsfähigen ist schwebend unwirksam – der gesetzliche Vertreter kann durch nachträgliche Zustimmung die Wirksamkeit herbeiführen (§§ 108, 184 BGB). Lehnt der gesetzliche Vertreter den Geschäftsabschluss ab, so ist das Rechtsgeschäft von Anfang an unwirksam (§ 108 BGB).

Ein von dem Minderjährigen ohne Zustimmung des gesetzlichen Vertreters geschlossener Vertrag gilt als von Anfang an wirksam, wenn der Minderjährige die vertragsmäßige Leistung mit Mitteln bewirkt, die ihm zu diesem Zweck oder zu freier Verfügung von dem Vertreter oder mit dessen Zustimmung von einem Dritten überlassen worden sind (§ 110 BGB – so genannter Taschengeldparagraph).

Für das Wirksamwerden eines Vertrages sind die §§ 116-144 BGB wesentlich (bitte lesen!). In typischen Klausurfragen geht es um die Datumsgenauigkeit von Angeboten und die Frage, ob ein Vertrag zustande gekommen ist.

Beispiel 1:

Ein Angebot wird befristet auf den 3. Juni. Der Empfänger des Angebots schreibt auf die Angebotsannahme den 2. Juni, schickt das Dokument aber erst am 3. Juni gegen 22 Uhr an den Anbieter zurück. Das Geschäft ist nicht zustande gekommen, da 22 Uhr nach Geschäftsschluss ist und somit erst am 4. Juni das Dokument „ankommt". Damit gilt die Angebotsannahme als neues Angebot, das erst wieder neu vom Anbieter angenommen werden muss.

Beispiel 2:

Ein Angebot wird am 1. Juni unbefristet gemacht. Am 3. Juni nimmt der Empfänger das Angebot schriftlich an und versendet den Brief, der dem Anbieter am 5. Juni zugestellt wird. Am 4. Juni ruft der Anbieter beim Empfänger an und widerruft das Angebot.

Gemäß § 130 Abs. 1 Satz 2 BGB ist der Widerruf zu spät ausgesprochen worden. Das Geschäft ist damit wirksam.

Beispiel 3:

Kreditinstitut K begibt an Kunden A wegen dessen hoher Bonität am 5. Juni einen Kredit. Am 6. Juni erfährt das Kreditinstitut von den tatsächlichen Zahlungsschwierigkeiten des A. Am 6. Juli – also einen Monat später – ficht K das Darlehen an. Gemäß § 121 BGB hätte dies aber unverzüglich erfolgen müssen. Der Kreditvertrag ist wirksam.

3.1.2 BGB Schuldrecht

Die Regeln zum Schuldrecht sind in den §§ 241 bis 432 BGB genannt. Nach § 241 BGB ist der Gläubiger berechtigt, von dem Schuldner eine Leistung zu fordern. Die

Leistung kann dabei auch in einem Unterlassen bestehen (so genannte Leistungspflicht, § 241 Abs. 1 BGB).

Das Schuldverhältnis kann nach seinem Inhalt jeden Teil zur Rücksicht auf die Rechte, Rechtsgüter und Interessen des anderen Teils verpflichten (so genannte Schutzpflicht, § 241 Abs. 2 BGB).

Im BGB sind im Anschluss an die Regeln zum Schuldrecht die Regelungen über einzelne Arten von Schuldverhältnissen dargestellt, so z. B. im § 433 BGB der Tausch, im § 631 BGB der Werkvertrag usw.

In den §§ 269 bis 271 BGB werden die wesentlichen Verpflichtungen aus einem Schuldverhältnis, d. h. Leistungsort, Zahlungsort und Leistungszeit definiert:

- die Leistung hat im Regelfall am Wohnsitz bzw. am Ort der Niederlassung des Schuldners zu erfolgen (es sei denn, ein anderer Ort ist ausdrücklich bestimmt) (§ 269 BGB);
- das Geld ist an den Wohnsitz des Gläubigers bzw. an den Ort der Niederlassung zu übermitteln, wobei Gefahr und Kosten beim Schuldner liegen (Regelfall gemäß § 270 BGB);
- ist eine Zeit für die Leistung weder bestimmt noch aus den Umständen zu entnehmen, so kann der Gläubiger die Leistung sofort verlangen, der Schuldner sie sofort bewirken (§ 271 BGB).

Ausgangspunkt eines Schuldverhältnisses ist ein Vertrag. Ein wesentlicher Teil von Verträgen stellen die Vertragsbedingungen dar. Allgemeine Geschäftsbedingungen regeln für eine Vielzahl von Verträgen die vorformulierten Vertragsbedingungen. Sind diese einzeln aushandelbar, liegen keine Allgemeine Geschäftsbedingungen vor.

Die gesetzliche Grundlagen finden die Allgemeinen Geschäftsbedingungen in den §§ 305-311 BGB. Sie sollen die allgemeinen gesetzlichen Regelungen interessengerecht ergänzen. Sie werden nur dann Bestandteil eines Vertrags, wenn der Verwender bei Vertragsschluss (§ 305 Abs. 2 BGB):

- die andere Vertragspartei ausdrücklich oder, wenn ein ausdrücklicher Hinweis wegen der Art des Vertragsschlusses nur unter unverhältnismäßigen Schwierigkeiten möglich ist, durch deutlich sichtbaren Aushang am Ort des Vertragsschlusses auf sie hinweist und

- der anderen Vertragspartei die Möglichkeit verschafft, in zumutbarer Weise, die auch eine für den Verwender erkennbare körperliche Behinderung der anderen Vertragspartei angemessen berücksichtigt, von ihrem Inhalt Kenntnis zu nehmen,
- und wenn die andere Vertragspartei mit ihrer Geltung einverstanden ist.

Folgende Rechtsfolgen ergeben sich bei Nichteinbeziehung oder Unwirksamkeit (§ 306 BGB):

- Sind AGB ganz oder teilweise nicht Vertragsbestandteil geworden oder unwirksam, so bleibt der Vertrag im Übrigen wirksam.
- Soweit die Bestimmungen nicht Vertragsbestandteil geworden oder unwirksam sind, richtet sich der Inhalt des Vertrages nach den gesetzlichen Vorschriften.
- Der Vertrag ist unwirksam, wenn das Festhalten an ihm ... eine unzumutbare Härte für eine Vertragspartei darstellen würde.

Verschiedene Leistungsstörungen können im Schuldrecht entstehen. Dies sind:

- Unmöglichkeit
- Mängelrüge
- Verzug
  - Lieferungsverzug
  - Annahmeverzug
  - Zahlungsverzug
- Störung der Geschäftsgrundlage
- Störung der Vertragsanbahnung

Wichtige Fragestellungen für die Klausur sind:

- wann kommt ein Vertrag rechtsgültig zustande?
- welche Auswirkungen haben bestimmte Fristen?

3.1.3 BGB Sachenrecht

3.1.3.1 Eigentum und Besitz

Das BGB trennt zwischen dem Eigentum und dem Besitz an einer Sache. Unter Eigentum wird die rechtliche Verfügungsgewalt über eine Sache verstanden. Der Eigentümer kann über eine Sache beliebig verfügen, sofern er damit nicht Gesetze oder Rechte Dritter verletzt.

Besitz ist hingegen die tatsächliche Verfügungsgewalt über eine Sache. Sie kann getrennt vom Eigentum vorliegen, mit diesem aber auch übereinstimmen.

Eigentum an beweglichen Sachen erhält man durch Einigung über die Eigentumsübertragung und die Übergabe. Die Einigung über die Eigentumsübertragung kann beispielsweise durch Kauf oder Schenkung erfolgen.

Eigentum an unbeweglichen Sachen erhält man durch Einigung vor dem Notar, dass das Eigentum übergehen soll – die so genannte „Auflassung" – und die Eintragung im Grundbuch.

3.1.3.2 Finanzierungssicherheiten

Es stehen verschiedene Möglichkeiten zur Verfügung, für Finanzierungen Sicherheiten zu stellen.

Bei Immobilien lassen sich Hypothek und Grundschuld unterscheiden. Bei beiden erhält der Gläubiger die Möglichkeit, bei Nichtbedienung eines Kredites die Forderungen aus dem Grundstück zu bedienen.

Die Hypothek ist dabei an den Bestand der Forderung gebunden, die Grundschuld ist ungebunden. Damit erlischt die Hypothek mit Rückzahlung der Forderung (muss allerdings separat aus dem Grundbuch gelöscht werden), während die Grundschuld weiter besteht und neu mit einem Kredit belegt werden kann.

Bei beweglichen Sachen werden Pfandrecht und Sicherungsübereignung als häufigste Instrumente eingesetzt. Beim Pfandrecht wird ein beschränkt dingliches Recht des Pfandgläubigers an einer Sache bestellt, so dass der Gläubiger im Fall des Zahlungsausfalls den verpfändeten Gegenstand verwerten kann. Die Sache wird dabei dem Gläubiger übergeben. Bei der Sicherungsübereignung übereignet der Schuldner dem Gläubiger hingegen eine bewegliche Sache, ohne diese zu übergeben.

Beim Pfandrecht verliert der Schuldner damit den Besitz, behält aber das Eigentum, bei der Sicherungsübereignung verliert er dagegen das Eigentum, behält aber den Besitz.

3.1.3.3 Grundlagen Insolvenzrecht

Das Insolvenzrecht beschreibt die rechtlichen Maßnahmen bei der Insolvenz eines Unternehmens oder einer Privatperson. Die wesentlichen Begriffe werden im Folgenden erklärt.

Die Insolvenzmasse umfasst gemäß § 35 Insolvenzordnung das gesamte Vermögen, das dem Insolvenzschuldner zur Zeit der Eröffnung des Verfahrens gehört und das er während des Verfahrens erlangt. Der Anteil der Insolvenzmasse an den gesamten Verbindlichkeiten des Schuldners wird Insolvenzquote genannt.

Nicht alle Vermögenswerte des Schuldners können zur Deckung der Verbindlichkeiten genutzt werden. Solche Vermögenswerte, die der Insolvenzmasse entzogen sind, zählen zur Aussonderung bzw. zur Absonderung.

Unter der Aussonderung versteht man die Herausnahme von Gegenständen aus der Insolvenzmasse bedingt durch das Verlangen eines Dritten. Dies entsteht dann, wenn ein Gegenstand aufgrund dinglichen oder persönlichen Rechts eines Dritten nicht zur Insolvenzmasse zählt.

Wenn ein Dritter ein bevorzugtes Recht auf besondere Befriedigung durch einen Massegegenstand geltend machen kann, spricht man von einer Absonderung. Bei einer Absonderung wird ein Massegegenstand verwertet und bis zur Höhe der Besicherung, etwa durch eine Grundschuld oder eine Sicherungsübereignung, dem bevorzugt Berechtigten ausgezahlt. Nur der darüber hinausgehende Betrag fließt in die Insolvenzmasse.

3.1.4 Handelsgesetzbuch

3.1.4.1 Begriff des Kaufmanns

Kaufmann ist, wer ein Handelsgewerbe betreibt (§ 1 HGB). Handelsgewerbe ist jeder Gewerbebetrieb, es sei denn, dass das Unternehmen nach Art oder Umfang einen in kaufmännischer Weise eingerichteten Geschäftsbetrieb nicht erfordert (§ 1 HGB). Neben diesem (Voll-) Kaufmann kennt das Handelsrecht noch die Begriffe des Kannkaufmanns und des Formkaufmanns.

Ein Kannkaufmann ist ein Gewerbetreibender, der zwar nicht unter § 1 HGB fällt, der aber ins Handelsregister eingetragen ist. Es handelt sich somit nicht um ein Handelsgewerbe, der Kannkaufmann trägt seine Gesellschaft aber trotzdem ins Handelsregister ein.

Formkaufmänner sind Handelsgesellschaften, bestimmte Vereine und Kapitalgesellschaften.

Wer ins Handelsregister eingetragen ist, kann sich gegenüber jemandem, der sich darauf beruft, nicht geltend machen, er sei kann Handelsgewerbetreibender (§ 5 HGB).

Um den Kaufmann nach außen vertreten zu können, sind die Instrumente Vertretung oder Prokura möglich.

Vertretung liegt vor, wenn jemand im Namen eines anderen rechtsgeschäftlich handelt. Hierzu muss diese Vertretungsbefugnis erteilt werden. Diese kann aufgrund gesetzlicher Bestimmungen bestehen, etwa die Vertretungsbefugnis der Eltern für ihre minderjährigen Kinder, aber auch aufgrund einer Vollmacht. Eine Vollmacht wird formfrei gegeben und kann durch Erklärung gegenüber einem Dritten, gegenüber dem die Vertretung stattfinden soll, oder durch öffentliche Bekanntmachung.

Eine besondere Form der Vollmacht ist die Prokura. Sie kann nur von einem im Handelsregister eingetragenen Unternehmen erteilt werden und wird ebenfalls ins Handelsregister eingetragen. Die Prokura bevollmächtigt den Prokuristen zur Vollführung aller Rechtshandlungen, die der Betrieb eines Handelsgewerbes mit sich bringt. Nicht unter die Prokura fallen:

- Belastung von Grundstücken,
- Eintragung im Handelsregister,

- Unterschrift unter die Bilanz etc.,

da diese nur vom Geschäftsinhaber selbst vollführt werden können.

Die Prokura gibt es

- als Einzelprokura, die einem einzelnen Prokuristen erteilt wird,
- als Gesamtprokura, die nur mehrere Prokuristen gleichzeitig ausüben können, oder
- als Filialprokura, bei der die Prokura auf eine Filiale beschränkt ist.

Die Prokura erlischt mit der Löschung aus dem Handelsregister. Dies ist der Fall bei Widerruf der Prokura, Ausscheiden aus dem Betrieb, Tod des Prokuristen oder Auflösung des Unternehmens.

Neben der Prokura gibt es noch die Handlungsvollmacht. Diese ist nicht so umfangreich wie die Prokura und wird nicht ins Handelsregister eingetragen.

3.1.4.2 Handelsregister

Der Begriff des Handelsregisters ist durch § 8 HGB geschützt. Das Handelsregister wird von den Gerichten elektronisch geführt. Eine Eintragung in das Handelsregister gilt in dem Moment als wirksam, wenn die Handelsregistereintragung in den relevanten Datenspeicher aufgenommen ist und inhaltlich unverändert in lesbarer Form wiedergegeben werden kann (§ 8a HGB).

Das Handelsregister besteht aus zwei Abteilungen. In Abteilung A werden Einzelunternehmen, Personengesellschaften und rechtsfähige wirtschaftliche Vereine erfasst, in Abteilung B Kapitalgesellschaften.

3.1.4.3 Vermittlergewerbe

3.1.4.3.1 Handelsvertreter

Handelsvertreter ist, wer als selbstständiger Gewerbetreibender ständig für einen Unternehmer Geschäfte vermittelt oder Geschäfte in dessen Namen abschließt. Er ist selbstständig, wenn er im Wesentlichen frei seine Tätigkeit gestalten und seine Arbeitszeit bestimmen kann (§ 84 Abs. 1 HGB).

3.1.4.3.2 Handelsmakler

Handelsmakler ist, wer gewerbsmäßig für andere, ohne von ihnen ständig damit betraut zu sein, die Vermittlung von Verträgen über Gegenstände des Handelsverkehrs übernimmt (§ 93 HGB). Handelsmakler handeln in fremden Namen und auf fremde Rechnung. Weitere Ausführungen finden Sie in den §§ 93-104 HGB.

3.1.5 Arbeitsrecht

3.1.5.1 Arbeitsvertragsrecht

Das Zustandekommen des Arbeitsvertrages beginnt zunächst mit der Stellenausschreibung. Der Arbeitgeber hat dabei die so genannte Abschlussfreiheit. Er darf zwar nicht die Stellensuche so ausschreiben, dass nur Männer oder Frauen angesprochen werden (§ 611b BGB, Ausnahme: § 611a BGB), er ist aber frei in der Wahl der Person, die er einstellen möchte.

Von staatlicher Seite gibt es Abschlussgebote und –verbote. Zu den –geboten gehört beispielsweise die Pflicht, Behinderte einzustellen. Zu den –verboten gehört beispielsweise das Verbot, Kinder einzustellen.

Schon die Kontaktaufnahme zwischen Bewerber und Arbeitgeber bewirkt ein vorvertragliches Vertrauensverhältnis, so dass Pflichtverletzungen wie Vertraulichkeitsbrüche zu Schadensersatzansprüchen führen können.

Im Regelfall geht der Bewerbung eine Stellenausschreibung vor, so dass mehrere Bewerbungen vorliegen. Nach der Bewerbung sind die Unterlagen zu sichten. Folgende Schritte müssen dabei durchlaufen werden:

1. Sichten der Unterlagen hin auf Vollständigkeit;
2. Aussortieren der ungeeigneten Bewerber;
3. Analyse der Unterlagen im Vergleich zum Anforderungsprofil;
4. Festlegung der Rangfolge der Bewerber;
5. Einladung zum Auswahlgespräch;
6. Durchführung des Auswahlgesprächs;

7. endgültige Festlegung der Rangfolge der Bewerber und Feststellung des geeignetsten Bewerbers;
8. Einholung der Zustimmung des Betriebsrats;
9. Information des Bewerbers;
10. Einstellung des Bewerbers als Mitarbeiter.

Beim Bewerbungsgespräch ist es verboten bzw. nur eingeschränkt erlaubt, bestimmte Fragen zu stellen. Hierzu gehören die Frage nach der Religion, nach Schulden, nach einer Schwangerschaft, nach Krankheiten usw. In jedem Fall liegt der Teufel aber im Detail. Konfessionelle Einrichtungen wie Kindergärten dürfen nach der Religion fragen, Kreditinstitute nach Schulden usw.

Ein typisches Bewerbungsgespräch beinhaltet die folgenden Schritte und Themen:

1. Begrüßung	Gegenseitige Vorstellung
2. persönliche Situation	Herkunft, Familie, Wohnort
3. Bildungsgang	Schulische Vorbildung, Ausbildung, Weiterbildung, gegebenenfalls Fortbildung
4. beruflicher Werdegang	Erlernter Beruf, bisherige Tätigkeiten, Pläne für die Zukunft
5. Informationen über die Stelle	Arbeitsinhalte, Anforderungen an den Stelleninhaber
6. Vertragsverhandlung	Vergütung, Nebenabreden, Zusatzleistungen
7. Verabschiedung	Gesprächsfazit

Bei erfolgreichem Bewerbungsgespräch kommt es zum Arbeitsvertrag. Ein Arbeitsverhältnis entsteht mit Abschluss eines Arbeitsvertrages. Dieser beinhaltet die beiderseitigen Rechte und Pflichten aus dem Arbeitsvertrag. Der Arbeitsvertrag kann formlos geschlossen werden, also z. B. auch mündlich. Allerdings sind bestimmte Verträge an die schriftliche Form gebunden, so Auszubildendenverträge. Auch Tarifverträge beinhalten häufig die Vorgabe, dass die Arbeitsverträge schriftlich zu schließen sind.

Unabhängig vom Arbeitsvertrag entstehen gewisse Vertragsbedingungen durch Gewohnheitsrecht. So ist ein Weihnachtsgeld, das drei Jahre lang wiederholt und ohne Vorbehalt gezahlt wird, danach immer zu zahlen (Vertrauenstatbestand!).

Unterschieden werden können Arbeitsverträge nach unterschiedlichen Charakteristika:

- unbefristete vs. befristete Verträge
- tariflich gebundener vs. außertariflicher Vertrag

Weiterhin lassen sich besondere Arten von Arbeitsverhältnissen unterscheiden. Hierzu zählen Aushilfsarbeitsverträge, freie Mitarbeiter, Heimarbeitsverhältnisse, Teilzeitarbeitsverhältnisse, Praktikantenverträge usw.

Die Rechte und Pflichten aus einem Arbeitsverhältnis ergeben sich aus § 611 BGB. Danach hat der Arbeitgeber die Hauptpflicht der Entgeltzahlung, der Arbeitnehmer die Hauptpflicht der Arbeitspflicht. Als Nebenpflicht muss der Arbeitgeber die Fürsorgepflicht erfüllen, u. a. sich um Schutz für Leben und Gesundheit des Arbeitnehmers kümmern. Der Arbeitnehmer hat als Nebenpflicht u. a. die Treuepflicht und die Verschwiegenheitspflicht.

Beispiel:
Der Spesenbetrug eines Mitarbeiters ist beispielsweise ein Verstoß gegen die Treuepflicht.

Gemäß § 81 BetrVG hat der Arbeitgeber den Arbeitnehmer über diverse Dingen im Unternehmen zu unterrichten.

Aus dem Arbeitsvertrag ergeben sich auch die genauen Arbeitspflichten des Arbeitnehmers. Je genauer die Arbeit dabei beschrieben ist, umso geringer kann der Arbeitgeber auf Änderungen der Arbeitstätigkeit einwirken.

Der Arbeitnehmer hat die Pflicht, so seine Arbeitskraft einzusetzen, wie nach Treu und Glauben von ihm erwartet werden kann.

Der Arbeitgeber hat erst zu zahlen, wenn die Arbeit erledigt ist. Er muss somit nicht in Vorleistung treten. In gewissen Fällen – beispielsweise bei Geburts- oder Sterbefällen – hat der Arbeitgeber auch ohne Arbeitsleistung weiterzuzahlen.

Bei längerem Arbeitsausfall wird die Lohnzahlung von dritter Seite übernommen. Zu diesen Lohnersatzleistungen zählen Kurzarbeitergeld, Winterausfallgeld oder Mutterschaftsgeld.

Werden Pflichten verletzt, haben beide Seiten unterschiedliche Reaktionsmöglichkeiten. Der Arbeitgeber kann das Entgelt mindern oder einbehalten, den Arbeitnehmer abmahnen oder kündigen und sogar Schadensersatz verlangen. Der Arbeitnehmer kann dagegen bei Pflichtverletzungen des Arbeitgebers seine Arbeitskraft einbehalten, kündigen oder auch Schadensersatz verlangen.

Die Art der Haftung des Arbeitnehmers hängt dabei von der Art der Pflichtverletzung ab. Bei Vorsatz haftet der Arbeitnehmer unbeschränkt, bei grober Fahrlässigkeit haftet er ebenfalls unbeschränkt, es sei denn der Schaden steht in deutlichem Missverhältnis zum Verdienst des Arbeitnehmers. Bei mittlerer Fahrlässigkeit wird der Schaden aufgeteilt, bei geringer Fahrlässigkeit besteht keine Haftung.

Ein Arbeitsverhältnis kann auf unterschiedliche Weisen beendet werden:

- Aufhebungsvertrag
- Kündigung
  - ordentliche Kündigung
  - außerordentliche Kündigung

Beispiel:
Ein Spesenbetrug ist ein Verstoß gegen die Treuepflicht. In einem solchen Fall kann in der Regel eine außerordentliche Kündigung gemäß § 626 BGB erfolgen.

  - Änderungskündigung
  - Massenentlassung
- Zeitablauf
  - Anfechtung des Arbeitsvertrages

- o Lossagung von einem faktischen Arbeitsverhältnis
- o Auflösung durch das Arbeitsgericht
- o Lösende Aussperrung
- o Tod des Arbeitnehmers
- Zweckerreichung
- Eintritt einer auflösenden Bedingung

Eine Kündigung ist dabei eine einseitige Willenserklärung eines Vertragspartners, das Arbeitsverhältnis zu beenden. Wichtig ist dabei die Empfangsbedürftigkeit!

Die regelmäßige Kündigungsfrist beträgt für Arbeiter und Angestellte vier Wochen. Sie verlängert sich gemäß § 622 BGB mit zunehmender Betriebszugehörigkeit.

Für eine ordentliche Kündigung können folgende Gründe vorliegen:

- personenbedingte Gründe (Beispiel: fehlende Arbeitserlaubnis, dauerhafte Leitungsminderung)
- verhaltensbedingte Gründe (ständiges Zuspätkommen, Fehlverhalten gegenüber Kollegen, Vorgesetzten, Arbeitsverweigerung etc.)
- betriebsbedingte Gründe (Umsatzrückgang, Outsourcing, Gesamtschließung etc.)

Eine außerordentliche Kündigung ist im Einzelfall zu prüfen. Beispielsweise können Alkoholmissbrauch oder Beleidigungen (Einzelfallprüfung!) zur außerordentlichen Kündigung führen.

Beispiel:

Bei einer außerordentlichen Kündigung – beispielsweise nach einem Spesenbetrug – hat das Unternehmen zwei Wochen Zeit, die außerordentliche Kündigung auszusprechen (§ 626 Abs. 2 BGB). In dieser Zeit ist auch – wie nachstehend erläutert – der Betriebsrat zu hören.

Vor jeder Kündigung ist der Betriebsrat zu hören. Wird dies versäumt, ist die Kündigung nichtig (§ 102 BetrVG). Der Betriebsrat hat die in § 102 Abs. 3 BetrVG genannten Widerspruchmöglichkeiten.

> Beispiel:
>
> Obiges Beispiel wird fortgeführt. Der Betriebsrat äußert gegen die außerordentliche Kündigung wegen Spendenbetrugs Bedenken. Diese müssen innerhalb von drei Tagen dem Arbeitgeber mitgeteilt werden.

Gegen eine Kündigung hat der Arbeitnehmer Klagemöglichkeit. Klageberechtigt nach dem Kündigungsschutzgesetz sind dabei alle Arbeitnehmer, deren Arbeitsverhältnis in demselben Betrieb ohne Unterbrechung länger als sechs Monate bestanden hat. Dies gilt nicht in Betrieben mit fünf oder weniger Beschäftigten.

Besonderen Kündigungsschutz genießen eine Reihe von Personengruppen:

- werdende und junge Mütter,
- Betriebsräte,
- schwer behinderte Menschen,
- Personen in Berufsausbildung,
- Vertrauenspersonen der schwer behinderten Menschen

In diesen Fällen gelten besondere schwierige Kündigungsmodalitäten.

Nach Kündigung hat der Arbeitnehmer Anrecht auf ein Zeugnis. Dies muss unmittelbar nach der Kündigung erstellt werden, um dem Arbeitnehmer die Arbeitssuche zu erleichtern. Das Zeugnis muss wahrheitsgemäß geschrieben werden. Ist der Arbeitnehmer mit dem Zeugnis nicht einverstanden, so kann er ein verbessertes Zeugnis anfordern oder das Arbeitsgericht einschalten. Bestimmte Formulierungen kann er aber in der Regel nicht anfordern.

In dem Zeugnis sind verschiedene Angaben zu machen:

- Dauer der Tätigkeit
- Beginn der Tätigkeit

- erworbene besondere Fertigkeiten und Kenntnisse
- Leistungsbewertung
- Führungsbewertung
- persönliche Daten des Mitarbeiters

Tarifverträge sind Verträge zwischen einzelnen Arbeitgebern oder Arbeitgeberverbänden mit Gewerkschaften, die auf der einen Seite arbeitsrechtliche Normen festschreiben (Beispiel: Inhalt von Arbeitsverträgen) und auf der anderen Seite die Rechte und Pflichten der Tarifparteien (Beispiel: Friedenspflicht) untereinander regeln. Basis von Tarifverträgen ist das Tarifvertragsgesetz. Der Tarifvertrag wird durch Unterschrift abgeschlossen. Er wird in das Tarifregister beim Arbeitsminister eingetragen, wobei dies für die Wirksamkeit des Tarifvertrages keine Wirkung hat.

Ein Tarifvertrag erfüllt drei Funktionen:

1. die Ordnungsfunktion, indem er Arbeitsverträge normiert;
2. die Friedensfunktion, da er Arbeitskämpfe während der Laufzeit ausschließt;
3. die Schutzfunktion des Arbeitnehmers gegenüber dem Arbeitgeber

Der Tarifvertrag kann nur für die Mitglieder der Tarifvertragsparteien gelten, aber auch für allgemeinverbindlich erklärt werden (letzteres erfolgt durch den Arbeitsminister). Daneben kann er bundesweit gelten, aber auch nur in einem Bezirk oder Bundesland.

Wenn innerhalb der Friedenspflicht kein Tarifvertrag abgeschlossen wurde, sind Arbeitskämpfe möglich. Friedenspflicht bedeutet, dass während eines laufenden Tarifvertrags keine Kampfmaßnahmen durchgeführt werden dürfen.

Arbeitskämpfe lassen sich in

- Streiks und
- Aussperrungen

unterteilen.

Streiks sind die Maßnahmen der Arbeitnehmerseite. Ein Streik ist eine gemeinsame und planmäßige Arbeitsniederlegung einer größeren Anzahl von Arbeitnehmern, um gemeinsam das Streikziel zu erreichen. Ein Streik ist aber nur rechtmäßig, wenn

- er von einer Gewerkschaft geführt wird,

- die Gewerkschaft vorher alle friedlichen Möglichkeiten auf eine Einigung ausgeschöpft hat,
- nicht gegen die Grundregeln des Arbeitsrechts oder gegen die faire Kampfführung verstoßen wird,
- sich der Streik gegen einen Arbeitgeber oder einen Arbeitgeberverband richtet,
- es sich um die kollektive Regelung von Arbeitsbedingungen geht,

Ein Streik ist beendet, wenn die Mehrzahl der streikenden Arbeitnehmer die Arbeit wieder aufnimmt oder die Gewerkschaft den Streik für beendet erklärt.

Eine Aussperrung ist die Möglichkeit der Arbeitgeber gegen die Arbeitnehmerseite. Es handelt sich hierbei um den planmäßigen Ausschluss einer größeren Anzahl von Arbeitnehmern von der Arbeit. Auch hier sind eine Reihe von Voraussetzungen zu erfüllen, damit die Aussperrung rechtmäßig ist:

- er ist von einem Arbeitgeber zu führen,
- es muss das letzte Mittel sein,
- die Aussperrung darf nicht gegen die Grundregeln des Arbeitsrechts oder gegen die faire Kampfführung verstoßen wird,
- die Aussperrung muss sich gegen eine Gewerkschaft richten,
- es muss um die kollektive Regelung von Arbeitsbedingungen gehen.

Als Maßnahme zur Beendigung von Tarifstreitigkeiten kann die Schlichtung vereinbart werden. Diese wird zwischen den Tarifparteien vereinbart. Der Staat darf wegen der in Art. 9 des Grundgesetzes garantierten Tarifautonomie keine staatliche Zwangsschlichtung verlangen.

3.1.5.2 Betriebsverfassungsgesetz

Der Betriebsrat wird durch das Betriebsverfassungsgesetz legitimiert. Das Betriebsverfassungsgesetz regelt allgemein die Zusammenarbeit zwischen Arbeitgeber und Arbeitnehmern. Danach sollen Arbeitgeber und Betriebsrat zum Wohl von Unternehmen und Belegschaft zusammenarbeiten. Geregelt werden im Betriebsverfassungsgesetz die Mitwirkungs- und Mitbestimmungsrechte des Betriebsrates. Arbeitnehmer im Sinne des Betriebsverfassungsgesetz sind Arbeiter und Angestellte inklusive der Auszubildenden (§ 5 Abs. 1 BetrVG).

Allgemein hat der Betriebsrat die Aufgaben (§ 80 BetrVG),

- darüber zu wachen, dass die zugunsten der Arbeitnehmer geltenden Gesetze, Verordnungen, Unfallverhütungsvorschriften, Tarifverträge und Betriebsvereinbarungen durchgeführt werden;
- Maßnahmen, die dem Betrieb und der Belegschaft dienen, beim Arbeitgeber zu beantragen;
- die Durchsetzung der tatsächlichen Gleichstellung von Frauen und Männern, insbesondere bei der Einstellung, Beschäftigung, Aus-, Fort- und Weiterbildung und dem beruflichen Aufstieg, zu fördern:
- die Vereinbarkeit von Familie und Erwerbstätigkeit zu fördern;
- Anregungen von Arbeitnehmern und der Jugend- und Auszubildendenvertretung entgegenzunehmen und, falls sie berechtigt erscheinen, durch Verhandlungen mit dem Arbeitgeber auf eine Erledigung hinzuwirken; er hat die betreffenden Arbeitnehmer über den Stand und das Ergebnis der Verhandlungen zu unterrichten;
- die Eingliederung Schwerbehinderter und sonstiger besonders schutzbedürftiger Personen zu fördern;
- die Wahl einer Jugend- und Auszubildendenvertretung vorzubereiten und durchzuführen;
- die Beschäftigung älterer Arbeitnehmer zu fördern und zu sichern;
- die Integration ausländischer Arbeitnehmer im Betrieb und das Verständnis zwischen ihnen und den deutschen Arbeitnehmern zu fördern, sowie Maßnahmen zur Bekämpfung von Rassismus und Fremdenfeindlichkeit im Betrieb zu beantragen;
- die Beschäftigung im Betrieb zu fördern und zu sichern;
- Maßnahmen des Arbeitsschutzes und des betrieblichen Umweltschutzes zu fördern.

Die Beteiligungsrechte des Betriebsrates lassen sich wie folgt klassifizieren:

- Mitwirkungsrechte
  - Informationsrecht

- o Beratungsrecht
- o Anhörungsrecht
- o Vorschlagsrecht
- Mitbestimmungsrechte
- o Vetorecht
- o Zustimmungsrecht
- o Initiativrecht

Die genauen Beteiligungsrechte sind in den §§ 87-112 BetrVG geregelt. Sie beziehen sich auf

- personelle Angelegenheiten (Personalplanung, Kündigungen etc.),
- soziale Angelegenheiten (Arbeits-/Umweltschutz, Fragen der Arbeitszeiten etc.),
- wirtschaftliche Angelegenheiten (Sozialplan etc.),
- arbeitsorganisatorische Angelegenheiten (Unterrichtung, Beratung etc.)

Über die normalen Mitwirkungsrechte des Betriebsrates hinaus gehen die Rechte bei den verschiedenen Mitbestimmungsgesetzen. Danach sind teilweise paritätisch besetzte Aufsichtsräte vorgeschrieben.

Ein Betriebsrat kann in Betrieben mit mindestens fünf wahlberechtigten Beschäftigten, von denen drei wählbar sein müssen, gewählt werden (§ 1 BetrVG). Wahlberechtigt ist jeder, der das 18.Lebensjahr vollendet hat. Wählbar ist, wer mindestens sechs Monate dem Betrieb angehört (§7 BetrVG). Der Betriebsrat besteht bei Betrieben (§ 9 BetrVG)

- mit 5-20 wahlberechtigten Arbeitnehmern aus einer Person,
- mit 21-50 wahlberechtigten Arbeitnehmern aus drei Personen,
- mit 51-100 wahlberechtigten Arbeitnehmern aus fünf Personen und steigt bei Betrieben
- mit 7.001-9.000 wahlberechtigten Arbeitnehmern aus 35 Personen.

Je angefangene 3.000 Arbeitnehmer steigt die Zahl um zwei Personen.

Die Amtszeit des Betriebsrats beträgt vier Jahre, regelmäßige Betriebsratswahlen finden alle vier Jahre statt (§ 13 BetrVG).

Der Betriebsrat und der Arbeitgeber sollen sich mindestens einmal im Monat zu einer Besprechung treffen. Es gilt dabei der Grundsatz der vertrauensvollen Zusammenarbeit (§ 74 BetrVG). Geschäftsgeheimnisse dürfen dabei nicht nach außen getragen oder verwertet werden (§ 79 BetrVG).

Das Amt als Betriebsrat ist unentgeltlich, allerdings sind sie Mitglieder des Betriebsrates von ihrer beruflichen Tätigkeit ohne Minderung des Arbeitsentgelts zu befreien, wenn dies zur ordnungsgemäßen Durchführung ihrer Aufgaben erforderlich ist (§ 37 BetrVG). Die Kosten des Betriebsrates trägt der Arbeitgeber (§ 40 BetrVG).

3.1.5.3 Grundlegende arbeitsrechtliche Schutzbestimmungen

Das Grundgesetz schützt durch Art. 2 Abs. 2 des Grundgesetzes die Gesundheit und die körperliche Unversehrtheit:

„Jeder hat das Recht auf Leben und körperliche Unversehrtheit."

Damit hat der Arbeitgeber die Verpflichtung, alles notwendige zu tun, um den Arbeitsschutz zu gewährleisten.

Der Arbeitsschutz wird in zahlreichen Gesetzen und Vorschriften kodifiziert. Hierzu zählen:

- das Arbeitsschutzgesetz
- das Arbeitssicherheitgesetz
- die Arbeitsstättenverordnung
- das Chemikaliengesetz
- verschiedene Teile des Sozialgesetzbuches
- verschiedene berufsgenossenschaftliche Vorschriften

Die Schwerpunkte des Arbeitsrechts bilden die folgenden Bereiche:

- Verhütung von Unfällen und arbeitsbedingten Gefahren für die Gesundheit,
- Schutz vor berufstypischen Krankheiten,
- Organisation der Ersten Hilfe

Die Überwachung des Arbeitsschutzes erfolgt zweigeteilt:

- die Gewerbeaufsichtsämter überwachen die Einhaltung der staatlichen Vorschriften
- die Berufsgenossenschaften überwachen ihre eigenen Vorschriften.

Die Pflichten des Arbeitgebers im Rahmen des Arbeitsschutzgesetzes sind in den §§ 3-14 ArbSchG kodifiziert. Die allgemeinen Grundsätze des § 4 ArbSchG sind wie folgt:

Der Arbeitgeber hat bei Maßnahmen des Arbeitsschutzes von folgenden allgemeinen Grundsätzen auszugehen:

1. Die Arbeit ist so zu gestalten, dass eine Gefährdung für Leben und Gesundheit möglichst vermieden und die verbleibende Gefährdung möglichst gering gehalten wird;

2. Gefahren sind an ihrer Quelle zu bekämpfen;

3. bei den Maßnahmen sind der Stand von Technik, Arbeitsmedizin und Hygiene sowie sonstige gesicherte arbeitswissenschaftliche Erkenntnisse zu berücksichtigen;

4. Maßnahmen sind mit dem Ziel zu planen, Technik, Arbeitsorganisation, sonstige Arbeitsbedingungen, soziale Beziehungen und Einfluss der Umwelt auf den Arbeitsplatz sachgerecht zu verknüpfen;

5. individuelle Schutzmaßnahmen sind nachrangig zu anderen Maßnahmen;

6. spezielle Gefahren für besonders schutzbedürftige Beschäftigtengruppen sind zu berücksichtigen;

7. den Beschäftigten sind geeignete Anweisungen zu erteilen;

8. mittelbar oder unmittelbar geschlechtsspezifisch wirkende Regelungen sind nur zulässig, wenn dies aus biologischen Gründen zwingend geboten ist.

Umgekehrt sind auch die Beschäftigten zur Mitwirkung verpflichtet. § 15 ArbSchG schreibt vor:

(1) Die Beschäftigten sind verpflichtet, nach ihren Möglichkeiten sowie gemäß der Unterweisung und Weisung des Arbeitgebers für ihre Sicherheit und Gesundheit bei der Arbeit Sorge zu tragen. Entsprechend Satz 1 haben die Beschäftigten auch für

die Sicherheit und Gesundheit der Personen zu sorgen, die von ihren Handlungen oder Unterlassungen bei der Arbeit betroffen sind.

(2) Im Rahmen des Absatzes 1 haben die Beschäftigten insbesondere Maschinen, Geräte, Werkzeuge, Arbeitsstoffe, Transportmittel und sonstige Arbeitsmittel sowie Schutzvorrichtungen und die ihnen zur Verfügung gestellte persönliche Schutzausrüstung bestimmungsgemäß zu verwenden.

3.1.6 Grundzüge des Wettbewerbsrechts

Das Wettbewerbsrecht hat die Aufgabe, Wettbewerbsstöße von Marktteilnehmern zu unterbinden. Die wichtigsten Paragraphen des UWG werden im Folgenden dargestellt.

§ 3 UWG sagt aus: „Unlautere Wettbewerbshandlungen, die geeignet sind, den Wettbewerb ... nicht nur unerheblich zu beeinträchtigen, sind unzulässig".

§ 4 UWG führt unlautere Handlungen an:

- unangemessene und unsachliche Beeinflussung des Kunden,
- Ausnutzen geschäftlicher Unerfahrenheit von Kindern und Jugendlichen,
- Schleichwerbung,
- nicht ausreichende Information bei Preisnachlässen
- usw

§ 5 UWG verbietet irreführende Werbung. Danach muss Lockvogel-Ware mindestens für zwei Tage vorrätig sein, manipulierte Preisnachlässe sind verboten.

§ 6 UWG beschäftigt sich mit vergleichender Werbung. Diese ist erlaubt, wenn sie nicht unlauter ist. Letzteres ist der Fall, wenn sie

- sich nicht aus Waren bezieht,
- sich nicht auf typische Eigenschaften bezieht,
- zu Verwechselungen führt,
- den Wettbewerber verunglimpft.

§ 7 UWG verbietet unzumutbare Belästigungen wie Telefonanrufe bei Verbrauchern, unerlaubte Werbung per Fax, SMS oder E-Mail.

Die Konsequenzen aus Wettbewerbsverletzungen sind in den §§ 8 ff. UWG genannt. Bei Verstoß gegen § 3 UWG kann man auf Beseitigung und bei Wiederholungsgefahr auf Unterlassung in Anspruch genommen werden (§ 8 UWG). Gemäß § 9 UWG können Geschädigte Schadensersatz verlangen.

Es kann von verschiedenen Einrichtungen verlangt werden, dass der Gewinn aus solchen Handlungen gemäß § 10 UWG an den Bundeshaushalt abgeführt wird.

3.1.7 Grundzüge des Gewerberechts und der Gewerbeordnung

Das Gewerberecht ist ein Teil des besonderen Verwaltungsrechts und dient der Begrenzung der Gewerbefreiheit. Dies äußert sich beispielsweise in der Zwangsmitgliedschaft in den Industrie- und Handelskammern, Handwerkskammern usw.

Wichtigste Normierungen des Gewerberechts sind

- die Gewerbeordnung
- die Handwerksordnung
- das Gaststättengesetz
- u.a.

Die Gewerbeordnung dient der näheren Bestimmung und Beschränkung der Gewerbefreiheit.

Da das Ausüben eines Gewerbes von staatlicher Seite natürlich erwünscht ist, muss ein Gewerbe nicht beantragt, sondern nur angemeldet werden. In der Gewerbeordnung näher bestimmt werden Regeln zum Arbeitsverhältnis und nähere Bestimmungen zu verschiedenen Gewerben.

3.2 Steuerrechtliche Bestimmungen

3.2.1 Grundbegriffe des Steuerrechts

Das Steuerrecht basiert auf verschiedenen Gesetzen, Verordnungen und diversen Urteilen des Bundesfinanzhofes und der Finanzgerichte.

Der Begriff der Steuern ist in § 3 AO definiert. Danach sind Steuern Geldleistungen, die nicht eine Gegenleistung für eine besondere Leistung darstellen, und von Bund, Ländern und Gemeinden erhoben werden.

Im Gegensatz zu Steuern sind Gebühren Entgelte für bestimmte öffentliche Leistungen, z. B. Verwaltungsgebühren für die Zulassung eines Kfz. Im Gegensatz zu den Gebühren sind letztlich Beiträge Entgelte für solche bestimmte öffentliche Leistungen, deren tatsächliche Inanspruchnahme unabhängig von der Erhebung der Beiträge ist. Beispiel dafür sind etwa die Sozialversicherungsbeiträge oder Kurtaxen.

Steuern lassen sich unter anderem nach der Steuerhoheit unterscheiden. Es gibt Bundessteuern, Landessteuern und auch Gemeinschaftssteuern. Letztere verteilen sich auf mehrere Steuergläubiger, beispielsweise die Umsatzsteuer auf Bund, Länder und Gemeinden. Der Bund hat nur bei den reinen Bundessteuern das alleinige Gesetzgebungsrecht, bei allen anderen Steuern haben die Länder Mitentscheidungs- oder Alleinentscheidungsbefugnisse. Eine Landessteuer ist beispielsweise die Grunderwerbsteuer.

Daneben lassen sich Steuern nach dem Steuergegenstand unterscheiden:

- Besitzsteuern (beispielsweise Grundsteuer, Erbschaftsteuer, Kfz-Steuer)
- Verkehrssteuern (Umsatzsteuer, Grunderwerbsteuer, Versicherungssteuer usw.)
- Verbrauchssteuern (Mineralölsteuer, Tabaksteuer, Kaffeesteuer usw.)

Zur Entrichtung der Steuer ist der Steuerschuldner verpflichtet. Davon ist der Steuerpflichtige zu unterscheiden. Beispielsweise ist der Arbeitnehmer Steuerpflichtiger für die Lohnsteuer, Steuerschuldner ist nach Lohnsteuergesetz aber der Arbeitgeber.

Mit der Steuerpflicht des Unternehmens geht die Buchführungspflicht einher. Die steuerliche Buchführungspflicht ergibt sich aus den §§ 140 und 141 AO. Gemäß § 140 AO ist jeder steuerrechtlich buchführungspflichtig, wer dies nach einem anderen Gesetz bereits ist (beispielsweise durch den § 242 HGB). Durch den § 141 AO werden auch verschiedene andere Unternehmer und Land- und Forstwirte buchführungspflichtig nach dem Steuerrecht, die bestimmte Schwellenwerte überschreiten.

Wer keinerlei Buchführungspflicht unterliegt, hat gemäß § 4 Abs. 3 EStG eine Einnahmen-Überschussrechnung zu erstellen.

3.2.2 Unternehmensbezogene Steuern

3.2.2.1 Einkommensteuer

Die Einkommensteuer zählt zu den Personensteuern, da sie nicht nur von den wirtschaftlichen Gegebenheiten abhängig ist, sondern auch von den persönlichen Umständen wie der Kinderzahl, den Lebensverhältnissen etc.

Im Einkommensteuergesetz werden die unbeschränkte und die beschränkte Steuerpflicht unterschieden. Unbeschränkt steuerpflichtig sind danach alle natürlichen Personen, die im Bundesgebiet einen Wohnsitz haben oder sich dort gewöhnlich aufhalten. Die Einkommensteuerpflicht bezieht sich auch auf die im Ausland bezogenen Einkünfte (§ 1 Abs. 1 EStG).

Beschränkt steuerpflichtig sind Personen, die im Inland weder einen Wohnsitz haben noch sich dort gewöhnlich aufhalten, aber inländische Einkünfte erzielt haben (§ 1 Abs. 3 EStG).

Die Wohnsitzfrage ist in § 8 AO definiert. Einen Wohnsitz hat danach jemand dort, wo er eine Wohnung unter solchen Umständen innehat, die darauf schließen lassen, dass er die Wohnung behalten oder benutzen wird.

Der gewöhnliche Aufenthalt wird dadurch definiert, dass jemand sich so an einem Ort oder in einem Gebiet aufhält, dass darauf schließen lässt, dass dies nicht nur vorübergehend ist (§ 9 AO). Ein zusammenhängender Aufenthalt von mehr als sechs Monaten ist als gewöhnlicher Aufenthalt anzusehen, wobei kurzfristige Unterbrechungen in den sechs Monaten unberücksichtigt bleiben.

Insgesamt unterscheidet das Einkommensteuergesetz sieben Einkunftsarten: die Einkünfte

- aus Land- und Forstwirtschaft
- aus Gewerbebetrieb
- aus selbstständiger Arbeit
- aus nichtselbstständiger Arbeit
- aus Kapitalvermögen
- aus Vermietung und Verpachtung sowie

- sonstige Einkünfte

Von den Einkünften abzuziehen sind die Betriebsausgaben. Diese stellen Aufwendungen dar, die durch den Betrieb veranlasst wurden. Abzugsfähig sind sie bei Einkünften aus Land- und Forstwirtschaft, Gewerbebetrieb und selbstständiger Tätigkeit.

Davon zu trennen sind die Werbungskosten. Werbungskosten sind Aufwendungen zur Erwerbung, Sicherung und Erhaltung der Einnahmen. Sie sind bei der Einkunftsart abzuziehen, bei der sie erwachsen sind. Dies ist etwa bei den Einkünften aus nichtselbstständiger Arbeit der Fall.

Mit der Einkommensteuer hängt die Lohnsteuer zusammen. Diese wird vom Arbeitgeber geschuldet, betrifft aber den Arbeitnehmer. Lohnsteuerpflichtig ist der Arbeitslohn. Dies sind alle Einnahmen, die dem Arbeitnehmer aus Anlass des Dienstverhältnisses zufließen, soweit es sich nicht um steuerfrei gestellte Einnahmen handelt (§ 2 Abs. 1 LStDV).

3.2.2.2 Körperschaftsteuer

Während die Einkommensteuer für natürliche Personen erhoben wird, ist die Körperschaftsteuer die „Einkommensteuer“ für die juristischen Personen. Damit wirkt die Körperschaftsteuer etwa für alle Kapitalgesellschaften.

Steuergegenstand der Körperschaftsteuer ist das Einkommen, gemessen nach dem Einkommensteuergesetz (§ 8 KStG), wobei diverse Anpassungen im Körperschaftsteuergesetz vorgenommen werden (§ 7 KStG).

Der Steuersatz für die Körperschaftsteuer beträgt 15% (§ 23 KStG). Wie bei der Einkommensteuer wird der Solidaritätszuschlag von 5,5% darauf erhoben. Dieser gilt immer!

Beispiel:
Unternehmen A hat einen Gewinn vor Steuern von 200.000 € erzielt. Die Körperschaftsteuer beträgt 200.000 € × 15% = 30.000 €. Darauf werden 5,5% Solidaritätszuschlag erhoben = 5,5% × 30.000 € = 1.650 €

Wichtig: für die Berechnung relevant sind nur die echten Betriebsausgaben eines Steuerpflichtigen, nicht aber privat veranlasste Ausgaben. Die Trennung ist häufig Gegenstand von Klausuraufgaben.

3.2.2.3 Gewerbesteuer

Die Gewerbesteuer ist eine bundeseinheitlich geregelte Gemeindesteuer, d. h. die Steuer fließt den Gemeinden zu. Steuerpflichtig ist jeder im Inland betriebener Gewerbebetrieb. „Gewerbebetrieb" ist ein gewerbliches Unternehmen im Sinnes des Einkommensteuergesetzes.

Steuergegenstand der Körperschaftsteuer ist das Einkommen, gemessen nach dem Einkommensteuergesetz bzw. Körperschaftsteuergesetz (§ 7 GewStG), wobei diverse Anpassungen vorgenommen werden (§ 8 ff. GewStG).

Der Steuersatz für die Gewerbesteuer ist nicht einheitlich. Zum einen gibt es Freibeträge (§ 11 GewStG), zum anderen haben die Gemeinden ein so genanntes Hebesatzrecht. Der Steuermessbetrag der Gewerbesteuer wird mit dem Hebesatz multipliziert, der von Gemeinde zu Gemeinde unterschiedlich sein kann, sich aber nicht innerhalb einer Gemeinde unterscheiden kann. Das Minimum für den Hebesatz liegt bei 200 Prozent (§ 16 Abs. 4 Satz 2 GewStG), „normal" liegt er bei rund 400 Prozent.

3.2.2.4 Kapitalertragsteuer

Die Kapitalertragsteuer wurde vor 2009 im Wesentlichen als Einkommensteuervorauszahlung auf Erträge aus Kapitalvermögen erhoben.

Seit 2009 hat die Abgeltungssteuer die Kapitalertragsteuer abgelöst.

3.2.2.5 Umsatzsteuer

Die Umsatzsteuer ist die Steuer, die den Umsatz von Gütern oder Dienstleistungen besteuert. Die Umsatzsteuer wird auf jeder Wertschöpfungskette erhoben. Allerdings kann ein Unternehmen von der Steuer die Vorsteuer aus den Rechnungen für Vorprodukte abziehen. Deshalb hat sich im Sprachgebrauch das Wort „Mehrwertsteuer" ergeben. Damit wird zum Ausdruck gebracht, dass nur der „Mehrwert“ aus der jeweiligen Wertschöpfungsstufe besteuert wird.

Die Umsatzsteuer abführen muss jedes Unternehmen bzw. jeder Unternehmer, der nicht in den Bereich des § 19 UStG fällt. Danach können sich Kleinunternehmer auf Antrag von der Umsatzsteuer befreien lassen, wenn der Gesamtumsatz im vorangegangenen Geschäftsjahr 17.500 € nicht überstiegen hat und im laufenden Geschäftsjahr 50.000 € voraussichtlich nicht übersteigt.

Die Umsatzsteuerschuld entsteht mit der Erbringung einer Lieferung oder Leistung. Steuerbare Umsätze sind in § 1 UStG definiert. Zu den steuerbaren Umsätzen gehören u. a.:

- Lieferungen und sonstige Leistungen des Unternehmens an seine Kunden

- Eigenverbrauch

Der Steuersatz beträgt normalerweise 19%. Einen ermäßigen Steuersatz gibt es u. a. für Lebensmittel oder Bücher mit 7%.

3.2.2.6 Grundsteuer

Die Grundsteuer zählt zu den Substanzsteuern und besteuert das Eigentum an Grundstücken und deren Bebauung. Sie zählt zu den Gemeindesteuern.

Die so genannte Grundsteuer A bezieht sich dabei auf Grundstücke der Landwirtschaft, während die Grundsteuer B auf bebaute oder bebaubare Grundstücke und Gebäude erhoben wird.

Besteuerungsgrundlage für die Grundsteuer ist der so genannte Einheitswert, der vom Finanzamt festgestellt wird.

Zur Berechnung der Grundsteuer ist die so genannte Grundsteuermesszahl notwendig. Diese richtet sich nach der Grundstücksart und ist in den §§ 13 bis 18 GrStG festgelegt.

Der Einheitswert wird mit der Grundsteuermesszahl und mit dem von der Gemeinde festgesetzten Hebesatz multipliziert. Der Hebesatz wird wie bei der Gewerbesteuer von der Gemeinde festgelegt.

3.2.2.7 Grunderwerbsteuer

Die Grunderwerbsteuer fällt beim Erwerb eines Grundstücks an. Der Steuersatz beträgt 3,5% der Bemessungsgrundlage (die Bundesländer können auch einen anderen Satz wählen – dies haben Berlin und Hamburg getan). Die grunderwerbsteuerpflichtigen Geschäfte sind in § 1GrEStG genannt. Dazu gehört insbesondere der Kauf, aber auch eine andere Form der Übereignung eines Grundstücks.

Die Grunderwerbsteuer knüpft an ein rechtwirksames Verpflichtungsgeschäft an, bei dem ein notarieller Vertrag vorliegen muss. Die Grunderwerbsteuer entsteht unabhängig von der tatsächlichen Zahlung des Kaufpreises.

3.2.2.8 Schenkungssteuer

Die Erbschaftsteuer ist die Steuer auf den Vermögenserwerb aus Erbschaften, die Schenkungssteuer diejenige auf Schenkungen.

Die Höhe der Erbschaft- bzw. Schenkungssteuer ist nicht einheitlich, sondern abhängig vom Vermögenswert (bei allen Vermögenswerten, die keinen Marktpreis haben, sind Schätzungen vorzunehmen) und vom Verwandtschaftsgrad. So haben Eheleute und Kinder hohe Freibeträge, entfernte Verwandte hingegen nicht.

3.2.3 Abgabenordnung

Die Abgabenordnung (AO) ist das so genannte Steuergrundgesetz, da hier die für alle Steuerarten geltenden Regelungen zu finden sind. Hier wird geregelt, wie die Besteuerungsgrundlagen ermittelt werden, Steuern festgesetzt, erhoben und vollstreckt werden. Daneben finden sind in der Abgabenordnung Vorschriften über außergerichtliche Rechtsbehelfe sowie zum steuerlichen Straf- und Ordnungswidrigkeitenrecht.

Daneben sind in der AO Fristen des Steuerrechts geregelt wie etwa Verjährungsfristen.

4 Organisation und Personalwesen

4.1 Betriebsorganisation

4.1.1 Unternehmensleitbild, Unternehmensphilosophie, Unternehmenskultur und Corporate Identity

Das Unternehmensleitbild wird durch die Werte und Grundeinstellungen des Managements gebildet. Diese sind natürlich abhängig von den gesamtgesellschaftlichen Umweltfaktoren wie der Kultur.

Dagegen stellen die Leitmaximen im Unternehmen die Unternehmensphilosophie dar. Hierunter versteht man das Verhältnis des Unternehmens zu den Mitarbeitern, Anteilseignern, Kunden, Lieferungen usw.

Letztlich ist Corporate Identity die vom Unternehmen selbst gewählte Identität, durch die man sich am Markt positioniert bzw. versucht, Mitarbeiter ans Unternehmen zu binden.

4.1.2 Strategische und operative Planung

4.1.2.1 Strategische Planung

Die strategische Planung umfasst die Festlegung von Geschäftsfeldern und langfristigen Produktprogrammen. Damit soll das Unternehmenspotenzial ermittelt werden.

Instrumente der strategischen Planung sind u. a.:

- Portfolioanalyse

- Benchmarking

- Produktlebenszyklus

Die Portfolioanalyse ist kein abgeschlossenes Instrument, sondern wird von unterschiedlichen Anbietern unterschiedlich formuliert. Das bekannteste Instrument ist die BCG-Matrix, die nach der gleichnamigen Unternehmensberatung benannt ist.

In der BCG-Matrix werden Geschäftsfelder nach den Faktoren Marktwachstum und relativer Marktanteil eingruppiert. Nachfolgend die Eingruppierung nach BCG:

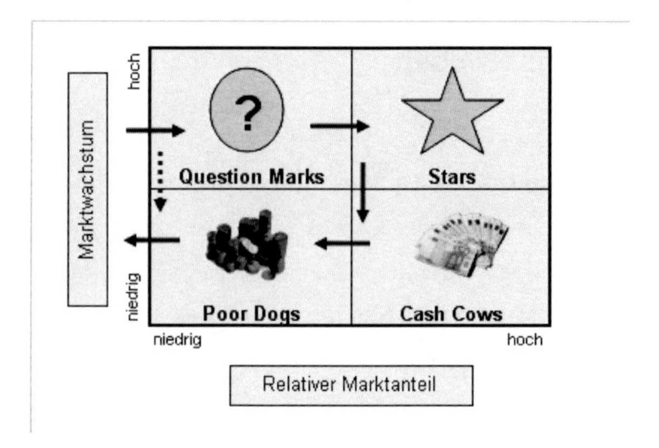

Quelle: http://www.controllingportal.de/Fachinfo/Grundlagen/Portfolio-Analyse-Vier-Felder-Matrix.html

- Die Poor Dogs können nach diesem Schema eingestellt werden (Desinvestitionsstrategie).

- Die Question Marks können durch Investitionsstrategien ausgebaut werden und damit zu Stars werden.

- Für Stars sollte ein solches Wachstum angestrebt werden, dass Konkurrenten nicht oder nur sehr schwer in den Markt eindringen können.

- Bei Cash Cows sollte eine Abschöpfungsstrategie angewendet werden.

Der Vergleich von Unternehmen, Produkten, Dienstleistungen oder von Prozessen mittels eines Benchmarking kann wesentliche Verbesserungsmöglichkeiten für ein Unternehmen liefern. Als größtes Problem im Rahmen eines Benchmarking stellt sich dabei dar, die effizienten Vergleichsobjekte („best practice") zu finden. In der Praxis hat sich hier häufig gezeigt, dass Benchmarkingvergleiche zwischen branchenfremden Unternehmen große Verbesserungen versprechen.

Der Produktlebenszyklus zeigt den Prozess zwischen der Markteinführung bzw. Fertigstellung eines marktfähigen Gutes und seiner Herausnahme aus dem Markt an. Um diesen Zeitraum bestmöglich abzuschöpfen, wird die Lebensdauer eines Produktes in mehrere Phasen unterteilt, in denen mit dem Produkt unterschiedlich gearbeitet wird.

4.1.2.2 Operative Planung

Die operative Planung beschreibt die Festlegung kurzfristiger Programmpläne in einzelnen Funktionsbereichen.

Die Planung kann auf unterschiedliche Weise erfolgen. Es lassen sich insbesondere Top-Down- und Bottom-Up-Verfahren unterscheiden. Beim Top-Down-Verfahren wird die Planung von der Spitze entschieden und nach unten weitergegeben. Beim Bottum-Up-Verfahren werden die Planungen hingegen zunächst im Middle Management oder sogar tiefer begonnen und mit dem Top Management abgeglichen.

Daneben lassen sich Gesamt- und Teilplanungen unterscheiden. Bei Gesamtplanungen umfasst das Gesamtunternehmen oder einen Gesamtbereich, wobei durch die hohe Komplexität eher eine Grobplanung erfolgt. Die Teilplanungen befassen sich nur mit einzelnen Bereichen und sind entsprechend genauer.

Letztlich ist die Planung eng mit dem Prinzip der Teilkostenrechnung verbunden.

Unter dem Beschäftigungsgrad versteht man das Verhältnis der genutzten Kapazität zur verfügbaren Kapazität:

$$\text{Beschäftigungsgrad} = \frac{\text{genutzte Kapazität}}{\text{verfügbare Kapazität}}$$

wobei unter Kapazität das Leistungsvermögen eines Unternehmens zu verstehen ist.

Wir müssen uns an dieser Stelle den Unterschied zwischen variablen und fixen Kosten noch einmal klarstellen:

Bei **variablen Kosten** handelt es sich um Kostenbestandteile, die sich bei Variation einer Kosteneinflussgröße ändern. Wird als Kosteneinflussgröße die Beschäftigung unterstellt, so wird dann von **beschäftigungsvariablen Kosten** gesprochen, wenn eine Änderung der Beschäftigung (Ausbringung) auch eine Änderung dieser Kostenbestandteile bewirkt. Wird bei einer Analyse auf die Gestalt des Zusammenhangs zwischen Beschäftigungsänderung und Kostenverlauf abgestellt, so lassen sich die beschäftigungsvariablen Kosten weiter unterteilen in proportionale, degressive, progressive und regressive Kosten.

Im Unterschied zu den variablen Kosten handelt es sich bei den **fixen Kosten** um Kostenbestandteile, die bei Variation der betrachteten Kosteneinflussgröße in unveränderter Höhe anfallen. Beschäftigungsfixe Kosten als Beispiel fallen unabhängig von Veränderungen im qualitativen oder quantitativen Leistungsprogramm in gleicher Höhe an. Sie sind bei kurzfristiger Betrachtungsweise auch durch eine Einstellung der Produktion des Leistungsprogramms nicht abbaubar. Durch ihre Zeitraumbezogenheit lassen sich diese beschäftigungsfixen Kosten jedoch in aller Regel gleichzeitig als variabel in Bezug auf die Kosteneinflussgröße Kalenderzeit bezeichnen (Wechsel der Bezugsgröße).

Da die fixen Kosten unabhängig von der Ausbringungsmenge bestehen, muss es erstes Ziel sein, die fixen Kosten durch die Erlöse abzüglich variabler Kosten zu decken. Hierzu steht als Analyseinstrument die Break-Even-Analyse zur Verfügung. Der Break-Even-Punkt ist der Punkt, an dem die Gewinnschwelle (bzw. ein vorher definierter Mindestgewinn) genau erreicht wird.

Im Break-Even-Punkt (für den Einproduktfall!) gilt:

Betriebsergebnis = 0

Erlöse = Kosten

Erlöse = Menge × Preis

Kosten = variable Kosten + Fixkosten

Variable Kosten = Stückkosten × Menge

⇨ Erlöse – Kosten = 0 => Menge × Preis – Menge × Stückkosten – Fixkosten = 0

⇨ Menge × (Preis –Stückkosten) = Fixkosten

⇨ Menge = $\frac{\text{Fixkosten}}{\text{Preis - Stückkosten}}$

Ein anderes Wort für die Differenz zwischen Preis und Stückkosten ist der so genannte Deckungsbeitrag. Dieser steht im Fokus von Kapitel 2.5.10.

Beispiel:

Ein Unternehmen verkauft ein Produkt zum Preis von 5 € bei Stückkosten von 3 €. Die Fixkosten betragen 30.000 €. Der Break-Even-Punkt liegt damit bei der Menge:

Menge = $\frac{30.000\text{ €}}{5\text{ €} - 3\text{ €}}$ = 15.000 Stück.

Grafisch lässt sich die Lösung wie folgt darstellen:

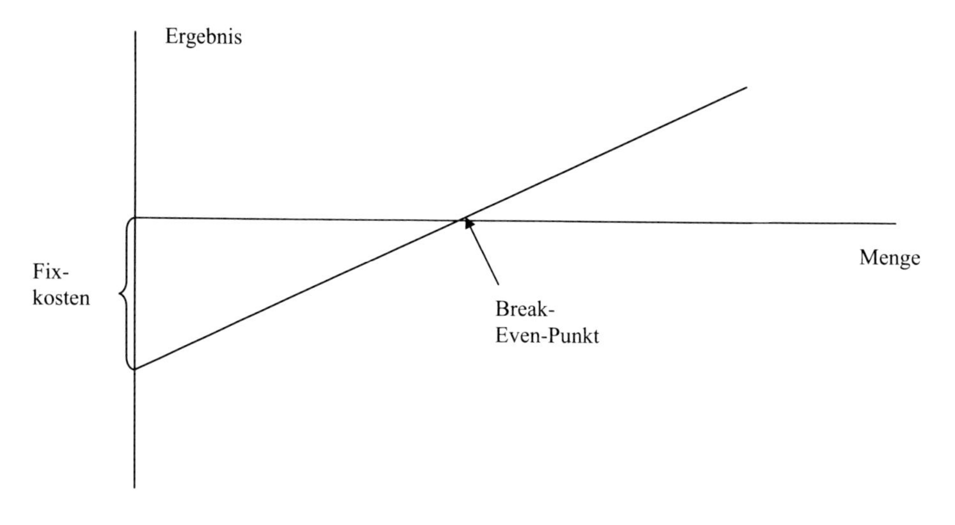

4.1.3 Aufbauorganisation

Basis der Aufbauorganisation ist die Aufgabenanalyse. Darin werden die Gesamtaufgaben eines Unternehmens aufgeteilt in:

- Hauptaufgaben (z. B. Vertrieb),
- Teilaufgabe 1. Ordnung (z. B. Verkauf)
- Teilaufgabe 2. Ordnung
- usw.

Diese Teilaufgaben werden in die organisatorischen Einheiten zusammengefasst (z. B. Abteilung, Gruppe, Stelle). Die organisatorischen Einheiten werden dann im nächsten Schritt Aufgabenträgern, d. h. Einzelpersonen oder Personengruppen, zugeordnet.

Die Zerlegung in Teilaufgaben kann nach unterschiedlichen Gesichtspunkten erfolgen. Möglich sind beispielsweise:

- nach den Teilfunktionen, die zur Erfüllung der Aufgabe notwendig sind
- nach dem Objekt, d. h. etwa den Produkten, Regionen o. ä.

- nach der Phase, d. h. danach, ob die Aufgabe zur Planung, Durchführung oder Kontrolle gehört
- u. ä.

Die Stelle ist die kleinste betriebliche organisatorische Einheit. Die Stellenbeschreibung enthält die Hauptaufgaben der Stellen, deren Eingliederung in das Unternehmen und die Befugnisse der Stelle. Eine eindeutige, immer gleiche Stellenbeschreibung hat sich bislang nicht durchgesetzt. Es können nur verschiedene Punkte genannt werden, die üblicherweise in einer Stellenbeschreibung enthalten sind:

- Stellenbezeichnung
- obergeordnete Stelle
- untergeordnete Stellen
- Stellvertretung
- Ziel der Stelle
- Hauptaufgaben des Stelleninhabers
- Kompetenzen des Stelleninhabers
- besondere Befugnisse des Stelleninhabers
- notwendige Ausbildung des Stelleninhabers
- notwendige Berufspraxis des Stelleninhabers
- notwendige Weiterbildung des Stelleninhabers
- notwendige Kenntnisse des Stelleninhabers
- usw.

Die Stellenbeschreibung hat unabhängig vom Stelleninhaber zu erfolgen, d. h. sie ist sachbezogen zu erstellen.

Im Rahmen der Leitungsebenen werden folgende Begriffe unterschieden:

- Stelle: In einer Stelle werden gleichartige Aufgaben zusammengefasst
- Instanz: Die Instanz leitet eine oder mehrere rangniedrigere Stellen.
- Abteilung: Die Zusammenfassung von Stellen und der Instanz.

- Stabstelle: Eine Stabstelle unterstützt und ergänzt Leitungsstellen. Es existiert keine eigene Weisungs- oder Entscheidungsbefugnis.
- Leitungsspanne: Die Anzahl der einem Vorgesetzten direkt unterstellten Mitarbeiter.
- Hierarchieebenen: Die Anzahl der horizontalen Leitungsstellen
- Leitungssysteme: Die Verteilung der Weisungsrechte in einem Unternehmen.

Leitungssysteme unterschieden sich durch die Frage, wie Weisungen von den oberen Weisungsebenen nach „unten“ gelangen.

Das Organigramm ist der Abteilungs-, Stellen- oder Organisationsplan. Es gibt dabei verschiedene grafische Darstellungsmöglichkeiten, so von oben nach unten, aber auch von links nach rechts.

Die Aufbauorganisation ist die Verknüpfung organisatorischer Grundelemente zu einer organisatorischen Struktur. Sie stellt die Regelungen für den Betriebsaufbau dar. Sie legt die Organisationseinheiten, Zuständigkeiten und Ebenen im Unternehmen fest.

Generell lassen sich

- die funktionale Organisation
- die Matrixorganisation und
- die Divisionalorganisation

unterscheiden.

In der funktionalen Organisation gliedert man die Organisation in der zweiten Ebene nach den Aufgaben im Unternehmen, beispielsweise Forschung und Entwicklung, Beschaffung etc.

In einer Matrixorganisation werden zwei Gliederungsprinzipien, beispielsweise funktionale und eine andere Organisationsform, gleichzeitig verfolgt

Eine Divisionalorganisation ist eine Organisation, die nach Geschäftsbereichen, Produkten/Produktgruppen oder Werken aufgestellt ist.

4.1.4 Ablauforganisation

Ablaufplanung ist ein Begriff auf der REFA und beschreibt die zu einer Zielerreichung zu bewältigenden Aufgaben und deren Reihenfolge. Die Reihenfolge und die Aufgaben werden dabei mit Zeitdauern belegt und bilden damit die Basis für den Arbeitsplan.

Die Arbeitsplanung legt z. B. für ein Fertigerzeugnis fest,

- in welcher Weise (Arbeitsgang),
- in welcher Reihenfolge (Arbeitsablauf),
- auf welchen Maschinen (Arbeitsplatz),
- mit welchen Hilfsmitteln (Werkzeuge),
- in welcher Zeit (Durchlaufzeit)

gefertigt werden soll.

Die Durchlaufzeit ist dabei die Zeitdauer, die zwischen Beginn und Auslieferung eines Auftrages für die Produktion eines Gutes ergibt. Sie setzt sich aus der Belegungszeit und der Übergangszeit zusammen. Ersteres enthält die Rüst- und die Bearbeitungszeit, letzteres die Transport- und Liegezeit.

Zur Rüstzeit gehört die Zeit, die für das Vor- und Nachbereiten einer Maschine bzw. eines Arbeitsplatzes notwendig ist. Die Bearbeitungszeit ist die Zeit für das konkrete Produzieren eines Gutes. Sie ergibt sich aus Arbeitsmenge * Stückzeit * Leistungsgrad

Während die Transportzeit die Zeit für den Transport zwischen zwei oder mehreren Orten beinhaltet, zeigt die Liegezeit die Zeit an, die vergeht, weil der Auftrag zwischenzeitlich liegen bleiben muss.

4.1.5 Analysemethoden

4.1.5.1 Methoden zur Messung der Kundenzufriedenheit und Auswertung der Ergebnisse

Zur Messung der Kundenzufriedenheit existieren verschiedene Verfahren. Generell lassen sich

- die Primärforschung und
- die Sekundärforschung

unterscheiden. Die Primärforschung greift auf Methoden der direkten Kundenansprache zurück, während in der Sekundärforschung bestehende Daten und Informationen ausgewertet werden, die aus anderen Gründen gesammelt wurden.

Die Sekundärforschung greift beispielsweise auf folgende Informationen zurück:

- Unterlagen des Rechnungswesens
- Allgemeine Statistiken
- Vertriebsstatistiken
- Berichte und Meldungen des Außendienstes
- Frühere Primärerhebungen, die für neue Problemstellungen ausgewertet werden
- Statistisches Bundesamt
- Handwerkskammer
- Bundesstelle für Außenhandelsinformationen (BfAI)
- Deutsche Auslands-Handelskammer, UNO, Weltbank
- Wirtschaftswissenschaftliche Institute
- Kreditinstitute
- Universitäten
- Werbeträger
- Marktforschungs-Institute
- Fachbücher und –zeitschriften
- Firmenverlautbarungen
- Tagungen, Messe
- Internet

Die Vorteile der Sekundärforschung lassen sich wie folgt zusammen:

- Schnelle Beschaffung der Information

- Geringe Kosten
- Teilweise einzig verfügbare Quelle (z.B. Bevölkerungsstatistik)
- Unterstützung der Problemdefinition
- Unterstützung der Durchführung und Interpretation der Primärforschung

⇒ Sekundärforschung ist immer als erstes zu nutzen!

Neben diesen Vorteilen bestehen aber auch eine Reihe von Nachteilen:

- Informationen sind nicht vorhanden
- Geringe Aktualität
- unspezifisch
- Exklusivität fehlt
- zu hohe Aggregation
- oft fehlen Angaben zur Erhebungsmethodik

Damit ist die Primärforschung häufig die bessere Methode zur Messung der Kundenzufriedenheit. In der Primärforschung lassen sich wiederum verschiedene Methoden unterscheiden:

1. Befragung (Kunden werden befragt)

- mündliche Befragung

- Leitfadengespräche (dem Fragenden werden nur Leitfäden mitgegeben, das Gespräch führt dieser nach eigenem Ermessen)

- schriftliche Befragung (der Kunde erhält einen Fragebogen, den er schriftlich auszufüllen hat)

- telefonische Befragung (der Kunde wird angerufen)

- computergestützte Befragung (der Kunde kann die Befragung im Internet durchführen)

2. Beobachtung (Kunden werden beobachtet)

- teilnehmende (Kunden wissen von der Beobachtung)

- nicht teilnehmende (Kunden wissen nichts von der Beobachtung)

3. Experiment

- Laborexperiment

- Feldexperiment

4. Panel

- Handelspanel

- Haushaltspanel

- Unternehmenspanel

Die Auswertung der Primärforschung erfolgt mit statistischen Methoden. Hierzu stehen eine Vielzahl unterschiedlicher Methoden zur Verfügung, die je nach den Daten, die zur Verfügung stehen, angewendet werden.

4.1.5.2 Wertanalyse

Der Kerngedanke der Wertanalyse besteht darin, den Funktionswert zu erhalten, die damit verbundenen Kosten aber zu minimieren. Ausgangspunkt sind damit die Kosten und nicht die Erlöse. Ziele, die mithilft der Wertanalyse erreicht werden können, sind beispielsweise:

- Senkung der Herstellungskosten
- Erhöhung der Produktivität
- Verbesserung der Qualität

Die Kernfrage der Wertanalyse ist, ob die gerade betrachtete Funktion eine Hauptfunktion ist oder eine Hauptfunktion unterstützt bzw. den Marktwert erhöht. Ist dies der Fall, ist die Funktion notwendig. Wenn nicht, kann sie als unnötige Funktion gestrichen werden.

4.1.5.3 Betriebsstatistiken als Entscheidungshilfe

Die Betriebsstatistik dient der Unterstützung der Unternehmensleitung und hilft mit den Methoden der Statistik, aus vorhandenen Daten und Informationen entscheidungsrelevante Analysen zu erzeugen.

Die Statistik erlaubt es u. a., aus einer Teilgesamtheit auf die Grundgesamtheit zu schließen, mit entsprechenden Aufbereitungen die Entwicklung von Krankheitsstand etc. zu zeigen.

4.2 Personalführung

4.2.1 Zusammenhang zwischen Unternehmenszielen, Führungsleitbild und Personalpolitik

Das Unternehmensleitbild wird durch die Werte und Grundeinstellungen des Managements gebildet. Diese sind natürlich abhängig von den gesamtgesellschaftlichen Umweltfaktoren wie der Kultur.

Dagegen stellen die Leitmaximen im Unternehmen die Unternehmensphilosophie dar. Hierunter versteht man das Verhältnis des Unternehmens zu den Mitarbeitern, Anteilseignern, Kunden, Lieferungen usw.

Das Führungsleitbild und die Personalpolitik haben sich an der Unternehmensphilosophie und dem Unternehmensleitbild zu orientieren. Eine zentralistische Führung muss entsprechend zur Unternehmensphilosophie passen.

4.2.2 Arten von Führung

4.2.2.1 Führung über Motivation

Führung über Motivation bedeutet, die Mitarbeiter durch verschiedene Anreize zu einem bestimmten Verhalten zu bewegen. Es wird somit kein bzw. wenig Druck ausgeübt, sondern es wird der Mitarbeiter durch entsprechende Anreize zu einer höheren Arbeitsleistung angespornt.

Es existieren verschiedene Motivationsansätze. Die bekanntesten sind die Motivationstheorie von Maslow und die 2-Faktoren-Theorie von Herzberg.

Maslow trennt die Bedürfnisse in Wachstumsbedürfnisse und Defizitbedürfnisse ein. Wachstumsbedürfnisse sind beispielsweise der Status bzw. die Anerkennung, die ein Mensch erhält. Zu den Defizitbedürfnissen zählen dagegen Sicherheitsbedürfnisse oder die Grundbedürfnisse wie Essen.

Herzberg trennte dagegen die Bedürfnisse in Entlastungs- und Entfaltungsbedürfnisse. Entlastungsbedürfnisse sind die so genannten Hygienefaktoren. Hier handelt es sich um solche Faktoren, die den Mensch nicht zu einer besonderen Leistung motivieren, sondern die für ein gesundes Betriebsklima unerlässlich sind, etwa die zwischenmenschlichen Beziehungen. Durch Entfaltungsbedürfnisse entsteht dagegen echter Zugewinn für den Mitarbeiter. Hierunter fallen etwa Verantwortung, die der Mitarbeiter übernimmt, oder auch das Vorwärtskommen im Unternehmen.

4.2.2.2 Führen durch Zielvereinbarung

Führen durch Zielvereinbarung – in englisch Management by objectives (MbO) bedeutet, dass die Mitarbeiter über Ziele gesteuert werden und nicht durch Vorgaben, wie sie die Arbeit zu erledigen haben.

Die Ziele werden aus dem Gesamtziel des Unternehmens abgeleitet, das in Unterziele aufgebrochen wird. Häufig werden die Ziele für den einzelnen Mitarbeiter gemeinsam festgelegt und fortlaufend gemeinsam überprüft.

Grundlage des MbO ist das gemeinsame Zielvereinbarungsgespräch. Vor dem Gespräch sollte der Mitarbeiter die Gelegenheit haben, sich selbst Gedanken um die möglichen Ziele zu machen und eigene Vorstellungen in das Gespräch einzubringen.

Management by Objectives (MbO) geht auf Druckers „Practice of Management“ zurück, das erstmals 1954 veröffentlicht wurde. Die Führung durch Zielvereinbarung ist eines der bekanntesten Totalführungsmodelle in der betrieblichen Praxis. Grundidee des Management by Objectives ist es, die Ziele der Organisation mit den persönlichen Zielen möglichst stark in Einklang zu bringen und zu verknüpfen. Dem Mitarbeiter wird die Möglichkeit zur Mitbestimmung und Partizipation an den zu erreichenden Ergebnissen eingeräumt. Die Instrumente und der Weg zur Zielerreichung werden bewusst dem Mitarbeiter überlassen. Wichtigster Erfolgsfaktor ist eine realisierbare, klare, exakte und doch möglichst flexible Zielvorgabe.

Der Ablauf des Management by Objectives beginnt mit der Festlegung der Gesamtziele der Unternehmenspolitik und -strategie durch die Unternehmensleitung sowie der Übermittlung dieser an die Mitarbeiter. Aus diesen Gesamtzielen leiten die jeweils untergeordneten Ebenen ihre Zielvorstellungen ab, wobei die Organisationsstruktur anzupassen ist. Danach sind mit jedem einzelnen Mitarbeiter die persönlichen Einzelziele zu konkretisieren sowie klare Verantwortlichkeiten für die Zielsetzungen zu vereinbaren. Diese Festlegungen werden an die nächst höhere Leitungsebene zurückgemeldet und können wiederum zu Zielkorrekturen führen. Die akzeptierten Zielsetzungen werden bei Vereinbarung Bewertungsmaßstab für die Beurteilung des Mitarbeiters und seiner Leistungen. Die Einhaltung der Ziele wird anhand von Soll-Ist-Vergleichen und in Verbindung damit einer kontinuierlichen Beurteilung der Mitarbeiter zu den jeweils festgelegten Kontrollterminen überprüft. Von den Kontrollergebnissen ausgehend werden Konsequenzen für künftige Zielsetzungen und jeden einzelnen Mitarbeiter abgeleitet und gleichzeitig Schlussfolgerungen für die Veränderung der Arbeitsweise abgeleitet.

Die Vorteile des MbO lassen sich wie folgt zusammenfassen:

- Kenntnis der Erwartungen und Einschätzungen

- Zwang zur Planung

- Spontane Koordination und Kooperation werden angeregt

- Kommunikation zwischen Mitarbeitern und Vorgesetzten wird angeregt

- Organisationsziele werden aktiv aufgezeigt

- Konzentration auf Schlüsselgebiete

- Bindung von Belohnung an Leistung

- Beitrag zur Personal- und insbesondere Führungskräfteentwicklung

- Größere Transparenz von Problemfeldern wie notwendigen Ausbildungs- und Organisationsmaßnahmen

- Unterstützung besserer und fairerer Kontrollen durch präzise Zielvorgaben

Damit einher gehen aber auch eine Reihe von Nachteilen:

- Verwaltungsaufwand, Sitzungen und Diskussionen

- Oftmals unrealistische Ziele, dadurch Anfangseuphorie mit folgender Rückkehr zum Betriebsalltag

- Feedback wird nicht ausreichend oder verspätet gegeben

- Keine nachhaltige Unterstützung durch Einzelne

- Konkrete Ziele behindern Kreativität

- Nutzen falscher quantitativer Ziele anstelle sinnvoller qualitativer Ziele

- Autoritätserosion wird befürchtet

- Individuelle Erfolgszurechnung behindert Kooperation

- Notwendige Kontrollgespräche können das Betriebsklima belasten, teilweise frisierte Ergebnisse

- Hohe Ziele werden nicht durch entsprechende Kompetenzen gestützt

- Problem bei sehr flexiblen Umweltparametern, weil Ziele immer wieder angepasst werden müssen

Insbesondere ist das Führen über das Vereinbaren präziser Ziele wesentlich zeit-, energie- und kostensparender als das Führen über Einzelanweisungen und Aufgabenbeschreibungen. Zweite Voraussetzung neben der Zielfestlegung ist die Zufriedenheit der Mitarbeiter.

4.2.2.3 Aufgabenbezogenes Führen

Aufgabenbezogenes Führen beschreibt das Führen je nach Situation, d.h. es gibt kein starres Führungskonzept, sondern die Führungskonzeption wird je nach Situation angepasst. Hierzu gehört u.a. auch eine entsprechende Delegation je nach Situation.

4.2.3 Führungsstile

Führungsstil bezeichnet die Art und Weise, wie ein Vorgesetzter seine Mitarbeiter führt. Generell lassen sich vier Führungsstille unterscheiden:

- der autoritäre Führungsstil beschreibt einen Stil, bei dem der Vorgesetzte Anweisungen gibt, ohne nach der Meinung des oder der Mitarbeiter zu fragen;
- beim patriarchalischen Führungsstil ist der Vorgesetzte auf der einen Seite die „absolute" Autorität, auf anderen Seite aber auch zur „Güte" gegenüber den Mitarbeitern verpflichtet. Dieser Stil wird gerade im Mittelstand noch breit angewendet;
- der pädagogische Führungsstil wird überwiegend an Schulen etc. verwendet. Dabei kommt dem Vorgesetzten – dem Lehrer – nicht die eigentliche Rolle des Vorgesetzten zuteil, sondern der Vorgesetzte soll die Mitarbeiter – an der Schule die Schüler – zur eigenen Entwicklung anleiten;
- beim kooperativen Führungsstil sind die Mitarbeiter in die Entscheidungsprozesse eingebunden. Der Vorgesetzte stellt nicht die absolute Autorität dar, sondern es gibt einen Rückkopplungsprozess zwischen Vorgesetzten und Mitarbeitern.

Elemente/Führungsstil	**autoritär**	**patriarchalisch**	**pädagogisch**	**kooperativ**
Stellung der Mitarbeiter	Nur ein Mittel	Wichtigstes Mittel	Wertträger	Partner
Beachtung der Mitarbeiterinteressen	keine	Nach Einschätzung der Vorgesetzten	Verpflichtung	Anrecht
Betriebsklima	Interessiert nicht	Voraussetzung für Erfolg	Zwingende Randbedingung	Den Leistungszielen gleichwertig

Ziele setzen	Durch Vorgesetzten	Mit Begründung vorgeben	Nach Anhörung der Mitarbeiter durch Vorgesetzten	gemeinsam
Höhe der Anforderungen	niedrig	Dem Leistungsvermögen angepasst	Mit Entwicklung der Mitarbeiter steigend	Hoch
Entscheidungskompetenz	keine	Aufgabenbezogen	Grundsätzlich definiert	Autonom zielorientiert
Kontrolle	Permanent	stichprobenartig	Ergebnis- und lernorientiert	Selbstkontrolle
Zielerreichung	Notfalls durch Zwang	Durch Überzeugung	Im Einvernehmen	Freie Aufgabenerfüllung
Informelle Beziehungen	Unerwünscht und unterdrückt	Toleriert, wenn keine Beeinträchtigung der Arbeit	Akzeptiert und als Faktor berücksichtigt	Begrüßt und genutzt
Konflikthandhabung	Unterdrückung	Gerechte Schlichtung durch Vorgesetzten	Bearbeitung soweit störend	Lösung und Nutzung für Personalentwicklung und Organisationsentwicklung

Tabelle: Führungsstile

4.2.4 Führen von Gruppen

Führen von Gruppen stellt eine besondere Anforderung dar, da zum einen innerhalb der Gruppen eigene Hierarchien bestehen, die zu beachten sind, aber auch eine gewisse Gruppendynamik entstehen kann.

Gruppendynamik beschreibt das Muster, in dem sich eine Gruppe als Ganzes oder Teile davon in bestimmten Situationen verhalten oder anders verhalten als normal. Hier wirkt sich auch die Gruppenkohäsion aus, die den inneren Zusammenhalt der Gruppe beschreibt.

4.2.5 Personalplanung

Die Personalplanung hat das Ziel, dass das Unternehmen jederzeit

- die richtige Anzahl an Personal,
- in der richtigen Qualifikation,
- zum richtigen Zeitpunkt,
- am richtigen Ort und
- im vorgegebenen Kostenplan

zur Verfügung hat. Die Aufgaben, die die Personalplanung hierzu übernehmen muss, sind:

- den quantitativen Personalbedarf ermitteln;
- den qualitativen Personalbedarf ermitteln;
- die Personalfreisetzung – wenn nötig – ermitteln;
- Personalengpässe erkennen und entsprechende Maßnahmen entwicklen;
- die Personalentwicklung erkennen und planen;
- die Personalkosten planen;
- die Personalkosten steuern.

Die Personalplanung wird durch verschiedene Faktoren beeinflusst, die extern oder intern entstehen. Hierzu zählen:

- die Technologieentwicklung,
- Entwicklungen am Arbeitsmarkt,
- Investitionen,
- Rationalisierungen,
- usw.

Aus dem ermittelten Bruttopersonalbedarf und dem bestehenden Personalbestand ergibt sich der Nettopersonalbedarf. Zur Ermittlung des Bruttopersonalbedarfs werden verschiedene Verfahren eingesetzt:

- Schätzverfahren,
- Trendverfahren,
- Regressionsrechnungen,
- Korrelationsanalysen,
- u. a.

Neben der Personalplanung sind die Betriebsmittelplanung und die Materialplanung Teil der Bedarfsplanung. In der Betriebsmittelplanung werden die erforderlichen Betriebsmittel, die Beschaffungswege etc. ermittelt. In der Materialplanung werden der Materialbedarf und der Weg der Materialbeschaffung geplant.

4.2.6 Personalbeschaffung

Die Personalbeschaffung lässt sich sowohl intern als auch extern bewerkstelligen. Die interne Personalbeschaffung wird dabei über das Instrument der Versetzung durchgeführt. Zudem lässt sich die interne Personalbeschaffung durch verschiedene indirekte Maßnahmen durchführen:

- Mehrarbeit
- Urlaubsverschiebung
- Leistungssteigerung (durch Qualifikation)

Für die externe Personalbeschaffung stehen dagegen unterschiedliche Möglichkeiten zur Verfügung. Hierzu zählen Personalanzeigen in Printmedien, Jobbörsen, über Arbeitsvermittler usw.

Die interne Personalbeschaffung hat verschiedene Vorteile:

- Bessere Motivation,
- höhere Bindung der Mitarbeiter an das Unternehmen,
- Mitarbeiter kennt bereits das Unternehmen,
- Beschaffungskosten sind geringer,
- Einarbeitungszeit ist in der Regel geringer,
- Stellenbesetzung kann schneller vorgenommen werden,
- Fachkenntnisse sind bereits bekannt,
- in der Regel kostengünstiger,
- positive Auswirkungen auf das Betriebsklima

Daneben sind aber auch verschiedene Nachteile der internen Personalbeschaffung zu beachten:

- es entsteht eine neue Lücke, die wiederbesetzt werden können müsste,
- Gefahr des „Weglobens",
- der Mitarbeiter ist möglicherweise „betriebsblind",
- es werden keine Impulse von außen gegeben,
- es bestehen mögliche Akzeptanzprobleme,
- Auswahl ist geringer als unter Hinzuziehung externer Quellen

Die externe Personalbeschaffung lässt sich über verschiedene Medien durchführen:

- Internet
- betriebsinterne Ausschreibung
- Printmedien
- Bundesagentur für Arbeit
- Personalberatungen

4.2.7 Personalanpassungsmaßnahmen

Zu den Personalanpassungsmaßnahmen zählt alles, was als Ergebnis der Personalbedarfsplanung umgesetzt wird. Diese Maßnahmen sind:

- im Fall von Personalunterdeckung: die Beschaffung von Personal,
- im Fall von Personalüberdeckung: der Abbau von Personal und
- im Fall von Qualifikationsdefiziten: Entwicklungsmaßnahmen

4.2.8 Entgeltformen

Ziel der Entgeltfindung ist das Erreichen der relativen Lohngerechtigkeit. Es kann nur eine relative Lohngerechtigkeit erreicht werden, da die absolute Lohngerechtigkeit objektiv nicht feststellbar ist.

Für die Entgeltfindung lassen sich verschiedene Kriterien heranziehen:

- Leistung des Mitarbeiters (Kriterien: Normalleistung, Zielvereinbarung etc.)
- Anforderungen des Arbeitsplatzes (Kriterien: Arbeitsbewertung: wie schwer ist die Arbeit?)
- soziale Überlegungen (Familienstand, Alter, etc.)
- Leistungsmöglichkeiten (beispielsweise durch Führungsstil, Organisatione etc.)
- Branche
- Region
- Tarifzugehörigkeit
- Qualifikationen

Es lassen sich dabei folgende Entlohnungsformen unterscheiden:

- Zeitlohn (unterteilt in reiner Zeitlohn und Zeitlohn mit Zulagen)
- Leistungslohn (unterteilt in Akkordlohn und Prämienlohn) sowie
- Sonderformen (Zuschläge, Erfolgsbeteiligung etc.)

Beim Zeitlohn wird das Entgelt in Abhängigkeit von der eingesetzten Zeit gezahlt, aber unabhängig von der tatsächlichen Leistung. Diese wird vorab definiert und ein "relativ" gerechter Lohn definiert.

Beim Akkordlohn wird die tatsächlich erbrachte Leistung entgeltet. Unterscheiden lassen sich Einzel- und Gruppenakkord. Beim Einzelakkord wird die Leistung des Einzelnen bezahlt, beim Gruppenakkord das Ergebnis einer Gruppe. Beim Akkordlohn wird ein Entgelt je erbrachter Leistung bestimmt und mit der erbrachten Leistung multipliziert. Das Ergebnis ist der Bruttolohn des Mitarbeiters.

Beim Prämienlohn setzt sich das Gehalt aus einem leistungsunabhängigen Teil, dem Grundlohn, und einem leistungsabhängigen Teil, der Prämie, zusammen. Der Prämienlohn wird eingesetzt, wenn die Berechnung genauer Akkordsätze unwirtschaftlich ist.

Für den Prämienverlauf lassen sich verschiedene Verläufe unterscheiden. Es können lineare, progressive, degressive oder frei definierte Verläufe (Kombinationen der ersten drei Verläufe) unterschieden werden.

Letztlich lassen sich Sondervergütungen unterscheiden. Hierzu zählen etwa Urlaubsgeld und Weihnachtsgeld, aber auch Spezialformen wie Dienstjubiläen, Sondervergütungen bei Heirat, Geburts eines Kindes usw.

Letztlich lässt sich der Akkordlohn und eingeschränkt der Prämienlohn als leistungsgerechte Formen der Entgeltfindung definieren. Sie lassen sich aber nur einsetzen, wenn die Leistung hinreichend genau ermittelbar ist. Es ist eine große Motivation für Mehrleistung vorhanden. Diese Methode ist für den Arbeitgeber von Vorteil, da der Lohn zu einer variablen Kalkulationsgröße wird. Für den Arbeitnehmer besteht dagegen das volle Leistungsrisiko.

Der Zeitlohn ist anzusetzen, wenn die Leistung nicht genau ermittelbar ist. Beim reinen Zeitlohn ohne Zulagen besteht kein Anreiz zur Mehrleistung aus Lohngründen (aber durchaus beispielsweise aus Beförderungsmotivation). Das gesamte Risiko wird vom Arbeitgeber getragen, der die Lohnkosten als Fixkosten behandeln muss. Der Arbeitnehmer hat ein fixes Gehalt, unabhängig von der tatsächlich erbrachten Leistung.

4.3 Personalentwicklung

Unter Personalentwicklung versteht man die Maßnahmen und Konzepte, die dazu geeignet sind, die beruflichen Qualifikationen des Mitarbeiters zu fördern. Ziel der Personalentwicklung ist, dem Unternehmen zum richtigen Zeitpunkt rechtzeitig qualifizierte Mitarbeiter zur Verfügung zu stellen. Daneben ist sie für die berufliche Weiterentwicklung der Mitarbeiter wichtig, da damit der Aufstieg des einzelnen Mitarbeiters ermöglicht wird.

Damit verbunden ist die grundsätzliche Frage, ob Weiterqualifizierungen oder Neueinstellungen vorteilhaft sind. Für beides gibt es Vorteile, die für die jeweilige Vorgehensweise sprechen:

Weiterqualifizierung	Neueinstellung
Fähigkeiten der eigenen Mitarbeiter sind bekannt	Innovative Kräfte von außen, die neue Ideen mitbringen
Auslastung freier Kapazitäten im Unternehmen	Kapazität im Unternehmen ist ausgeschöpft
keine langen Einarbeitungszeiten	bisherige Mitarbeiter sind ungeeignet

Generell bestehen folgende Möglichkeiten der Personalentwicklung:

1. Ausbildung

2. Einarbeitung

3. Anpassungsweiterbildung

4. Fortbildung

Aus diesem Bereich ist die geeignete Maßnahmen auszuwählen, um den Mitarbeiter mit der optimalen Personalentwicklung zu unterstützen.

Als Instrumente der Weiterbildung existieren:

1. Potenzialeinschätzung (Prognose des erwarteten Leistungsvermögens des Mitarbeiters)

2. Laufbahnplanung (die Positionen, die der Mitarbeiter bei Erfüllen bestimmter Qualifikationsmerkmale erreichen kann)

3. Nachfolgeplanung (gedanklich vorweggenommene Überlegung zur zukünftigen Besetzung von Positionen)

4. Nachwuchskräfteförderung (Vorbereitung der Mitarbeiter zur Übernahme von Führungspositionen)

4.3.1 Arten

4.3.1.1 Ausbildung

Die Ausbildung wird in Deutschland durch einen praktischen Teil im Betrieb und einen theoretischen Teil in der Berufsschule durchgeführt.

Für die Planung und Durchführung der Ausbildung sind eine Reihe von Punkten zu berücksichtigen:

- die Ausbildungsfähigkeit des Unternehmens ist durch Eignung des Unternehmens und die Eignung der Ausbilder zu gewährleisten,

- die gesetzlichen Vorgaben für die Ausbildung sind zu berücksichtigen, namentlich das Ausbildungsberufsbild, der -rahmenplan usw.

- die Ausbildungpläne sind zu beachten, in denen etwa die Ausbildungsinhalte beschrieben sind,

- die didaktische Vermittlung der Inhalte ist zwischen praktischem Teil im Betrieb und theoretischer Ausbildung in der Berufsschule zu koordinieren,

- die geeigneten Methoden und Medien, die in der Ausbildung eingesetzt werden, müssen festgelegt werden.

4.3.1.2 Fortbildung

Fortbildung ist in Deutschland durch das Berufsbildungsgesetz definiert. § 1 Abs. 4 BBiG besagt: "Die berufliche Fortbildung soll es ermöglichen, die berufliche Handlungsfähigkeit zu erhalten und anzupassen oder zu erweitern und beruflich aufzusteigen." Im Gegensatz zur Fortbildung, die der Fortsetzung der Ausbildung dient, ist die Weiterbildung nicht auf die berufsspezifischen Bereiche begrenzt, sondern weiter gefasst als die Fortbildung.

Generell lässt sich die Fortbildung in vier Bereiche unterteilen:

- Erhaltungsfortbildung: Sie dient dem Ausgleich von Kenntnissen und Fertigkeiten, die weggefallen sind;

- Erweiterungsfortbildung: Zusätzliche Fähigkeiten werden vermittelt;

- Anpassungsfortbildung: hier werden solche Fähigkeiten vermittelt werden, die durch eine Anpassung an Veränderungen am Arbeitsplatz nötig werden;

- Aufstiegsfortbildung: dient der Vorbereitung auf höherwertige Aufgaben.

Der Umfang an notwendiger Fortbildung hängt von unterschiedlichen Faktoren ab. Hierzu gehören technologische Entwicklungen, neue Erkenntnisse im Umfeld etc. Ermitteln lässt er sich u. a. durch Umfragen.

Die Durchführung der Fortbildung lässt sich durch interne oder externe Trainer durchführen. Beides hat Vor- und Nachteile, die im Einzelfall abzuwägen sind. Der größte Vorteil externer Trainer ist die im Normalfall pädagogische Eignung, die internen Trainern häufiger fehlt.

4.3.1.3 Innerbetriebliche Förderung

Die innerbetriebliche Förderung ist ein wesentlicher Teil der Personalentwicklung. Ziel ist, die Mitarbeiter durch innerbetriebliche Maßnahmen so fortzubilden bzw. zu entwickeln, dass sie höhere Leistungen erbringen oder zu höheren Aufgaben in die Lage versetzt werden.

Basis für die innerbetriebliche Förderung ist das Erkennen der geeigneten Maßnahmen. Hierfür muss insbesondere der Vorgesetzte erkennen,

- in welchen Bereichen Qualifizierungsbedarf besteht,

- welche Potenziale der einzelne Mitarbeiter hat,

- welche Maßnahmen zur Schließung der Lücken ergriffen werden können,

- welche Unterstützung der Vorgesetzte selbst geben kann und muss sowie

- welche Erwartungen der Mitarbeiter an die innerbetriebliche Förderung hat.

Maßnahmen, die die innerbetriebliche Förderung unterstützen sind:

- Jobenrichment: der Mitarbeiter erhält zusätzliche Aufgaben auf höherem Aufgabenniveau; zur Unterstützung erhält er entsprechende Weiterbildungmaßnahmen;

- Jobenlargement: der Mitarbeiter erhält zusätzliche Aufgaben auf seinem Aufgabenniveau, die sich von seinen bisherigen Tätigkeiten aber unterscheiden;

- Jobroration: der Mitarbeiter wechselt seine Aufgaben im Betrieb

Die Förderung jüngerer Mitarbeiter kann beispielsweise durch ältere Mitarbeiter erfolgen, die eine Art Mentoren-Rolle übernehmen.

4.3.2 Potenzialanalyse

Ziel der Potenzialanalyse ist es, die Fähigkeitspotenziale der Mitarbeiter für zukünftige Tätigkeiten zu ermitteln. Dabei werden für jeden einzelnen Mitarbeiter ermittelt:

- das Wissen,

- die Fähigkeiten,

- die Motivation oder

- die Persönlichkeitsmerkmale

des Mitarbeiters. Dies kann beispielsweise mit Fragebögen über das eigene Karrierepotenzial ermittelt werden.

Durch Vergleich mit dem Anforderungsprofil an eine Stelle lassen sich damit die Stärken und Schwächen des Mitarbeiters identifizieren und entsprechd die Stärken fördern und die Schwächen bearbeitet werden.

Als Hauptgrund der Potenzialanalyse gilt die Personalbindung. Da der Mitarbeiter gezielt nach seinen Stärken und Schwächen eingesetzt werden kann, kann eine Unter- oder Überforderung ausgeschlossen bzw. minimiert werden.

Folgende Merkmale werden im Rahmen der Potenzialanalyse untersucht:

1. Methodenkompetenz: kann der Mitarbeiter betriebliche Zusammenhänge erfassen etc.;

2. Sozialkompetenz: wie geht der Mitarbeiter mit anderen Mitarbeitern um;

3. Fachkompetenz: welches Wissen hat der Mitarbeiter, um Probleme zu lösen;

4. Reflexionskompetenz: kann der Mitarbeiter sein eigenes Handeln kritisch hinterfragen und analysieren;

5. Veränderungskompetenz: kann der Mitarbeiter seine eigenen Aktionen verändern.

4.3.3 Kosten- und Nutzenanalyse der Personalentwicklung

Im Rahmen der Personalentwicklung müssen natürlich auch die Kosten und der Nutzen aus der Personalentwicklung berücksichtigt werden.

Typische Kosten der Personalentwicklung sind:

- direkte Kosten wie Ausbildungsvergütung und Personalzusatzkosten für Sozialversicherung etc.;

- indirekte Kosten wie die Kosten für das Ausbildungspersonal;

- Betriebsmittelkosten: Kosten für die in der Ausbildung eingesetzten Maschinen etc.;

- weitere Kosten wie Materialkosten für Ausbildungsmittel, Fremdleistungen etwa für externe Referenten.

Dem steht der Nutzen aus der Personalentwicklung gegenüber:

- intern aus- oder fortgebildete Mitarbeiter "kennen" den Betrieb und sind leichter einsetzbar;

- das Unternehmen "kennt" seine Mitarbeiter;

- die eigenen Führungskräfte werden im Sinne der Unternehmenskultur etc. entwickelt;

- usw.

Problem ist, dass die Kosten in der Regel messbar sind, während der Nutzen sich häufig einer betragsmäßigen Messung entzieht. Dies macht eine Beurteilung der Personalentwicklung häufig schwierig.

5 Marketing

5.1 Marketingplanung

5.1.1 Marketingprozess

Der Marketingprozess beinhaltet den Weg von einer Problemstellung hin zur Umsetzung und nachfolgenden Überwachung und Steuerung der Marketingmaßnahme im Marketingcontrolling. Folgende Schritte werden in der Regel durchlaufen:

1. Marktforschung und Umfeldanalyse: der Sachverhalt wird im Rahmen der Marktforschung analysiert.
2. Zielformulierung: aus den Ergebnissen der Marktforschung werden die Ziele für das Marketing identifiziert und formuliert.
3. Strategiefestlegung: die für die Erreichung des Zieles gewählte Strategie wird ausgewählt.
4. Marketing-Mix: der geeignete Marketing-Mix wird festgelegt.
5. Marketingcontrolling: der Marketing-Mix wird hinsichtlich der Zielerreichung überwacht.

Damit kann man zusammenfassend feststellen:

Der Marketingprozess setzt sich zusammen aus

- der Analyse des Sachverhaltes,
- der Analyse und Auswahl der Zielmärkte,
- der Entwicklung der Marketingstrategie,
- der Planung des Marketing-Mix und
- des Controllings der Marketinganstrengungen.

5.1.2 Marketing-Ziele

Marketingziele sind die angestrebten zukünftigen Zustände, die durch Entscheidungen erreicht werden sollen. Aus den Marketzingzielen werden die Marketingstrategien entwickelt und aus diesen die operative Umsetzung im Rahmen des Marketing-Mix.

Generell lassen sich strategische und operative Marketingziele unterscheiden. Während operative Marketingziele kurzfristig erzielbar sind, stellen strategische Marketingziel langfristige Ziele dar.

Strategische Marketingziele sind beispielsweise:

- Beispiele für Marktdurchdringung:
    - Erhöhtes Cross-Selling, um bestehende Kunden weiter zu binden,
    - Neukundengewinnung,
    - Abwerbung von Kunden von Mitbewerbern.
- Beispiele für die Markterschließung:
    - Erschließung neuer Absatzgebiete oder neuer Verwendungsbereiche,
    - Erweiterung des Produktsortiments,
    - Angebot an neue Zielgruppen.

Aus diesen strategischen Zielen lassen sich Unterziele ermitteln. Eine Zielformulierung lautet beispielsweise: „Wir wollen unseren Marktanteil in Nordrhein-Westfalen im nächsten Jahr von zwei auf sechs Prozent steigern“ oder „Wir planen, die Kosten für den Außendienst in Düsseldorf innerhalb der nächsten sechs Monate um 15% zu senken.“ Eine schlechte Zielformulierung wäre hingegen: „Wir wollen die Kundenzufriedenheit steigern“, da diese unpräzise ist.

Typische operative Marketingziele sind beispielsweise

- Umsatz
- Deckungsbeitrag
- Absatz
- Preise und
- Marktanteile.

Diese Ziele werden abgeleitet aus den unternehmerischen Oberzielen, die beispielsweise Rentabilitätsziele sein können.

5.1.3 Marketingstrategien

Marketingstrategien beinhalten langfristige, globale Verhaltenspläne zur Erreichung der Marketingziele eines Unternehmens. Voraussetzung für ihre Erstellung ist die Definition der kurz-, mittel- und langfristigen Marketingziele. Die Marketingstrategie umfasst die vier Bereiche des Marketing-Mix: Produkt-, Konditionen-, Kommunikations- und Distribution -Politik.

Beispiele für Marketingstrategien sind:

- Preisführerschaft,
- Kostenführerschaft,
- Qualitätsführerschaft,
- Innovationsführerschaft

Die grundlegenden anwendbaren Strategiearten sind die Marktsegmentierung und die Wettbewerbsstrategien. Unterstützt wird die Formulierung der Marketingstrategie durch die verschiedenen Techniken der Marketingplanung.

5.1.3.1 Arten von Strategien

5.1.3.1.1 Marktsegmentierung

Unter der Marktsegmentierung versteht man die die Aufteilung eines Gesamtmarktes in Untergruppen. Dabei ist der Anspruch zu stellen, dass die Untergruppen bezüglich ihrer Marktreaktion intern homogen und untereinander heterogen reagieren.

Die Marktsegmentierung besteht aus folgenden Schritten:

1. Markterfassung,
2. Marktaufteilung und
3. Marktbearbeitung

Nach der Marktbearbeitung wird das Marktsegment mit den geeigneten Marketinginstrumenten bearbeitet.

Marktsegmente lassen sich beispielsweise nach Zielgruppen, d. h. unterschiedlichen Kundengruppen ordnen.

Wichtig ist, dass die Marktsegmentierung immer situativ ist, d. h. es gibt keine dauerhafte Marktsegmentierung. Es können auch mehrere Segmentierungen parallel bestehen.

5.1.3.1.2 Wettbewerbsstrategien

Unter einer Wettbewerbsstrategie versteht man eine am Wettbewerber orientierte Geschäftspolitik, wobei man versucht, die Branchenposition zu verbessern. Typische Instrumente sind:

- die Kostenführerschaft oder
- die Differenzierung.

Bei der Kostenführerschaft versucht das Unternehmen, der kostengünstigste Anbieter einer Branche zu werden. Bei der Differenzierung versucht man hingegen, sich mit seinen Produkten gegenüber dem Wettbewerb zu differenzieren.

5.1.3.2 Techniken der strategischen Marketingplanung und –analyse

Es lassen sich verschiedene Instrumente einsetzen, mit denen die Formulierung der Marketingstrategie unterstützt werden kann.

5.1.3.2.1 Produktlebenszyklus

Unter dem Produktlebenszyklus versteht man den Prozess zwischen der Markteinführung bzw. Fertigstellung eines marktfähigen Gutes und seiner Herausnahme aus dem Markt. Man unterteilt dabei das „Leben" des Produktes in folgende vier Phasen:

- Entwicklung und Einführung,
- Wachstum,
- Reife/Sättigung und
- Schrumpfung/Degeneration mit anschließender Produktelimination.

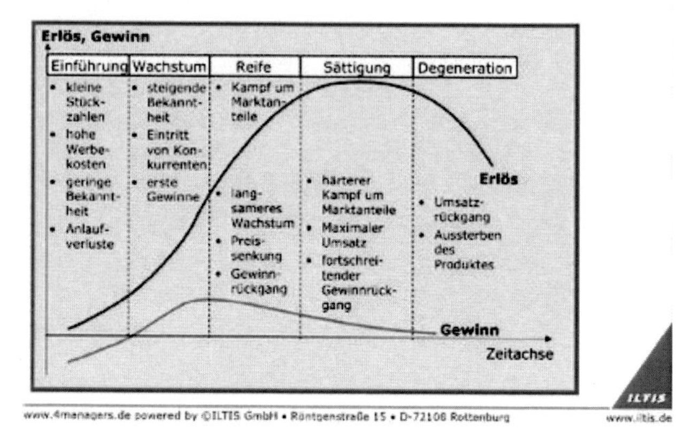

Quelle: http://www.4managers.de/themen/produktlebenszyklus/

5.1.3.2.2 Portfolio-Analyse

Die Portfolio-Analyse stammt aus der Finanzwirtschaft und wurde ursprünglich für die Ermittlung des optimalen Portfolios geschaffen.

Die Boston Consulting Group (BCG) hat hieraus das Marktwachstum-Marktanteil-Portfolio entwickelt, das anhand der Kriterien Marktwachstum und Marktanteil die Geschäftseinheiten eines Unternehmens einordnet.

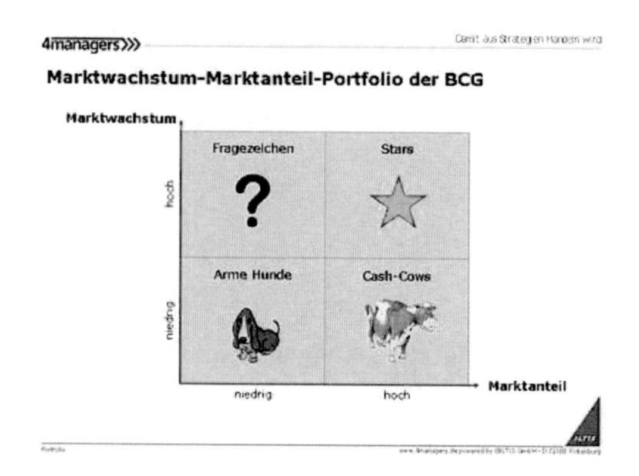

Quelle: http://www.4managers.de/themen/portfolio-analyse/

Folgende Empfehlungen bestehen für die vier Felder der Matrix:

- Cash-cows: Gewinne abschöpfen
- Stars: Marktanteil halten oder ausbauen
- Fragezeichen: bei hohem Wachstum ist der Marktanteil noch niedrig. Hier liegen die Zukunftshoffnungen des Unternehmens
- Arme Hunde: Marktanteil senken oder Geschäftseinheit veräußern

5.1.3.2.3 Branchenstrukturanalyse

Die Branchenstrukturanalyse – auch Fünf-Kräfte-Modell genannt – basiert auf der Annahme, dass die Branchenattraktivität durch fünf Wettbewerbskräfte bestimmt wird:

1. der bracheninterne Wettbewerb
2. Verhandlungsmacht der Abnehmer
3. Verhandlungsmacht der Lieferanten
4. Bedrohung durch Ersatzprodukte
5. Bedrohung durch neue Anbieter

Je stärker die Bedrohung durch diese fünf Wettbewerbskräfte ist, umso unattraktiver ist die Branche.

5.1.3.2.4 Konkurrenzanalyse

Ziel der Konkurrenzanalyse ist es, mittels der Informationen über die Konkurrenten eine Abgrenzung zu diesen zu erreichen. Indem man die relevanten Informationen über die Konkurrenten beschafft und auswertet, soll ein Einblick in deren Wettbewerbsstärke gefunden werden.

5.1.3.2.5 Erfahrungskurven-Analyse

Der Erfahrungskurven-Ansatz basiert auf der Feststellung, dass branchenübergreifend mit jeder Verdopplung der kumulierten Produktionsmenge die Stückkosten um

i. d. R. 20 bis 30 Prozent zurückgehen. Gründe hierfür sind etwa die Fixkostendegression, aber auch Lernkurveneffekte.

5.1.4 Marketingplan

Der Marketingplan dient als „Fahrplan" für die Umsetzung der formulierten Marketingstrategie. Er beinhaltet die strategischen Marketingziele und definiert die zur Durchführung notwendigen Maßnahmen. Beispiele, die der Marketingplan enthält, sind:

- Definition kurz-, mittel- und langfristiger Marketingziele
- Analyse der Zielgruppe

5.2 Marketinginstrumentarium/Marketing-Mix

5.2.1 Marketinginstrumente

Marketinginstrumente sind diejenigen Marketingmaßnahmen, mit denen ein Unternehmen Zielgruppengerecht das Marketing gestaltet. Es werden die Produkte nach den Bedürfnissen der Zielgruppe gestaltet oder der Vertrieb adäquat aufgebaut.

Die gängigsten Marketinginstrumente sind:

- die Produkt- und Sortimentspolitik,
- die Distributionspolitik,
- die Kommunikationspolitik und
- die Preispolitik.

5.2.2 Produktpolitik

Ziel der Produktpolitik ist es, den Bedürfnissen und Wünschen der Kunden entsprechende Produkte und Dienstleistungen anzubieten. Zur Produktpolitik gehören alle Instrumente, die mit der Auswahl und Weiterentwicklung eines Produktes sowie dessen Vermarktung zusammenhängen

Folgende Aufgaben sind Teil der Produktpolitik:

- Produktgestaltung
- Programm- und Sortimentspolitik
    - Produktinnovation
    - Produktvariation
    - Produktdiversifikation
    - Produktelimination
- Servicepolitik

5.2.2.1 Produktgestaltung

Zur Produktgestaltung zählen alle Maßnahmen, die das äußere Erscheinungsbild eines Erzeugnisses im Hinblick auf Qualität, Form und Verpackung beeinflussen, um damit die Nachfrage zu steigern. Damit ist die Produktgestaltung gleichzeitig ein wesentlicher Kostentreiber, durch dessen gezielte Steuerung nicht nur der Absatz verbessert werden kann, sondern auch die Produktion rationalisiert werden kann.

5.2.2.2 Programm- und Sortimentspolitik

Die Programm- und Sortimentspolitik betrifft die Frage der Programmbreite, also der nebeneinander stehenden Produktlinien, und der Programmtiefe, d. h. der verschiedenen Modellvarianten innerhalb der Produktlinien. In der Programm- und Sortimentspolitik geht es um die Verschiedenheit an Produkten, die angeboten, neu angeboten oder nicht mehr angeboten werden:

- Produktinnovationen: neue, innovative Produke werden etabliert. Hier geht es darum, wirklich neue Produkte zu schaffen. Ein Beispiel ist beispielsweise das iPhone. Man unterscheidet hier angebots- und nachfrageinduzierte Produktinnovationen, d. h. man geht von der Frage aus, ob die Nachfrager das Produkt „gewollt" haben oder ob es sich aus technologischen Weiterentwicklungen ergeben hat. Von einer Marktinnovation spricht man, wenn der „Markt" für das Produkt komplett neu geschaffen wurde;

- Produktvariationen: bestehende Immobilien werden anders genutzt, beispielsweise alte Fabriken als Hotels;
- Produktdiversifikation: Produkte werden aus Bereichen angeboten, die bislang nicht im Produktportfolio waren;
- Produktelimination: bestehende Produkte werden vom Markt genommen, da sie entweder nicht erfolgreich sind oder durch andere Produkte ersetzt werden.

Zusätzlich zur Produktinnovation und -variation müssen im Rahmen der Produktpolitik Investitionsentscheidungen getroffen und die aktive Veränderung des Marktes behandelt werden. Entscheidend ist hier die enge Zusammenarbeit mit den anderen Bereichen des Marketings.

Das besondere Risiko bei Produktinnovationen betrifft die Frage, ob durch eine Abschöpfungspreisstrategie die so genannten Sunk Costs erwirtschaftet werden können. Da es sich um völlig neue Produkte handelt, ist das Risiko hier natürlich besonders groß.

Durch Produktvariationen oder –diversifikation hat man dagegen die Rolle des Modifikators, der Marktnischen besetzen kann, aber nur geringe Spielräume aufweist. Die Risiken verschieben sich hier somit gegenüber dem Produktinnovator.

Die geringsten Risiken, aber auch die geringsten Chancen, weist der Nachzügler auf. Dieser hat die geringsten Forschungs- und Entwicklungskosten und muss somit nur relativ geringe Kosten wieder einspielen.

5.2.2.3 Servicepolitik

Die Servicepolitik – auch Kundendienstpolitik genannt – beschäftigt sich damit, wie der Kundendienst geregelt wird. Hierzu gehören

- Informieren
- Schulen
- Warten
- Überprüfen und
- Reparieren

Die Frage, ob hierfür Preise genommen werden können, hängt insbesondere vom Wettbewerb ab. Je stärker der Preiswettbewerb ist, umso größer ist im Regelfall der Umfang des Kundendienstes.

5.2.3 Preispolitik

Zur Preispolitik gehören alle Instrumente, durch die über die Preisbildung Kaufanreize gestellt werden sollen. Die Preisobergrenze ergibt sich grundsätzlich durch die Nachfrage und entspricht dem Preis, bei dem der vom Kunden wahrgenommene Preis mit seiner Wertschätzung des Produktes übereinstimmt.

5.2.3.1 Kostenorientierte Preisgestaltung

Die kostenorientierte Preisgestaltung baut auf den Instrumenten der Voll- oder der Teilkostenrechnung auf. Es wird damit die Preisuntergrenze ermittelt, die mindestens durch das Produkt erzielt werden muss. Es werden dabei entweder der Deckungsbeitrag als Preisuntergrenze definiert oder der Punkt, an dem fixe und variable Kosten gleichermaßen gedeckt sind.

Mit der kostenorientierten Preisgestaltung wird damit keine Preisgestaltung im engeren Sinne vorgenommen, sondern eine Preisuntergrenze festgestellt.

5.2.3.2 Konkurrenzorientierte Preisgestaltung

Die konkurrenzorientierte Preisgestaltung orientiert sich am Preis der Konkurrenten. Generell wird anhand derer Preise der optimale Preis ermittelt, mit dem das eigene Unternehmen am Markt präsent sein sollte.

Es gibt allerdings auch Fälle, in denen Konkurrenten durch die Preisbildung aus dem Markt gedrängt werden sollen oder solche Fälle, in denen neue Produkte in den Markt gebracht werden sollen. Hier sind die Konkurrenzpreise zwar Anhaltspunkte für den eigenen Preis, aber nicht zur Gewinnoptimierung, sondern aus anderen Gründen.

5.2.3.3 Nachfrageorientierte Preisgestaltung

Die nachfrageorientierte Preisgestaltung stellt eine rein marktorientierte Preisfindung dar. Man orientiert sich am Verhalten der Nachfrager und Anbieter. Ziel ist die Gewinnmaximierung, die von mehreren Faktoren abhängt. Zum einen ist die Marktform zu beachten, d. h. die Frage nach der Zahl der Anbieter und Nachfrager (Monopol, Oligopol etc).

Zur Findung der richtigen Preisstrategie ist insbesondere die Preiselastizität der Nachfrage und des Angebotes zu ermitteln. Die Preiselastizität ergibt sich wie folgt:

$$\frac{relative Mengenänderung}{relative \Pr eisänderung} \times -1$$

Eine geringe Elastizität bedeutet, dass selbst bei relativ starker Preisvariation nur eine geringe Mengenveränderung eintritt. Dies bedeutet beispielsweise eine Präferenz des Kunden für den Anbieter.

5.2.3.4 Preisdifferenzierung

Unter Preisdifferenzierung versteht man eine Preispolitik, in der die gleiche Leistung zu unterschiedlichen Preisen angeboten wird. Diese Differenzierung kann zeitlich, räumlich, personell oder sachlich begründet sein.

Damit soll von den Nachfragern der jeweils „optimale“ Preis genommen werden.

5.2.3.5 Preisvariation

Preisvariation beschreibt die systematische Veränderung des Angebotspreises innerhalb einer Planperiode, beispielsweise des Produktzyklusses. Sie stellt eine Sonderform der zeitlichen Preisdifferenzierung dar. Generell lassen sich zwei Strategien unterscheiden:

1. Skimming Strategie: Hierbei werden nach der Produkteinführung zunächst sehr hohe Preise genommen, die danach fallen.

2. Penetration Strategie: Hierbei wird bei der Markteinführung ein günstiger Preis genommen, der mit steigender Bekanntheit ansteigt.

5.2.3.6 Konditionenpolitik

Die Konditionenpolitik beschäftigt sich mit den Preisinstrumenten, die außer dem Preis selbst Gegenstand des Kaufvertrages sein können. Dazu gehören Entscheidungen über Rabatte, Absatzkredite oder auch Lieferungs- und Zahlungsbedingungen.

5.2.4 Distributionspolitik

Unter der Distributionspolitik versteht man die Steuerung aller Vertriebsaktivitäten. Aufgabe ist die Steuerung der Güter- und Informationsflüsse von der Produktion bis hin zum Abnehmer. Damit beschäftigt sich die Distributionspolitik mit der Frage, auf welchen Wegen die Produkte zu den Käufern gelangen. Distributionspolitische Entscheidungen sind von einer Reihe Faktoren abhängig:

- Erklärungsbedürftigkeit der Leistung,
- Lager- und Transportfähigkeit der Leistung
- Anzahl und geografische Verteilung der Kunden
- Bedarfshäufigkeit von Seiten der Kunden,
- Einkaufsgewohnheiten der Kunden sowie
- Aufgeschlossenheit der Kunden gegenüber modernen Verkaufsmethoden wie Online-Shops
- Anzahl der Konkurrenten,
- Art der Konkurrenzprodukte sowie
- Absatzwege der Konkurrenz

Neben diesen allgemeinen Faktoren spielen natürlich auch unternehmensbezogene Faktoren eine große Rolle. Hierzu zählt zum Beispiel die Finanzkraft des Unternehmens hinsichtlich der Frage, ob mehrere Vertriebswege überhaupt finanzierbar sind.

Generell lassen sich der direkte und der indirekte Absatz unterscheiden. Zum Direktverkauf zählen der Verkauf über unternehmenseigene Niederlassungen, aber auch der Verkauf über Online-Shops.

Zum indirekten Verkauf zählen der Verkauf über Absatzmittler, auf Kommission oder auch per Franchising.

5.2.5 Kommunikationspolitik

Zur Kommunikationspolitik zählen alle Kommunikationsmethode zwischen dem Unternehmen und seiner Umwelt bzw. den einzelnen Zielgruppen des Unternehmens innen oder außen. Zur Kommunikationspolitik gehören

- die strategische Planung der internen und externen Kommunikation,
- die Auswahl der Kommunikationsinhalte,
- der Kommunikationswege,
- der Kommunikationsinstrumente,
- der Zielgruppen,
- die Bestimmung der Verantwortlichen für die Entwicklung der Kommunikationsprozesse im Einzelnen und
- für deren Umsetzung.

5.2.6 Marketing-Mix

Die vier genannten Instrumente sind die Bestandteile des Marketing-Mix. In der nachfolgenden Grafik sind die vier Bestandteile und ihre wesentlichen Inhalte noch einmal abgebildet.

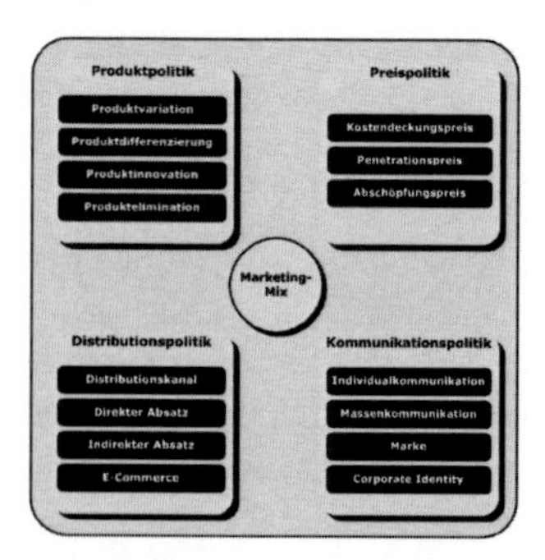

Quelle: http://de.wikipedia.org/w/index.php?title=Datei:Marketing-Mix.png&filetimestamp=20081210155653

5.3 Vertriebsmanagement

Aufgabe des Vertriebsmanagements ist es, ein Vertriebsteam so zu führen, dass die Umsatz-, Ertrags- und Marktziele erfüllt werden.

5.3.1 Vertriebsorganisation

Für die Realisierung der Aufgaben im Vertrieb muss dieser zielgerichtet organisiert werden.

Zunächst besteht der Vertrieb in der Regel aus einem Außendienst. Die Mitarbeiter im Außendienst halten den direkten Kundenkontakt und haben die unmittelbare Kundenverantwortung. Deshalb werden sie üblicherweise ergebnisbezogen entlohnt.

Zusätzlich ist in der Regel ein Innendienst notwendig, der den Außendienst von internen Aufgaben entlastet. Die Mitarbeiter des Innendienstes erhalten in der Regel Festgehälter, die durch Bonussysteme gesteigert werden können. Häufig ist die Tätigkeit im Innendienst auch ein Sprungbrett zum Außendienst, da natürlich eine umfangreiche Produktkenntnis vorhanden ist.

Gesteuert wird die Vertriebsorganisation durch das Vertriebsmanagement. Dieses ist geschäftsabhängig strukturiert, beispielsweise bei international tätigen Unternehmen nach geografischen Regionen oder sogar Ländern.

Immer häufiger anzutreffen ist aber auch eine vertikale Vertriebsorganisation, bei der Großkunden über Ländergrenzen hinweg zentral betreut werden.

5.3.2 Vertriebscontrolling

Das Vertriebscontrolling betrifft die zielgerichtete Steuerung des Vertriebes eines Unternehmens. Wie das klassische Controlling unterteilt sich auch das Vertriebscontrolling in strategisches und operatives Vertriebscontrolling.

Im strategischen Vertriebscontrolling muss das Vertriebscontrolling mit den anderen Unternehmensbereichen zusammenarbeiten. Hier werden Instrumente eingesetzt, die auch bereits in anderen Controllingbereichen verwendet werden. Hierzu zählen:

- Benchmarking
- ABC-Analyse
- Positionierungsstrategien
- Produktlebenszyklus-Analyse
- Portfolio-Analyse
- Gap-Analyse

Beispielsweise ist die ABC-Analyse ein Analyseverfahren, bei dem eine Menge von Objekten in die Klassen A, B und C eingeteilt werden. Diese werden nach absteigender Bedeutung geordnet, so dass die "besten" Objekte in Klasse A und die "schlechtesten" in Klasse C gelistet werden. So könnte eine Gliederung nach Umsatz erfolgen, so dass die umsatzstärksten Produkte in A und die umsatzärmsten in C einsortiert werden. Diese Methode hat verschiedene Vor- und Nachteile:

- sie ist einfach anwendbar
- man kann sich auf das „Wesentliche“ konzentrieren
- aber: man kann nur zwei Dimensionen betrachten!
- dadurch sind Fehlinterpretationen möglich!

Das operative Vertriebscontrolling ist im Gegensatz zum strategischen Vertriebscontrolling eine Einjahresbetrachtung, die der Überwachung sämtlicher Vertriebsaktivitäten dient. Die wichtigsten Instrumente sind:

- Vertriebserfolgsrechnung
- Vertriebskennzahlensysteme

Die Vertriebserfolgsrechnung bedient sich der Informationen aus dem betrieblichen Rechnungswesen. Wesentliches Instrument dabei ist die Deckungsbeitragsrechnung. Dessen Grundlagen werden im Folgenden dargestellt.

Unter dem Beschäftigungsgrad versteht man das Verhältnis der genutzten Kapazität zur verfügbaren Kapazität:

$$\text{Beschäftigungsgrad} = \frac{\text{genutzte Kapazität}}{\text{verfügbare Kapazität}}$$

wobei unter Kapazität das Leistungsvermögen eines Unternehmens zu verstehen ist.

Wir müssen uns an dieser Stelle den Unterschied zwischen variablen und fixen Kosten noch einmal klarstellen:

Bei **variablen Kosten** handelt es sich um Kostenbestandteile, die sich bei Variation einer Kosteneinflussgröße ändern. Wird als Kosteneinflussgröße die Beschäftigung unterstellt, so wird dann von **beschäftigungsvariablen Kosten** gesprochen, wenn eine Änderung der Beschäftigung (Ausbringung) auch eine Änderung dieser Kostenbestandteile bewirkt. Wird bei einer Analyse auf die Gestalt des Zusammenhangs zwischen Beschäftigungsänderung und Kostenverlauf abgestellt, so lassen sich die beschäftigungsvariablen Kosten weiter unterteilen in proportionale, degressive, progressive und regressive Kosten.

Im Unterschied zu den variablen Kosten handelt es sich bei den **fixen Kosten** um Kostenbestandteile, die bei Variation der betrachteten Kosteneinflussgröße in unveränderter Höhe anfallen. Beschäftigungsfixe Kosten als Beispiel fallen unabhängig von Veränderungen im qualitativen oder quantitativen Leistungsprogramm in gleicher Höhe an. Sie sind bei kurzfristiger Betrachtungsweise auch durch eine Einstellung der Produktion des Leistungsprogramms nicht abbaubar. Durch ihre Zeitraumbezogenheit lassen sich diese beschäftigungsfixen Kosten jedoch in aller Regel gleichzeitig als variabel in Bezug auf die Kosteneinflussgröße Kalenderzeit bezeichnen (Wechsel der Bezugsgröße).

Da die fixen Kosten unabhängig von der Ausbringungsmenge bestehen, muss es erstes Ziel sein, die fixen Kosten durch die Erlöse abzüglich variabler Kosten zu decken. Hierzu steht als Analyseinstrument die Break-Even-Analyse zur Verfügung. Der Break-Even-Punkt ist der Punkt, an dem die Gewinnschwelle (bzw. ein vorher definierter Mindestgewinn) genau erreicht wird.

Im Break-Even-Punkt (für den Einproduktfall!) gilt:

Betriebsergebnis = 0

Erlöse = Kosten

Erlöse = Menge × Preis

Kosten = variable Kosten + Fixkosten

Variable Kosten = Stückkosten × Menge

⇨ Erlöse – Kosten = 0 => Menge × Preis – Menge × Stückkosten – Fixkosten = 0

⇨ Menge × (Preis –Stückkosten) = Fixkosten

⇨ Menge = $\frac{\text{Fixkosten}}{\text{Preis - Stückkosten}}$

Ein anderes Wort für die Differenz zwischen Preis und Stückkosten ist der so genannte Deckungsbeitrag.

Beispiel:

Ein Unternehmen verkauft ein Produkt zum Preis von 5 € bei Stückkosten von 3 €. Die Fixkosten betragen 30.000 €. Der Break-Even-Punkt liegt damit bei der Menge:

Menge = $\frac{30.000\ €}{5\ € - 3\ €}$ = 15.000 Stück.

Grafisch lässt sich die Lösung wie folgt darstellen:

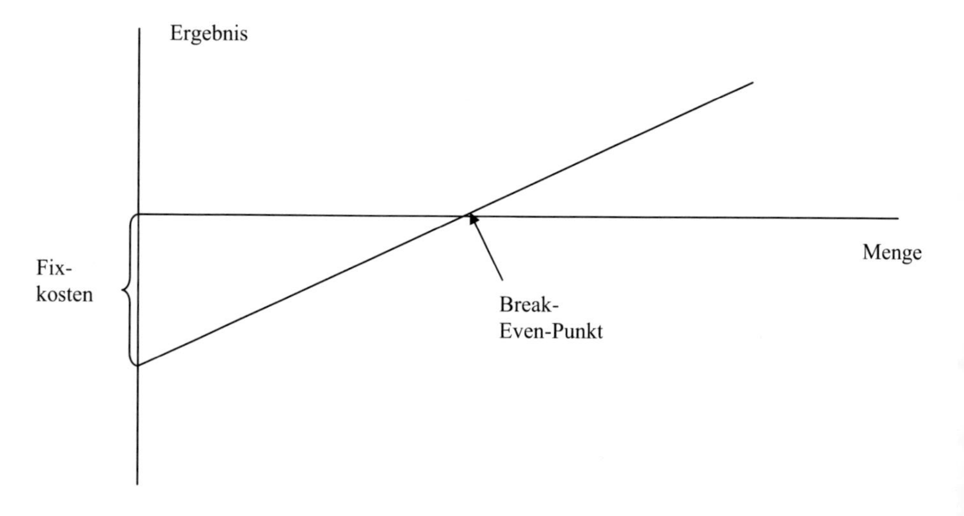

Vertriebskennzahlensysteme dienen als Informationsinstrument für sämtliche Absatz-, Kunden-, Wettbewerbs- und Marktsituationen. Vertriebskennzahlen stellen die Zielvorgaben für die einzelnen Vertriebsprozesse dar. Mögliche Kennzahlen sind:

- Marktanteil

- relativer Marktanteil = Umsatz des Unternehmens / Umsatz der größten Konkurrenten
- Marketingkosten pro Umsatz = Marketingkosten / Umsatz

Ein neuerer Ansatz im Rahmen des Vertriebscontrollings stellt der Customer Lifetime Value dar, also der Wert des Kunden für das Unternehmen über die gesamte Lebensdauer. Ziel ist es, Kundenbindungsmaßnahmen bewerten zu können. Der Wert des Kunden entspricht dabei den diskontierten zukünftigen Deckungsbeiträgen aus dem Kunden. Die Frage, die gestellt wird, ist: Sind die treuesten Kunden wirklich die wertvollsten?

1 Aufgaben zu Rechnungswesen

Aufgabe 1

I.

Welche der folgenden Aussagen ist/sind richtig?

A	Zweckaufwand und Grundkosten sind immer gleich hoch.	
B	Der Bilanzgewinn ist immer höher als das Betriebsergebnis.	
C	Bilanzgewinn und Betriebsergebnis sind immer gleich hoch.	
D	Umsatz und Ertrag sind immer gleich hoch.	
E	Umsatz und Leistungen sind immer gleich hoch.	

II.

Markieren Sie die richtigen Aussagen:

A	Die Begriffe Bilanzgewinn und Betriebsergebnis sind identisch.	
B	Zweckaufwand und Grundkosten sind immer gleich hoch.	
C	Anderskosten sind betriebsfremd.	
D	Zusatzkosten sind periodenfremd.	
E	Neutrale Aufwendungen sind betriebs- oder periodenfremd oder außerordentlich.	

Aufgabe 2

Welches Kriterium zur Einteilung von Kostenarten berücksichtigt unmittelbar das Verursachungsprinzip? Einteilung der Kostenarten nach:

A	Art der verbrauchten Produktionsfaktoren?	
B	der Herkunft?	
C	betrieblichen Entstehungsbereichen?	
D	der Art des Verhaltens bei Variation einer Kosteneinflussgröße?	
E	Zurechenbarkeit?	

Aufgabe 3

In einem Unternehmen sind folgende Vorgänge aufgezeichnet worden:

Am 3.06. treffen Rohstoffe (Holz) von einem Lieferanten für 400 € ein. 200 € sind bereits am 1.05. angezahlt worden, der Rest wird am 2.07. bezahlt.

Am 10.07. werden aus dem Holz zwei Tische in der Fertigungsabteilung hergestellt. Dabei fallen neben den Materialkosten Lohnkosten in Höhe von 200 € und sonstige Kosten (Hilfsmaterial, Energiekosten) in Höhe von 50 € an. Das verwendete Hilfsmaterial wurde am 5.07. gekauft, angeliefert und bar bezahlt. Löhne und Stromrechnung werden am 28.07. durch Banküberweisung beglichen.

Am 25.07. und am 4.08. werden die beiden Tische für je 500 € verkauft. Der eine Kunde zahlt am 9.08. und der andere begleicht seine Rechnung am 2.09.

Ermitteln Sie die Höhe der Auszahlungen, Ausgaben, Aufwendungen, Kosten, Einzahlungen, Einnahmen, Erträge und Leistungen.

(Abrechnungsperiode: 1 Monat)

	Mai	Juni	Juli	August	September
Auszahlung Ausgabe Aufwand Kosten					
Einzahlung Einnahme Ertrag Leistung					

Aufgabe 4

Ein Unternehmen spendet regelmäßig Geld an eine Partei. Es handelt sich um:

A	Zweckaufwand, weil in der Regel mit dieser Spende ein politischer Zweck verfolgt wird?	
B	außerordentlichen Aufwand, weil nur selten eine Spende erfolgt?	

C	kalkulatorische Kosten, weil Unternehmen Spenden in ihre Preise einkalkulieren?	
D	betriebsfremden Aufwand, weil keine Beziehung zur Leistungserstellung gegeben ist?	
E	Zusatzkosten, da diese Kosten zusätzlich anfallen?	

Aufgabe 5

Die schweizerische Firma KWATCH AG stellt kleine Plastikuhren her. Im Laufe der Zeit sind die nachstehenden Geschäftsvorfälle zu beobachten. Bitte beurteilen Sie die folgenden Teilaufgaben einzeln anhand der untenstehenden Tabelle.

1. Am 02.12.1991 werden bei einem Zulieferer 1 Million Batterien bestellt.
2. Ein freiberuflicher Designer hat ein neues Uhrenmodell entworfen, das im nächsten Jahr produziert werden soll. Er liefert am 05.12.1991 die Zeichnungen dafür ab und wird sofort mit einem Scheck bezahlt.
3. Im Laufe des Monats Dezember werden 1 Million Uhren produziert. Sie müssen auf Lager genommen werden, da die Batterien noch fehlen.
4. Die bestellten Batterien werden am 03.01.1992 gegen Rechnung geliefert. Sie werden sofort in die Uhren eingebaut, damit diese endlich (am 05.01.1992) ausgeliefert werden können.
5. Die ausgelieferten Uhren werden von den Händlern am 17.01.1992 bezahlt. An diesem Tag werden auch die Batterien von der Firma KWATCH AG bezahlt.
6. Aus Anlass einer verlorenen Fernsehwette des Vorstandsvorsitzenden werden 100 "Wetten dass..." Sondermodelle hergestellt und an die Fernsehzuschauer verlost.
7. Unglücklicherweise werden 10.000 Stück des ansonsten gut gelungen Modells "Vaticano" im Januar 1992 reklamiert, weil die Uhren einfach nicht richtig gehen wollen. Entsprechend der Garantiebedingungen erhalten die Kunden umgehend ein anderes Modell vom Lager.
8. Die letzten noch auf Lager befindlichen Exemplare des Modells "Vaticano" können nicht mehr verwertet werden.
9. Im Februar wird die Monatsmiete für eine Lagerhalle bezahlt. Im selben Monat legt der Controller die Kosten- und Leistungsrechnung für

1991 vor, in der er auch Miete für eine andere Lagerhalle angesetzt hat, die Eigentum der KWATCH AG ist.

10. Mittlerweile wurde die Ursache für den "Vaticano"-Schaden gefunden. Die Maschine, die die Uhrwerke zusammengefügt hat, hat einen irreparablen Fehler. Das ist besonders ärgerlich, weil noch 2 Jahre Nutzungsdauer kalkuliert waren.

Aufgabe 6

Das Anlagevermögen der Meyer KG setzt sich wie folgt zusammen:

Abschreibungsjahr		**AK (T€)**	**WBP (T€)**	**bil. ND**	**tats. ND**
10. Jahr	Gebäude	1.500	1.600	40 Jahre	50 Jahre
3. Jahr	Maschinen	1.740	1.920	8 Jahre	12 Jahre
2. Jahr	Fuhrpark	800		5 Jahre	6 Jahre
1. Jahr	BGA	400		10 Jahre	15 Jahre

Es liegen folgende Zusatzangaben vor:

- Gesamtleistungspotential der Maschinen: 100.000 Betriebsstunden.
- Laufzeit der Maschinen in dieser Periode: 10.000 Betriebsstunden.
- Die Preise der Betriebs- und Geschäftsausstattung (BGA) werden im nächsten Jahr schätzungsweise um 4 % steigen.
- Die durchschnittl. jährl. Preissteigerungsrate des Fuhrparks beträgt 5 %.

Berechnen Sie die kalk. Abschreibungen für diese Abrechnungsperiode (ein Jahr). Die Gebäude sind linear, die Maschinen leistungsabhängig, der Fuhrpark linear und die Betriebs- und Geschäftsausstattung linear index-orientiert abzuschreiben.

Aufgabe 7

Die B-GmbH beliefert die A-Automobil AG mit einer Sonderserie Stoßstangen. Hierzu ist ein spezielles Presswerk nötig, welches die B-GmbH selbst erstellt und als selbst erstellte Anlage bilanziert. Bei der Abschreibung für das Presswerk handelt es sich um

A	beschäftigungsvariable Einzelkosten.	
B	Sondereinzelkosten der Fertigung.	
C	unechte beschäftigungsvariable Gemeinkosten.	
D	weder Einzel- noch Gemeinkosten, da Abschreibungen immer Anderskosten sind.	
E	es fallen überhaupt keine Kosten an, da die Anlage bilanziert wird.	

Aufgabe 8

Eine Maschine wurde am 1.1.1987 beschafft. Sie wird linear auf der Basis des Anschaffungspreises abgeschrieben unter Berücksichtigung periodengerechter Kostenzuordnung. Der Anschaffungspreis beträgt 126.000 €. Sie schätzen, dass die Maschine bis zum 31.12.1996 genutzt wird (Restwert von Null).

Am 1.1.1993 stellen Sie fest, dass Sie sich mit der Nutzungsdauer verschätzt haben und die Nutzung nur bis zum 31.12.1994 erfolgen kann.

a) Wie viel muss für kalkulatorische Abschreibungen im Jahr 1993 angesetzt werden?

Am 1.1.1995 wird eine Maschine als Ersatz beschafft. Der Anschaffungspreis beträgt nun 149.100 €. Die geschätzte wirtschaftliche Nutzungsdauer beträgt 6 Jahre bei einem Restwert von Null. Die Maschine wird nun arithmetisch degressiv abgeschrieben.

b) Wie viel muss für kalkulatorische Abschreibungen im Jahr 1995 angesetzt werden?

Aufgabe 9

Die Fiffich-GmbH kauft am 3.01.90 eine Maschine, die am 17.01.90 geliefert und am 20.01. betriebsfertig installiert wird. Die Maschine dient der Produktion eines Modeartikels. Für diesen Artikel wurde eine Lizenz mit einer Laufzeit von 9 Jahren erworben. (Danach darf das Produkt nicht mehr hergestellt werden.)

Die Maschine hat eine Nutzungsdauer von 10 Jahren (jährlicher Maximalausstoß 11.000 Stück). Das Absatzvolumen wird voraussichtlich bei 10.000 Stück beginnend jährlich um 1.250 Stück abnehmen.

Anschaffungswert	1.500.000 €
Transportkosten	40.000 €

Montage	30.000 €
Schrottwert	100.000 €
einmalige Lizenzgebühr	50.000 €

Ermitteln Sie die kalkulatorische, leistungsabhängige Abschreibung der einzelnen Nutzungsjahre.

Aufgabe 10

Ein Industriebetrieb hat zum 1.1.1990 ein Fertigungssystem in Betrieb genommen. Die Anschaffungskosten betrugen 46.864,30 €. Sie schätzen, dass die Anlage bis zum 31.12.1997 genutzt wird und der Restwert zu diesem Zeitpunkt 10% des Wiederbeschaffungswertes beträgt. Die durchschnittliche Preissteigerungsrate beträgt 4%. Dem Kalkulationsverfahren liegt das Ziel der Substanzerhaltung zugrunde.

Ermitteln Sie den kalkulatorischen Buchwert zu Beginn des Jahres 1994, wenn als Abschreibungsverfahren die arithmetisch-degressive Methode verwendet wird.

Aufgabe 11

Bei der Bustouristik GmbH werden Busse gleicher Art in einer Kostenstelle zusammengefasst. In der Kostenstelle „Luxusliner" werden die Kosten von einem Reisebus erfasst, der zu Beginn dieses Jahres angeschafft worden ist.

Aus der Anlagenkartei gehen folgende Angaben hervor:

Anschaffungskosten	320.000 €
Nutzungsdauer	5 Jahre
geplante Laufleistung 1. Halbjahr	12.500 km
geplante Laufleistung 2. Halbjahr	7.500 km
betriebsindividuelle Gesamtlaufleistung	320.000 km
steuerlich anerkannte Gesamtlaufleistung	400.000 km

1) Berechnen Sie die kalk. Abschreibungen für das 1. und 2. Halbjahr, sowie die kalk. Restwerte.

2) Berechnen Sie die kalk. Zinsen mit einem Zinssatz von 10 %. Ermitteln Sie das in der Kostenstelle gebundene Vermögen für das 1. Halbjahr nach dem Verfahren der „Durchschnittswertverzinsung" und für das 2. Halbjahr nach dem Verfahren der „Restwertverzinsung". Ver-

wenden Sie dabei als Ausgangswert die gleichen Werte, die sich bei der Berechnung der kalkulatorischen Restwerte ergeben haben.

Aufgabe 12

Markieren Sie die richtigen Aussagen:

A	Die geometrisch-degressive Abschreibung ergibt am Anfang der Nutzungsdauer höhere Abschreibungsbeträge als die lineare Abschreibung.	
B	Für die leistungsabhängige Abschreibung benötigt man die Leistungsmenge der laufenden Periode und das gesamte Leistungspotential der Anlage.	
C	Bei Substanz erhaltender Abschreibung werden die Wiederbeschaffungspreise der Anlage verwendet.	
D	Die bilanzielle Abschreibung orientiert sich an Anschaffungs- und Herstellungskosten.	
E	Die bilanzielle Nutzungsdauer ist immer länger als die kalkulatorische Nutzungsdauer.	

Aufgabe 13

Im letzten Jahr hatte ein Unternehmen bei einem Gesamtumsatz von 25 Mio. €, davon 30 % auf Ziel, insgesamt 75.000 € Forderungsverluste erlitten. Für das nächste Jahr wird mit Zielverkäufen von 3 Mio. € gerechnet.

Welche Aussagen sind richtig?

A	Der **kalkulatorische Wagniszuschlag** beträgt 0,3% auf die Zielverkäufe.	
B	Die **kalkulatorischen Wagniskosten** für das nächste Jahr betragen 10.000 €.	
C	Die **kalkulatorischen Wagniskosten** für das nächste Jahr betragen 30.000 €.	
D	Der **kalkulatorische Wagniszuschlag** beträgt 1% auf die Zielverkäufe.	
E	Die **kalkulatorischen Wagniskosten** für das nächste Jahr betragen 3.000 €	

Aufgabe 14

Ein Unternehmen erleidet durch den Konkurs eines langjährigen Kunden einen sehr hohen Forderungsausfall. Dieser wird erfasst als:

A	kalkulatorische Abschreibungen auf Forderungen	

B	kalkulatorische Wagniskosten für Forderungsausfälle	
C	Aufwand und Ausgabe	
D	außerordentlichen Aufwand	
E	Zweckaufwand, oder auch Grundkosten	

Aufgabe 15

Die Zuverlässig GmbH leistete in den letzten drei Jahren Zahlungen in Höhe von durchschnittlich 6.400,-- € pro Jahr aufgrund berechtigter Gewährleistungsansprüche. Zusätzlich wurden im gleichen Zeitraum Rechnungen für freiwillige Kulanzregelungen in Höhe von durchschnittlich 2.800,-- € pro Jahr beglichen. Weiterhin fielen in der Produktion in den letzten sechs Jahren insgesamt 51.450,-- € für Reparaturen an, die unabhängig von der Produktionsmenge durch unsachgemäße Bedienung von Maschinen entstanden sind. Die Umsatzerlöse betrugen während der letzten drei Jahre insgesamt 1.380.000,-- €. Für das folgende Geschäftsjahr wird mit einem Umsatz in Höhe von 512.400,-- € gerechnet.

Wie hoch sind die auf dieses Jahr entfallenden kalkulatorischen Wagniskosten insgesamt?

Aufgabe 16

Der Controller der Zuckersüß GmbH wird beauftragt, für das Jahr 2001 die kalkulatorischen Zinsen zu ermitteln. Basis der Berechnung ist folgende Jahresbilanz (kein Zu- oder Abgang von Vermögensgegenständen im Laufe des Jahres, in T€):

Bilanz der Zuckersüß GmbH zum 31.12.2001

Aktiv	2001	2000	Passiv	2001	2000
1. Anlagevermögen			1. Eigenkapital		
a) Grundstücke	200	200	a) Gezeichnetes Kapital	300	500
b) Gebäude	200	300	b) Kapitalrücklage	100	250
[davon verpachtet]	[30]	[70]			

c) technische Anlagen	370	520	2. Fremdkapital		
			a) Verbindlichkeiten ggü. Kreditinstituten	352,5	507,5
2. Umlaufvermögen					
a) Vorräte	50	150	b) Anzahlungen	50	50
b) Forderungen	100	200	c) Verbindlichkeiten aus Lieferungen und Leistungen	125	85
c) Wertpapiere	5	15			
d) liquide Mittel	2,5	7,5			
	927,5	1.392,5		927,5	1.392,5

Bei der Analyse der Angaben entdeckt der Controller, dass in der Bilanzposition Verbindlichkeiten aus Lieferungen und Leistungen ein Betrag von 20.000 € enthalten ist, bei dem ein Skontoabzug möglich war. Im Sachanlagevermögen ist ein unbebautes Grundstück in Höhe von 50.000 € enthalten, auf dem ein Tennisplatz für die Geschäftsleitung errichtet werden soll. Die Aktivpositionen c). und d). des Umlaufvermögens werden kurzfristig benötigt, um Rohstoffe zu kaufen. Bei der Berechnung soll unter Verwendung der Methode der Restwertbuchwertverzinsung ein Durchschnittszinssatz von 6,5% angenommen werden.

Berechnen Sie mit Hilfe der Ihnen vorliegenden Bilanz die kalkulatorischen Zinsen für das abgelaufene Abrechnungsjahr.

Aufgabe 17

Folgende Aussagen beziehen sich auf die Ermittlung kalkulatorischer Zinsen nach neuerer Auffassung. Kreuzen Sie die richtigen Antworten an.

A	Egal, woher das Kapital für ein bestimmtes Vermögen stammt: Solange es alternativ verwendet werden kann, sind Opportunitätskosten anzusetzen.	
B	Verbindlichkeiten aus Lieferungen und Leistungen werden als Abzugskapital vom betrieblich eingesetzten Vermögen abgezogen, da sie zinsfrei zur Verfügung stehen.	
C	Es gibt kein Abzugskapital, wohl aber ein Berichtigungsvermögen, um Doppel-	

	verzinsungen zu vermeiden.	
D	Verbindlichkeiten aus Lieferungen und Leistungen werden als Berichtigungsvermögen vom betrieblich eingesetzten Vermögen abgezogen, wenn Skonto in Anspruch genommen werden konnte.	
E	Die kalkulatorischen Zinsen sind mit den pagatorischen Fremdkapitalzinsen identisch.	

Aufgabe 18

Die Gesamtkosten für den Druck eines Skriptes sind abhängig von der Seitenzahl und der Auflagenhöhe. Hierbei sind folgende Kosten beobachtet worden:

Seiten pro Skript	200	150	150	200
Auflagenhöhe	200	400	600	600
Gesamtkosten	1700	2400	3400	4300

Weiterhin sind folgende Informationen gegeben:

- Die variablen Kosten pro Seite sind unabhängig von der Auflagenhöhe konstant.
- Die auflagenfixen Kosten sind bis zu einer Auflage von 200 Stück konstant, danach steigen sie immer nach jeweils 200 Stück um einen gleichbleibenden Betrag an (sprungfixe Kosten).

Berechnen Sie die variablen Kosten pro Seite und die auflagenfixen Kosten.

Aufgabe 19

Ein Kopiercenter beobachtet folgende Entwicklung seiner Kosten:

Kopienzahl	5.000	10.000	20.000	30.000	40.000	50.000
Gesamtkosten	1.700	2.200	3.200	4.200	6.400	7.400

Berechnen Sie die Größen: Fixe Gesamtkosten, Variable Gesamtkosten, Fixe Stückkosten, Variable Stückkosten. Dabei sind die Variablen Kosten pro Stück über die gesamten Kopienzahlen konstant.

Kopienzahl	5.000	10.000	20.000	30.000	40.000	50.000
Fixe Gesamtkosten						
Variable Gesamtkosten						

Fixe Stückkosten						
Variable Stückkosten						

Markieren Sie die richtigen Aussagen:

I.

A	Die fixen Stückkosten betragen bei 50.000 Kopien 0,048 €.	
B	Die variablen Gesamtkosten sind bei 10.000 Kopien doppelt so hoch wie bei 5.000 Kopien.	
C	Die fixen Stückkosten sind bei 10.000 Kopien halb so hoch wie bei 5.000 Kopien.	
D	Beim Wechsel von 30.000 auf 40.000 Kopien entstehen sprungfixe Gesamtkosten in Höhe von 500 €.	
E	Die variablen Gesamtkosten betragen bei 50.000 Kopien 5.000 €	

II.

A	Die variablen Stückkosten betragen 0,1 €.	
B	Die variablen Gesamtkosten betragen bei 30.000 Kopien 3.000 €.	
C	Die fixen Gesamtkosten betragen ab 40.000 Kopien 2.500 €.	
D	Die fixen Gesamtkosten betragen bis 30.000 Kopien 1.500 €.	
E	Beim Wechsel von 20.000 auf 30.000 Kopien entstehen sprungfixe Gesamtkosten in Höhe von 1.000 €.	

III.

A	Die fixen Stückkosten sind bei 50.000 Kopien genauso hoch wie bei 30.000 Kopien.	
B	Die fixen Stückkosten sind bei 40.000 Kopien höher als bei 30.000 Kopien.	
C	Bis zu einer Anzahl von 30.000 Kopien fallen die fixen Stückkosten mit steigender Kopienzahl.	
D	Die variablen Stückkosten betragen bei 50.000 Kopien 0,17 €	
E	Die variablen Gesamtkosten betragen bei 5.000 Kopien 1000 €.	

Aufgabe 20

Gegeben ist eine lineare Kostenfunktion. Für die Herstellung eines Produktes entstehen bei einer Ausbringungsmenge von 1.250 Stück Gesamtkosten in Höhe von 20.000.- €. Bei der Produktion von 1.750 Mengeneinheiten fallen Gesamtkosten in Höhe von 27.500.- € an.

Welche Aussagen sind dann richtig:

I.

A	Da nur Gesamtkosten angegeben werden, ist eine Aufspaltung in fixe und variable Kosten nicht möglich.	
B	Die **fixen** Kosten betragen 1250 €.	
C	Die **variablen** Kosten pro Stück betragen 15 €.	
D	Die **variablen** Kosten pro Stück betragen 16 €.	
E	Die **fixen** Kosten betragen 1.450 €.	

II.

A	Die **gesamten** (variablen und fixen) **Kosten pro Stück** (=Vollstückkosten) fallen mit steigender Ausbringungsmenge.	
B	Die **fixen** Kosten betragen 1750 €.	
C	Wird in der Periode nicht produziert, so fallen keine Kosten an.	
D	Die **variablen** Kosten pro Stück betragen 14 €.	
E	Die **fixen** Kosten betragen 2000 €.	

Aufgabe 21

Die Produktion von 200 Stück Kombizangen führte im Mai zu Gesamtkosten in Höhe von 10.950,-- €. Im Juni dagegen wurden 270 Stück produziert, wobei (bei linearem Kostenverlauf) Gesamtkosten in Höhe von 12.000,-- € zu verzeichnen waren.

Welche Aussagen sind richtig?

A	Eine Stilllegung der Produktion im Juli führt zu Kosten in Höhe von 6.000 €.	
B	Die variablen Gesamtkosten sind bei einer Menge von 270 Stück höher als die fixen Gesamtkosten	
C	Bei einer Menge von 270 Stück sind die fixen Stückkosten niedriger als die	

	variablen Stückkosten.	
D	Bei einer Menge von 530 Stück sind fixen Stückkosten gleich hoch den variablen Stückkosten.	
E	Bei einer Menge von 530 Stück sind fixen Gesamtkosten gleich hoch den variablen Gesamtkosten.	

Aufgabe 22

Welche Aussagen zur mengenmäßigen Verbrauchserfassung sind richtig?

A	Bei der retrograden Methode kann nur ein Ist-Verbrauch, aber kein Soll-Verbrauch ermittelt werden.	
B	Wird allein die Inventurmethode durchgeführt, dann sind Schwund und Diebstahl nicht ermittelbar.	
C	Die Skontrationsmethode erfordert eine aufwendige und differenzierte Lagerbuchführung (häufig durch EDV). Dadurch ist es aber möglich, die Verbrauchsabweichung (= ineffizienter Verbrauch) auch ohne vorherige Soll-Verbrauchsbestimmung zu erfassen.	
D	Bei der Skontrationsmethode lässt sich ohne Inventur eine Trennung von bestimmungsgemäßem und nicht bestimmungsgemäßem Verbrauch herbeiführen.	
E	Die retrograde Methode ist zwar weniger aussagefähig als die Skontrationsmethode, lässt aber durch Vergleich von hergestellter Menge und Soll-Stoffverbrauch wenigstens Schwund und Diebstahl erkennen.	

Aufgabe 23

Im Rohstofflager befindet sich u. a. ein Tank, in dem ätherische Öle gelagert werden. Weiterhin wird dort in Tüten verpackter Kamillenblütenstaub, der wegen seines raschen Aromaschwundes nach Eingang getrennt gelagert wird, aufbewahrt. Ermitteln sie den Materialverbrauch und den Endbestand zum 30.06. nach der tatsächlichen Verbrauchsfolge.

„Ätherische Öle“				
Einkauf			Verbrauch	
Anfangsbestand	800 l	zu je 7,50 €	10.03	400 l
05.03.	500 l	zu je 6,46 €	02.05.	600 l
03.06.	900 l	zu je 6,55 €		

„Kamillenblütenstaub“			
Einkauf		Verbrauch	
Anfangsbestand	300 kg zu je 8,50 €	18.03.	100 kg
23.06	600 kg zu je 9,00 €	02.05.	100 kg
		25.06.	200 kg

Aufgabe 24

Erläutern Sie die Materialbewertungsverfahren Lifo und Fifo. Stellen Sie die Auswirkungen dieser Verfahren auf den Wert der Endbestände und auf den Erfolg dar.

a) Bei sinkenden Preise

b) Bei steigenden Preise

Aufgabe 25

In der Tischlerei Fridolin Hobel werden zur Herstellung der Tische Holzplatten benötigt, die jeweils 1m² groß sind. Fridolin kennt 3 Verfahren (Lifo; Fifo, permanenter Durchschnitt) zur Materialbewertung. Da er nicht weiß, welches Verfahren zu welchem Ergebnis führt, stellt er die 3 Verfahren gegenüber. Welche Auswirkungen haben diese Verfahren auf Erfolg und Bestand?

Anfangsbestand: 10.000 Stck., Preis: 4,80 €/m²

Zugänge am:	5.12.	5.000 Stck. zu 5,40 €/m²
	15.12.	10.000 Stck. zu 5,90 €/m²
	20.12.	5.000 Stck. zu 6,40 €/m²
Abgänge am :	8.12.	6.000 Stck.
	10.12..	4.000 Stck.
	18.12.	10.000 Stck.
	29.12.	5.000 Stck.

Aufgabe 26

In einer Tischlerei müssen Hölzer zunächst gelagert werden, um sie danach zu Funier verarbeiten zu können:

Bestand vom 12.1.93: 4 m³ à 3.000,-- €/m³

Zugang am 20.1.93: 2 m³ à 2.900,-- €/m³

Verbrauch am 1.2.93: 3 m³

Zugang am 15.2.93: 3 m³ à 3.100,-- €/m³

Verbrauch am 28.2.93: 3 m³

Welche Aussagen sind richtig, wenn die Fifo-Methode angewendet wird?

A	Wenn die Einkaufspreise permanent steigen, führt die Fifo-Methode immer zu niedrigeren Materialverbräuchen als die Lifo-Methode.	
B	Der Materialverbrauch beträgt 18.100 €.	
C	Der Endbestand beträgt 9.300 €.	
D	Hätte der Bestand vom 12.1. 5 m³ statt 4 m³ betragen, so hätte dies zu einem Mehrverbrauch von 100 € geführt.	
E	Wäre der Zugang am 15.2. mit einem Preis von 3.200,-- €/ m³ erfolgt, so wäre der Verbrauch um 300,-- € höher gewesen.	

Aufgabe 27

Angenommen, die Wiederbeschaffungspreise für Rohstoffe steigen kontinuierlich. Welche der folgenden Aussagen sind dann falsch?

A	Die Bewertung mit festen Verrechnungspreisen, wie sie in der Plan-kostenrechnung üblich ist, führt niemals zur Substanzerhaltung und ist deshalb grundsätzlich abzulehnen.	
B	Lifo-Methode und Hifo-Methode führen zum gleichen Ergebnis (gleicher Verbrauch).	
C	Die Fifo-Methode ist unter dem Ziel der Substanzerhaltung ungeeignet.	
D	Die Hifo-Methode gewährleistet bei starker Inflation und langen Wiederbeschaffungszyklen keine Substanzerhaltung.	
E	Fifo-, Lifo- und Hifo-Methode verwenden immer (historische) Anschaffungspreise und sind daher zur Substanzerhaltung nur bedingt geeignet.	

Aufgabe 28

1. Diskutieren Sie die Aufgaben der Kostenstellenrechnung.

2. Diskutieren Sie den Unterschied zwischen Hilfs- und Hauptkostenstellen.
3. Was sind Kostenstelleneinzelkosten?
4. Diskutieren Sie die Begriffe primäre und sekundäre Gemeinkosten.
5. Welche Formen der Kostenschlüsselung kennen Sie?
6. Erläutern Sie generelle Mängel des BAB, gibt es Möglichkeiten diese zu beheben?
7. Die Kosten für Lichtstrom von insgesamt 1.850 € sollen auf die Kostenstellen im Verhältnis der Raumfläche verteilt werden. Wie hoch sind die Kostenanteile dieser Kostenstellen?

Kostenstelle	A	B	C	D
Fläche	341 qm	496 qm	248 qm	465 qm

Aufgabe 29

Die "Böddicker GmbH" fertigt in Werkstattfertigung Tresore und will ihre Kostenstellenrechnung verbessern.

Bisher besteht pro Werkstatt eine Kostenstelle. Zusätzlich eine Kostenstelle für die Verwaltung, die Buchhaltung, den Verkauf, die 2 LKW des Fuhrparks und die Geschäftsführung. Zu den Werkstätten liegen Ihnen folgende Kostenstellenpläne vor:

Blechschneiderei und Biegerei:

2 Stanzen, 3 Biegeeinrichtungen, WBP: 600.000,- €, Nutzungsdauer 10 Jahre.

Schweißerei:

1 Schweißautomat 5 mm, 3 Schweißautomaten 1 mm, WBP: 800.000,-€ Nutzungsdauer 10 Jahre.

Lackiererei:

1 Lackierkammer 20 m² 1 Lackierkammer 40 m², WBP 300.000,- €, Nutzungsdauer 10 Jahre.

Montage:

diverses Werkzeug, WBP 200.000,- €, Nutzungsdauer 5 Jahre

Betriebsschlosserei:

diverses Werkzeug, WBP 50.000,- €, Nutzungsdauer 5 Jahre.

Die Fertigung untersteht einem Meister, der am Anfang der Woche das Fertigungsprogramm, sowie die Verteilung der 25 Arbeiter auf die Werkstätten festlegt.

a) Entwerfen Sie einen neuen Kostenstellenplan und begründen Sie Ihre Vorschläge.

b) Bei der Umgestaltung der Kostenrechnung werden Sie vom Buchhalter des Betriebes gefragt, ob man die kalkulatorischen Zinsen nicht endlich abschaffen, und die kalkulatorischen Abschreibungen durch die bilanzielle AfA ersetzen könne. Stellen Sie drei Argumente für die Beibehaltung der bisherigen Vorgehensweise dar, die den Buchhalter endgültig überzeugen.

Aufgabe 30

Die Einzelunternehmung Elfriede Meier stellt Büromöbel her. Im Monat Oktober 1991 sind folgende Kosten angefallen:

1) Gehälter Verwaltungsangestellte	46.200 €
2) Hilfslöhne für 175 Arbeiter bei 22 Arbeitstagen a 7,5 Std.	490.875 €
3) Miete für Lagerhalle in der Fertigerzeugnisse gelagert werden	14.200 €
4) Hilfsstoffe (Verbrauch 60% in Fertigung, 40% in Materialstelle)	35.000 €
5) Vertreterprovision	15.000 €
6) Raumkosten für 2700 qm	11.340 €
7) Kfz-Kosten (Benzin, Wartung)	28.000 €
8) Instandhaltungskosten für Fertigungsmaschinen	12.000 €
9) Feuerversicherung	1.392 €
10) Gewerbesteuer	8.000 €

a) Die oben aufgeführten primären Gemeinkosten sind aufgrund folgender Angaben auf die Kostenstellen zu verteilen:

Kostenstelle	*Größe in qm*	*Arbeitsstunden*	*abnutzbares AV (WBP)*	*ND des AV (in Jahren)*
Fuhrpark	300	1.980	1.200.000	4
Energie	120	825	480.000	8
Material	500	4.950	300.000	5
Fertigung	1.200	19.800	4.200.000	10
Verwaltung	180	--------	540.000	5
Vertrieb	400	1.320	240.000	10
Summe	2.700	28.875	6.960.000	

Verteilungsschlüssel für die Feuerversicherung sind die WBP des Anlagevermögens.

Die Gewerbesteuer ist vereinfachend direkt der Kostenstelle Verwaltung zuzurechnen.

Der Fuhrpark des Betriebes ist in einem Gebäude untergebracht, das zum Privatvermögen der Elfriede Meier gehört. Kalkulatorischer Mietwert: 2.400 € monatlich.

Die Arbeitsleistung der Einzelunternehmerin ist monatlich mit 9.800.-- € zu berücksichtigen.

Die kalkulatorische Abschreibung ist linear vorzunehmen.

Für das betriebsnotwendige AV sind kalkulatorische Zinsen anzusetzen (Durchschnittsmethode, Zinssatz 10% p.a., Bemessungsgrundlage sind die WBP)

b) Führen Sie die innerbetriebliche Leistungsverrechnung durch...

b1) ...nach dem Anbauverfahren,

b2) ...nach dem Stufenleiterverfahren,

b3) ...nach dem Gleichungsverfahren...

unter Berücksichtigung der folgenden Leistungsinanspruchnahme:

Leistungsabgabe	Fuhrpark	Energie	Material	Fertigung	Verwaltung	Vertrieb
Fuhrpark 35.000 km	---	700	3.500	4.550	1.750	24.500

Energie 86.500 kWh	4.325	---	15.570	60.550	2.595	3.460

c) Berechnen Sie für die unter b genannten Verfahren die Verrechnungspreise für die Leistungsinanspruchnahme der Hilfskostenstelle.

Aufgabe 31

Welche der folgenden Aussagen über Kostenstelleneinzelkosten (KST-EK) und Kostenstellengemeinkosten (KST-GK) ist richtig?

A	KST-EK werden direkt (ohne BAB) auf die Kostenträger verteilt.	
B	KST-EK werden nicht in der innerbetrieblichen Leistungsverrechnung verrechnet.	
C	KST-EK sind beschäftigungsvariabel.	
D	Die Gehälter von KST-Leitern (z.B. Meistergehälter) sind KST-GK.	
E	KST-GK lassen sich nur über einen Verteilungsschlüssel auf die Kostenstelle verteilen.	

Aufgabe 32

Gegeben ist folgender Betriebsabrechnungsbogen:

Kostenstellen	Wasserwer	Elektrizität	Material	Fertigung	Verw./Vtr.
Kostenstelleneinzelk.	10.000	20.496	10.500	20.700	19.254
Kostenstellengemeink.	38.008	8.000	43.500	29.250	8.000
Summe	48.008	28.496	54.000	49.950	27.254

Das Wasserwerk hat folgende Wassermengen geliefert an:

E-Werk: 1.200 m³

Material: 1.700 m³

Fertigung: 8.000 m³

Verw./Vertrieb: 500 m³

Das Elektrizitätswerk hat folgende Mengen Strom geliefert an:

Wasserwerk: 22.000 kWh

Material: 50.000 kWh

Fertigung: 129.000 kWh

Verw./Vertrieb: 11.000 kWh

Wählen Sie für die innerbetriebliche Leistungsverrechnung ein geeignetes Verfahren! Welche Aussagen dann sind richtig?

I.

A	Der Verrechnungspreis für Energie beträgt 0,22 € pro kWh.	
B	Die Materialstelle hat 6.630 € für empfangenes Wasser zu tragen.	
C	Der Verrechnungspreis für Wasser beträgt 4,52 € pro m^3.	
D	Die sekundären Gemeinkosten betragen für die Kostenstelle Verwaltung/Vertrieb 4.020 €.	
E	Die Fertigungsstelle hat 36.160 € für empfangenes Wasser zu tragen.	

II.

A	Die Fertigungsstelle hat 20.640 € für empfangene Energie zu tragen.	
B	Die Materialstelle hat 11.000 € für empfangene Energie zu tragen.	
C	Die gesamten Kostenstellenkosten nach innerbetrieblicher Leistungsverrechnung betragen für die Kostenstelle Elektrizität 0 €.	
D	Die gesamten Kostenstellenkosten nach innerbetrieblicher Leistungsverrechnung betragen für die Kostenstelle Material 69.684 €.	
E	Der Verrechnungspreis für Energie beträgt 0,19 € pro kWh.	

III.

A	Die Verwaltungs- und Vertriebsstelle hat 2.090 € für empfangene Energie zu tragen.	
B	Die primären und sekundären Gemeinkosten betragen für die Kostenstelle Material insgesamt 107.500 €.	
C	Der Verrechnungspreis für Energie beträgt 0,10 € pro kWh.	
D	Die primären und sekundären Gemeinkosten betragen für die Kostenstelle Wasserwerk insgesamt 48.008 €.	
E	Die primären und sekundären Gemeinkosten betragen für die Kostenstelle Fertigung insgesamt 106.750 €.	

IV.

A	Die Kostenstelleneinzelkosten können einer Kostenstelle direkt zugerechnet werden.	
B	Die Kostenstellengemeinkosten können einer Kostenstelle nur indirekt (über Schlüsselung) zugerechnet werden.	
C	Wenn die Kostenstelle Elektrizität selbst auch Strom verbraucht, hat dies grundsätzlich keinen Einfluss auf die Höhe der Verrechnungspreise.	

D	Wenn das Wasserwerk an jede Kostenstelle die doppelte Menge Wasser liefert (alle anderen Daten bleiben gleich), dann halbiert sich der Verrechnungspreis für Wasser.	
E	Sowohl die Kostenstellengemeinkosten als auch Kostenstelleneinzelkosten werden zur Ermittlung der Verrechnungspreise herangezogen.	

Aufgabe 33

Folgende innerbetriebliche Leistungsverflechtungen zwischen den Hilfskostenstellen „Dampf" und „Strom" sind gegeben:

Auszug aus dem BAB

		empfangende Kostenstelle	
		Dampf	Strom
liefernde	Dampf	150 t	250 t
Kostenstelle	Strom	20.000 kWh	10.000 kWh

Die Gesamtleistung beträgt für Dampf 950 t und für Strom 60.000 kWh. An primären Kosten fallen in der Kostenstelle „Dampf" 4.000,- € und in der Kostenstelle „Strom" 7.500,- € an. Bei der Berechnung sind sämtliche Leistungsbeziehungen zu berücksichtigen.

Berechnen Sie die innerbetrieblichen Verrechnungspreise für eine Einheit Strom und Dampf!

Aufgabe 34

Welche Aussagen sind richtig?

A	Fehlerhafte Verrechnungspreise führen auch zu fehlerhaften Kostenträgerkalkulationen.	
B	Die exakte Ermittlung von Verrechnungspreisen ist auch wichtig für die Frage nach dem Fremd- oder Eigenbezug von Leistungen.	
C	Egal welche Leistungsverflechtungen gegeben sind, die simultane Verrechnung führt immer zum exakten Ergebnis.	
D	Im Vergleich zum Stufenleiterverfahren führt das Anbauverfahren für alle innerbetrieblichen Leistungen immer zu überhöhten Verrechnungspreisen.	
E	Beim Anbauverfahren und beim Stufenleiterverfahren bleiben die Leiter von Hilfskostenstellen auf einem Teil ihrer primären Gemeinkosten sitzen.	

Aufgabe 35

Welche der folgenden Aussagen sind richtig?

A	Kostenträgereinzelkosten sind **immer** beschäftigungsvariabel.	
B	Kostenstelleneinzelkosten sind **immer** Kostenträgergemeinkosten.	
C	Kostenstellengemeinkosten sind **immer** sekundäre Gemeinkosten.	
D	Kostenträgergemeinkosten sind **nie** beschäftigungsvariabel.	
E	Einzelkosten höherer Betrachtungsebene sind **immer** beschäftigungsfixe Kosten (in Bezug auf die hergestellte Menge).	

Aufgabe 36

Welche Aussagen sind richtig?

A	Kostenstelleneinzelkosten sind immer beschäftigungsvariabel.	
B	Hilfskostenstellen erbringen hauptsächlich Leistungen für andere Kostenstellen und wirken somit nur mittelbar an der absatzbestimmten Leistungserstellung mit.	
C	Sekundäre Kostenstellengemeinkosten sind Kosten der Hilfskostenstellen, die im Rahmen der innerbetrieblichen Leistungsverrechnung auf die Hauptkostenstellen verteilt werden.	
D	Aufgabe der Kostenstellenrechnung ist u. a. die Steuerung von Kosten und Leistungen sowie die Wirtschaftlichkeitskontrolle in den verschiedenen Bereichen des Betriebes.	
E	Kostenstelleneinzelkosten sind direkt einer Kostenstelle zurechenbar.	

Aufgabe 37

In einem Industriebetrieb werden 3 Produktarten hergestellt:

A(pfelmus), B(irnenkompott), C(itronengelee). Die Produktion erfolgt in 3 Stufen:

I. Sortierung (säubern u. sortieren)

II. Bearbeitung (entkernen u. schneiden)

III. Küche (sterilisieren u. einwecken)

Der Betrieb rechnet mit folgenden Normal-Gemeinkostenzuschlägen:

MGK = 10% der MEK

FGK I = 80% der FL

FGK II = 50% der FL

FGK III = 18 € je Std.

VwGK = 20% der Herstellkosten

VtGK = 10% der Herstellkosten

Für jeweils 30 Dosen entstehen folgende Einzelkosten:

	A	B	C
Materialeinzelkosten	3.-	4.-	10.-
Fertigungslöhne I	4.-	4.-	5.-
Fertigungslöhne II	8.-	9.-	12.-
Fertigungslöhne III	5,80	6,80	4,60
Fertigungszeit III	20 min	25 min	18 min

Ermitteln Sie die Selbstkosten pro Dose der drei Produkte!

Aufgabe 38

Eine Unternehmung stellt Dachfenster und Normalfenster her. In der abgelaufenen Periode ergaben sich folgende Produktions- und Absatzzahlen:

	Dachfenster	Normalfenster
Produktionsmenge (Stück)	165	352
Absatzmenge (Stück)	145	320
Listenpreis (€/Stück)	625	375
Materialkosten (€/Stück)	146	109
Fertigungslohn (€/Stück)	33	29

Im Durchschnitt wurde ein Rabatt in Höhe von 4 % gewährt. In der Unternehmung wird mit einem Materialgemeinkostenzuschlag von 50 % und einem Fertigungsgemeinkostenzuschlag von 240 % kalkuliert. Die Verwaltungs- und Vertriebsgemeinkosten der Periode belaufen sich auf 38.249,84 €.

Markieren Sie die richtigen Antworten:

I.

A	Die Herstellkosten des Umsatzes für Dachfenster betragen insge-	

	samt 25.955 €	
B	Die Herstellkosten des Umsatzes für Dachfenster betragen insgesamt 48.024 €.	
C	Die Herstellkosten des Umsatzes für Dachfenster betragen insgesamt 93.642 €	
D	Die Herstellkosten des Umsatzes für Normalfenster betragen insgesamt 54.648 €	
E	Die Herstellkosten des Umsatzes für Normalfenster betragen insgesamt 83.872 €.	

II.

A	Die Verwaltungs- und Vertriebsgemeinkosten für Dachfenster betragen insgesamt 10.237,97 €	
B	Die Verwaltungs- und Vertriebsgemeinkosten für Dachfenster betragen insgesamt 38.249,84 €	
C	Die Verwaltungs- und Vertriebsgemeinkosten für Dachfenster betragen insgesamt 13.926,96 €	
D	Die Verwaltungs- und Vertriebsgemeinkosten für Normalfenster betragen insgesamt 24.322,88 €	
E	Die Verwaltungs- und Vertriebsgemeinkosten für Normalfenster betragen insgesamt 16.774,40 €	

III.

A	Das Betriebsergebnis für Dachfenster beträgt 25.049,04 €	
B	Der Zuschlagssatz für Verwaltungs- und Vertriebsgemeinkosten beträgt bei Dachfenstern 29%.	
C	Der Zuschlagssatz für Verwaltungs- und Vertriebsgemeinkosten beträgt bei Normalfenstern 29%.	
D	Das Betriebsergebnis für Dachfenster beträgt 87.000,00 €	
E	Das Betriebsergebnis für Dachfenster beträgt 31.673,04 €	

IV.

A	Der Mehrbestand bei **Normal**fenstern beträgt +8.387,20 €	
B	Das Betriebsergebnis für **Normal**fenster beträgt 6.480,92 €	
C	Der Mehrbestand bei **Dach**fenstern beträgt +6.624 €	
D	Das Betriebsergebnis für **Normal**fenster beträgt 31.328,00 €	
E	Das Betriebsergebnis für **Normal**fenster beträgt 7.005,12 €	

Aufgabe 39

Ein Unternehmen stellt nur ein Produkt her.

Aus der Kostenrechnung entnehmen Sie folgende Daten:

Betriebsabrechnungsbogen				
Gemeinkosten insgesamt	Material	Fertigung	Verwaltung	Vertrieb
35.860 €	7.200 €	17.200 €	6.150 €	5.310 €

Einzelkosten	Fertigungsmaterial	28.500 €
	Fertigungslöhne	6.900 €
Bestandsveränderungen	Mehrbestand an unfertigen Erzeugnissen	2.400 €
	Minderbestand an fertigen Erzeugnissen	1.600 €
Kosten einer einmaligen Werbemaßnahme für das Produkt		3.540 €
Absatzmenge		29.600 Stück

Welche der folgenden Aussagen sind richtig?

I.

A	Bei der Ermittlung der Selbstkosten bilden die Herstellkosten des Umsatzes die Zuschlagsbasis für die Verwaltungs- und Vertriebsgemeinkosten.	
B	Der Unternehmung entstehen Herstellkosten des Umsatzes in Höhe von 60.600,- €.	
C	Der Unternehmung entstehen Herstellkosten des Umsatzes in Höhe von 59.000,- €.	
D	Bei der Ermittlung der Selbstkosten bilden die Herstellkosten der Produktion die Zuschlagsbasis für die Verwaltungs- und Vertriebsgemeinkosten.	
E	Die Herstellkosten des Umsatzes sind um 4.000 € höher als die Herstellkosten der Produktion.	

II.

A	Der Absatzpreis muss mindestens 2,67 € betragen, damit das Unternehmen bei	

	einer Absatzmenge von 29.600 Stück keinen Betriebsverlust erleidet.	
B	Bei einem Absatzpreis von 1,38 € werden bei einer Absatzmenge von 29.600 Stück alle Kosten gedeckt.	
C	Die Selbstkosten pro Stück betragen 2,50 €.	
D	Die Herstellkosten des Umsatzes sind um 800 € höher als die Herstellkosten der Produktion.	
E	Die Bestandsveränderungen werden im Rahmen des Gesamtkostenverfahrens ausgewiesen.	

III.

A	Die Kosten der einmaligen Werbemaßnahme für das Produkt sind Bestandteil der Vertriebsgemeinkosten.	
B	Die Kosten der einmaligen Werbemaßnahme für das Produkt sind im Vertriebsgemeinkostenzuschlag enthalten.	
C	Die Kosten der einmaligen Werbemaßnahme für das Produkt sind Sondereinzelkosten des Vertriebs.	
D	Bei Werbemaßnahmen für ein Produkt handelt es sich um Einzelkosten für dieses Produkt, da sie diesem direkt zurechenbar sind.	
E	Bei Werbemaßnahmen für ein Produkt handelt es sich um Gemeinkosten für dieses Produkt, da sie unabhängig von der Ausbringungsmenge sind.	

IV.

A	Da das Unternehmen nur ein Produkt herstellt, kann auch die einstufige Divisionskalkulation angewendet werden.	
B	In diesem Unternehmen kann keine Divisionskalkulation angewendet werden.	
C	Da das Unternehmen nur ein Produkt herstellt, kann auch eine mehrstufige Divisionskalkulation (Berücksichtigung der Bestandsveränderungen) angewendet werden.	
D	Mehrstufige Divisionskalkulation und Zuschlagskalkulation führen in diesem Unternehmen zum gleichen Ergebnis.	
E	Der BAB ist zur Ermittlung der Selbstkosten für dieses Unternehmen hier nicht notwendig. Lediglich die Bestandsveränderungen müssen separat erfasst werden.	

Aufgabe 40

Die Stampf & Mampf OHG produziert für die EU 500g Gläser hochwertiges Pflaumenmus mit einem Fruchtanteil von 50%.

Die Produktion erfolgt in 3 Stufen:

I. Sortieren und Reinigen (Ausschuss 10%)

II. Entsteinen (Gewichtsverlust 50%)

III. Kochen, Abfüllen

Für die Verarbeitung von 1.000 t Rohpflaumen (Einkaufspreis 450 €/t) wurden in der vergangenen Periode folgende Angaben ermittelt:

I. Fertigungstufe:

MGK-Zuschlag: 1.- €/t

FEK: 4 €/t

FGK-Zuschlag: 300%

II. Fertigungsstufe:

FEK: 4.- €/t

FGK-Zuschlag: 170%

III. Fertigungsstufe:

MEK (Zutaten): 250.- €/t

MEK (Gläser): -.15 €/Stck

MGK-Zuschlag: 2%

FEK: 32.- € /t (verarbeitete Tonnen entsteinter Pflaumen)

FGK-Zuschlag 400%

VwGK-Zuschlag (Mus-Produktion): 10%

VtGK-Zuschlag (Mus-Produktion): 20%

In der Folgeperiode sollen saisonbedingt 2.000 t Rohpflaumen verarbeitet werden (Einkaufspreis 400.- €/t)

a) Führen Sie mit Hilfe der IST-Zuschläge aus der Vorperiode eine Normal-Vorkalkulation für die Folgeperiode durch. Berücksichtigen Sie hierbei, dass 500t Pflaumen nach der 1. Fertigungsstufe an die Backpflaumenindustrie und 125t entsteinte Pflaumen nach der 2. Stufe zur Pflaumenkuchenproduktion an eine Großbäckerei abgegeben werden sollen. Ermitteln Sie die Selbstkosten der Mus-Produktion und die Stückkosten je Glas.

b) Die Zuschlagssätze (s. o.) wurden bei der Verarbeitung von 1.000t Rohpflaumen ermittelt. Wie hoch sind die Stückkosten je Glas Mus, wenn die FGK sich wie folgt in fixe (lineare Abschreibung, Meistergehälter etc.) und variable (Energie, Hilfsstoffe, Hilfslöhne etc..) Gemeinkosten unterteilen lassen?

	FGK (I)	FGK(II)	FGK(III)
Fix	13.000.-	3.000.-	15.000.-
Variabel	11,11%	20%	25%

c) Wie hoch ist die prozentuale Abweichung der Stückkosten zwischen a) und b)?

Aufgabe 41

Ein Zementwerk stellt Zement in einem fünfstufigen Produktionsprozess her. Auf den einzelnen Produktionsstufen entstanden im Abrechnungszeitraum folgende Kosten:

I.	Fördern	9.000 €
II.	Aufbereiten	15.000 €
III.	Brennen	30.000 €
IV.	Zermahlen und Mischen (inklusive Materialkosten für 100 t Gips)	21.175 €
V.	Packen und Verladen	4.125 €

Gefördert wurden 3.000 t Rohmaterial. Nach der Aufbereitung verblieben noch insgesamt 2.400 t Zementmehl. (Der Rest ist Schutt.) Es wurden zwei Chargen Klinker gebrannt. Jede Charge bestand aus 1.000 t Zementmehl, aus denen je 800 t Klinker gebrannt wurden. Insgesamt wurden 1.800 t Klinker unter Zugabe von 100 t Gips zu 1.900 t Zement zermahlen und vermischt (Hinweis: die Bestandsentnahme von Klinker wurde mit 31,25 €/t bewertet). Schließlich wurden 1.500 t Zement verkauft.

Markieren Sie die richtigen Antworten:

I.

A	Je höher die Menge an (nicht verwendetem) Schutt ist, desto höher werden die Stufenkosten pro Tonne Zementmehl.	
B	Die hier zur Anwendung kommende mehrstufige Divisionskalkulation nennt man auch durchwälzende Divisionskalkulation.	
C	Die Bestandsmehrung an Zementmehl beträgt 3.200 €.	
D	Die hier zur Anwendung kommende mehrstufige Divisionskalkulation ist relativ zeitaufwendig, da die nachfolgende Fertigungsstufe erst dann kalkuliert werden kann, wenn die Kosten der Vorstufe bekannt sind.	
E	Die Stufenkosten pro Tonne Zementmehl betragen 8 € pro Tonne.	

II.

A	Die Bestandsmehrung an Klinker beträgt +6.250 €.	
B	In Stufe IV zur Berechnung der Kosten für Zement gehen die Kosten für Klinker in Höhe von 56.250 € ein.	
C	Die Bestandsmehrung an Zement beträgt +12.500 €.	
D	Die gesamte Bestandsveränderung (Zementmehl, Klinker und Zement) beträgt +14.050 €.	
E	In Stufe III zur Berechnung der Kosten für Klinker gehen die Kosten für Zementmehl in Höhe von 20.000 € ein.	

III.

A	Die Selbstkosten pro Tonne verkauften Zements betragen 52,87 €.	
B	Die Kosten auf Stufe V betragen insgesamt 65.250 €.	
C	Der zum Verkauf gelangte Zement (Stufe V) wird um 2,75 € pro Tonne höher kalkuliert als der produzierte Zement.	
D	Die Stufenkosten pro Tonne Zement (Stufe IV) betragen 51,62 € pro Tonne.	
E	Je mehr Zement auf Lager gelegt wird, desto geringer werden die Selbstkosten pro Tonne verkauften Zements.	

Aufgabe 42

Die Pader-Brauerei hat in der letzten Periode 10.000 hl Pader-Pils hergestellt. Dabei sind 900.000.- € an Periodenkosten angefallen.

1. Aufgabenteil: Die Selbstkosten pro 0,33l-Flasche sind mit Hilfe der einstufigen Divisionskalkulation zu ermitteln.

2. Aufgabenteil: Es konnten 4.000 hl abgesetzt werden. Die Verwaltungs- und Vertriebskosten betragen 100.000 €. Die Selbstkosten je 0,33l-Flasche sind mit Hilfe der zweistufigen Divisionskalkulation zu ermitteln. Wie hoch ist der Wert der Lagerbestandsveränderungen?

3. Aufgabenteil: Der Brauprozess läuft über folgende Kostenstellen:

Stufe 1	Weichen und Keimen der Gerste. 25.000 kg Gerste werden in Wasser eingeweicht: Stufenkosten: 60.000.- €
Stufe 2	Darre. 15.000 kg Malz bleiben nach dem Trocknen über, davon gehen 5.000 kg auf Lager. Stufenkosten 6.000 €

Stufe 3	Schrotmühle und Sudhaus. Das geschrotene Malz wird mit Wasser vermischt. Die dabei gewonnene Maische wird erhitzt. Nach Absetzen der Rückstände und Beigabe der Hopfenwürze ergeben sich 10.000 hl Sud: Stufenkosten 400.000 €
Stufe 4	Kühlung, Gärung, Filterung: Stufenkosten 220.000 €
Stufe 5	Abfüllen in Flaschen: Stufenkosten 86.000 €
Stufe 6	Verwaltung und Vertrieb. Von den hergestellten 10.000 hl werden nur 4.000 hl abgesetzt: Stufenkosten 100.000 €

Die Selbstkosten pro 0,33l-Flasche sind mit Hilfe der mehrstufigen Divisionskalkulation zu ermitteln. Wie hoch ist der Wert der Bestandsveränderungen an fertigen und unfertigen Erzeugnissen?

Aufgabe 43

In der Bölkstoff-Brauerei werden die Biersorten Pilsener, Export und Edel erzeugt. Es handelt sich um einen zweistufigen Produktionsprozess, bei dem das Sudhaus und die Abfüllung unterschieden werden. Wegen der unterschiedlichen Brau- und Abfüllverfahren werden unterschiedlich hohe Personal- und Maschinenkosten verursacht, die sich durch folgende Kostenverhältnisse ausdrücken lassen:

Sorte	Produktionsmenge (l)	Kostenverhältnisse			
		Produktionskosten		Abfüllkosten	
		Personal	Maschinen	Personal	Maschinen
Pilsener	2.000.000	1,2	1,8	0,9	1,2
Export	1.000.000	1.0	0,9	1,3	1,5
Edel	1.600.000	0,9	1,0	0,9	1,0

Die Personalkosten der Produktion belaufen sich auf 726.000,-€ bei Maschinenkosten von 1.525.000,-€. Bei der Abfüllung fallen nochmals Personalkosten von 800.000,-€ und Maschinenkosten von 735.000,-€ an.

Da bei der Biersorte Edel Absatzprobleme existieren, werden von den produzierten 1,6 Mio. Litern nur 1 Mio. Liter abgefüllt, der Rest wird zwischengelagert.

Die Verwaltungs- und Vertriebsgemeinkosten betragen 10% der Herstellkosten des Umsatzes.

Ermitteln Sie die Selbstkosten pro abgefüllter 0,5 Liter Flasche, sowie die Lagerbestandsveränderung.

Aufgabe 44

Die Firma Dromedar stellt verschiedene Zigarettensorten her. Die Produktion der 3 Sorten "D-Leicht", "D" und "D-Stark" verursacht Gesamtkosten in Höhe von 485.000,-- €. Hierbei sind die Produktionskosten für "D-Leicht" um 10% höher als bei "D" und für "D-Stark" um 20% höher als bei "D". Die Vertriebsgemeinkosten betragen insgesamt 154.300,-- €, wobei für "D-Leicht" 20% und für "D-Stark" 30% höhere Kosten anfallen als für "D". Folgende Produktions- und Absatzzahlen sind gegeben:

Sorte	Produktion	Absatz
D-Leicht	1,5 Mio. Stck.	1,0 Mio. Stck.
D	2,0 Mio. Stck.	3,0 Mio. Stck.
D-Stark	1,0 Mio. Stck.	0,7 Mio. Stck.

Verwenden Sie eine geeignete Kalkulationsmethode! Welche Aussagen sind richtig?

I.

A	Die Firma Dromedar verwendet als Kalkulationsmethode eine mehrstufige differenzierte Aquivalenzziffernrechnung.	
B	Die gesamten Herstellkosten für D-Leicht betragen 150.000 €.	
C	Die Herstellkosten pro Stück für D-Stark betragen 0,12 €.	
D	Die gesamten Herstellkosten von D sind um 2/3 höher als die von D-Stark.	
E	Die Umrechnungszahl für die Produktion beträgt 4.850.000.	

II.

A	Die Umrechnungszahl für den Vertrieb beträgt 4.700.000.	
B	Die gesamten Vertriebskosten für D betragen 45.000 €.	
C	Die Selbstkosten pro Stück betragen bei D 0,13 €.	
D	Die gesamten Selbstkosten für D-Stark liegen bei 232.363 €.	
E	Die Firma Dromedar verwendet als Kalkulationsmethode eine mehrstufige summarische Äquivalenzziffernrechnung.	

III.

A	Das Lager für D reduziert sich um 100.000 €.	

B	Die gesamte Lagerbestandveränderung beträgt +10.000 €.	
C	Die Lagerbestandsveränderungen werden mit den Selbstkosten pro Stück bewertet.	
D	Die Firma Dromedar verwendet als Kalkulationsmethode eine einstufige summarische Aquivalenzziffernrechnung.	
E	Das Lager für D-Leicht erhöht sich um 55.000 €.	

Aufgabe 45

In der Kostenstelle Dreherei werden Gewinde an verschiedenen Drehbänken gefertigt. Die Gewinde unterscheiden sich hinsichtlich Länge, Durchmesser, Voll- und Hohlkörper, Präzisionsgrad des Gewindeschnitts, Tiefe des Gewindeschnitts und Anzahl der Windungen pro Längeneinheit des Werkstückes. Welche der nachfolgenden Bezugsgrößen ist zur Bildung eines Kalkulationssatzes der Kostenstelle Dreherei am besten geeignet?

A	Anzahl der bearbeiteten Gewinde	
B	Anzahl der Windungen	
C	Bearbeitungszeit (Maschinenstunden)	
D	Materialeinzelkosten der bearbeiteten Gewinde	
E	Gewicht der bearbeiteten Gewinde	

Aufgabe 46

Welche Kostenart ist kein Bestandteil der Herstellkosten?

A	Verwaltungsgemeinkosten.	
B	Materialkosten.	
C	Fertigungslöhne.	
D	Sondereinzelkosten der Fertigung.	
E	Fertigungslöhne	

Aufgabe 47

Führen Sie die Maschinenstundensatzrechnung durch:

Arbeitszeit: 52 Wochen zu je 40 Stunden

Ausfallzeit: 580 Stunden im Jahr

Anschaffungskosten der Maschine:	120.000 €
Wiederbeschaffungskosten:	150.000 €
Die Maschine wird linear abgeschrieben	
Nutzungsdauer der Maschine voraussichtlich	10 Jahre
Zinssatz für langfristig gebundenes Kapital	8%
Raumbedarf der Maschine	20 qm
Verrechnungssatz	15 €/qm und Monat
Die installierte Leistung beträgt	60 Kilowattstunde/Stunde
Strompreis	0,35 €/kWh

1) Berechnen Sie den Maschinenstundensatz

2) Was passiert, wenn sich die Nutzungsdauer auf 8 Jahre verkürzt?

Aufgabe 48

Auf einer Kaltbandstraße wird ausschließlich Walzstahl der Profile A und B gefertigt. Die Kosten der Kaltbandstraße sind sowohl von den Maschinenzeiten als auch von den Umrüstzeiten abhängig. Im Monat Mai wurden 170 Umrüststunden gemessen. (Die Umrüstung erfolgt immer von Profil A auf Profil B und umgekehrt.) Die Kalkulationssätze betragen 30,60 € pro Maschinenstunde und 15,60 € pro Umrüststunde. Im gleichen Monat wurden 1.500 Meter Walzstahl Profil A und 2.700 Meter von Profil B gefertigt. 1 Meter Profil A erfordert 5 Maschinenminuten Profil B dagegen 10 Maschinenminuten.

Welche Aussagen sind richtig:

I.

A	Die Verrechnung der Umrüstkosten erfolgt am besten zu gleichen Teilen auf A und B.	
B	Die gesamten Herstellkosten für Profil **B** betragen 16.422 €.	
C	Die Verrechnung der Umrüstkosten erfolgt am besten auf der Basis der Produktionsmenge (Meter Walzstahl).	
D	Die Verrechnung der Umrüstkosten erfolgt am besten auf der Basis der in Anspruch genommenen Maschinenminuten.	
E	Die gesamten Herstellkosten für Profil **A** betragen 6.477 €.	

II.

A	Die gesamten Herstellkosten für Profil **B** betragen 15.475 €.	
B	Die gesamten Herstellkosten für Profil **B** betragen 12.550 €.	
C	Die gesamten Herstellkosten für Profil **B** betragen 15.096 €.	
D	Die gesamten Herstellkosten für Profil **A** betragen 5.151 €.	
E	Die gesamten Herstellkosten für Profil **A** betragen 3.150 €.	

Aufgabe 49

Die FAHR-LÄSSIG-AUTOMOBIL AG will ab April 1991 zusätzlich zu den bisherigen Modellen jährlich 3.000 Stück des neuen Fahrzeugtyps "Ozona" produzieren. Im Rahmen einer Vorkalkulation sollen für das neue Modell die Herstellkosten pro Stück berechnet werden. Sie werden gebeten, die bereits begonnene Berechnung zu Ende zu führen!

Bisher sind Herstellkosten von 6.613,25 € pro Stück errechnet, allerdings sind die Produktionsbereiche Blechverarbeitung und Karosserieschweißen noch nicht einbezogen worden.

Die Blechverarbeitung findet in einer hochmodernen Großtransfer-Pressenstraße statt. Ein hochkompliziertes Werkzeugwechselsystem sorgt dafür, dass Maschinenstandzeiten der Vergangenheit angehören.

Anschaffungskosten:	€ 12.278.265,07
Preissteigerung p.a.:	5%
Abschreibungsverfahren:	linear
betriebsindiv. Nutzungsdauer:	10 Jahre
täglicher Betrieb:	2 Schichten à 8 Std.
Kapazitätsauslastung:	100%
Fertigungszeit je PKW:	30 Minuten
Laufzeit pro Jahr:	250 Tage
Instandhaltungskosten pro Jahr:	40 % der Abschreibung
Stromverbrauch pro Jahr:	1.000.000 kwh à 12 Pf.
Kosten für Hilfsstoffe pro Jahr:	€ 600.000,00
Fertigungslohn pro Jahr:	€ 2.400.000,00

Im Bereich Karosserieschweißen werden von 272 Robotern und 52 Schweißpressen in beliebiger Reihenfolge die Einzelteile von Karosserien zusammengebaut.

Anschaffungskosten je Roboter:	€ 373.629,09

Anschaffungskosten je Presse:	€ 523.080,72
Preissteigerung p.a.:	6%
betriebsindiv. Nutzungsdauer:	5 Jahre
täglicher Betrieb:	2 Schichten à 8 Std.
Kapazitätsauslastung:	100%
Fertigungszeit je PKW:	25 Minuten
Laufzeit pro Jahr:	250 Tage
Maschinenstandzeit je Std.:	10 Minuten
Reparaturen pro Jahr:	€ 1.000.000,00
Stromverbrauch pro Jahr:	700.000 kWh à 12 Pf.
Kosten für Hilfsstoffe pro Jahr:	€ 210.000,00
Fertigungslohn pro Jahr:	€ 1.400.000,00

Aufgabe 50

Für die Herstellung von Bleistiften müssen 2 Produktionsstufen durchlaufen werden.

Auf der ersten Produktionsstufe wird eine Maschine eingesetzt, deren jährliche Abschreibung 60.000.- € beträgt. Das durchschnittlich gebundene Kapital beträgt 147.000.- €. Das Unternehmen rechnet mit einem Kalkulationszinsfuß von 10%. Die laufenden Betriebskosten betragen für Strom 5 kWh zu 0,10 €/kWh und für Kühl- und Schmierstoffe 32.- €/Tag. Die tägliche Wartung erfordert eine Stunde. Dafür wird ein Mitarbeiter benötigt, der einen Stundenlohn von 28.- € erhält, sowie Reinigungsmaterial und sonstige Teile in Höhe von 34.- €. Für Wagnisse, Versicherungen, Steuern usw. kalkuliert die Unternehmung jährlich 800.- €. Die Fertigungseinzelkosten in der Produktionsstufe 1 betragen 20.- € pro Stunde. Die Maschine läuft 8 Std. pro Tag an 250 Arbeitstagen. Pro Stunde können 1.000 Bleistifte hergestellt werden.

In der Produktionsstufe 2 fallen Fertigungseinzelkosten von 0,01 € pro Stück an, der Gemeinkostenzuschlagssatz dieser Stelle beträgt 200% auf die Fertigungseinzelkosten dieser Stufe. Die Materialeinzelkosten betragen 0,04 € pro Mengeneinheit. Der Materialkostenzuschlagssatz von 25% ist bezogen auf die Materialeinzelkosten.

An Verwaltungsgemeinkosten werden 25%, an Vertriebsgemeinkosten 12,5% auf die Herstellkosten kalkuliert.

a) Ermitteln Sie den Maschinenstundensatz in der Fertigungsstufe 1.

b) Wie hoch sind die kalkulierten Selbstkosten unter der Annahme, dass der Maschinenstundensatz 60,-- € beträgt.

Aufgabe 51

Für eine Anlage ist der Maschinenstundensatz unter Berücksichtigung folgender Angaben zu ermitteln:

Arbeitszeit:	52 Wochen zu je 38,5 Std.
Ausfallzeit durch Störungen:	125 Std./Jahr
(Stromausfall, Maschinenschäden, Wartungen)	
Betriebsurlaub:	2 Wochen
Anschaffungskosten der Maschine:	450.000 €
Wiederbeschaffungskosten:	480.000 €
Abschreibungsverfahren:	linear
Nutzungsdauer:	8 Jahre
Kalkulatorischer Zinssatz:	8%

Instandhaltungskosten über alle Perioden: 12% der Anschaffungskosten

Kosten für Wartungsdienste nach jeweils 600 Betriebsstunden: 810 €

Raumbedarf der Anlage:	30 qm
Verrechnungssatz je qm:	8,50 € pro Monat
Energiekosten:	0,18 €/kWh
Durchschnittlich in Anspruch genommene Leistung:	40 kWh

Markieren Sie die richtigen Aussagen

I.

A	Die Gesamtlaufzeit beträgt 1.877 Stunden.	
B	Für die Wartung müssen 3.240 € angesetzt werden.	
C	Die kalkulatorischen Zinsen werden auf Basis von Wiederbeschaffungspreisen berechnet.	
D	Zur Ermittlung des Maschinenstundensatzes werden die maschinenabhängigen Gemeinkosten und die Restfertigungsgemeinkosten durch die Maschinenlaufzeit dividiert.	
E	Für die kalkulatorischen Abschreibungen werden Wiederbeschaffungspreise angesetzt, wenn die Substanzerhaltung das Ziel ist.	

II.

A	Eine Verlängerung der Abschreibungsdauer von 8 auf 10 Jahre, würde den Maschinenstundensatz erhöhen.	
B	Der Maschinenstundensatz beträgt 52,55 €/Std.	
C	Ein Produkt das eine Bearbeitungszeit von 0,5 Std. auf der hier betrachteten Maschine benötigt, wird mit 28,67 € kalkuliert.	
D	Die Energiekosten belaufen sich auf 7,20 € pro Maschinenstunde	
E	Die gesamten maschinenabhängigen Gemeinkosten betragen 103.200 €.	

Aufgabe 52

Der BAB eines Industriebetriebes weist folgende Gemeinkosten aus:

Material	Fertigung			Verwaltung	Vertrieb
	Maschine A	Maschine B	Rest-FGK		
375.000	216.000	175.000	198.000	643.610	351.060

An Einzelkosten entstanden:

- Fertigungsmaterial 4.687.500,-- €
- Fertigungslöhne 180.000,-- €

Die Laufzeit der einzelnen Maschinen betrug:

Maschine A 2.250 Stunden

Maschine B 1.400 Stunden

Bestandsminderungen: 19.500,-- €

Welche Aussagen sind richtig?

I.

A	Der Zuschlagssatz für die **Restfertigungsgemeinkosten** beträgt 110%.	
B	Der Zuschlagssatz für die **Materialgemeinkosten** beträgt 125%.	
C	Der Zuschlagssatz für die **Materialgemeinkosten** beträgt 8%.	
D	Der Zuschlagssatz für die **Maschine A** beträgt 5%.	
E	Der Zuschlagssatz für die **Restfertigungsgemeinkosten** beträgt 80%.	

II.

A	Der Maschinenstundensatz der Maschine **A** beträgt 96 €/Std.	
B	Der Maschinenstundensatz der Maschine **B** beträgt 125 €/Std.	
C	Der Zuschlagssatz für die gesamten **Fertigungsgemeinkosten** beträgt 13%.	
D	Der Maschinenstundensatz der Maschine **A** beträgt 140 €/Std.	
E	Der Maschinenstundensatz der Maschine **B** beträgt 196 €/Std.	

III.

A	Der Zuschlagssatz für die **Vertriebs**gemeinkosten beträgt 6%.	
B	Der Zuschlagssatz für die **Vertriebs**gemeinkosten beträgt 36%.	
C	Der Zuschlagssatz für die **Verwaltungs**gemeinkosten beträgt 11%.	
D	Der Zuschlagssatz für die **Verwaltungs**gemeinkosten beträgt 54%.	
E	Die gesamten **Herstellkosten der Produktion** betragen 5.831.500 €.	

Ermitteln Sie weiterhin den Selbstkostenpreis eines Produktes, dessen Herstellung die Maschine A 12 Minuten, die Maschine B 6 Minuten in Anspruch nimmt. Folgende weitere Angaben sind dazu gegeben:

Fertigungsmaterial	38,-- €
Fertigungslöhne	19,50 €

IV.

A	Die **maschinenabhänigen** Gemeinkosten der Maschine **A** für dieses Produkt betragen 19,20 €.	
B	Der **Vertriebsgemeinkostenzuschlag** für dieses Produkt beträgt 7,84 €.	
C	Die **Herstellkosten** für dieses Produkt betragen 113,69 €.	
D	Die **Selbstkosten** für dieses Produkt betragen 133,02 €.	
E	Der **Verwaltungsgemeinkostenzuschlag** für dieses Produkt beträgt 5,18 €.	

Aufgabe 53

Die Firma Bausteinbrüche Hauer GmbH. stellt zum 31.12.2000 folgende Gewinn- und Verlustrechnung auf:

Aufwendungen		Erträge	
Löhne und Gehälter	72000	Erlöse	120800
Sozialaufwendungen	10200	Zinserträge	2760
Instandhaltungsaufwendungen	600	außerordentliche Erträge	4042
Fuhrparkaufwendungen	5600		
außerordentliche Aufwendungen	2760		
Abschreibungen auf Steinbruch	4000		
sonst. Abschreibungen	4500		
Hilfsstoffverbrauch	8300		
Energieaufwendungen	7200		
Gewinn und Gewinnvortrag	12442		
	127602		127602

Das Unternehmen erzeugte 2000 in seinem Steinbruchbetrieb:

Erzeugnis 1	Bruchsteine (Mauersteine)	5.200 m3
Erzeugnis 2	Schroppen (größere Abfallsteine)	2.300 m3
Erzeugnis 3	Splitt (kleinere Abfallsteine)	900 m3

Ermitteln Sie die Selbstkosten der Kuppelprodukte! Dabei sind folgende Hinweise zu beachten:

(1) Die kalk. Abschreibungen sind auf folgende Angaben zu errechnen: das Steinbruchgelände wurde vor Jahren zu 3.- € pro m² erworben; es ist 200m lang und 100m breit. Die abzubauende Steinschicht hat eine Stärke von 12m. Der Abbau im Jahr 2000 betrug 8.400 cbm.

(2) Bestandsveränderungen bleiben wegen Geringfügigkeit außer Ansatz.

(3) Für die spezielle Verladetechnik fallen bei den Bruchsteinen ein Block von Einzelkosten (40.785 €) an. Der Rest der Kosten sind Kuppelkosten aller drei Produktarten. Diese Kosten sind nach einem erprobten, dem Arbeitsablauf entnommenen Beanspruchungsverhältnis 5:2:1 auf die Erzeugnisse 1, 2 und 3 zu verteilen.

Aufgabe 54

In einem Stahlwerk wird Roheisen zu Stahl veredelt. Von diesem Hauptprodukt werden insgesamt 140 Tonnen produziert und abgesetzt. Bei der Roheisenschmelze fällt das Nebenprodukt Schlacke in Höhe von 16 Tonnen an, die zu (ebensoviel) Dünger weiterverarbeitet wird. Der Dünger wird für 1,50 € pro Kilogramm verkauft, wobei Vertriebskosten von 0,50 € pro Kilogramm eingerechnet sind. Die Kosten der Roheisenschmelze betragen insgesamt 184.000 €. Die Kosten des Stahlvertriebs betragen insgesamt 21.000 €. Weitere Kosten fallen nicht an.

a) Wie hoch sind die Herstellkosten für eine Tonne Stahl?

b) Wie hoch sind die Selbstkosten für eine Tonne Stahl?

Aufgabe 55

Ein Betrieb der chemischen Industrie produziert in einem einstufigen Kuppelprozess die Produkte A, B und C. Aus einer Tonne des Einsatzstoffes E1 und drei Tonnen des Einsatzstoffes E2 entstehen die folgenden Hauptprodukte zwangsläufig in den folgenden Mengen: 2t von A, 1t von B, 1t von C.

Das Produkt E1 wird zum Preis von 15 €/t und das Produkt E2 zum Preis von 20 €/t gekauft.

Für den Kuppelprozess betrugen in der letzten Periode die MGK 5.750 €, die FGK 10.000 € und die Fertigungslöhne 5.250 €.

Bis zur Absatzreife entstehen für das Produkt A Veredelungskosten in Höhe von 150 €/t und für das Produkt C Kosten in Höhe von 50 €/t.

Abgesetzt wurden in der letzten Periode von:

A: 140 t zu 500 €/t

B: 70 t zu 150 €/t

C: 70 t zu 100 €/t

(1) Ermitteln Sie die Summe der Kuppelprozesskosten

(2) Ermitteln Sie nach der Marktpreismethode:

a) die Herstellkosten pro Sorte von A,B,C

b) die Herstellkosten pro Tonne von A,B,C

(3) Erläutern Sie kurz warum die Kostenverteilung mit der Marktpreismethode nur eine Näherungslösung darstellt.

Aufgabe 56

In einem Kuppelprozess werden aus einem Rohstoff M drei Produkte A,B,C hergestellt. Wird eine Tonne von M verarbeitet, so entstehen gleichzeitig 0,2 t von A, 0,4 t von B und 0,4 t von C. Die Betriebskosten der Anlage betragen 1.000 € je verarbeiteter Tonne des Einsatzstoffes M. Insgesamt werden 150 t verarbeitet, wobei als Bezugspreis 2.000 €/t anfallen. Für Produkt C fallen Vernichtungskosten von 50 €/t an. Herr

Sanft, der Leiter der Controlling-Abteilung, legt für die Verteilung der Kosten der Kuppelproduktion Äquivalenzziffern von 1,5 für A und 1,3 für B fest.

Produkt A durchläuft vor dem Verkauf eine Wiederaufbereitungsanlage. Die Fertigungsdauer beträgt 10 Std. pro Tonne bei einem Kostensatz von 150 € pro Fertigungsstunde. Die Verwaltungs- und Vertriebskosten werden mit 10% der Herstellkosten berechnet. Kalkulieren Sie die Herstell- und die Selbstkosten pro Tonne der Absatzprodukte.

Aufgabe 57

Ein Recyclingunternehmen kauft Getränkekartons zu einem Preis von 5,10 € pro Tonne auf, um Sekundärrohstoffe zu gewinnen. Hierzu werden die Getränkekartons in einem Klärwerk aufgelöst. Anschließend lassen sich folgende Sekundärrohstoffe abspalten (Output pro Tonne Getränkekartons):

58 % Zellstoff insgesamt, davon 75 % hochwertige, lange Zellstoffasern,

11 % Aluminium,

23 % Polyethylen,

8 % Füllstoffe.

Der Zellstoff wird zu einem Preis von 70,-- € pro Tonne an einen Hygienepapierhersteller geliefert, für dessen saugfähige und reißfeste Produkte nur die hochwertigen, langen Fasern geeignet sind. Bei der Trennung der hoch- von den minderwertigen Fasern entstehen Kosten von 1,50 € pro Tonne Zellstoff insgesamt. Der minderwertige Zellstoff wird vom Recyclingunternehmen ohne zusätzliche Kosten entsorgt.

Für das Nebenprodukt Aluminium konnte ein Abnehmer gefunden werden, der 76,-- € pro Tonne zahlt.

Zur Entsorgung des Polyethylens wird dieses zu rieselfähigem Granulat verdichtet und danach an einen Eimer-Hersteller abgegeben. Allerdings muss vom Recyclingunternehmen ein Betrag von 60,- € pro Tonne rieselfähigen Granulats zugezahlt werden. Bei der Verdichtung, die ohne Gewichtsverlust erfolgt, fallen Kosten in Höhe von 3,-- € pro Tonne Polyethylen an.

Für die nicht zu vermarktenden Füllstoffe entstehen Deponiekosten in Höhe von 12,50 € pro Tonne Füllstoff.

Monatlich werden 940 Tonnen Getränkekartons verarbeitet, wobei für die Kostenstelle Klärwerk folgende Kosten entstehen:

- Abschreibung 5.355,-- €,

- Löhne 6.380,-- €,
- Wasser/Chemikalien 5.450,-- €,
- kalk. Zinsen 1.420,-- €.

a) Wie hoch sind die monatlichen Kosten des Kuppelprozesses?

b) Nehmen Sie an, die Kosten des Kuppelprozesses betragen 18.854,05 € (legen Sie ansonsten die oben genannten Daten zugrunde), wie hoch sind dann die Herstellkosten pro Tonne hochwertigen, langfaserigen Zellstoffs?

c) Legen Sie Ihre Berechnungen aus Aufgabenteil b) zugrunde (Kosten des Kuppelprozesses 18.854,05 €; ansonsten oben genannte Daten)! Auf welchen Betrag darf der Aluminiumpreis fallen, damit das Unternehmen - unter sonst gleichen Bedingungen - weder einen Betriebsgewinn noch einen Betriebsverlust erwirtschaftet?

Aufgabe 58

Beantworten Sie folgende Fragen zur Kuppelkalkulation:

A	Die **Verteilungsrechnung** für mehrere Hauptprodukte hat ihre Berechtigung bei der Ermittlung von Herstellungskosten nach Handelsrecht.	
B	Die Verteilungsrechnung basiert auf dem Tragfähigkeitsprinzip.	
C	Der in der Restwertrechnung ermittelte Restwert stellt verursachungsgerecht zugeordnete Kosten des Hauptproduktes dar.	
D	Je höher der erzielte Preis für ein Nebenprodukt ist, desto höher wird der in der Restwertrechnung zugewiesene **Restwert des Hauptproduktes**.	
E	Je höher die Entsorgungskosten eines **Abfallproduktes** sind, desto höher wird der in der Restwertrechnung dem **Hauptprodukt zugewiesene Restwert.**	

Aufgabe 59

Die Höherofen AG ist Betreiberfirma eines Hochofens zur Erzeugung von Roheisen. Im Zuge von Modernisierungsmaßnahmen sollen Sie als externer Gutachter die Kosten pro Tonne Roheisen bei einem bisher noch nicht verwendeten Hochofentyp errechnen. Dazu werden Ihnen folgende Daten über die Erzeugung von Roheisen zur Verfügung gestellt:

Der Hochofen ist ganzjährig und rund um die Uhr im Betrieb. Er wird schichtweise mit Möller (ein Erz-Gesteingemisch), Zuschlägen (Kalk zur Bildung von leichtflüssiger Schlacke) und Koks beschickt. An einem Tag können von dem mittelgroßen Hochofen rund 5.000 t Roheisen erzeugt werden. Dazu wird Erz mit einem Eisengehalt von 50% eingesetzt. Man benötigt rund 800 kg Koks und Kalk pro erzeugte Tonne Roheisen. Der Hochofen wird von außen zur Erhöhung der Lebenszeit mit 40 m^3 Wasser pro Tonne Roheisen gekühlt. Der Preis pro Kubikmeter Wasser beträgt € 2,-

Das Koks-Kalkgemisch wird von dem Unternehmen aus der eigenen Kokerei gewonnen und müsste zur Kostendeckung auf dem Markt zu € 450,- pro Tonne verkauft werden. Das Eisenerz wird in einem Steinbruch in der Nähe gewonnen und für € 250,- pro Tonne erworben.

Für jede produzierte Tonne Roheisen fallen 1.200 kg Schlacke an. Der Rest geht durch die außerordentlich hohen Temperaturen von bis zu 1.500°C in Gasform verloren. Die Kosten für die Reinigung dieses Gases betragen € 50.000,- pro Tag. Die Schlacke wird zu Eisenbahnschotter und Straßenbelag verarbeitet. Dafür entstehen Kosten von € 50,- pro Tonne. Jede Tonne kann für € 90,- abgesetzt werden.

Die Löhne und Nebenkosten betragen täglich € 40.000,-. Für anderes Hilfsmaterial fallen täglich € 10.000,-. Die kalkulatorischen Abschreibungen (linear, erwartete betriebsindividuelle Nutzungsdauer 10 Jahren) und die kalkulatorischen Zinsen (Durchschnittswertmethode, Zinssatz 10%) beziehen sich auf die Anschaffungskosten in Höhe von € 219.000.000,-.

Aufgaben 60

Welches Kalkulationsverfahren kommt bei den nachfolgend beschriebenen Fertigungsverfahren zur Anwendung?

I.

Zur Herstellung von Zement muss zunächst das Rohmaterial gefördert werden. In der Aufbereitung entsteht daraus Zementmehl, das anschließend zu Klinker gebrannt wird. Der Klinker wird unter Zugabe von Gips zu Zement zermahlen und vermischt. Dabei können Bestandsveränderungen bei den Zwischenprodukten und dem Endprodukt auftreten.

A	Einstufige Divisionskalkulation?	
B	Mehrstufige Divisionskalkulation ?	
C	Äquivalenzziffernkalkulation ?	
D	Zuschlagskalkulation ?	
E	Kuppelkalkulation nach dem Verteilungsverfahren?	

II.

Eine Ziegelei stellt Backsteine, Klinker und Dachziegel her. Die Kostenhöhe der einzelnen Produkte wird vor allem durch die für die Steine unterschiedlichen, aber konstanten Brenndauern beeinflusst.

A	Äquivalenzziffernkalkulation ?	
B	Mehrstufige Divisionskalkulation ?	
C	Zuschlagskalkulation ?	
D	Kuppelkalkulation nach dem Restwertverfahren ?	
E	Kuppelkalkulation nach dem Verteilungsverfahren ?	

III.

In einer Raffinerie entstehen zwangsläufig im Produktionsprozess das Hauptprodukt Heizöl sowie die Nebenprodukte Teer und Gas.

A	Äquivalenzziffernkalkulation ?	
B	Kuppelkalkulation nach dem Restwertverfahren ?	
C	Kuppelkalkulation nach dem Verteilungsverfahren ?	
D	Mehrstufige Divisionskalkulation ?	
E	Zuschlagskalkulation ?	

IV.

In einem chemischen Prozess entstehen drei Produkte. Die Prozesskosten werden auf der Basis von Marktwerten auf die Produkte verteilt.

A	Die **Zuschlagskalkulation** ist die geeignete Methode.	
B	Die Kuppelkalkulation nach dem Verteilungsverfahren ist die geeignete Methode.	
C	Die mehrstufige Divisionskalkulation ist die geeignete Methode.	
D	Die Verwendung von Marktwerten (=Marktpreisen) führt zu einer Kostenverteilung **entsprechend dem Umsatz** der drei Produkte.	
E	Die Kuppelkalkulation nach dem Restwertverfahren ist die geeignete Methode.	

V.

Ein Unternehmen hat ein sehr heterogenes Produktionsprogramm, in dem die Produktarten produktionstechnisch verwandt sind und eine unterschiedliche Kostenstruktur aufweisen.

A	Äquivalenzziffernkalkulation ?	
B	Mehrstufige Divisionskalkulation ?	
C	Zuschlagskalkulation ?	
D	Kuppelkalkulation nach dem Restwertverfahren ?	
E	Kuppelkalkulation nach dem Verteilungsverfahren ?	

Aufgabe 61

I. Welche Aussagen zu den Kalkulationsmethoden sind **richtig**?

A	Um die Äquivalenzzifferkalkulation anwenden zu können, müssen die Erzeugnisse **artgleich** sein und in einem **festen** Kostenverhältnis zueinander stehen.	
B	um die **mehrstufige** Divisionskalkulation anwenden zu können, darf zwischen den Produktionsstufen **keine** Mengeneinsatzänderung und **kein** Ausschuss gegeben sein.	
C	in der Vorkalkulation werden die Selbst- und Herstellkosten auf der Grundlage von **erwarteten** Mengen und Preisen ermittelt.	
D	Die einstufige Divisionskalkulation kann auch in Unternehmen mit mehreren Erzeugnissen Anwendung finden, wenn auf **getrennten, parallelen** Fertigungsanlagen produziert wird.	
E	Die Kuppelkalkulation findet dort ihre Anwendung, wo aus demselben Produktionsprozess technisch **zwangsläufig** mehrere verschiedene Erzeugnisse hervorgehen.	

II. Welche Aussagen zu den Kalkulationsmethoden sind **falsch**?

A	Die mehrstufige durchwälzende Divisionskalkulation liefert Informationen für Entscheidungen über die Fertigungstiefe.	
B	Bei der Äquivalenzziffernrechnung muss die Hauptsorte immer die Äquivalenzziffer 1 erhalten, um eine Normierung durchführen zu können.	
C	Kostenträger im Unternehmen sind grundsätzlich alle im betrieblichen Produktionsprozess erstellten Produkte, also auch die intern verwendeten Verbrauchs- und Investitionsgüter.	
D	Je höher der Anteil der Fertigungslöhne an den Fertigungskosten wird, desto wichtiger wird eine Maschinenstundensatzrechnung.	
E	Die Herstellkosten der Produktion und die des Umsatzes unterscheiden sich durch die Lagerbestandveränderungen.	

Aufgabe 62

Welche der folgenden Aussagen sind richtig?

A	Wenn ein Unternehmen für betriebseigene Räume kalkulatorische Miete gemäß dem Opportunitätskostenprinzip ansetzt, werden auf diesen Teil des Anlagevermögens weder kalkulatorische Zinsen noch kalkulatorische Abschrei-	

	bungen berechnet.	
B	Beim Stufenleiterverfahren ist der Verrechnungsfehler bei gegenseitiger Leistungsverflechtung am geringsten, wenn die Kosten derjenigen Hilfskostenstelle zuerst verteilt werden, die kostenmäßig am meisten an andere Hauptkostenstellen liefert.	
C	Die Kalkulation von Kuppelprodukten lässt sich durch keine bekannte Kalkulationsmethode theoretisch richtig lösen.	
D	Die einstufige Divisionskalkulation wird vor allem bei Unternehmen mit Einzelfertigung angewandt.	
E	Proportionalitätsprinzip und Verursachungsprinzip sind immer identische Kostenzurechnungsprinzipien, weil Einzelkosten immer auch mit der Ausbringungsmenge variieren.	

Aufgabe 63

In der Geschäftsbuchhaltung des Einzelunternehmers A wurden für einen Monat folgende Erträge und Aufwendungen erfasst:

	in €
Umsatzerlöse	540.000
Minderbestand an fertigen und unfertigen Erzeugnissen	10.000
Andere aktivierte Eigenleistungen	15.000
Erträge aus Anlageverkäufen	3.000
Erträge aus der Auflösung von Rückstellungen	12.000
Erträge aus Beteiligungen	2.000
Aufwendungen für Roh-, Hilfs- und Betriebsstoffe (1)	160.000
Personalaufwendungen	210.000
Soziale Abgaben	40.000
Abschreibungen auf AV (2)	25.000
Mietaufwendungen für gemietete Lagerhalle	800
Spenden	300
Betriebssteuern (3)	18.000
Zinsaufwendungen (4)	3.000
Schadensfälle (tats. Wagnisse) (5)	7.500

Aus der Kosten- und Leistungsrechnung stehen für den gleichen Abrechnungszeitraum folgende Angaben zur Verfügung:

	in €
1) Verrechnungspreise Stoffaufwendungen	185.000
2) kalk. Abschreibungen (monatlich)	20.000
3) In der Position Betriebssteuern ist noch eine Gewerbesteuernachzahlung in folgender Höhe enthalten	10.500
4) kalk. Zinsen (monatlich)	4.500
5) kalk. Wagniszuschläge errechnen sich aus: -Gewährleistungswagnis: -Anlagewagnis: Die Reparaturkosten infolge von Bedienungsfehlern, selbstverschuldeten Unfällen, Explosionen u.a. betrugen in den letzten 8 Jahren insgesamt.	 1% der Umsatzerlöse 288.000
6) kalk. Mietwert für betrieblich genutzte Privaträume (monatlich)	1.500
7) kalk. Unternehmerlohn	6.000

Erstellen Sie die Ergebnistabelle!

Aufgabe 64

Der Einzelunternehmer Karl Krank, Berlin, stellt ausschließlich das Medikament "Antistress" her. Im Rahmen der Gesundheitsreform ist das Medikament unter die Festbetragsregelung gefallen. Krank, der vorher einen weitaus höheren Preis veranschlagte, sieht sich gezwungen ebenfalls zum Festpreis anzubieten. Im ersten Monat nach dieser Neuregelung hat das Unternehmen gemäß der untenstehenden Aufstellung einen Verlust von 260.000 € erwirtschaftet.

Prüfen Sie, ob der Verlust - wie Karl Krank vermutet - ausschließlich auf die Verkaufspreissenkung zurückzuführen ist. Führen Sie dazu eine Abgrenzungsrechnung durch.

Die Buchhaltung ermittelt für diesen Monat folgende Aufwendungen und Erträge (in T€):

Materialaufwendungen (1)	600
Personalaufwendungen (2)	450
Minderbestände	200
Abschreibungen (3)	360
Betriebssteuern (4)	100
Zinsaufwendungen	20
Sonstige Aufwendungen (5)	250
Umsatzerlöse	1.500
Aktivierte Eigenleistungen	200
Sonstige betriebliche Erträge (6)	20

Zu den einzelnen Posten stehen weitere Angaben zur Verfügung:

1) Ein Azubi hat eine Eingangsrechnung sofort als Materialaufwand verbucht. Die Rohstoffe befinden sich noch im Lager. Der Rechnungsbetrag beläuft sich auf 11.500 € incl. 15 % Vorsteuer.
2) In den Personalaufwendungen sind Urlaubslöhne in Höhe von 50.000,-- € enthalten. Insgesamt betrage die jährl. Urlaubslöhne 480.000,-- €.
3) Bei der Berechnung der Abschreibungen wurden die steuerlichen Möglichkeiten des Berlinförderungsgesetzes voll ausgeschöpft. Die Wiederbeschaffungspreise des Anlagevermögens werden auf insgesamt 7,2 Mio. € geschätzt. Die durchschnittliche Nutzungsdauer wird mit 10 Jahren veranschlagt.
4) Für die Betriebssteuern des Vormonats ist eine Rückstellung von 50.000 € gebildet worden. Tatsächlich betrug der Anteil des Vormonats 70.000 €.
5) Im Lager befindliche Chemikalien sind verdorben. Eine entsprechende Abschreibung in Höhe von 25.000 € wurde unter der Position betriebliche Aufwendungen ausgewiesen.
6) Die sonstigen betrieblichen Erträge resultieren aus dem Zahlungseingang für eine im Vorjahr ausgebuchte Forderung.
7) Karl Krank würde in einer vergleichbaren Position als Geschäftsführer monatlich 10.000 € verdienen.

Aufgabe 65

Die KOSMOS AG vertreibt unter anderem die Produktlinien ALERT und MAS, für die die kurzfristige Erfolgsrechnung aufzustellen sind.

Produkt	ALERT	ALERTneu	MAS
Absatzpreis	5.- €	7.- €	13.- €
Absatzmengen	20 Mio.Stck	25 Mio.Stck	22 Mio.Stck
Produktionsmengen	22 Mio.Stck	28 Mio.Stck	24 Mio.Stck
Materialeinzelkosten	11 Mio.	15,4 Mio.	16 Mio.
Fertigungseinzelkosten	11 Mio.	19,6 Mio.	19,2 Mio.
Sondereinzelkosten der Produktion	8 Mio.	12 Mio.	23 Mio.

Die beiden Produkte der ALERT Gruppe werden in einer Kostenstelle ALERT produziert mit Fertigungsgemeinkosten von 15,3 Mio. €. In der Kostenstelle "Zentraler Vertrieb" fielen 13,69 Mio. € Kosten an.

Materialgemeinkosten und Verwaltungsgemeinkosten werden den beiden Produktlinien nicht zugerechnet.

(a) Stellen Sie die kurzfristige Erfolgsrechnung nach dem UKV pro Produkt in Staffelform auf. Bitte rechnen Sie in Mio. € auf zwei Nachkommastellen genau.

(b) Stellen Sie die kurzfristige Erfolgsrechnung nach dem GKV pro Produkt in Staffelform auf.

(c) Wie groß ist der Unterschied beim Erfolg?

(d) Fassen Sie die Vor- und Nachteile des GKV gegenüber dem UKV zusammen

Aufgabe 66

Die Firma Künstlerbedarf Bernd GmbH stellt Metall-Bilderrahmen in drei verschiedenen Größen her. Das Unternehmen ist in vier Fertigungsbereiche eingeteilt:

Im Fertigungsbereich 1 werden die Presspappen auf die entsprechende Größe zugeschnitten. Im Fertigungsbereich 2 werden die Metallumrandungen zugeschnitten, die dann im Fertigungsbereich 3 verschweisst werden. Im Fertigungsbereich 4 werden schließlich die Rahmen komplett zusammengesetzt, wobei fremdbezogene Scheiben verwendet werden.

Im Monat November 1991 wurden die folgenden Mengen produziert und abgesetzt:

	Größe 13x18	*Größe 20x30*	*Größe 80x100*
Produktionsmenge	7.500	15.000	3.000
Absatzmenge	8.000	13.500	3.000
Absatzpreis	15,95 €	22,95 €	59,95 €

Für die drei Produkte entstanden die folgenden Kosten:

Die Materialkostenstelle ermittelt einen Verrechnungspreis von € 4,50 für einen Quadratmeter Presspappe. Jeder Meter Metallumrandung kostet € 6,80. Die fremdbezogenen Scheiben kosten im Format 13x18 € 0,85, im Format 20x30 € 1,35 und im Format 80x100 € 5,40.

In den anderen Kostenstellen entstehen folgende Kosten:

- Fertigungsstelle 1: € 15.225,--

  Die Kosten werden entsprechend der Schnittlänge den Produkten zugerechnet.
- Fertigungsstelle 2: € 25.500,--

  Die Kosten werden anhand der Anzahl der Schnitte den Produkten zugerechnet.
- Fertigungsstelle 3: € 30.600,--

  Die Kosten sind für alle Rahmengrößen identisch.
- Fertigungsstelle 4: € 36.750,--

  Die Kosten entstehen im Verhältnis 5:2:1 je Produktionseinheit der großen, mittleren und kleinen Rahmen.
- Verwaltung: € 132.833,85
- Vertrieb: € 46.671,35

Die Herstellkosten für die einzelnen Produkte haben sich gegenüber der Vorperiode nicht verändert. Ermitteln Sie das Ergebnis nach dem Umsatzkostenverfahren unter Verwendung einer Kostenstellengliederung. Können aus den gewonnenen Informationen fundierte Aussagen über das künftige Produktionsprogramm getroffen werden?

Aufgabe 67

Zum Bau eines Bürogebäudes werden auf einer Baustelle 6.000 m³ Beton benötigt. Es stehen zwei Alternativen zur Wahl:

1. Alternative **Fremdbezug**: Preis: 114,- € pro m³

2. Alternative **Eigenfertigung**:

Auf-, Abbau- und Transportkosten für die Betonmischanlage:	48.000,- €
Abschreibungen (zeitabhängig) und Zinsen auf die Betonmischanlage:	43.200,- €
Instandhaltung (laufzeitunabhängig) für die Betonmischanlage:	14.400,- €
Lohn für den Maschinisten (fest angestellt)	14.400,- €
Material (Kies, Zement) und Betriebsstoffe	84,- €/m^3

Welche Aussagen sind richtig?

A	Alternative Eigenfertigung ist bei 6.000 m^3 Beton vorteilhaft.	
B	Bei einer Menge von 4.000 m^3 Beton sind beide Alternativen gleichwertig.	
C	Bei einem Preis von 104,- € pro m^3 sind beide Alternativen gleichwertig.	
D	Ab einer Menge von 6.714 m^3 Beton ist Alternative Fremdbezug vorteilhaft.	
E	Die Kosten der Eigenfertigung werden bei einem Preis von 94,- € pro m^3 gerade gedeckt.	

Aufgabe 68

Für ein Erzeugnis erzielt eine Unternehmung einen Preis pro Stück von 25.- €. Die beschäftigungsvariablen Stückkosten für dieses Produkt betragen 15.- €. An Erzeugnisarten-Fixkosten fallen für das Produkt 50.000.- € pro Abrechnungsperiode an.

a) Bei welcher Absatzmenge deckt der Deckungsbeitrag für dieses Erzeugnis gerade die Erzeugnisarten-Fixkosten?

b) Wie hoch ist der Überschuss des Deckungsbeitrags über die Erzeugnisarten-Fixkosten pro Abrechnungsperiode, wenn die Absatzmenge in diesem Zeitraum 8.000 Mengeneinheiten beträgt?

Aufgabe 69

Was sind die Grundsätze ordnungsgemäßer Buchführung?

Aufgabe 70

Wer ist buchführungspflichtig?

Aufgabe 71

Was sind die Bilanzierungsgrundsätze?

Aufgabe 72
Was sind Anschaffungskosten?

Aufgabe 73
Was sind Herstellungskosten?

Lösungen zu Rechnungswesen

Aufgabe 1

I. A

II. B, E

<u>Lösungsweg:</u>

a) *Bilanzgewinn und Betriebsergebnis*

Bilanzgewinn ist das nach rechtlichen Vorschriften innerhalb des Jahresabschlusses ermittelte Jahresergebnis der *Unternehmung* innerhalb einer Periode. Der Jahresabschluss dient primär externen Adressaten (Aktionäre, Gläubiger, u.a.) zur Beurteilung des Unternehmens. Das Betriebsergebnis hingegen, dient der internen Beurteilung und Steuerung der Wirtschaftlichkeit der Leistungserstellung im *betrieblichen* Bereich. Aus dem Bilanzgewinn lässt sich durch Berücksichtigung kostenrechnerischer Korrekturen und den neutralen Aufwendungen und Erträgen das Betriebsergebnis ermitteln und umgekehrt (siehe Kapitel zur Abgrenzungsrechnung).

b) *Zweckaufwand und Grundkosten*

Zweckaufwand und Grundkosten stimmen in ihrer Höhe genau überein. Die Begriffe stammen jedoch aus den verschiedenen Rechensystemen Finanzbuchhaltung (Zweckaufwand) und Kosten- und Leistungsrechnung (Grundkosten).

c) *Ertrag und Umsatz*

Ertrag ist definiert als nach gesetzlichen Regeln bewertete Gütererstellung einer Periode, wobei hierzu sowohl betriebliche als auch neutrale Erträge gehören. Der Umsatz hingegen ist definiert als Erlöse aus dem Verkauf oder der Vermietung von für die gewöhnliche Geschäftstätigkeit der Unternehmung typischen Erzeugnissen, Waren und Dienstleistungen innerhalb einer Periode. So führt der Verkauf einer Maschine über Buchwert zwar zu einer Ertragserhöhung, aber nicht zu einer Umsatzerhöhung, da der Verkauf von Produktionsanlagen nicht geschäftstypisch ist.

***Aufgabe 2**:* Nach Zurechenbarkeit ! (E)

Aufgabe 3

Zur Bearbeitung der Aufgabe empfiehlt es sich die Bearbeitung in Einzelabschnitte wie folgt zu unterteilen:

1) Zugang von Holz und damit Ausgabe von 400 €.
2) Bezahlung führt zur Auszahlung von jeweils 200 € im Mai und Juli.
3) Betriebsbedingter Verbrauch des Holzes führt zu Aufwand und Kosten von 400 € im Juli.
4) Zugang von Arbeitsleistung und sonstigen Stoffen führt zu Ausgabe von 250 € bei gleichzeitiger Auszahlung, da alles im selben Monat bezahlt wird. Der betriebsbedingte Verbrauch zieht Aufwand und Kosten von 250 € ebenfalls im Juli nach sich.
5) Verkauf und Lieferung des Tisches 1 führt zu Ertrag, Leistung und Einnahme von 500 € im Juli. Tisch 2 wird im Juli ins Lager eingestellt und darf somit nur zu Herstellungskosten (325 €) bewertet werden. Leistung und Ertrag zusätzlich 325 € je Tisch = (400 € + 250 €) : 2 Tische. Wenn Tisch 2 im August vom Lager genommen und verkauft wird, ist dies Aufwand und Kosten im August (325 €). Gleichzeitig entstehen Einnahmen, Ertrag und Leistung von 500 €.
6) Bezahlung der Tische führt zu Einzahlungen von jeweils 500 € im August und September.

	Mai	**Juni**	**Juli**	**August**	**September**
Auszahlung	200		200 + 250		
Ausgabe		400	250		
Aufwand			400 + 250	325	
Kosten			400 + 250	325	
Einzahlung				500	500
Einnahme			500	500	
Ertrag			500 + 325	500	
Leistung			500 + 325	500	

Aufgabe 4

Es handelt sich um betriebsfremden Aufwand, da mit der Spende kein betriebswirtschaftlicher Zweck verfolgt wird (D).

Aufgabe 5

1. Da die Batterien nur bestellt wurden, erfolgt noch kein Eintrag.
2. Die Nutzungsrechte am Design gehen mit Lieferung auf die Firma über (Ausgabe), wobei die sofortige Bezahlung zusätzlich zur Auszahlung führt.
3. Die Produktion ist mit (Grund)Kosten [Zweckaufwand] verbunden. Die produzierten Uhren werden zu Herstellkosten aktiviert (Zweckertrag), da sie noch nicht verkauft wurden.
4. Die Lieferung der Batterien führt zur Ausgabe, deren Einbau (Verbrauch) zum Zweckaufwand (betriebsbedingt). Der Verkauf und die Auslieferung der Uhren bedingen eine Einnahme sowie einen Zweckertrag.
5. Die Bezahlung der Batterien führt zur Auszahlung. Wäre ein Feld "Einzahlung" hier vorgesehen, so würde die Bezahlung der Uhren durch die Händler zu einer Einzahlung führen.
6. Das Verschenken der Uhren ist außergewöhnlich und daher neutraler Aufwand. Möglich wäre evt. auch die Teilnahme an der Sendung und die Verlosung als betriebsbedingte geplante Werbemaßnahme zu interpretieren, die dann zu Zweckaufwand und Zusatzleistung führen würde.
7. Die Reklamationen sind außergewöhnlich und damit neutraler Aufwand.
8. Die erforderliche außerordentliche Abschreibung der Uhren im Lager ist neutraler Aufwand.
9. Die Nutzungsrechte an der gemieteten Lagerhalle gehen im Februar zu (Ausgabe), werden im gleichen Monat bezahlt (Auszahlung) und sind zudem betriebsbedingt (Zweckaufwand). Die kalkulatorische Miete für die eigene Lagerhalle wird in den Zusatzkosten erfasst.
10. Die außerplanmäßige Abschreibung der Maschine ist neutraler Aufwand.

	1	2	3	4	5	6	7	8	9	10
Auszahlung		X			X				X	
Ausgabe		X		X					X	
neutraler Aufwand						X	X	X		X
Zweckaufwand			X	X		(X)			X	

Zusatzkosten									X	
Einnahme				X						
Zweckertrag			X	X						
Zusatzleistung						(X)				

Aufgabe 6

1) Gebäude (linear) Abschreibung = $\frac{\text{Wiederbeschaffungspreis}}{\text{tatsächl. Nutzungsdauer}} = \frac{1600}{50} =$ <u>32 T€</u>

2) Maschinen (leistungsabhängig):

Abschreibung = $\frac{\text{Wiederbeschaffungspreis}}{\text{Gesamtleistung}} \bullet \text{Leistung der Abrechnungsperiode} =$

$\frac{1.920 \text{ T€}}{100.000} \bullet 10.000 =$ <u>192 T€</u>

3) Fuhrpark (linear): Angabe: Preissteigerungsrate von i = 5 % pro Jahr für n = 6 Jahre

=> Wiederbeschaffungspreis (WBP) = Anschaffungspreis * $(1+i)^n$

$= 800 * (1+0{,}05)^6 = 1072{,}08$ T€

Abschreibung = $\frac{\text{Wiederbeschaffungspreis}}{\text{tatsächl. Nutzungsdauer}} = \frac{1072{,}08 \text{ T€}}{6} =$ <u>178,68 T€</u>

4) Betriebs- und Geschäftsaustattung (BGA) (linear index-orientiert)

Angabe: Preissteigerung im nächsten Jahr ca. 4 %

=> WBP = 400 * (1+0,04) = 416

=> Abschreibung = $\frac{\text{Wiederbeschaffungspreis}}{\text{tatsächl. Nutzungsdauer}} = \frac{416}{15} =$ <u>27,73 T€</u>

Aufgabe 7: Es sind Sondereinzelkosten der Fertigung (B).

Aufgabe 8

a) 01.01.1987 - 31.12.1994 = 8 Jahre

$$\frac{\text{Anschaffungspreis}}{\text{Nutzungsdauer}} = \frac{126.000\ €}{8\ \text{Jahre}} = 15.750\ €$$

Die kalkulatorischen Abschreibungen betragen 15.750 €.

b) 6 Jahre = 1+2+3+4+5+6 = 21 1995 entspricht 6 $\frac{149.100\ €}{21}$ * 6 = 42.600 €

Es werden 42.600 € Abschreibungen angesetzt.

Aufgabe 9

Abschreibung = $\frac{\text{Abschreibungsbasis}}{\text{Gesamtleistung}} \bullet \text{Leistung der Periode}$

Abschreibungsbasis: Anschaffungskosten, da die Maschine zur einmaligen Produktion eines lizensierten Modeartikels dient und deshalb nicht wiederbeschafft werden soll.

Anschaffungskosten:

Anschaffungspreis	1.500 T€
+ Transportkosten	40 T€
+ Montagekosten	30 T€
+ Lizenzgebühren	50 T€
- Schrottwert	100 T€
Anschaffungskosten	1.520 T€

(Die Berücksichtigung des Schrottwertes ist nicht zwingend, da dessen tatsächliche Erzielung i.d.R. ungewiss ist.)

Gesamtleistung: Ausgehend von 10.000 Stück im ersten Jahr um 1.250 Stück abnehmend.

Jahr	Leistung der Periode in Stück	Abschreibung je Stück in €	kalk. Abschreibung pro Jahr in €
1	10.000	33,778	337.777,78

2	8.750	33,778	295.555,56
3	7.500	33,778	253.333,33
4	6.250	33,778	211.111,11
5	5.000	33,778	168.888.89
6	3.750	33,778	126.666,67
7	2.500	33,778	84.444,44
8	1.250	33,778	42.222,22
9	0	33,778	0
Summe	45.000		1.520.000

Abschreibung je Stück = $\frac{1.520.000}{45.000}$ = 33,78 € (gerundet)

Die Produktion erfolgt nur über 8 Jahre. Maßgeblich für die Berechnung der Abschreibung ist die tatsächliche Inanspruchnahme der Maschine für die Produktion des Modeartikels (ausgehend von 10.000 Stück um 1.250 abnehmend und nicht der Maximalausstoß von 11.000 Stück), da sie speziell für dessen Produktion angeschafft wurde. Die Nutzungsdauer von 10 Jahren ist wegen der leistungsabhängigen Abschreibungsmethode nicht von Bedeutung.

Aufgabe 10

WBP = 46.864,30*(1+0,04)^{8} = 64.137,03

Abschreibungsbasis:

WBP	64.137,03	
- Restwert	- 6.413,70	(10% des WBP)
	57.723,33	

Summe der 8 Abschreibungsjahre: 1+2+3+4+5+6+7+8 = 36

Summe der verbleibenden Jahre (1994 - 1997) = 4+3+2+1 = 10

$$57.723,33 * \frac{10}{36} = 16.034,26$$

Der Restwert beträgt 16.034,25 €.

Aufgabe 11

1) Abschreibung: leistungsabhängig

Abschreibungen: Basis sind AK = € 320.000 (WBP nicht bekannt)

1. Halbjahr: $\frac{\text{AK}}{\text{tats. ND}} = \frac{320.000}{320.000} = 1{,}00$ €/km

=> Abschreibung: 1,00 €/km * 12.500 km = **12.500,00 €**

=> Restbuchwert Ende 1. Hj.: 320.000 € - 12.500 € = **307.500 €**

2. Halbjahr:

Abschreibungen: 1,00 €/km * 7.500 km = **7.500,00 €**

Restbuchwert 2. Hj.: 307.500 € - 7.500 € = **300.000 €**

2) Kalkulatorische Zinsen

1. Halbjahr: Durchschnittswertverzinsung

Bemessungsgrundlage = $\frac{\text{AK}}{2} = \frac{320.000}{2}$ = 160.000 €

=> kalk. Zinsen: 160.000 * 10 % = 16.000 €/Jahr

=> für das 1. Hj.: **8.000 €**

2. Halbjahr: durchschnittliche Restwertverzinsung

Bemessungs. = $\frac{\text{Anfangsbuchwert} + \text{Endbuchwert}}{2} = \frac{307.500 + 300.000}{2} =$ 303.750 €

=> kalk. Zinsen: 303.750 * 10 % = 30.375 €

=> für das 2. Hj.: **15.187,50 €**

Daraus folgt:

1. 1. Halbjahr:		Abschreibung:	12.500,-- €
	Restwert:	307.500,-- €	
2. Halbjahr:		Abschreibung:	7.500,-- €
	Restwert:	300.000,-- €	
2. 1. Halbjahr:			8.000,-- €

2. Halbjahr: 15.187,50 €

Aufgabe 12

A, B, C und D sind richtig.

Aufgabe 13

30% von 25 Mio. € = 7,5 Mio. €

75.000 € = 1% von 7,5 Mio. € →1% von 3 Mio. € = 30.000 €

Die Wagniskosten betragen 30.000 € ! Damit sind die Antworten C und D richtig.

Aufgabe 14

Der Vorgang wird als außerordentlicher Aufwand und als Ausgabe erfasst. Also sind C und D richtig.

Aufgabe 15

Gewährleistung und Kulanz sind, Reparaturen sind nicht umsatzabhängig.

Gewährleistung und Kulanz:

6.400 €/Jahr
+ 2.800 €/Jahr
9.200 €/Jahr

9.200 €/Jahr sind 2% von (1.380.000 €:3Jahre), d.h. von 460.000 €/Jahr

→ Folgejahr: 2% von 512.400 € = 10.248 € für Gewährleistung und Kulanz.

Reparaturen: einfacher Jahresdurchschnitt: 51.450 € : 6 Jahre = 8.575 €/Jahr

=> Gesamte kalkulatorische Wagniskosten für 1994:

  10.248 €
+ 8.575 €
  18.823 €

Die Wagniskosten betragen 18.823 €.

Aufgabe 16

Das betriebsnotwendige Vermögen wird wie folgt ermittelt:

In T€	∅ Restwert	
Grundstücke	150	
Gebäude (ohne Verpachtung)	200	= (170+230) / 2
Technische Anlagen	445	= (370+520) / 2
Vorratsvermögen	100	= (50+150) / 2
Forderungen	150	= (100+200) / 2
Wertpapiere	10	= (5+15) / 2
liquide Mittel	5	= (2,5+7,5) / 2
Betriebsnotwendiges Vermögen	1.060	

Dabei werden das Grundstück für den Tennisplatz und das verpachtete Gebäude in die Berechnung nicht mit einbezogen, da diese für die Fortführung des Geschäftsbetriebs nicht benötigt werden. Weiterhin werden die Verbindlichkeiten aus Lieferung und Leistung, bei denen ein Skontoabzug möglich war, als Abzugskapital von dem oben berechneten Betrag abgezogen. Dann ermitteln sich die kalkulatorischen Zinsen wie folgt:

Nicht abnutzbares Anlagevermögen	150 T€
+ abnutzbares Anlagevermögen	645 T€
+ Umlaufvermögen	265 T€
= betriebsnotwendiges Vermögen	**1.060 T€**
- Abzugskapital	- 20 T€
= betriebsnotwendiges Kapital	**1.040 T€**

Betriebsnotwendiges Kapital * Durchschnittszinssatz = 1.040 T€ * 6,5 % = **67.600 €**

Aufgabe 17

Die Aussagen A, C und D sind richtig.

Aufgabe 18

Auflage = 600:

$3.400 = K_f + (150 * 600)k_v$

<=> $K_f = 3.400 - 90.000k_v$

$4.300 = K_f + (200 * 600)k_v$

$<=> K_f = 4.300 - 120.000k_v$

Gleichsetzen: --> $k_v = 0{,}03$ €

k_v in 1. Gleichung (Auflage = 600) einsetzen: --> $K_f = 700$

Auflage = 200: $1.700 = K_f + (200 * 200) * 0{,}03$ € $<=> K_f = 500$

Auflage = 400: $2.400 = K_f + (400 * 150) * 0{,}03$ € $<=> K_f = 600$

Ergebnistabelle:

Seiten/Skript	200	150	150	200
Auflagenhöhe	200	400	600	600
Gesamtkosten	1.700	2.400	3.400	4.300
fixe Kosten/Auflage	500	600	700	700
Gesamte variable Kosten	1.200	1.800	2.700	3.600.
variable Kosten/Seite	0,03	0,03	0,03	0,03

Die variablen Kosten pro Seite betragen 3 Cent und die auflagenfixen Kosten betragen 500 €.

Aufgabe 19

Kopienzahl	5.000	10.000	20.000	30.000	40.000	50.000
Fixe Gesamtkosten	1.200	1.200	1.200	1.200	2.400	2.400
Variable Gesamtkosten	500	1.000	2.000	3.000	4.000	5.000
Fixe Stückkosten	0,24	0,12	0,06	0,04	0,06	0,048
Variable Stückkosten	0,10	0,10	0,10	0,10	0,10	0,10

1) Ermittlung der Kostenbestandteile

+ 5.000

5.000 Kopien ------------> 10.000 Kopien

1.700 € ------------> 2.200 €

+ 500

=> 5.000 zusätzliche Kopien kosten € 500 (variable Gesamtkosten) mehr

=> variable Stückkosten = $\frac{500\text{ €}}{5.000\text{ Kopien}}$ = 0,10 € je Kopie

An dieser Stelle ist weiterführend zu betrachten, wie sich die variablen Kosten pro Stück entwickeln. So können die variablen Kosten pro Stück aufgrund von Mengenrabatten sinken, oder bedingt durch Überstundenzuschläge mit der Ausbringungsmenge steigen. Alternativ dazu können die variablen Stückkosten aber auch als konstant angenommen werden. Aus Vereinfachungsgründen sollen hier die variablen Stückkosten als konstant angenommen werden.

=> fixe Gesamtkosten = Gesamtkosten - variable Gesamtkosten

= 1.700 € - 500 € = 1.200 €

=> fixe Stückkosten = $\frac{\text{fixe Gesamtkosten}}{\text{Anzahl Kopien}}$ = $\frac{1.200\text{ €}}{5.000\text{ Kopien}}$ = 0,24 € je Kopie

Diese Rechenschritte lassen sich für alle Bereiche durchführen.

2) Sondertatbestand bei Erhöhung der Kopienanzahl von 30.000 auf 40.000

+ 10.000

30.000 Kopien ----------> 40.000 Kopien => a) variable Stückkosten sind gestiegen?

4.200 € ----------> 6.400 € b) fixe Kosten sind gestiegen?

+ 2.200

zu a) Variable Stückkosten sind konstant, weil bei der Erhöhung von 40.000 auf 50.000 Kopien die variablen Stückkosten wieder genauso hoch sind (0,10 €) wie bei einer Anzahl unter 30.000 Kopien.

zu b) Der Anstieg der fixen Kosten ist auf das Auftreten von sprungfixen Kosten zurückzuführen, die durch den modularen Aufbau von Kapazitäten zur Beseitigung von Kapazitätsengpässen entstehen (z. B. Kauf eines neuen Kopierers).

=> Fixe Gesamtkosten bei 40.000 Kopien = Gesamtkosten - variable Gesamtkosten

= 6.400 € - (40.000 Kopien * 0,10 €) = 2.400 €

Also sind folgende Antworten richtig:

I. A, B, C und E.

II. A und B.

III. B und C.

Aufgabe 20

I 20.000 $= K_f + 1.250k_v$

$\Leftrightarrow K_f = 20.000 - 1.250k_v$

II 27.500 $= K_f + 1.750k_v$

$\Leftrightarrow K_f = 27.500 - 1.750k_v$

K_f gleichsetzen:

$20.000 - 1.250k_v = 27.500 - 1.750k_v$

$k_v = 15$

k_v in I einsetzen:

$K_f = 20.000 - (1.250*15)$

$\Leftrightarrow K_f \underline{= 1.250\ €}$

Die Fixkosten betragen 1.250 €.

Folgende Antworten sind richtig:

I. B und C.

II. A

Aufgabe 21

I Mai:	10.950	= $K_f + 200k_v$
$\Leftrightarrow$	K_f	= $10.950 - 200k_v$
II Juni:	12.000	= $K_f + 270k_v$
$\Leftrightarrow$	K_f	= $12.000 - 270k_v$

K_f gleichsetzen:

$10.950 - 200k_v = 12.000 - 270k_v$

$\Leftrightarrow \quad k_v = \underline{15\ €}$

Die variablen Kosten pro Stück betragen 15 €.

k_v in I einsetzen:

$10950 = K_f + 200 * 15$

$\Leftrightarrow \quad K_f = \underline{7.950\ €}$

Die Fixkosten betragen 7.950 €. Also sind D und E richtig.

Aufgabe 22

Aussage B ist richtig.

Aufgabe 23

Ätherische Öle (**perm. Durchschnitt**)	Menge (l)	Preis (€/l)	€
Anfangsbestand	800	7,50	6000
Zugang 05.03.	500	6,46	3230

Bestand	1300	7,10	9230
Verbrauch 10.03	400	7,10	2840
Verbrauch 02.05.	600	7,10	4260
Bestand	300	7,10	2130
Zugang 03.06.	900	6.55	5895
Endbestand	1200	6,69	8025

Kamillenblütenstaub (**Fifo**)	Menge (kg)	Preis (€/kg)	€
Anfangsbestand	300	8,50	2550
Verbrauch 18.03.	100	8,50	850
Verbrauch 02.05.	100	8,50	850
Zugang 23.06.	600	9,00	5400
Verbrauch 25.06.	100	8,50	850
	+100	9,00	900
Endbestand	500	9,00	4500

	Methode	Endbestand	Verbrauch
1. Ätherische Öle	perm. Durchschnitt	8.025,--	7.100,--
2. Kamillenblütenstaub	FIFO	4.500,--	3.450,--

Aufgabe 24

	Lifo	Fifo
a) Sinkende Preise	die preiswerteren Güter werden zuerst verbraucht => - Erfolg hoch; - Lagerbestand hoch	die teureren Güter werden zuerst verbraucht => - Erfolg niedrig; - Lagerbestand niedrig

b) Steigende Preise	Die teureren Güter werden zuerst verbraucht => - Erfolg niedrig; - Lagerbestand niedrig	die preiswerteren Güter werden zuerst verbraucht => - Erfolg hoch; - Lagerbestand hoch

Aufgabe 25

LIFO

	Stück	Preis/m²	Bewertung	Verbrauch
Anfangsbestand	10.000	4,80 €	48.000,00 €	
Zugang 05.12.	5.000	5,40 €	27.000,00 €	
Abgang 08.12.	6.000			
davon	5.000	5,40 €	27.000,00 €	27.000,00 €
davon	1.000	4,80 €	4.800,00 €	4.800,00 €
Zwischenbestand	9.000		43.200,00 €	
Abgang 10.12.	4.000	4,80 €	19.200,00 €	19.200,00 €
Zwischenbestand	5.000	4,80 €	24.000,00 €	
Zugang 15.12	10.000	5,90 €	59.000,00 €	
Zwischenbestand	15.000		83.000,00 €	
Abgang 18.12.	10.000	5,90 €	59.000,00 €	59.000,00 €
Zwischenbestand	5.000		24.000,00 €	
Zugang 20.12.	5.000	6,40 €	32.000,00 €	
Zwischenbestand	10.000		56.000,00 €	
Abgang 29.12.	5.000	6,40 €	32.000,00 €	32.000,00 €
Endbestand	5.000	4,80 €	**24.000,00 €**	**142.000,00 €**

Permanenter Durchschnitt

	Stück	Preis/m²	Bewertung	Verbrauch
Anfangsbestand	10.000	4,80 €	48.000,00 €	
Zugang 05.12.	5.000	5,40 €	27.000,00 €	
Zwischenbestand	15.000	5,00 €	75.000,00 €	

Abgang 08.12.	6.000	5,00 €	30.000,00 €	30.000,00 €
Zwischenbestand	9.000		45.000,00 €	
Abgang 10.12.	4.000	5,00 €	20.000,00 €	20.000,00 €
Zwischenbestand	5.000		25.000,00 €	
Zugang 15.12	10.000	5,90 €	59.000,00 €	
Zwischenbestand	15.000	5,60 €	84.000,00 €	
Abgang 18.12.	10.000	5,60 €	56.000,00 €	56.000,00 €
Zwischenbestand	5.000		28.000,00 €	
Zugang 20.12.	5.000	6,40 €	32.000,00 €	
Zwischenbestand	10.000	6,00 €	60.000,00 €	
Abgang 29.12.	5.000	6,00 €	30.000,00 €	30.000,00 €
Endbestand	5.000	6,00 €	**30.000,00 €**	**136.000,00 €**

FIFO	**Stück**	**Preis/m²**	**Bewertung**	**Verbrauch**
Anfangsbestand	10.000	4,80 €	48.000,00 €	
Zugang 05.12.	5.000	5,40 €	27.000,00 €	
Zwischenbestand	15.000		75.000,00 €	
Abgang 08.12.	6.000	4,80 €	28.800,00 €	28.800,00 €
Zwischenbestand	9.000		46.200,00 €	
Abgang 10.12.	4.000	4,80 €	19.200,00 €	19.200,00 €
Zwischenbestand	5.000		27.000,00 €	
Zugang 15.12	10.000	5,90 €	59.000,00 €	
Zwischenbestand	15.000		86.000,00 €	
Abgang 18.12.	10.000			
davon	5.000	5,40 €	27.000,00 €	27.000,00 €
davon	5.000	5,90 €	29.500,00 €	29.500,00 €
Zwischenbestand	5.000		29.500,00 €	
Zugang 20.12.	5.000	6,40 €	32.000,00 €	
Zwischenbestand	10.000	6,15 €	61.500,00 €	
Abgang 29.12.	5.000	5,90 €	29.500,00 €	29.500,00 €
Endbestand	5.000	6,40 €	**32.000,00 €**	**134.000,00 €**

Verfahren	Endbestand	Verbrauch
LIFO	24.000	142.000 €
Permanenter Durchschnitt	30.000	136.000 €
FIFO	32.000	134.000 €

Alle drei Verfahren führen zu unterschiedlichen Jahresergebnissen. Ein höher bewerteter Verbrauch führt c.p. zu einem geringeren Jahresüberschuss. Eine hohe Bewertung des Endbestandes führt c.p. durch die Aktivierung zu höheren Erträgen und damit zu einem höheren Jahresüberschuss.

Aufgabe 26

Der Materialverbrauch nach der FIFO-Methode beträgt 17.800 €. Also sind die Aussagen A, C und D richtig.

FIFO :

AB 12.01.:	4∗3000	
Zugang 20.01.:	2∗2.900	
Verbrauch 01.02.:	3∗3.000	= 9.000
Zugang 15.02.:	3∗3.100	
Verbrauch 28.02.:	1∗3.000	= 3.000
	+ 2∗2.900	= 5.800
		17.800,- €

Aufgabe 27: Teilaussage A ist falsch.

Aufgabe 28

Frage 1:

Steuerung des Kosten- und Leistungszusammenhaltes in den verschiedenen Bereichen des Betriebs

- Steuerung von Kosten und Leistungen
- Wirtschaftlichkeitskontrolle, Abweichungsanalysen

Möglichst verursachungsgerechte Zuordnung der Gemeinkosten zu den Kostenträgern

- Bindeglied
- Durchführung ibL
- Bildung von Zuschlagssätzen

Frage 2:

Hauptkostenstellen: sind unmittelbar an der Produktion von absatzbestimmten Leistungen beteiligt.

Hilfskostenstellen: erbringen hauptsächlich Leistungen für andere Kostenstellen und wirken somit nur mittelbar an der absatzbestimmten Leistungserstellung mit.

Frage 3:

Kostenstelleneinzelkosten sind Gemeinkosten, die direkt einer Kostenstelle zurechenbar sind. (Verursacherprinzip)

Frage 4:

primäre GK:
- Kostenstellengemeinkosten/-einzelkosten (aus der Kostenartenrechung).
- Kosten durch den Verbrauch innerbetrieblicher Leistungen

sekundäre GK:
- Kosten der Hilfskostenstellen, die auf die Hauptkostenstellen verteilt werden (innerbetriebliche Leistungsverrechnung)

Frage 5:

- Mengenschlüssel (Anzahl, Tage, Fläche, Länge, kWh, PS, kg, etc.)
- Wertschlüssel (Lohn, Materialkosten, Herstellkosten, Umsatz, Warenwert, etc.

Frage 6:

Die Verteilung mit Hilfsgrößen ist oft nicht verursachungsgerecht; Ziel: möglichst exakte Schlüsselgrößen verwenden.

Frage 7:

Verrechnungspreis: $\frac{1850\ €}{1550 m^2} = 1{,}1935 \frac{€}{m^2}$

Kosten-stelle	A	B	C	D	Summe
Fläche m^2	341	496	248	465	1550
€/KoSt	407,00	592,00	296,00	555,00	1.850,00

Aufgabe 29

Zu a)

Der neue Kostenstellenplan ist auf die 2 wesentlichen Aufgaben der Kostenstellenrechnung :

1. Wirtschaftlichkeitskontrolle in einzelnen Verantwortungsbereichen
2. möglichst verursachungsgerechte Verrechnung der Gemeinkosten

unter Berücksichtigung der Grundsätze

- des Kosten und Leistungszusammenhangs
- der Identität
- der Eindeutigkeit
- und der Wirtschaftlichkeit

auszurichten.

Im vorliegenden Beispiel handelt es sich um eine Werkstattfertigung von Tresoren. Es ist daher mit einer großen Zahl Produktvarianten zu rechnen, die die gegebenen Fertigungseinrichtungen auf unterschiedlichen Wegen durchlaufen und mit unterschiedlicher Intensität in Anspruch nehmen. Als Kalkulationsverfahren bietet sich in diesem Fall die Zuschlagskalkulation mit der Verwendung von Maschinenstundensätzen an.

Dazu sind für die einzelnen Maschinen die maschinenabhängigen Gemeinkosten in getrennten Kostenstellen zu erfassen. Die Einteilung der Maschinen in Gruppen erfolgt dabei bzgl. der Art und der Höhe der von ihnen erbrachten Leistung:

1. 2 Stanzen
2. 3 Biegeeinrichtungen
3. 1 Schweißautomat 5mm
4. 3 Schweißautomaten 1mm
5. 1 Lackierkammer 20m^2
6. 1 Lackierkammer 40m^2

Hinweis:

Die Zusammenfassung gleichartiger Maschinen in einer Kostenstelle bietet sich aus Gründen der Wirtschaftlichkeit hier an, da das Personal flexibel zugeteilt wird. Bei festen Verantwortlichkeiten für die einzelnen Maschinen könnte unter Kontrollgesichtspunkten eine weitere Unterteilung erfolgen.

Die Bereiche Montage und Betriebsschlosserei sollen als eigene Abrechnungsbereiche bestehen bleiben.

7. Montage
8. Betriebsschlosserei

Die Kostenstellen 1-8 unterstehen einem Meister und werden in der Verdichtungskostenstelle Fertigung zusammengefasst.

Die bisher getrennten Bereiche Buchhaltung, Verwaltung und Geschäftsleitung könnten aus Wirtschaftlichkeitsgründen zusammengefasst werden. Die Kalkulation würde nicht beeinflusst. Bestehen aber getrennte Verantwortlichkeiten für die einzelnen Bereiche, so könnte zur Kostenkontrolle die Trennung beibehalten werden und eine Zusammenfassung in der Verdichtungskostenstelle Verwaltung vorgenommen werden.

9. Buchhaltung

10. Verwaltung
11. Geschäftsführung

Die Kostenstelle Verkauf bleibt erhalten.

12. Verkauf

Bei den bisher aufgeführten Kostenstellen handelt es sich um Hauptkostenstellen. Als Hilfskostenstelle bleibt die Kostenstelle Fuhrpark erhalten.

13. Fuhrpark

Da das Personal flexibel eingesetzt wird, bietet sich die Einführung einer zusätzlichen Hilfskostenstelle Personal an, von der die Personalkosten z.B. nach Stundenzetteln auf die einzelnen Hauptkostenstellen verteilt werden.

14. Personal

Zu b)

Kalkulatorische Abschreibungen:

- Bei den bilanziellen AfA gibt es den Kapitalerhaltungsgedanken, nicht den der Substanzerhaltung wie bei den kalk. Abschreibungen (Höchstgrenze AHK <—> WBP).
- Bei den kalk. Abschreibungen geht man von der betriebsindividuellen ND aus, nicht von der betriebsgewöhnlichen.
- Hinter den bilanziellen AfA steht eine wirtschaftspolitische Zielsetzung, die man im Betrieb nicht anwenden kann.

Kalkulatorische Zinsen:

- Durch die Verwendung kalk. Zinsen ist die Vergleichbarkeit von Betrieben gegeben (Konzerne, ...)
- Kalk. Zinsen sind eine Mindestvorgabe für den Gewinn, weil auch das Eigenkapital "verzinst" wird.
- Vergleich personal- und kapitalintensiver Kostenstellen wird ermöglicht.

Aufgabe 30

			Hilfskostenstellen		Hauptkostenstellen			
Kostenart	Schlüssel	Betrag	Fuhrpark	Energie	Material	Fertigung	Verwaltung	Vertrieb
1	dir. Verwaltung	46.200,00					46.200,00	
2	17 €/h	490.875,00	33.660,00	14.025,00	84.150,00	336.600,00		22.440,00
3	dir. Vertrieb	14.200,00						14.200,00
4	60% Fert./40 % Mat.	35.000,00			14.000,00	21.000,00		
5	dir. Vertrieb	15.000,00						15.000,00
6	4,20 €/qm	11.340,00	1.260,00	504,00	2.100,00	5.040,00	756,00	1.680,00
7	dir. Fuhrpark	28.000,00	28.000,00					
8	dir. Fertigung	12.000,00				12.000,00		
9	0,2 €/T€ WBP	1.392,00	240,00	96,00	60,00	840,00	108,00	48,00
10	dir. Verwaltung	8.000,00					8.000,00	
kalk. Miete	dir. Fuhrpark	2.400,00	2.400,00					
kalk. U.lohn	dir. Verwaltung	9.800,00					9.800,00	
kalk. Abschr.	Linear	81.000,00	25.000,00	5.000,00	5.000,00	35.000,00	9.000,00	2.000,00
kalk Zinsen	4,17 €/T€ WBP	29.000,00	5.000,00	2.000,00	1.250,00	17.500,00	2.250,00	1.000,00

Summenzeile	Primäre GK	784.207,00	95.560,00	21.625,00	106.560,00	427.980,00	76.114,00	56.368,00

ibL nach dem Anbauverfahren **Hilfskostenstellen** **Hauptkostenstellen**

HiKoStelle	Schlüssel		Fuhrpark	Energie	Material	Fertigung	Verwaltung	Vertrieb
		Primäre GK	95.560	21.625	106.560	427.980	76.114	56.368
Fuhrpark	2,79 €/km		-95.560	0	9.751	12.676	4.875	68.257
Energie	0,26 €/kwh		0	-21.625	4.097	15.934	682	910
Summenzeile	primäre+sekundäre GK		0	0	120.408	456.590	81.672	125.535

ibL nach dem Stufenleiterverfahren

Überlegungen zur Anordnung der Hilfskostenstellen Fuhrpark und Energie:

700 km => $\frac{700 \text{ km}}{35.000 \text{ km}} \cdot 95.560$ DM = 1911,20 DM

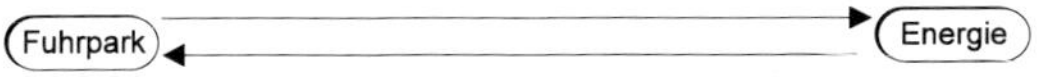

Fuhrpark → Energie

Fuhrpark ← Energie

4.325 kWh => $\frac{4.325 \text{ kWh}}{86.500 \text{ kWh}} \cdot 21.625$ DM =1081,25 DM

Hilfskostenstellen **Hauptkostenstellen**

HiKoStelle	Schlüssel		Fuhrpark	Energie	Material	Fertigung	Verwaltung	Vertrieb
		Primäre GK	95.560	21.625	106.560	427.980	76.114	56.368

Fuhrpark	2,73 €/km		-95.560	1.911	9.556	12.422	4.778	66.892
Energie	0,29 €/kwh		0	-23.536	4.459	17.342	743	991
Summenzeile	primäre+sekundäre GK		0	0	120.575	457.745	81.635	124.251

ibL nach dem Gleichungsverfahren

(1) K (Fuhrp) = 95560 + 0,05K (Energie)

(2) K (Energie) = 21625 + 0,02K (Fuhrp)

(1) in (2) K (Energie) = 21625 + 0,02(95560 + 0,05K (Energie))

0,999K (Energie) = 21625 + 1911,20

0,999K (Energie) = 23536,20

(3) K (Energie) = 23559,76

(3) in (1) K (Fuhrp) = 95560 + 0,05(23559,76)

K (Fuhrp) = 95560 + 1177,99

K (Fuhrp) = 96737,99

(4) K (Material) = 106560 + 0,1(96737,99) + 0,18(23559,76) = 120474,56

(5) K (Fertig)= 427980 + 0,13(96737,99) + 0,7(23559,76) = 457047,77

(6) K (Verw) = 76114 + 0,05(96737,99) + 0,03(23559,76) = 81657,69

(7) K (Vertrieb) = 56368 + 0,7(96737,99) + 0,04(23559,76) = 125026,98

Von/an	Fuhrpark	Energie	Material	Fertigung	Verwaltung	Vertrieb
Fuhrpark	0%	2%	10%	13%	5%	70%
Energie	5%	0%	18%	70%	3%	4%

Verrechnungspreise	Fuhrpark in €/km	Energie in €/kWh
Anbauverfahren	2,786	0,2632
Stufenleiterverfahren	2,7303	0,2864
Gleichungsverfahren	$\frac{96.737,99}{35.000}=2,7639$	$\frac{23.559,76}{86.500}=0,2724$

	Fuhr-park	Ener-gie	Material	Ferti-gung	Verw.	Vertrieb
a)						
primäre GK:	95.560,--	21.625,--	106.560,--	427.980,--	76.114,--	56.368,--
b)						
prim. +sekundäre. GK:						
1. Anbauverfahren			120.408,--	456.590,--	81.673,--	125.536,--
2. Stufenleiterverfahren			120.576,--	457.745,--	81.635,--	124.251,--
3. Iterationsverfahren			120.474,55	457.047,75	81.657,69	125.026,99
4. Gleichungsverfahren			120.474,56	457.047,77	81.657,69	125.026,98
c)						
Verrechnungspreise:						
1. Anbauverfahren	2,786	0,2632				
2. Stufenleiterverfahren	2,7303	0,2864				
3. Iterationsverfahren	2,7639	0,2723				

4. Gleichungsverfahren	2,7639	0,2723				

Hinweis: Die Berechnungen unter b) erfolgten mit exakten Werten (keine Rundung der Zwischenergebnisse). Die Ergebnisse selbst werden auf ganze €-Beträge gerundet.

Aufgabe 31

Die Kostenstellengemeinkosten werden über einen Verteilungsschlüssel auf die Kostenstellen verteilt. (E)

Aufgabe 32

Allgemein:

Geeignetes Verfahren: Simultane Verrechnung, aufgrund des gegenseitigen Leistungsaustausches zwischen den Hilfskostenstellen

Hier: Gleichungsverfahren

WW lieferte insgesamt	1.200 m^3
	1.700 m^3
	8.000 m^3
	500 m^3
	11.400 m^3
E lieferte insgesamt:	22.000 kWh
	50.000 kWh
	129.000 kWh
	11.000 kWh
	212.000 kWh

(1) $11.400p_W = 48.008 + 22.000p_E$

(2) $212.000p_E = 28.496 + 1.200p_W$

(1a) $11.400p_W - 22.000p_E = 48.008$

(2a) $-1.200p_W + 212.000p_E = 28.496$

(1a) + 9,5*(2a) $1.992.000p_E = 318.720$

p_E = 0,16 => Verrechnungspreis Energie

(3) p_E in (I) 11.400p_W = 48.008 + 22.000 * 0,16 = 51.528

p_W = 4,52 => Verrechnungspreis Wasser

Gesamtkosten = Primäre GK + Sekundäre GK

K_{MAT} = 54.000 + 1.700 * p_W + 50.000 * p_E = 54.000 +7.684 + 8.000

= <u>69.684 €</u>

Die Kostenstelle Material wird mit 69.684 € belastet.

K_{FERT} = 49.950 +8.000 * p_W + 129.000 * p_E = 49.950 + 36.160 + 20640

= <u>106.750 €</u>

Die Kosten der Kostenstelle Fertigung betragen 106.750 €.

Richtige Antworten:

I. C, D, und E.

II. A, C und D.

III. E

IV. A, B, D und E.

Aufgabe 33

Simultanes Verfahren (hier: Gleichungsverfahren)

(1) 950p_D = 4.000 + 150p_D + 20.000p_S

(2) 60.000p_S = 7.500 + 250p_D + 10.000p_S

(1a) 800p_D – 20.000p_S = 4.000

(2a) -250p_D + 50.000p_S = 7.500

(3) = 2,5*(1a)+(2a) 1.750p_D = 17.500

p_D = 10 €/t => Verrechnungspreis Dampf

K_D= 950 * 10 = 9.500 €

(4) p_D in (I): 950 * 10 = 4.000 + 150 * 10 + 20.000p_S

p_S = 0,2 €/kWh => Verrechnungspreis Strom

K_S = 60.000 * 0,2 = 12.000 €

Es ergeben sich Gesamtkosten für die Kostenstelle Dampf von 9.500 € und für die Kostenstelle Strom von 12.000 €.

Aufgabe 34

Die Antworten A, B und C sind richtig

Aufgabe 35

A, B und E sind richtig

Aufgabe 36

Alle Antworten außer A sind richtig.

Aufgabe 37

Lösung für jeweils 30 Dosen	A	B	C
Materialeinzelkosten	3,00	4,00	10,00
+ Materialgemeinkosten (10%)	0,30	0,40	1,00
= Materialkosten	3,30	4,40	11,00
Fertigungslöhne I	4,00	4,00	5,00
+ Fertigungsgemeinkosten I (80%)	3,20	3,20	4,00
+ Fertigungslöhne II	8,00	9,00	12,00
+ Fertigungsgemeinkosten II (50%)	4,00	4,50	6,00
+ Fertigungslöhne III	5,80	6,80	4,60
+ Fertigungsgemeinkosten III (18€/Std.) (s.u.)	6,00	7,50	5,40
= Fertigungskosten	31,00	35,00	37,00

Materialkosten	3,30	4,40	11,00
+ Fertigungskosten	31,00	35,00	37,00
= Herstellkosten für jeweils 30 Dosen	34,30	39,40	48,00
Herstellkosten je Dose	1,14	1,31	1,60

Verwaltungsgemeinkosten (20%)	6,86	7,88	9,60
+ Vertriebsgemeinkosten (10%)	3,43	3,94	4,80
= Selbstkosten für jeweils 30 Dosen	44,59	51,22	62,40
Selbstkosten je Dose	1,49	1,71	2,08

Aus den angegeben Prozentsätzen geht hervor, dass es sich bei dieser Kalkulationsart um **Zuschlagskalkulation** handelt, d.h. es müssen jeweils die Einzelkosten der Produktarten als Basis für die Gemeinkosten genommen werden, die sich dann mit Hilfe der %-Sätze errechnen.

Die Fertigungsgemeinkosten III werden in 60steln berechnet, für A also z.B. [illegible]

Die Verwaltungsgemeinkosten und die Vertriebsgemeinkosten werden jeweils als Zuschlag auf die Herstellkosten (des Umsatzes) gerechnet.

Aufgabe 38

Richtige Antworten:

I. B und E.

II. C und D.

III. A, B und C.

IV. A, C und E.

Rechenweg am Beispiel des Dachfensters:

MEK 146,00

MGK 73,00 (146∗0,5)

FEK 33,00

FGK + 79,20 (33∗2,4)

HK/Stück 331,20

331,20 €/Stück ∗ 145 Stück = 48.024 € (= HK d.U. gesamt)

	Umsatzerlöse (145∗625) * 0,96	87.000,00
+	Mehrbestand (20∗331,20)	+ 6.624,00
	Gesamtleistung	93.624,00
-	MEK (165∗146 €)	- 24.090,00
-	MGK (0,5∗24.090 €)	- 12.045,00
-	FEK(165∗33 €)	- 5.445,00
-	FGK(2,4∗5445 €)	- 13.068,00
-	Vw/VtrGK (s.NR) (0,29∗48.024)	- 13.926,96
	Betriebsergebnis	25.049,04

Nebenrechnung: HK d.U. Normalfenster:

MEK 109,0 0

MGK 54,50 (109∗0,5)

FEK	29,00	
FGK	69,6	(29∗2,4)
HK/Stück	262,10	€/Stück

262,1€/Stück∗320 Stück = 83.872€ (= HK d.U. Normalfenster)

HK d. U. DF: 48.024 €

HK d. U. NF: 83.872 €

Zuschlagssatz Vw+VtrGK:

$$\frac{Vw + VtrGK}{Gesamte\ HK\ d.U.} = \frac{38.249{,}84}{(83.872 + 48.024)} = 29\ \%$$

Vw+VtrGK DF = 0,29 ∗48.024 = 13.926,96 (in obige Rechnung einsetzen)

Aufgabe 39

Richtige Antworten:

I. A und C.

II. C und E.

III. C und D.

IV. C, D und E.

Lösungshinweise:

	MEK	28.500
	MGK	7.200
	FEK	6.900
	FGK	17.200
	HK d. Prod.	59.800
+	B´minderung	+ 1.600
-	B´mehrung	- 2.400

HK d. Umsatzes 59.000

Und weiter ergibt sich:

	59.000	HK d. U.
	6.150	VwGK
	5.310	VtrGK
+	+ 3.540	SEK d.Vtr.
	74.000	

$$\frac{74.000€}{29.600 Stück} = 2{,}5€ / Stück$$

Aufgabe 40

a)

I. FS	
800.000,00	MEK (2.000t*1 €/t)
2.000,00	MGK 1 €/t
8.000,00	FEK (2.000t*4 €/t)
24.000,00	FGK 300%
834.000,00	HK der I. FS (1800 t)
-231.666,67	Backpflaumen-ind.(500t)
602.333,33	HK der I. FS (1300 t) (*s.u.)

b)

I. FS	
800.000,00	MEK (2.000t*1€/t)
2.000,00	MGK 1 €/t
8.000,00	FEK (2.000t*4 €/t)
13.888,80	FGK (13.000 + 11,11%)
823.888,80	HK der I. FS (1800 t)
-228.858,00	Backpflaumen-ind.(500t)
595.030,80	HK der I. FS (1300 t) (*s.u.)

a)

II. FS	
602.333,33	MK aus der I. FS

b)

II. FS	
595.030,80	MK aus der I. FS

5.200,00	FEK 4 €/t
8.840,00	FGK 170%
616.373,33	HK der II. FS (650 t)
-118.533,33	Großbäckerei (125t)
497.840,00	HK der II. FS (525 t) (*s.u.)

5.200,00	FEK 4 €/t
4.040,00	FGK (3.000 + 20%)
604.270,80	HK der II. FS (650 t)
-116.205,92	Großbäckerei (125t)
488.064,88	HK der II. FS (525 t) (*s.u.)

III. FS	
497.840,00	MK aus der II. FS
131.250,00	MEK 250 €/t
315.000,00	MEK (2.100.000 Gläser)
18.881,80	MGK (2% auf alle MEK)
16.800,00	FEK 32 €/t
67.200,00	FGK 400%
1.046.971,80	Herstellkosten (1050 t)

III. FS	
488.064,88	MK aus der II. FS
131.250,00	MEK (250 €/t)
315.000,00	MEK (2.100.000 Gläser)
18.686,30	MGK (2% auf alle MEK)
16.800,00	FEK 32 €/t
19.200,00	FGK (15.000 + 25%)
989.001,18	Herstellkosten (1050 t)

1.046.971,80	Herstellkosten
104.697,18	VwGK-Zuschlag 10%
209.394,36	VtGK-Zuschlag 20%
1.361.063,34	Selbstkosten d. Prod.

989.001,18	Herstellkosten
98.900,12	VwGK-Zuschlag 10%
197.800,24	VtGK-Zuschlag 20%
1.285.701,54	Selbstkosten d. Prod.

0,65	**Stückkosten je Glas**	**0,61**	**Stückkosten je Glas**

* Hier handelt es sich um den Teil der HK aus der jeweiligen Stufe, der als MK in die nächste Stufe eingeht (Wiedereinbringungsmenge).

c)

Mit a) als Basis:

(0,04:0,65) = 6,15%

Mit b) als Basis:

(0,04:0,61) = 6,56%

Anmerkung zu Teilaufgabe a):

Bei dieser Aufgabe ist in Teil (a) zu beachten, dass es sich um die Verarbeitung von 2.000 t mit einem Einkaufpreis von 400,- €/t handelt (und nicht um 1.000 t zu 450,- €/t).

In der III. Fertigungsstufe soll ein Materialgemeinkostenzuschlag von 2% angewendet werden. Dieser ist auf alle Materialeinzelkosten zu berechnen, wobei auch die Wiedereinbringungsmenge aus der II. Fertigungsstufe als Materialkosten zählt. Weiterhin sollte beachtet werden, dass es sich um einen Fruchtanteil von «nur» 50% handelt. Die anderen 50% sind die Zutaten, die in der III. Fertigungsstufe hinzukommen und das Gesamtgewicht dann natürlich auch verdoppeln, so dass 1.050 t übrigbleiben. Diese müssen dann auf entsprechend viele Gläser verteilt werden.

Anmerkung zu Teilaufgabe b):

In Teil (b) muss man die ursprünglichen Zuschlagssätze durch (i) einen Fixkostenanteil und (ii) durch einen variablen Zuschlagssatz, der wiederum auf die Einzelkosten zu beziehen ist, ersetzen.

Beispiel: Fertigungsgemeinkosten in der I. FS:

a) 300 % auf € 8.000 ergibt € 24.000

b) 11,11 % auf € 8.000 ergibt € 888,80 zuzüglich € 13.000 fix ergibt € 13.888,80

In Teil (c) muss man das Ergebnis von (a) bzw. (b) ins Verhältnis zu dem jeweils anderen Wert setzen und dann auf 100 beziehen.

a) in €: *b) in €:*

HK nach d. 1. Fert.-stufe:	*834.000,--*	*823.888,80*
HK nach d. 2. Fert.-stufe:	*616.373,33*	*604.270,80*
HK nach d. 3. Fert.-stufe:	*1.046.971,80*	*989.001,18*
SK:	1.361.063,34	1.285.701,54
SK/Glas:	*0,65*	*0,61*

Aufgabe 41

Richtige Antworten:

I. A, B und D.

II. B, D und E.

III. B und C.

Allgemein:

Stufen I - V:

I. Förderung:

3.000 t Rohmaterial

II. Aufbereiten

der 3.000 t.

Es verbleiben 2.400 t Zementmehl und 600 t Schutt.

400 t des Zementmehls kommen ins Lager.

III. Brennen

der 2.000 t Zementmehl

Es entstehen 1600t Klinker, nach technisch bedingtem Schwund von 400t.

IV. Zermahlen und Mischen (zu Zement)

der 1.600 t Klinker

und von 200 t Klinker zusätzlich

und von 100 t Gips.

Es entstehen 1.900 t Zement.

400 t Zement davon kommen ins Lager.

V. Verkauf

Packen und Verladen der verbleibenden 1.500 t Zement.

Rechenweg:

I: $\frac{9.000€}{3.000t}$ = 3 €/t

II: $\frac{3.000t * 3€/t + 15.000€}{2.400t}$ = 10 €/t Zementmehl

III: $\frac{2.000t * 10€/t + 30.000€}{1.600\,t}$ = 31,25 €/t Klinker

IV: $\frac{1.800t * 31{,}25€/t + 21.175€}{1.900t}$ = 40,75 €/t Zement

V: $\frac{1.500t * 40{,}75€/t + 4.125€}{1.500t}$ = 43,50 €/t verkaufter Zement = SK/t verkaufter Zement

400 t	Zementmehl	(Bestandsmehrung):	400 t ∗ 10,00 €/t	= + 4.000 €
200 t	Klinker	(Bestandsminderung):	200 t ∗ 31,25 €/t	= - 6.250 €
400 t	Zement	(Bestandsmehrung):	400 t ∗ 40,75 €/t	= + 16.300 €
				= +14.050 €

Aufgabe 42

1. Aufgabenteil

$\frac{900.000}{1.000.000 \cdot 3} = 0{,}30\,€$ pro Flasche

2. Aufgabenteil

$\frac{800.000}{1000.000 \cdot 3} + \frac{100.000}{400.000 \cdot 3} = 0{,}35\,€$ pro Flasche

Die Gesamtkosten teilen sich nun in Produktionskosten (800.000,-) und Verwaltungs- und Vertriebskosten (100.000,-) auf. Die Herstellkosten müssen gemäß der Formel durch die **hergestellte** Menge dividiert werden, während die Vw.-/Vtr.-Kosten durch die **abgesetzte** Menge dividiert werden muss.

Lagerbestandsveränderungen:

(800.000 € : 10.000hl) * 6.000 hl = 480.000 €

3. Aufgabenteil

Stufe	bewertete Wiedereinbringungsmenge + Stufenkosten	€/[kg, hl]	Lagerbestand [€]
1. Stufe	0 + 60.000	(60.000 : 25.000) = 2,40	
2. Stufe	(25.000 *2,40) + 6.000	(66.000 : 15.000) = 4,40	(5.000*4,4) = + 22.000
3. Stufe	(10.000*4,40) + 400.000	(444.000 : 10.000) = 44,40	
4. Stufe	(10.000*44,40) + 220.000	(664.000 : 10.000) = 66,40	
5. Stufe	(10.000*66,40) + 86.000	(750.000 : 10.000) = 75,00	(6.000*75) = + 450.000
Herstellkosten	750.000	75,00	
6. Stufe	(4.000*75) + 100.000	(400.000 : 4.000) = 100,00	
Selbstkosten	400.000		
Selbstkosten / Fl.		(100:100):3 = 0,33	

Lagerbestandsveränderungen an fertigen Erzeugnissen: + 450.000 €

Lagerbestandsveränderungen an unfertigen Erzeugnissen: + 22.000 €

Es werden zu den Stufenkosten jeweils die Stufenkosten der Wiedereinbringungsmenge der vorhergehenden Stufe addiert (Stufe 1 + 0,-; Stufe 2 + Stufe 1; ...).Dies wird dann durch die Ausbringungsmenge der Stufe geteilt. Die 6. Stufe (Vertriebs- und Verwaltungskosten) können dabei wie eine ganz normale Stufe betrachtet werden, wenn man als Wiedereinbringungsmenge die abgesetzte Menge betrachtet.

Aufgabe 43

Produktion:

		Kosten für Produktion/Personal			Kosten für Produktion/Maschinen				
Sorte	Prod.menge l	ÄQZ	gew. Menge	Kosten	ÄQZ	gew. Menge	Kosten	Gesamte Produktionskosten	Kosten pro l
Pilsener	2.000.000	1,2	2400000	360.000	1,8	3600000	900.000	1.260.000	0,63
Export	1.000.000	1,0	1000000	150.000	0,9	900000	225.000	375.000	0,375
Edel	1.600.000	0,9	1440000	216.000	1,0	1600000	400.000	616.000	0,385
Summe			4840000	726.000		6100000	1.525.000	2.251.000	

Personalkosten Produktion:	726.000,00	Maschinenkosten Produktion:	1.525.000,00
€ pro URZ:	0,15	€ pro URZ:	0,25

Abfüllung:

Kosten für Abfüllung/Personal	Kosten für Abfüllung/Maschinen

Sorte	Abfüll- füll- menge l	ÄQZ	gew. Menge	Kosten	ÄQZ	gew. Menge	Kosten	Herstellkosten d. U.	HK pro l
Pilsener	2.000.000	0,9	1800000	360.000	1,2	2400000	360.000	1.980.000,00	0,99
Export	1.000.000	1,3	1300000	260.000	1,5	1500000	225.000	860.000,00	0,86
Edel	1.000.000	0,9	900000	180.000	1,0	1000000	150.000	(*s.u.)715.000,00	0,715
Summe			4000000	800.000		4900000	735.000	3.555.000,00	

Personalkosten Abfüllung:	800.000,00	Maschinenkosten Abfüllung:	735.000,00
€ pro URZ:	0,2	€ pro URZ:	0,15

Sorte	HK des Umsatzes	Verw./Vertriebsk.	Selbstkosten (ges.)		**SK/0,5 l Fl.**
Pilsener	1.980.000,00	198.000,00	2.178.000,00		**0,5445**
Export	860.000,00	86.000,00	946.000,00		**0,473**
Edel	715.000,00	71.500,00	786.500,00		**0,39325**

Lagerbestandsänderung "Edel":	**231.000,00**	= 600.000l*	0,385€/L

(nur zu HK bewertet, nicht zusätzlich noch mit Abfüllkosten)

Um die Selbstkosten pro Flasche zu ermitteln, muss die Äquivalenzziffernkalkulation viermal durchgeführt werden. Jedes Mal müssen dabei die tatsächlich produzierten/abgefüllten Mengen mit den ÄQZ gewichtet werden und dann die jeweils entsprechenden Kosten auf die gewichteten

Mengen (URZ) verteilt werden: ÄQZ$_i$ * Menge$_i$ = URZ$_i$; GK / □□URZ$_i$) * URZ$_i$ = GK/Sorte$_i$

Wenn dann am Ende die 10% der Verwaltungs- und Vertriebskosten hinzuaddiert worden sind, muss man die Selbstkosten durch die Menge der abgefüllten Liter teilen.

*Bei der Sorte “Edel” muss darauf geachtet werden, dass nicht die gesamten Produktionskosten in die Abfüllung eingehen, sondern nur die für die tatsächlich abgefüllte Menge:

[(616.000 : 1.600.000 * 1.000.000) + 180.000 + 150.000]

= 385.000 + 180.000 + 150.000

= 715.000

Aufgabe 44

Richtige Antworten:

I. C, D und E.

II. C und E.

III. A und E.

Äquivalenzziffernkalkulation

Produktion:

Sorte	ÄQZ	Menge (Mio)	URZ (Mio)
D - Leicht	1,1	1,5	1,65
D	1	2	2
D - Stark	1,2	1	1,2
		Σ	4,85

Anteil: 485.000 € : ΣURZ = $\frac{485.000€}{4,85}$ = 100.000 € pro URZ

-->

D - Leicht: 165.000,-€

D: 200.000,-€

D - Stark: 120.000,-€

Vertrieb:

Sorte	ÄQZ	Menge (Mio)	URZ (Mio)
D - Leicht	1,2	1	1,2
D	1	3	3
D - Stark	1,3	0,7	0,91

∑5,11

Anteil: 154.300 € : Σ URZ = 0,03 € pro URZ

D-L: 0,03 * 1,2 Mio = 36.000 €

D: 0,03 * 3 Mio = 90.000 €

D-St: 0,03 * 0,91 Mio = 27.300 €

Produktionskosten (HK) pro Stück:

D-L: 165.000,- : 1,5 Mio Stück = 0,11 €/Stück

D: 200.000,- : 2 Mio = 0,1 €/Stück

D-St: 120.000,- : 1 Mio = 0,12 €/Stück

SK (gesamt) der abgesetzten Stück (Mio):

D-L: 0,11 €/Stück * 1 Mio Stück + 36.000,- = 146.000 €

D: 0,1 €/Stück * 3 Mio Stück +90.000,- = 390.000 €

D-St: 0,12 €/Stück * 0,7 Mio Stück + 27.300,- = 111.300 €

SK/Stück:

D-L:146.000,- : 1 Mio Stück = 0,146 €/Stück

D: 390.000,- : 3 Mio Stück = 0,13 €/Stück

D-St: 111.300,- : 0,7 Mio Stück = 0,159 €/Stück

Bestandsveränderungen (zu HK bewertet):

D-L: + 500.000 Stück * 0,11 €/Stück = + 55.000,-

D: - 1 Mio Stück * 0,1 €/Stück = - 100.000,-

D-St: + 300.000 Stück * 0,12 €/Stück = + 36.000,-

Σ = - 9.000 ,-

Aufgabe 45:

Die Bewertung nach Maschinenstundensätzen ist hier am geeignetsten. C)

Aufgabe 46:

Die Verwaltungsgemeinkosten sind nicht Bestandteil der Herstellkosten. (A)

Aufgabe 47

1) Jährliche Laufzeit: 52 Wochen * 40 Stunden/Woche - 580 Stunden = 1500 Stunden

	Jahreskosten in €	Berechnung	Std-kosten in €
Abschreibung:	15.000,00	(WBP/10 Jahre)	10,00
Kalk. Zinsen:	4.800,00	(120.000 €/2 (= durchschnittl. Kapitalbindung) * 8%)	3,20
Raumkosten:	3.600,00	(20 qm * 15 €/qm * 12 Monate)	2,40
Strom:	31.500,00	(0,35 €/kWh + 60 kWh * 1500 Std.)	21,00
	54.900,00		36,60

MSS: 54.900 € / 1500 Stunden = 36,60 €/Stunde

2) 150.000 €/ 8 Jahre = 18.750 €/Jahr (neue Abschreibung pro Jahr)

18.750 €/ 1.500 Stunden = 12,50 €/Stunde (neue Abschreibung pro Stunde)

Abschreibung neu: 12,50 €/Maschinenstunde

./. Abschreibung alt: 10,00 €/Maschinenstunde

Abschreibung erhöht sich um 2,50 pro Stunde

=> neuer MSS: 36,60 €/Stunde + 2,50 €/Stunde = 39,10 €/Stunde

Bei dieser Aufgabe, einer Maschinenstundensatzberechnung, müssen alle Angaben zu der Maschine auf eine Stunde normiert werden. Dabei sollte darauf geachtet werden, dass man die Kosten einheitlich sofort auf eine Stunde berechnet, oder aber alle Kosten auf ein Jahr berechnet und anschließend durch die Betriebslaufzeit teilt. Man sollte die Kosten nicht auf Jahre (kalk. Abschreibungen, kalk. Zinsen), Monate (Miete) und Stunden (Strom) berechnen, da es bei der Addition sonst schnell zu Fehlern kommen kann.

Aufgabe 48

Richtige Antworten:

I. A.

II. C und D.

Rechenweg:

1.500m von A∗5min/m = 7.500 min =125 Stunden

125h∗30,60€/h = 3.825 €

Hinzu kommt die Hälfte der Umrüststunden (170h:2 = 85h):

85h∗15,60€/h = 1.326 €

  3.825 €
+ 1.326 €
  5.151 €

Aufgabe 49

Blechverarbeitung			Berechnungs-hinweise
WBP:	20.000.000,00 €		AK*1,05^{10}=WBP
Gesamtlaufzeit:	4.000 h/Jahr		2*8*250
Kalk. Abschreibungen:		2.000.000,00 €	WBP / 10 Jahre
Instandhaltungskos-		800.000,00	Kalk. Abschr. *

ten:		€	0,4
Stromverbrauch:		120.000,00 €	1.000.000 * 0,12
	Summe	2.920.000,00 €	
	MSS	730,00 €/h	2.920.000,00 € / 4000
Maschinenabhängige GK pro Ozona		365,00 €	
Restfertigungsgemeinkostenzuschlag 25%			600.000/2.400.000
Fertigungslohn pro Ozona		300,00 €	2.400.000/(4.000 *2)
			2 Ozona pro Std.
Restfertigungsgemeinkostenzuschlag pro Ozona:		75,00 €	300 * 25%
	pro OZONA	740,00 €	

Karosserieschweißen			Berechnungshinweise
WBP Roboter:	500.000,00 €		AKR*1,06^5 pro Stk.
WBP Presse:	700.000,00 €		AKP*1,06^5 pro Stk.
WBP 272+52	172.400.000,00 €		272*WBPR+52* WBPP
Gesamtlaufzeit:	4.000 h/Jahr		2*8*250
Kalk. Abschreibung		34.480.000,00 €	WBP / 5
Reparaturen:		1.000.000,00 €	
Stromverbrauch:		84.000,00 €	700.000 * 0,12

Summe	35.564.000,00 €	
MSS	8.891,00 €/h	35.564.000/4.000
Maschinenabhängige Gemeinkosten pro Ozona	4.445,50 €	MSS/2
Restfertigungsgemeinkostenzuschlag 15%		210.000/1.400.000
Fertigungslöhne pro Ozona	175,00 €	1.400.000/(4.000/2)
		2 Ozona pro Std.
Restfertigungsgemeinkosten	26,25 €	175,00 * 15%
pro OZONA	4.646,75 €	

Bisherige Herstellkosten	6.613,25 €
+ Blechverarbeitung	740,00 €
+ Karosserieschweißen	4.646,75 €
Gesamtkosten pro Ozona	12.000,00 €

Aufgabe 50

a) MSS der Fertigungsstufe 1:

60.000	Abschreibung
14.700	Kalk. Zinsen (10% von 147.000 €)
1.000	Strom (250 Tage * 8h/Tag * 5Kw/h*0,1 €/kWh
8.000	Schmierstoff (32*250)
7.000	Lohn (28*250)
8.500	Material (34*250)
+ 800	Wagnisse etc.
100.000	

Stunden insgesamt: 250*8 = 2.000 Stunden

$$\frac{100.000€}{2.000h} = 50\frac{€}{h}$$

b)

Stufe 1:

	MEK	0	
	MGK	0	
	FEK	40.000	(20*2.000)
+	FGK	120.000	(60*2.000
	HK gesamt/Stufe 1	160.000	

$$\frac{160.000}{(2.000 * 1.000)} = 0{,}08\frac{€}{Stift}$$

Stufe 2:

	MEK	0,04 €
	MGK	0,01 €
	FEK	0,01 €
+	FGK	0,02 €
	HK/Stück,Stufe 2	0,08 €

HK/Stück, Stufe 1	0,08 €
HK/Stück, Stufe 2	0,08 €
HK/Stück	0,16 €

VwGK (25% der HK) = 0,04 €

VtrGK (12,5% der HK) = 0,02 €

HK	0,16 €
VwGK	0,04 €
VtrGK	0,02 €
	0,22 €

Aufgabe 51

Richtige Antworten:

I. E.

II. C, D und E.

Bei dieser Aufgabe müssen alle Angaben zu der Maschine auf eine Stunde normiert werden. Dabei sollte darauf geachtet werden, dass man die Kosten einheitlich sofort auf eine Stunde berechnet, oder aber alle Kosten auf ein Jahr berechnet und anschließend durch die Betriebslaufzeit teilt. Man sollte die Kosten nicht auf Jahre (kalk. Abschreibungen, kalk. Zinsen), Monate (Miete) und Stunden (Strom) berechnen, da es bei der Addition sonst schnell zu Fehlern kommen kann.

Rechenweg:

Gesamtarbeitszeit	2.002,00
./. Ausfallzeit	-125,00
./. Urlaub	-77,00
Gesamtlaufzeit	1.800,00

Kosten	pro Jahr	pro Stunde
kalk Abschreibungen	60.000,00	33,33
kalk. Zinsen	18.000,00	10,00
Instandhaltung	6.750,00	3,75
Wartung	2.430,00	1,35
Mietkosten	3.060,00	1,70
Energiekosten	12.960,00	7,20
Gesamtkosten	103.200,00	57,33
Maschinenstundensatz		57,33

Berechnung der Maschinenkosten für 1 Jahr:

kalk. Abschreibungen:	480.000 / 8 =	60.000,00
kalk. Zinsen:	450.000 / 2 * 8% =	18.000,00
Instandhaltungskosten:	450.000 / 8 * 12% =	6.750,00
Wartungskosten:	1.800 / 600 * 810 =	2.430,00
Mietkosten:	30 * 8,50 * 12 =	3.060,00

Energiekosten: 40 * 0,18 * 1.800 = 12.960,00

Aufgabe 52

Richtige Antworten:

I. A und C.

II. A und B.

III A, C und E.

IV. A, C und D.

Rechenweg:

Material	Fertigung			Verwaltung	Vertrieb
	Maschine A	Maschine B	Rest-FGK		
Zuschlag	MSS	MSS	Zuschlag	Zuschlag	Zuschlag
8% auf MEK	96 €/h	125 €/h	110% auf FEK	11% auf HK	6% auf HK

Materialgemeinkostenzuschlag: $\frac{375.000}{4.687.500} = 8\%$

Fertigungsgemeinkostenzuschlag: $\frac{198.000}{180.000} = 110\%$

Maschinenstundensatz A: $\frac{216.000}{2.250} = 96$

Maschinenstundensatz B: $\frac{175.000}{1.400} = 125$

Da Verwaltungs- und Vertriebskostenzuschläge auf die Herstellkosten des Umsatzes berechnet werden, müssen erst die Herstellkosten der Produktion ausgerechnet werden:

Materialeinzelkosten 4.687.500;

Materialgemeinkosten +375.000;

Fertigungseinzelkosten +180.000;

FGK Maschine A	+216.000;
FGK Maschine B	+175.000;
Restfertigungsgemeinkosten	+198.000;
Herstellkosten der Produktion	5.831.500

Dann müssen zur Berechnung der Herstellkosten des Umsatzes noch die Bestandsveränderungen in Ansatz gebracht werden:

Herstellkosten der Produktion	5.831.500;
+ Bestandsminderungen	+19.500;
Herstellkosten des Umsatzes	5.851.000;

Verwaltungsgemeinkostenzuschlag: $\frac{643.610}{5.851.000} = 11\%$

Vertriebsgemeinkosten: $\frac{351.060}{5.851.000} = 6\%$

Materialeinzelkosten	38,00 €	
+ 8% GK-Zuschlag	3,04 €	
= Materialkosten		41,04 €
Fertigungseinzelkosten	19,50 €	
+ 110% GK-Zuschlag	21,45 €	
+ 12 min MSS A	19,20 €	
+ 6 min MSS B	12,50 €	
= Fertigungskosten		72,65 €
= Herstellkosten		113,69 €
+ 11%Verwaltungs-GK-Zuschlag	12,51 €	
+ 6% Vertriebs-GK-Zuschlag	6,82 €	
Selbstkosten		133,02 €

Aufgabe 53

	Kostengrößen:
+72.000,00	Löhne und Gehälter
+10.200,00	Sozialaufwendungen
+600,00	Instandhaltungsaufwendungen
+5.600,00	Fuhrparkaufwendungen
+4.500,00	sonst. Abschreibungen
+8.300,00	Hilfsstoffverbrauch
+7.200,00	Energieaufwendungen
+2.100,00	kalk. Abschreibungen Steinbruch
110.500,00	Gesamte Selbstkosten
- 40.785,00	Einzelkosten Bruchsteine
69.715,00	Gesamtkosten Kuppelprozess

"Außerordentliche Aufwendungen" gehen nicht in die Kosten ein, da es sich um neutrale Aufwendungen handelt.

Die "Abschreibungen auf den Steinbruch" gehen nicht in die Kosten ein, da sie durch die kalkulatorischen Abschreibungen ersetzt werden.

Bei den "sonstigen Abschreibungen" kann es sich zum Beispiel um Abschreibungen auf Maschinen und den Fuhrpark handeln. Dieser Posten entspricht zwar nicht den kalkulatorischen Abschreibungen, die man eigentlich auch hier ansetzen müsste, geht aber mangels anderer Information dennoch ein.

Die Einzelkosten Bruchsteine müssen abgezogen werden, da sie im Rahmen der Kuppelkalkulation nicht auf die anderen Steinsorten verteilt werden dürfen. Sie werden allein den Bruchsteinen zugeordnet. Der Betrag ist nicht als solcher in der GuV zu finden, sondern kann bestehen aus z.B. Löhnen und Gehältern, Sozialaufwendungen, Instandhaltungsaufwendungen, Fuhrparkaufwendungen, sonst. Abschreibungen, Hilfsstoffen und Energieaufwendungen.

Kalkulatorische Abschreibungen:

Basis: AHK (das Grundstück kann nicht wiederbeschafft werden)

200 * 100 * 3 = 60.000

Methode: leistungsabhängige Abschreibung (Leistung: abgebaute cbm)

Gesamtleistung: 200m * 100m * 12m = 240.000 cbm

Abschreibung / cbm: 60.000 / 240.000 = 0,25

Jahresleistung 2000: 8.400 cbm

kalk. Abschreibung: 8.400 * 0,25 = 2.100

Erzeugnis	cbm	ÄQZ	URZ	Gemein-kosten	Einzel-kosten	Selbst-kosten	SK/ cbm
Bruch-steine	5.200	5	26.000	57.542,54	40.785,00	98.417,54	18,91
Schrop-pen	2.300	2	4.600	10.180,60	0,00	10.180,60	4,43
Splitt	900	1	900	1.991,86	0,00	1.991,86	2,21
			31.500	69.715,00		110.590,00	

69.715,00 : 31.500 = 2,2131746

Die Gemeinkosten werden wie immer in folgender Rechnung auf die einzelnen Sorten verteilt:

$ÄQZ_i * Menge_i = URZ_i$

$GK / \square URZ_i) * URZ_i = GK/Sorte_i$

SK (gesamt): 110.500,-- €

GK (gesamt): 69.715,-- €

SK/m3:
I. 18,91 €
II. 4,43 €
III. 2,21 €

Aufgabe 54

Kuppelkalkulation nach dem Restwertverfahren, da 1 Hauptprodukt und 1 Nebenprodukt vorhanden sind.

140 t Stahl wurden produziert und abgesetzt

16 t Schlacke wurden verkauft à 1,50 €/kg

=1 €

+ 0,50 € VtrK

Rechenalternative I:

184.000 Gesamtkosten Kuppelprozess

\- 24.000 Nettoerlöse (16 t = 16.000 kg à 1,50 €)

\+ 8.000 VtrK (16.000 t ∗ 0.50 €/t)

168.000 €

Rechenalternative II:

184.000 Gesamtkosten Kuppelprozess

\- 16.000 (16.000 kg ∗(1,50 €/kg - 0,50 €/kg))

168.000€

a) HK/t Stahl = 168.000 € : 140t= 1.200 €/t.

b) SK/t Stahl = (168.000€ + 21.000€) : 140 t = 1.350 €/t.

Aufgabe 55

(1)

(1t E1*15€/t + 3t E2*20€/t)*70 Prozesse = 5.250,00	Einsatzstoffe
5.750,00	MGK
10.000,00	FGK
5.250,00	Fertigungslöhne
26.250,00	Kuppelprozesskosten

(2)

Erzeugnisart	ÄQZ	Menge	Umsatz (p*x)= URZ	GK / Sorte	EK (Veredelung)	$HK_i = GK_i + EK_i$	HK/t
A	500	140	70.000,00	21.000,00	21.000,00	42.000,00	300,00
B	150	70	10.500,00	3.150,00		3.150,00	45,00
C	100	70	7.000,00	2.100,00	3.500,00	5.600,00	80,00
Summe			87.500,00	26.250,00		50.750,00	

€ pro URZ: 26.250 : 87.500 = 0,3

Dieser Teil der Kuppelkalkulation verläuft wie eine normale Äquivalenzziffernkalkulation mit der Besonderheit, dass die Marktpreise die Äquivalenzziffern darstellen. Die normale Formel

$ÄQZ_i * Menge_i = URZ_i$; $GK / \square URZ_i) * URZ_i = GK/Sorte_i$ verändert sich also wie folgt:

$Marktpreis_i * Menge_i = Umsatz_i$; $GK / (Umsatz_i) * Umsatz_i = GK/Sorte$.

(3)

Die Kostenverteilung der Marktpreismethode ist nur eine Näherungslösung, weil das Verhältnis der tatsächlichen Kosten nicht (oder nur selten) dem Verhältnis der Marktpreise entspricht, das von Einzelkosten und auch von Angebot und Nachfrage abhängt.

Aufgabe 56

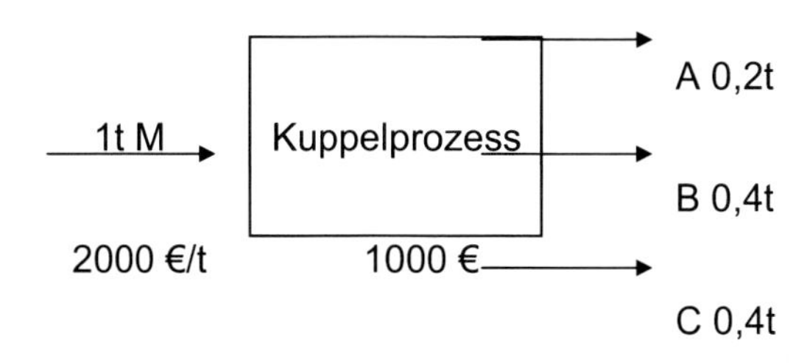

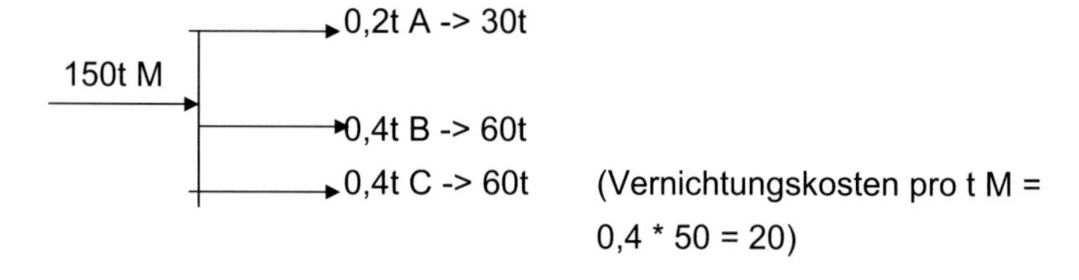

Materialkosten	150 * 2000	(Bezugspreis)	300.000
Fertigungskosten	150 * 1000	(Bearbeitungskosten d. Anlage)	150.000
Vernichtungskosten	60t * 50 €/t	(für C)	3.000
Nicht zurechenbare Kosten			453.000

(die Aufbereitungskosten sind zurechenbar)

Sorte	Menge x_i	AZ a_i	Umr.zahl $x_i * a_i$	GK pro t $(KK/\sum a_i*x_i)*a_i$	GK pro Sorte $(KK/\sum a_i*x_i)*a_i*x_i$
A	30	1,5	45	5.524,4	165.732
B	60	1,3	78	4.787,8	287.268
			123		453.000

453.000 / 123 = 3.682,93 €/Recheneinheit

Sorte	GK pro t	Aufbereitungs-kosten	HK pro t	VwGK/VtGK 10%	Selbst-kosten
A	5.524,4	1500	7.024,4	702,44	7.726,84
B	4.787.8	-	4.787,8	478,78	5.266,58

Aufgabe 57

Zu a)

4.794 € Material (Getränkekartons) (=940∗5,10€)

5.355 €	Abschreibung
6.380 €	Löhne
5.450 €	Wasser/Chemikalien
1.420 €	Kalk. Zinsen
23.399 €	Gesamtkosten des Kuppelprozesses pro Monat

Die Gesamtkosten betragen 23.399 €.

Zu b)

Restwertrechnung

Hauptprodukt: - langfaseriger, hochwertiger Zellstoff

Nebenprodukte: - Rest Zellstoff
- Aluminium
- Polyethylen
- Füllstoffe

Kuppelprozesskosten	+ 18.854,05
- Alu Erlöse (940∗0,11∗76)	- 7.858,40
+ Poly-Granulat Kosten (940∗0,23∗(60+3))	+ 13.620,60
+ Füllstoffe Kosten (940∗0,08∗12,50)	+ 940,00
	25.556,25
+ Trennung Zellstoff (EK Zellstoff)	+ 817,80
	26.374,05

Menge hochwertiger Zellstoff = 940∗0,58∗0,75 = 408,9 t

HK/t hochw. Zellstoff = 26.374,05 € : 408,9 t = 64,50 €/t

Die Herstellkosten betragen 64,50 € pro Tonne.

Zu c)

Gewinn = Erlöse - Kosten

408,9 t * (70€/t - 64,50 €/t) = 2.248,95 € /t

$$\frac{Gewinn}{Menge\ Alu} = \frac{2.248{,}95€/t}{940t * 0{,}11} = \frac{2.248{,}95€/t}{103{,}4t} = 21{,}75\ €$$

76,- € - 21,75,- € = 54,25 €/t

Der Aluminiumpreis darf auf 54,25 € pro Tonne fallen.

Aufgabe 58

Die Antworten A, B und E sind richtig.

Aufgabe 59

Gesamtkosten der Kuppelproduktion für die Tagesproduktion von 5.000t Eisen:

+Erz	10.000t * 250€/t	2.500.000€
+Koks, Kalk	0,8t/t * 5.000t * 450€/t	+ 1.800.000€
+Wasser	40m³/t * 5.000t * 2€/t	+ 400.000€
+Löhne, Nebenkosten		+ 40.000€
+Hilfsmaterial pro Tag		+ 10.000€
+Kalk. Abschreibungen	219.000 : 10 : 365	+ 60.000€
+Kalk. Zinsen	219.000.000 : 2 * 0,1 : 365	+ 30.000€
=Gesamtkosten des Kuppelprozesses		= 4.840.000€
- Nettoerlöse Schlacke	1,2t/t * 5.000t * (90 - 50)	- 240.000€
- Nettoerlöse Gas	0 - 50.000 = - 50.000	- (-50.000)€
Restwert		= 4.650.000€
Anteiliger Restwert pro t Eisen	4.650.000 € : 5.000t	**930€/t**

Aufgabe 60

Richtige Antworten:

I. B

II. A

III. B

IV. B und D

V C

Aufgabe 61

I. A, C, D und E sind richtig.

II. B und D sind falsch.

Aufgabe 62:

Die Antworten A und C sind richtig.

Aufgabe 63

	GuV		Abgrenzung		Kostenrechnerische Korrektur		Betriebsergebnis	
Erfolgsposition	Aufwand	Ertrag	Soll	Haben	Aufwand	Ertrag	Kosten	Leistung
Umsatzerlöse		540.000						540.000
Minderbestand	10.000						10.000	
Andere akt. Eigenleistungen		15.000						15.000
Ertrag aus Anlagenverkauf		3.000	3.000					
Ertrag aus Rückstellungsaufl.		12.000	12.000					
Ertrag aus		2.000	2.00					

Beteiligungen			0					
Materialaufwand	160.000				185.000	160.000	185.000	
Personalaufwand	210.000						210.000	
Soziale Abgaben	40.000				20.000	25.000	40.000	
Abschreibungen auf AV	25.000						20.000	
Miete	800						800	
Spenden	300			300				
Betriebssteuern	18.000			10.500			7.500	
Zinsaufwand	3.000				4.500	3.000	4.500	
Schadensfälle	7.500				8.400	7.500	8.400	
Kalk. Miete					1.500		1.500	
Kalk. U-Lohn					6.000		6.000	
Summe	474.600	572.000	17.000	10.800	225.400	195.500	493.700	555.000
Gewinn	97.400			6.200		29.900	61.300	

Aufgabe 64

Kontenbezeichnung	Gesamtergebnis		Neutrales Ergebnis				Betriebsergebnis	
	GuV		Abgrenzung		Kostenrechn. Korr.			
	Aufwand	Ertrag	Soll	Haben	Soll	Haben	Kosten	Leistungen
Umsatzerlöse		1500						1500
Minderbestand	200						200	

Eigenleistungen		200						200
so. betriebl. Erträge		20	20					
Materialaufwand	590						590	
Abschreibung	360				60	360	60	
Personalaufwand	450				440	450	440	
Betriebssteuer	100			20			80	
Zinsaufwand	20						20	
So. Aufwendungen	250			25			225	
Kalk. U-Lohn					10		10	
Summe	1970	1720	20	45	510	810	1625	1700
Ergebnis		250	25		300		75	

1. Der Materialaufwand ist um die Fehlbuchung zu korrigieren (Nettoaufwand 10.000 €).

2. Die Urlaubslöhne sind gleichmäßig auf das Jahr zu verteilen:

450.000€ Personalaufwand des Monats
-50.000€ tats. gezahlte Urlaubslöhne
40.000€ kalk. Urlaubslöhne je Monat
440.000€ Personalkosten des Monats

3. Kalkulatorische Abschreibung (linear)
=> 7,2 Mio. / (10 Jahre * 12 Monate) = 60.000 €/Monat

4. Betriebssteuern des Vormonats 70.000€
Rückstellung des Vormonats -50.000€
20.000€

Dieser Betrag ist Aufwand der Vorperiode und damit neutraler Aufwand.

5. Erforderliche Abschreibung ist aperiodisch und damit neutraler Aufwand.

6. Der Zahlungseingang ist außerordentlich und damit neutraler Ertrag.

7. In Höhe des Gehaltes der vergleichbaren Position erfolgt Ansatz eines kalkulatorischen Unternehmerlohns für Karl Krank.

Aufgabe 65

a) Umsatzkostenverfahren in Mio. €

Produkt	ALERT	ALERTneu	MAS	Berechnungshinweise
MEK	10,00	13,75	14,67	MEK*Absatz/Produktion
+ FEK	10,00	17,50	17,60	FEK*Absatz/Produktion
+ FGK	5,00	8,75		FGK als 50%-Zuschlag auf FEK[1]
+ SoEKProd	7,27	10,71	21,08	SoEK*Absatz/Produktion
= HK des Umsatzes	32,27	50,71	53,35	
+ VertrGK	3,24	5,09	5,36	VertrGK als 10,04%-Zuschlag auf HK des Umsatzes[2]
= Selbstkosten	35,51	55,80	58,71	
Umsatzerlöse	100,00	175,00	286,00	Preis*Menge
./. Selbstkosten	35,51	55,80	58,71	
Absatzergebnis	64,49	119,20	227,29	
HK/Stück (€)	1,61	2,03	2,43	HK des Umsat-

				zes/Absatzmenge

[1]Zuschlag ergibt sich aus 15,3 Mio. FGK und den FEK von Alert und Alertneu: 15,3 / (11 + 19,6) = 50 %

[2]Zuschlag der Vertriebsgemeinkosten auf die Herstellkosten des Umsatzes: 13,69 / (32,27 + 50,71 + 53,35) = 10,04 %

b) Gesamtkostenverfahren in Mio. €

Produkt	ALERT	ALERTneu	MAS	Berechnung
Umsatzerlöse	100,00	175,00	286,00	Preis*Menge
± Bestandsveränd.	3,22	6,09	4,86	bewertet zu HK/Stück
+ akt. Eigenleist.	0,00	0,00	0,00	
Gesamtleistung	103,22	181,09	290,86	
./. MEK	11,00	15,40	16,00	
./. FEK	11,00	19,60	19,20	
./. FGK	5,50	9,80		FGK als 50%-Zuschlag auf FEK
./. SoEKProd.	8,00	12,00	23,00	
= HK der Prod.	35,50	56,80	58,20	
./. VertrGK	3,24	5,09	5,36	VertrGK-Zuschlag 10,04% auf HK des Umsatzes
Betriebsergebnis	64,48	119,20	227,30	
HK/Stück (€)	1,61	2,03	2,43	HK der Prod./Produktionsmeng e

c) Bei genauer Berechnung besteht kein Unterschied zwischen den beiden Verfahren (die Lösungshinweise enthalten Rundungsdifferenzen).

Aufgabe 66

	Größe 13x18	Größe 20x30	Größe 80x100
Produktionsmenge	7.500,00	15.000,00	3.000,00
Absatzmenge	8.000,00	13.500,00	3.000,00
Absatzpreis	15,95	22,95	59,95
Umsatzerlöse	127.600,00	309.825,00	179.850,00

Kosten für Absatzmenge

MEK (Pappe)	842,40 (=0,13*0,18*4,50*8000)	3.645,00	10.800,00
MEK (Metall)	33.728,00 (=(0,13+0,18)*2*8000)	91.800,00	73.440,00
MEK (Glas)	6.800,00 (=8000*0,85)	18.225,00	16.200,00
Fertigungsstelle 1 15.225,00	2.480,00 (=(13+18)*2*8000*0,005)	6.750,00	5.400,00
Fertigungsstelle 2 25.500,00	8.000 (=0,25*4*8000)	13.500,00	3.000,00
Fertigungsstelle 3 30.600,00	9.600 (=8000*1,2)	16.200,00	3.600,00
Fertigungsstelle 4 36.750,00	5.600 (=0,7*8000)	18.900,00	10.500,00
HK des Umsatzes	67.050,40	169.020,00	122.940,00
Verwaltungskosten 132.833,85	24.808,65	62.537,40	45.487,80
Vertriebskosten	8.716,55	21.972,60	15.982,20

46.671,35			
Selbstkosten	100.575,60	253.530,00	184.410,00

FS1 Schnitt-länge Summe	465.000 (=(13+18)*2*7.500) 3.045.0000	1.500.000 pro cm	1.080.000 0,005 €
FS2 Schnitte Summe	30.000 (=4*7.500) 102.000	60.000 pro Schnitt	12.000 0,25 €
FS3 Pro Rah-men	1,2 €		
FS4 URZ Summe URZ	7.500 (=1*7.500) 52.500	30.000 (=2*15.000) pro URZ	15.000 (=5*3.000) 0,7 €
HK pro Stück	8,38	12,52	40,98
HK-Umsatz Summe	67.050,40 359.010,40	169.020,00 Zuschlags-satz	122.940,00 37% (=1.132.833,85/ 359.010,40)
HK-Umsatz Summe	67.050,40 359.010,40	169.020,00 Zuschlags-satz	122.940,00 13% (=46.671,35/ 359.010,40
SK pro Stück	12,57	18,78	61,47

Umsatzerlöse	127.600,00	309.825,00	179.850,00
./. Selbstkosten	-100.575,60	-253.530,00	-184.410,00
Absatzergebnis	27.024,40	56.295,00	-4.560,00

In Fertigungsstelle 1 wird die Gesamtschnittlänge aller in der Periode produzierten Rahmen aller Größen errechnet und dann auf die einzelnen

Rahmengrößen verteilt (wie Äquivalenzziffernrechnung (ÄQZ Schnittlänge in cm pro Rahmen)).

Jeder cm Schnitt kostet: 15.225 € / 3.045.000 cm = 0,005 €/cm.

In Fertigungsstelle 2 wird die Gesamtzahl aller Schnitte aller in der Periode produzierten Rahmen aller Größen (4 Schnitte pro Rahmen) errechnet, und dann auf die einzelnen Rahmengrößen verteilt.

Jeder Schnitt kostet: 25.000 € / (4*7.500+4*15.000+4*3.000) Schnitte = 0,25 €/Schnitt.

In Fertigungsstelle 3 werden alle in der Periode produzierten Rahmen aller Größen addiert und die Gesamtkosten dadurch geteilt.

Die Kosten pro Rahmen betragen: 30.600 € / (7.500+15.000+3.000) Stk. = 1,2 €/Stk.

In Fertigungsstelle 4 wird eine Äquivalenzziffernrechnung durchgeführt.

Die Kosten pro URZ betragen: 36.750 € / 52.500 URZ = 0,7 €/URZ.

Die Verwaltungs- und Vertriebsgemeinkosten werden auf Basis der Herstellkosten des Umsatzes zugeschlagen.

Über das künftige Produktionsprogramm können keine Aussagen getroffen werden, da die kurzfristige Erfolgsrechnung (UKV, GKV) nur Aussagen über Vollkosten zulässt. Man kann also nicht erkennen, ob die Rahmengröße 80x100 einen positiven Deckungsbeitrag hat, oder nicht. Nähere Ausführungen zur Deckungsbeitragsrechnung finden sich im Skript.

Aufgabe 67

Rechenweg:

-Fremdfertigung: 6.000 * 114,- = 684.000,-€

-Eigenfertigung:

48.000,-Auf-...kosten

43.200,- Abschr., Zinsen

14.400,- Instandhaltung

14.400,- Lohn
+504.000,- Material (6.000 * 84,-)
624.000,-

624.000 : 6.000 = 104 €/m³

EF:

48.000
+ 43.200
+ 14.400
+ 14.400
= 120.000 = fixe Kosten
+ 336.000(4.000*84) Material
456.000

456.000 : 4.000 = 114,-€/m³

EF:

120.000
+ 563.976 (84*6.714)
683.976

m³ (gerundet)

Damit sind A, B und C richtig.

Aufgabe 68

Zu a)

Gesucht: Absatzmenge x

DB = Erlöse - variable Kosten

DB soll gleich den Fixkosten sein, d.h. = 50.000 €.

50.000 €	= (25 - 15) * x
⇔ x	= 5.000

Zu b)

Erlöse (8.000*25)	200.000
- variable Kosten (8.000 * 15)	- 120.700
= DB	= 80.000

DB - fixe Kosten = Überschuss

80.000 - 50.000 = 30.000 €

Aufgabe 69

Die Grundsätze ordnungsgemäßer Buchführung (GoB) werden nicht in Gesetzen kodifiziert, sondern nur im HGB, beispielsweise im § 239 Abs. 4 HGB, erwähnt. Sie werden aus den handelsrechtlichen Bilanzierungsvorschriften abgeleitet und ergeben sich

- aus dem Wortlaut der gesetzlichen Vorschriften,
- dem Bedeutungszusammenhang der gesetzlichen Vorschriften
- der Entstehungsgeschichte der gesetzlichen Vorschriften.

Aufgabe 70

Die Buchführungspflicht ergibt sich im Handelsrecht gemäß § 242 HGB. Danach hat jeder Kaufmann eine Bilanz und eine GuV aufzustellen. Wer Kaufmann ist, ergibt sich aus den §§ 1 ff. HGB.

Aufgabe 71

Die Bilanzierungsgrundsätze sind im § 252 HGB genannt:

- Identitätsprinzip: Wertansätze in Eröffnungs- und Schlussbilanz müssen übereinstimmen (§ 252 Abs. 1 Nr. 1 HGB)

- Going Concern-Prinzip: Fortführung der Unternehmenstätigkeit (§ 252 Abs. 1 Nr. 2 HGB)
- Einzelbewertungsprinzip: Vermögensgegenstände sind grundsätzlich einzeln zu bewerten (§ 252 Abs. 1 Nr. 3 HGB)

  => Durchbrechung bei Festwertverfahren (untergeordnete Bedeutung von Sachanlagevermögen sowie Roh-, Hilfs- und Betriebsstoffen gemäß § 240 Abs. 3 HGB), Gruppenbewertung (gleichartige Vermögensgegenstände des Vorratsvermögens (§ 240 Abs. 4 HGB) sowie Verbrauchsfolgeverfahren (§ 256 HGB)
- Stichtagsprinzip
- Vorsichtsprinzip: „Es ist vorsichtig zu bewerten, namentlich sind alle vorhersagbaren Risiken und Verluste, die bis zum Abschlussstichtag entstanden sind, zu berücksichtigen, selbst wenn diese erst zwischen dem Abschlussstichtag und dem Tag der Aufstellung des Jahresabschlusses bekannt geworden sind; Gewinne sind nur zu berücksichtigen, wenn sie am Abschlussstichtag realisiert sind." (§ 252 Abs. 1 Nr. 4 HGB)
- Abgrenzungsprinzip (§ 252 Abs. 1 Nr. 5 HGB): Erträge und Aufwendungen sind periodengerecht auszuweisen
- Stetigkeitsgebot (§ 252 Abs. 1 Nr. 6 HGB): Bewertungsmethoden sind stetig anzuwenden

Aufgabe 72

Anschaffungskosten sind die Aufwendungen, die geleistet werden, um einen Vermögensgegenstand zu erwerben und ihn in einen betriebsbereiten Zustand zu versetzen, soweit sie dem Vermögensgegenstand einzeln zugeordnet werden können. Zu den Anschaffungskosten gehören auch die Nebenkosten sowie die nachträglichen Anschaffungskosten. Anschaffungspreisminderungen sind abzusetzen.

Anschaffungskosten ergeben sich damit aus: Anschaffungskosten + Nebenkosten + nachträgliche Anschaffungskosten - Anschaffungspreisminderungen (im Wesentlichen Skonti und Boni)

Aufgabe 73

Herstellungskosten sind die Aufwendungen, die durch den Verbrauch von Gütern und die Inanspruchnahme von Diensten für die Herstellung eines Vermögensgegenstands, seine Erweiterung oder für eine über seinen ursprünglichen Zustand hinausgehende wesentliche Verbesserung entstehen. Dazu gehören die Materialkosten, die Fertigungskosten und die Sonderkosten der Fertigung. Bei der Berechnung der Herstellungskosten dürfen auch angemessene Teile der notwendigen Materialgemeinkosten, der notwendigen Fertigungsgemeinkosten und des Wertverzehrs des Anlagevermögens, soweit er durch die Fertigung veranlaßt ist, eingerechnet werden. Kosten der allgemeinen Verwaltung sowie Aufwendungen für soziale Einrichtungen des Betriebs, für freiwillige soziale Leistungen und für betriebliche Altersversorgung brauchen nicht eingerechnet zu werden. Aufwendungen im Sinne der Sätze 3 und 4 dürfen nur insoweit berücksichtigt werden, als sie auf den Zeitraum der Herstellung entfallen. Vertriebskosten dürfen nicht in die Herstellungskosten einbezogen werden.

Damit ergeben sich die Herstellungskosten aus: Einzelkosten (Pflicht) + Gemeinkosten (Wahlrecht)

2 Aufgaben zu Recht und Steuern

Aufgabe 1

Was sind geringwertige Wirtschaftsgüter?

Aufgabe 2

Ein Notebook wird am 5.1. für 1.071 € gekauft. Wie hoch sind die Anschaffungskosten und die Abschreibungen im ersten Jahr, wenn das Unternehmen Vorsteuerabzugsfähig ist?

Aufgabe 3

Welche Besonderheiten haben Bruchteilsgemeinschaft und die Miteigentümergemeinschaft?

Aufgabe 4

Wie lassen sich rechtlich Körperschaften von Personengesellschaften unterscheiden?

Aufgabe 5

Wann erlangt eine natürliche Person ihre Rechtsfähigkeit?

Aufgabe 6

Was sind „Sachen" im Rahmen des BGB?

Aufgabe 7

Wer ist geschäftsunfähig?

Aufgabe 8

Was bedeutet beschränkt geschäftsfähig?

Aufgabe 9

Welche Folgen hat der Geschäftsabschluss eines beschränkt geschäftsfähigen?

Aufgabe 10

Was besagt der so genannte „Taschengeldparagraph“?

Aufgabe 11

Ein Angebot wird befristet auf den 3. August. Der Empfänger des Angebots schreibt auf die Angebotsannahme den 2. August, schickt das Dokument aber erst am 3. August gegen 21 Uhr an den Anbieter zurück. Ist das Geschäft zustande gekommen?

Aufgabe 12

Kreditinstitut B gibt Kreditnehmer A wegen dessen hoher Bonität am 2. Januar einen Kredit. Am 3. Januar erfährt B, dass A sich in Zahlungsschwierigkeiten befindet. Am a) 2. Februar, b) 4. Januar ficht B das Darlehen an. Welche rechtlichen Folgen hat dies?

Aufgabe 13

Wann werden die Allgemeinen Geschäftsbedingungen eines Vertragspartners Teil eines Geschäftsvertrages?

Aufgabe 14

Welche Rechtsfolgen ergeben sich bei Nichteinbeziehung oder Unwirksamkeit der Allgemeinen Geschäftsbedingungen?

Aufgabe 15

Worin unterscheiden sich Besitz und Eigentum nach BGB?

Aufgabe 16

Wie wird Eigentum an unbeweglichen Sachen übertragen?

Aufgabe 17

Erläutern Sie Grundschuld und Hypothek!

Aufgabe 18

Was sind die wichtigsten Sicherungsinstrumente bei beweglichen Sachen?

Aufgabe 19

Was ist die Insolvenzmasse?

Aufgabe 20

Was ist die Insolvenzquote?

Aufgabe 21

Was versteht man unter der „Aussonderung"?

Aufgabe 22

Was versteht man unter der „Absonderung"?

Aufgabe 23

Was versteht man unter einem „Kaufmann"?

Aufgabe 24

Was ist ein Kannkaufmann?

Aufgabe 25

Was ist ein Formkaufmann?

Aufgabe 26

Erläutern Sie die „Vertretung"!

Aufgabe 27

Erläutern Sie die „Prokura"!

Aufgabe 28

Welche Aufgabe hat das Handelsregister?

Aufgabe 29

Was ist ein Handelsvertreter?

Aufgabe 30

Was ist ein Handelsmakler?

Aufgabe 31

Welche Schritte sind bei einer Stellenausschreibung zu beachten, wenn es mehrere Bewerber gibt?

Aufgabe 32

Welche Schritte werden in einem normalen Bewerbungsgespräch durchgeführt? Was wird dort besprochen?

Aufgabe 33

Wann sind Leistungen unabhängig von einem Arbeitsvertrag an den Arbeitnehmer zu leisten?

Aufgabe 34

Welche Möglichkeiten besitzt der Arbeitgeber, wenn der Arbeitnehmer seine Leistungen verweigert?

Aufgabe 35

Welche Möglichkeiten besitzt der Arbeitnehmer, wenn der Arbeitgeber seine Leistungen verweigert?

Aufgabe 36

Wie lang ist die regelmäßige Kündigungsfrist bei einem Arbeitsverhältnis und wodurch wird sie verändert?

Aufgabe 37

Nach einem Spesenbetrug wird der Mitarbeiter A durch seinen Arbeitgeber fristlos gekündigt. Der Betriebsrat wurde nicht angehört. Welche Folgen hat die Kündigung?

Aufgabe 38

Welche Personengruppen genießen einen besonderen Kündigungsschutz?

Aufgabe 39

Was ist und welche Aufgaben hat ein Tarifvertrag?

Aufgabe 40

Welche Funktionen hat ein Tarifvertrag?

Aufgabe 41

Wie lassen sich Arbeitskämpfe unterteilen?

Aufgabe 42

Was ist eine „Schlichtung“?

Aufgabe 43

Welche Aufgabe hat das Betriebsverfassungsgesetz?

Aufgabe 44

Welche Aufgaben hat ein Betriebsrat?

Aufgabe 45

Wie lassen sich die Beteiligungsrechte des Betriebsrates klassifizieren?

Aufgabe 46

Wie viele Mitglieder hat ein Betriebsrat?

Aufgabe 47

Wie lang ist die Amtszeit des Betriebsrates?

Aufgabe 48

Was sind die wichtigsten Gesetze und Verordnungen zum Arbeitsschutz?

Aufgabe 49

Welches Ziel hat das Wettbewerbsrecht?

Aufgabe 50

Die A-AG ist Einzelhändler und wirbt mit einem Notebook für 99 €, das nach zwei Stunden ausverkauft ist. Wie ist dieser Sachverhalt zu bewerten?

Aufgabe 51

Nennen Sie die wichtigsten Normierungen des Gewerberechts!

Aufgabe 52

Grenzen Sie Steuern, Gebühren und Beiträge voneinander ab!

Aufgabe 53

Worin unterscheiden sich Steuerschuldner und Steuerpflichtiger?

Aufgabe 54

Wer ist buchführungspflichtig?

Aufgabe 55

Worin unterscheiden sich beschränkt und unbeschränkt Steuerpflichtige?

Aufgabe 56

Was ist der „Wohnsitz“ im Steuerrecht?

Aufgabe 57

Nennen Sie die Einkunftsarten im Einkommensteuerrecht!

Aufgabe 58

Trennen Sie zwischen Betriebsausgaben und Werbungskosten!

Aufgabe 59

Unternehmen A hat einen Gewinn vor Steuern von 200.000 € erzielt. Es fielen dabei Privatausgaben des Eigentümers B in Höhe von 50.000 € an, die den Gewinn vor Steuern geschmälert haben. Der Körperschaftsteuersatz beträgt 15%, der Solidaritätszuschlag 5,5%.

Wie hoch ist die zu zahlende Steuer von Unternehmen A?

Aufgabe 60

Was ist der Hebesatz im Gewerbesteuerrecht?

Aufgabe 61

Welche Steuersätze werden im Umsatzsteuerrecht unterschieden?

Lösungen zu Recht und Steuern

Aufgabe 1

Ein geringwertiges Wirtschaftsgut ist gemäß § 6 Abs. 2 EStG ein Wirtschaftsgut, das

- zum Anlagevermögen gehört,
- beweglich und abnutzbar ist,
- selbstständig genutzt wird und
- dessen Anschaffungs-/Herstellungskosten zwischen 150 und 1000 € liegen.

Beispiel ist der Kauf eines Notebooks für einen Preis von 800 € netto.

Aufgabe 2

Die Anschaffungskosten betragen 900 € netto (171 € Vorsteuer). Da das Notebook zu den geringwertigen Wirtschaftsgütern zählt, muss es über fünf Jahre abgeschrieben werden => Abschreibung im ersten Jahr = 900 € / 5 Jahre = 180 €.

Aufgabe 3

Bei der Bruchteilsgemeinschaft und der Miteigentümergemeinschaft verfügt das Mitglied über seinen Bruchteil völlig unabhängig von allen anderen Mitgliedern. Dagegen ist bei den anderen Formen nur ein gemeinsames Handeln möglich.

Aufgabe 4

Durch die Personenabhängigkeit werden Körperschaften von den Personalgesellschaften unterschieden. Zu den Körperschaften zählen der nicht rechtsfähige und der rechtsfähige Verein des Bürgerlichen Rechts (§§ 21 ff BGB) sowie die Kapitalgesellschaften des Handelsrechts, im Besonderen die Gesellschaft mit beschränkter Haftung und die Aktiengesellschaft.

Im Gegensatz zu den Personalgesellschaften sind Körperschaften nicht an den Bestand ihrer Mitglieder gebunden.

Aufgabe 5

Die Rechtsfähigkeit erlangt eine natürliche Person durch die Geburt (vgl. § 1 BGB).

Aufgabe 6

„Sachen im Sinne des Gesetzes sind nur körperliche Gegenstände“ (§ 90 BGB).

Aufgabe 7

Geschäftsunfähig ist (§ 104 BGB):

1. wer nicht das siebente Lebensjahr vollendet hat,

2. wer sich in einem die freie Willensbestimmung ausschließenden Zustand krankhafter Störung der Geistestätigkeit befindet, sofern nicht der Zustand seiner Natur nach ein vorübergehender ist.

Aufgabe 8

Nach Vollendung des 7. Lebensjahres bis zur Vollendung des 18. Lebensjahres ist ein Mensch beschränkt geschäftsfähig.

Aufgabe 9

Der Minderjährige bedarf zu einer Willenserklärung, durch die er nicht lediglich einen rechtlichen Vorteil erlangt, der Einwilligung seines gesetzlichen Vertreters (§ 107 BGB). Der Geschäftsabschluss eines beschränkt geschäftsfähigen ist schwebend unwirksam – der gesetzliche Vertreter kann durch nachträgliche Zustimmung die Wirksamkeit herbeiführen (§§ 108, 184 BGB). Lehnt der gesetzliche Vertreter den Geschäftsabschluss ab, so ist das Rechtsgeschäft von Anfang an unwirksam (§ 108 BGB).

Aufgabe 10

Ein von dem Minderjährigen ohne Zustimmung des gesetzlichen Vertreters geschlossener Vertrag gilt als von Anfang an wirksam, wenn der Minderjährige die vertragsmäßige Leistung mit Mitteln bewirkt, die ihm zu diesem Zweck oder zu freier Verfügung von dem Vertreter oder mit dessen Zustimmung von einem Dritten überlassen worden sind (§ 110 BGB – so genannter Taschengeldparagraph).

Aufgabe 11

Das Geschäft ist nicht zustande gekommen, da 21 Uhr nach Geschäftsschluss ist und somit erst am 4. August das Dokument „ankommt“. Damit gilt die Angebotsannahme als neues Angebot, das erst wieder neu vom Anbieter angenommen werden muss.

Aufgabe 12

Gemäß § 121 BGB muss die Anfechtung unverzüglich erfolgen müssen. Bei a) ist die Frist definitiv verstrichen. Der Kreditvertrag ist wirksam. Im Fall b) müssen die einzelnen Umstände gewürdigt werden, um festzustellen, ob der Vertrag wirksam ist.

Aufgabe 13

Sie werden nur dann Bestandteil eines Vertrags, wenn der Verwender bei Vertragsschluss (§ 305 Abs. 2 BGB):

- die andere Vertragspartei ausdrücklich oder, wenn ein ausdrücklicher Hinweis wegen der Art des Vertragsschlusses nur unter unverhältnismäßigen Schwierigkeiten möglich ist, durch deutlich sichtbaren Aushang am Ort des Vertragsschlusses auf sie hinweist und
- der anderen Vertragspartei die Möglichkeit verschafft, in zumutbarer Weise, die auch eine für den Verwender erkennbare körperliche Behinderung der anderen Vertragspartei angemessen berücksichtigt, von ihrem Inhalt Kenntnis zu nehmen,
- und wenn die andere Vertragspartei mit ihrer Geltung einverstanden ist.

Aufgabe 14

Folgende Rechtsfolgen ergeben sich bei Nichteinbeziehung oder Unwirksamkeit (§ 306 BGB):

- Sind AGB ganz oder teilweise nicht Vertragsbestandteil geworden oder unwirksam, so bleibt der Vertrag im Übrigen wirksam.
- Soweit die Bestimmungen nicht Vertragsbestandteil geworden oder unwirksam sind, richtet sich der Inhalt des Vertrages nach den gesetzlichen Vorschriften.
- Der Vertrag ist unwirksam, wenn das Festhalten an ihm ... eine unzumutbare Härte für eine Vertragspartei darstellen würde.

Aufgabe 15

Das BGB trennt zwischen dem Eigentum und dem Besitz an einer Sache. Unter Eigentum wird die rechtliche Verfügungsgewalt über eine Sache verstanden. Der Eigentümer kann über eine Sache beliebig verfügen, sofern er damit nicht Gesetze oder Rechte Dritter verletzt. Besitz ist hingegen die tatsächliche Verfügungsgewalt über eine Sache. Sie kann getrennt vom Eigentum vorliegen, mit diesem aber auch übereinstimmen.

Aufgabe 16

Eigentum an unbeweglichen Sachen erhält man durch Einigung vor dem Notar, dass das Eigentum übergehen soll – die so genannte „Auflassung" – und die Eintragung im Grundbuch.

Aufgabe 17

Bei der Besicherung von Immobilien lassen sich Hypothek und Grundschuld unterscheiden. Bei beiden erhält der Gläubiger die Möglichkeit, bei Nichtbedienung eines Kredites die Forderungen aus dem Grundstück zu bedienen.

Die Hypothek ist dabei an den Bestand der Forderung gebunden, die Grundschuld ist ungebunden. Damit erlischt die Hypothek mit Rückzahlung der Forderung (muss allerdings separat aus dem Grundbuch gelöscht werden), während die Grundschuld weiter besteht und neu mit einem Kredit belegt werden kann.

Aufgabe 18

Bei beweglichen Sachen werden Pfandrecht und Sicherungsübereignung als häufigste Instrumente eingesetzt. Beim Pfandrecht wird ein beschränkt dingliches Recht des Pfandgläubigers an einer Sache bestellt, so dass der Gläubiger im Fall des Zahlungsausfalls den verpfändeten Gegenstand verwerten kann. Die Sache wird dabei dem Gläubiger übergeben. Bei der Sicherungsübereignung übereignet der Schuldner dem Gläubiger hingegen eine bewegliche Sache, ohne diese zu übergeben.

Beim Pfandrecht verliert der Schuldner damit den Besitz, behält aber das Eigentum, bei der Sicherungsübereignung verliert er dagegen das Eigentum, behält aber den Besitz.

Aufgabe 19

Die Insolvenzmasse umfasst gemäß § 35 Insolvenzordnung das gesamte Vermögen, das dem Insolvenzschuldner zur Zeit der Eröffnung des Verfahrens gehört und das er während des Verfahrens erlangt.

Aufgabe 20

Der Anteil der Insolvenzmasse an den gesamten Verbindlichkeiten des Schuldners wird Insolvenzquote genannt.

Aufgabe 21

Unter der Aussonderung versteht man die Herausnahme von Gegenständen aus der Insolvenzmasse bedingt durch das Verlangen eines Dritten. Dies entsteht dann, wenn ein Gegenstand aufgrund dinglichen oder persönlichen Rechts eines Dritten nicht zur Insolvenzmasse zählt.

Aufgabe 22

Wenn ein Dritter ein bevorzugtes Recht auf besondere Befriedigung durch einen Massegegenstand geltend machen kann, spricht man von einer Absonderung. Bei einer Absonderung wird ein Massegegenstand verwertet und bis zur Höhe der Besicherung, etwa durch eine Grundschuld oder eine Sicherungsübereignung, dem bevorzugt Berechtigten ausgezahlt. Nur der darüber hinausgehende Betrag fließt in die Insolvenzmasse.

Aufgabe 23

Kaufmann ist, wer ein Handelsgewerbe betreibt (§ 1 HGB). Handelsgewerbe ist jeder Gewerbebetrieb, es sei denn, dass das Unternehmen nach Art oder Umfang einen in kaufmännischer Weise eingerichteten Geschäftsbetrieb nicht erfordert (§ 1 HGB).

Aufgabe 24

Ein Kannkaufmann ist ein Gewerbetreibender, der zwar nicht unter § 1 HGB fällt, der aber ins Handelsregister eingetragen ist. Es handelt sich somit nicht um ein Handelsgewerbe, der Kannkaufmann trägt seine Gesellschaft aber trotzdem ins Handelsregister ein.

Aufgabe 25

Formkaufmänner sind Handelsgesellschaften, bestimmte Vereine und Kapitalgesellschaften, die ihre Kaufmannseigenschaft durch ihre Rechtsform erhalten.

Aufgabe 26

Vertretung liegt vor, wenn jemand im Namen eines anderen rechtsgeschäftlich handelt. Hierzu muss diese Vertretungsbefugnis erteilt werden. Diese kann aufgrund gesetzlicher Bestimmungen bestehen, etwa die Vertretungsbefugnis der Eltern für ihre minderjährigen Kinder, aber auch aufgrund einer Vollmacht. Eine Vollmacht wird formfrei gegeben und kann durch Erklärung gegenüber einem Dritten, gegenüber dem die Vertretung stattfinden soll, oder durch öffentliche Bekanntmachung.

Aufgabe 27

Eine besondere Form der Vollmacht ist die Prokura. Sie kann nur von einem im Handelsregister eingetragenen Unternehmen erteilt werden und wird ebenfalls ins Handelsregister eingetragen. Die Prokura bevollmächtigt den Prokuristen zur Vollführung aller Rechtshandlungen, die der Betrieb eines Handelsgewerbes mit sich bringt. Nicht unter die Prokura fallen:

- Belastung von Grundstücken,
- Eintragung im Handelsregister,
- Unterschrift unter die Bilanz etc.,

da diese nur vom Geschäftsinhaber selbst vollführt werden können.

Die Prokura gibt es

- als Einzelprokura, die einem einzelnen Prokuristen erteilt wird,
- als Gesamtprokura, die nur mehrere Prokuristen gleichzeitig ausüben können, oder
- als Filialprokura, bei der die Prokura auf eine Filiale beschränkt ist.

Die Prokura erlischt mit der Löschung aus dem Handelsregister. Dies ist der Fall bei Widerruf der Prokura, Ausscheiden aus dem Betrieb, Tod des Prokuristen oder Auflösung des Unternehmens.

Aufgabe 28

Der Begriff des Handelsregisters ist durch § 8 HGB geschützt. Das Handelsregister wird von den Gerichten elektronisch geführt. Eine Eintragung in das Handelsregister gilt in dem Moment als wirksam, wenn die Handelsregistereintragung in den relevanten Datenspeicher aufgenommen ist und inhaltlich unverändert in lesbarer Form wiedergegeben werden kann (§ 8a HGB).

Das Handelsregister besteht aus zwei Abteilungen. In Abteilung A werden Einzelunternehmen, Personengesellschaften und rechtsfähige wirtschaftliche Vereine erfasst, in Abteilung B Kapitalgesellschaften.

Aufgabe 29

Handelsvertreter ist, wer als selbstständiger Gewerbetreibender ständig für einen Unternehmer Geschäfte vermittelt oder Geschäfte in dessen Namen abschließt. Er ist selbstständig, wenn er im Wesentlichen frei seine Tätigkeit gestalten und seine Arbeitszeit bestimmen kann (§ 84 Abs. 1 HGB).

Aufgabe 30

Handelsmakler ist, wer gewerbsmäßig für andere, ohne von ihnen ständig damit betraut zu sein, die Vermittlung von Verträgen über Gegenstände des Handelsverkehrs übernimmt (§ 93 HGB). Handelsmakler handeln in fremden Namen und auf fremde Rechnung. Weitere Ausführungen finden Sie in den §§ 93-104 HGB.

Aufgabe 31

11. Sichten der Unterlagen hin auf Vollständigkeit;
12. Aussortieren der ungeeigneten Bewerber;
13. Analyse der Unterlagen im Vergleich zum Anforderungsprofil;
14. Festlegung der Rangfolge der Bewerber;
15. Einladung zum Auswahlgespräch;
16. Durchführung des Auswahlgesprächs;
17. endgültige Festlegung der Rangfolge der Bewerber und Feststellung des geeignetsten Bewerbers;
18. Einholung der Zustimmung des Betriebsrats;
19. Information des Bewerbers;
20. Einstellung des Bewerbers als Mitarbeiter.

Aufgabe 32

8. Begrüßung	Gegenseitige Vorstellung
9. persönliche Situation	Herkunft, Familie, Wohnort
10. Bildungsgang	Schulische Vorbildung, Ausbildung, Weiterbildung, gegebenenfalls Fortbildung
11. beruflicher Werdegang	Erlernter Beruf, bisherige Tätigkeiten, Pläne für die Zukunft
12. Informationen über die Stelle	Arbeitsinhalte, Anforderungen an den Stelleninhaber
13. Vertragsverhandlung	Vergütung, Nebenabreden, Zusatzleistungen
14. Verabschiedung	Gesprächsfazit

Aufgabe 33

Unabhängig vom Arbeitsvertrag entstehen gewisse Vertragsbedingungen durch Gewohnheitsrecht. So ist ein Weihnachtsgeld, das drei Jahre lang wiederholt und ohne Vorbehalt gezahlt wird, danach immer zu zahlen (Vertrauenstatbestand!).

Aufgabe 34

Der Arbeitgeber kann das Entgelt mindern oder einbehalten, den Arbeitnehmer abmahnen oder kündigen und sogar Schadensersatz verlangen.

Aufgabe 35

Der Arbeitnehmer kann dagegen bei Pflichtverletzungen des Arbeitgebers seine Arbeitskraft einbehalten, kündigen oder auch Schadensersatz verlangen.

Aufgabe 36

Die regelmäßige Kündigungsfrist beträgt für Arbeiter und Angestellte vier Wochen. Sie verlängert sich gemäß § 622 BGB mit zunehmender Betriebszugehörigkeit.

Aufgabe 37

Vor jeder Kündigung ist der Betriebsrat zu hören. Wird dies versäumt, ist die Kündigung nichtig (§ 102 BetrVG).

Aufgabe 38

- werdende und junge Mütter,
- Betriebsräte,
- schwer behinderte Menschen,
- Personen in Berufsausbildung,
- Vertrauenspersonen der schwer behinderten Menschen

Aufgabe 39

Tarifverträge sind Verträge zwischen einzelnen Arbeitgebern oder Arbeitgeberverbänden mit Gewerkschaften, die auf der einen Seite arbeitsrechtliche Normen festschreiben (Beispiel: Inhalt von Arbeitsverträgen) und auf der anderen Seite die Rechte und Pflichten der Tarifparteien (Beispiel: Friedenspflicht) untereinander regeln. Basis von Tarifverträgen ist das Tarifvertragsgesetz. Der Tarifvertrag wird durch Unterschrift abgeschlossen. Er wird in das Tarifregister beim Arbeitsminister eingetragen, wobei dies für die Wirksamkeit des Tarifvertrages keine Wirkung hat.

Der Tarifvertrag kann nur für die Mitglieder der Tarifvertragsparteien gelten, aber auch für allgemeinverbindlich erklärt werden (letzteres erfolgt durch den Arbeitsminister). Daneben kann er bundesweit gelten, aber auch nur in einem Bezirk oder Bundesland.

Aufgabe 40

Ein Tarifvertrag erfüllt drei Funktionen:

1. die Ordnungsfunktion, indem er Arbeitsverträge normiert;
2. die Friedensfunktion, da er Arbeitskämpfe während der Laufzeit ausschließt;
3. die Schutzfunktion des Arbeitnehmers gegenüber dem Arbeitgeber

Aufgabe 41

Arbeitskämpfe lassen sich in

- Streiks und

- Aussperrungen

unterteilen.

Streiks sind die Maßnahmen der Arbeitnehmerseite. Ein Streik ist eine gemeinsame und planmäßige Arbeitsniederlegung einer größeren Anzahl von Arbeitnehmern, um gemeinsam das Streikziel zu erreichen. Ein Streik ist aber nur rechtmäßig, wenn

- er von einer Gewerkschaft geführt wird,
- die Gewerkschaft vorher alle friedlichen Möglichkeiten auf eine Einigung ausgeschöpft hat,
- nicht gegen die Grundregeln des Arbeitsrechts oder gegen die faire Kampfführung verstoßen wird,
- sich der Streik gegen einen Arbeitgeber oder einen Arbeitgeberverband richtet,
- es sich um die kollektive Regelung von Arbeitsbedingungen geht,

Ein Streik ist beendet, wenn die Mehrzahl der streikenden Arbeitnehmer die Arbeit wieder aufnimmt oder die Gewerkschaft den Streik für beendet erklärt.

Eine Aussperrung ist die Möglichkeit der Arbeitgeber gegen die Arbeitnehmerseite. Es handelt sich hierbei um den planmäßigen Ausschluss einer größeren Anzahl von Arbeitnehmern von der Arbeit. Auch hier sind eine Reihe von Voraussetzungen zu erfüllen, damit die Aussperrung rechtmäßig ist:

- er ist von einem Arbeitgeber zu führen,
- es muss das letzte Mittel sein,
- die Aussperrung darf nicht gegen die Grundregeln des Arbeitsrechts oder gegen die faire Kampfführung verstoßen wird,
- die Aussperrung muss sich gegen eine Gewerkschaft richten,
- es muss um die kollektive Regelung von Arbeitsbedingungen gehen.

Aufgabe 42

Als Maßnahme zur Beendigung von Tarifstreitigkeiten kann die Schlichtung vereinbart werden. Diese wird zwischen den Tarifparteien vereinbart. Der Staat darf wegen der in Art. 9 des Grundgesetzes garantierten Tarifautonomie keine staatliche Zwangsschlichtung verlangen.

Aufgabe 43

Der Betriebsrat wird durch das Betriebsverfassungsgesetz legitimiert. Das Betriebsverfassungsgesetz regelt allgemein die Zusammenarbeit zwischen Arbeitgeber und Arbeitnehmern. Danach sollen Arbeitgeber und Betriebsrat zum Wohl von Unternehmen und Belegschaft zusammenarbeiten. Geregelt werden im Betriebsverfassungsgesetz die Mitwirkungs- und Mitbestimmungsrechte des Betriebsrates. Arbeitnehmer im Sinne des Betriebsverfassungsgesetz sind Arbeiter und Angestellte inklusive der Auszubildenden (§ 5 Abs. 1 BetrVG).

Aufgabe 44

Allgemein hat der Betriebsrat die Aufgaben (§ 80 BetrVG),

- darüber zu wachen, dass die zugunsten der Arbeitnehmer geltenden Gesetze, Verordnungen, Unfallverhütungsvorschriften, Tarifverträge und Betriebsvereinbarungen durchgeführt werden;
- Maßnahmen, die dem Betrieb und der Belegschaft dienen, beim Arbeitgeber zu beantragen;
- die Durchsetzung der tatsächlichen Gleichstellung von Frauen und Männern, insbesondere bei der Einstellung, Beschäftigung, Aus-, Fort- und Weiterbildung und dem beruflichen Aufstieg, zu fördern:
- die Vereinbarkeit von Familie und Erwerbstätigkeit zu fördern;
- Anregungen von Arbeitnehmern und der Jugend- und Auszubildendenvertretung entgegenzunehmen und, falls sie berechtigt erscheinen, durch Verhandlungen mit dem Arbeitgeber auf eine Erledigung hinzuwirken; er hat die betreffenden Arbeitnehmer über den Stand und das Ergebnis der Verhandlungen zu unterrichten;
- die Eingliederung Schwerbehinderter und sonstiger besonders schutzbedürftiger Personen zu fördern;
- die Wahl einer Jugend- und Auszubildendenvertretung vorzubereiten und durchzuführen;
- die Beschäftigung älterer Arbeitnehmer zu fördern und zu sichern;
- die Integration ausländischer Arbeitnehmer im Betrieb und das Verständnis zwischen ihnen und den deutschen Arbeitnehmern zu fördern, sowie Maßnahmen zur Bekämpfung von Rassismus und Fremdenfeindlichkeit im Betrieb zu beantragen;
- die Beschäftigung im Betrieb zu fördern und zu sichern;
- Maßnahmen des Arbeitsschutzes und des betrieblichen Umweltschutzes zu fördern.

Aufgabe 45

Die Beteiligungsrechte des Betriebsrates finden sich in den §§ 87-112 BetrVG lassen sich wie folgt klassifizieren:

- Mitwirkungsrechte
  - o Informationsrecht
  - o Beratungsrecht
  - o Anhörungsrecht
  - o Vorschlagsrecht
- Mitbestimmungsrechte
  - o Vetorecht
  - o Zustimmungsrecht
  - o Initiativrecht

Aufgabe 46

Der Betriebsrat besteht bei Betrieben (§ 9 BetrVG)

- mit 5-20 wahlberechtigten Arbeitnehmern aus einer Person,
- mit 21-50 wahlberechtigten Arbeitnehmern aus drei Personen,
- mit 51-100 wahlberechtigten Arbeitnehmern aus fünf Personen und steigt bei Betrieben
- mit 7.001-9.000 wahlberechtigten Arbeitnehmern aus 35 Personen.

Je angefangene 3.000 Arbeitnehmer steigt die Zahl um zwei Personen.

Aufgabe 47

Die Amtszeit des Betriebsrats beträgt vier Jahre, regelmäßige Betriebsratswahlen finden alle vier Jahre statt (§ 13 BetrVG).

Aufgabe 48

- das Arbeitsschutzgesetz
- das Arbeitssicherheitgesetz
- die Arbeitsstättenverordnung
- das Chemikaliengesetz

Aufgabe 49

Das Wettbewerbsrecht hat die Aufgabe, Wettbewerbsstöße von Marktteilnehmern zu unterbinden.

Aufgabe 50

§ 5 UWG verbietet irreführende Werbung. Danach muss Lockvogel-Ware mindestens für zwei Tage vorrätig sein, manipulierte Preisnachlässe sind verboten. Damit ist die Vorgehensweise der A-AG wettbewerbsrechtlich unzulässig.

Aufgabe 51

Wichtigste Normierungen des Gewerberechts sind

- die Gewerbeordnung
- die Handwerksordnung
- das Gaststättengesetz

Aufgabe 52

Der Begriff der Steuern ist in § 3 AO definiert. Danach sind Steuern Geldleistungen, die nicht eine Gegenleistung für eine besondere Leistung darstellen, und von Bund, Ländern und Gemeinden erhoben werden.

Im Gegensatz zu Steuern sind Gebühren Entgelte für bestimmte öffentliche Leistungen, z. B. Verwaltungsgebühren für die Zulassung eines Kfz. Im Gegensatz zu den Gebühren sind letztlich Beiträge Entgelte für solche bestimmte öffentliche Leistungen, deren tatsächliche Inanspruchnahme unabhängig von der Erhebung der Beiträge ist. Beispiel dafür sind etwa die Sozialversicherungsbeiträge oder Kurtaxen.

Aufgabe 53

Zur Entrichtung der Steuer ist der Steuerschuldner verpflichtet. Davon ist der Steuerpflichtige zu unterscheiden. Beispielsweise ist der Arbeitnehmer Steuerpflichtiger für die Lohnsteuer, Steuerschuldner ist nach Lohnsteuergesetz aber der Arbeitgeber.

Aufgabe 54

Die steuerliche Buchführungspflicht ergibt sich aus den §§ 140 und 141 AO. Gemäß § 140 AO ist jeder steuerrechtlich buchführungspflichtig, wer dies nach einem anderen Gesetz bereits ist (beispielsweise durch den § 242 HGB). Durch den § 141 AO werden auch verschiedene andere Unternehmer und Land- und Forstwirte buchführungspflichtig nach dem Steuerrecht, die bestimmte Schwellenwerte überschreiten.

Aufgabe 55

Im Einkommensteuergesetz werden die unbeschränkte und die beschränkte Steuerpflicht unterschieden. Unbeschränkt steuerpflichtig sind danach alle natürlichen Personen, die im Bundesgebiet einen Wohnsitz haben oder sich dort gewöhnlich aufhalten. Die Einkommensteuerpflicht bezieht sich auch auf die im Ausland bezogenen Einkünfte (§ 1 Abs. 1 EStG).

Beschränkt steuerpflichtig sind Personen, die im Inland weder einen Wohnsitz haben noch sich dort gewöhnlich aufhalten, aber inländische Einkünfte erzielt haben (§ 1 Abs. 3 EStG).

Aufgabe 56

Die Wohnsitzfrage ist in § 8 AO definiert. Einen Wohnsitz hat danach jemand dort, wo er eine Wohnung unter solchen Umständen innehat, die darauf schließen lassen, dass er die Wohnung behalten oder benutzen wird. Der gewöhnliche Aufenthalt wird dadurch definiert, dass jemand sich so an einem Ort oder in einem Gebiet aufhält, dass darauf schließen lässt, dass dies nicht nur vorübergehend ist (§ 9 AO). Ein zusammenhängender Aufenthalt von mehr als sechs Monaten ist als gewöhnlicher Aufenthalt anzusehen, wobei kurzfristige Unterbrechungen in den sechs Monaten unberücksichtigt bleiben.

Aufgabe 57

Insgesamt unterscheidet das Einkommensteuergesetz sieben Einkunftsarten: die Einkünfte

- aus Land- und Forstwirtschaft
- aus Gewerbebetrieb
- aus selbstständiger Arbeit
- aus nichtselbstständiger Arbeit
- aus Kapitalvermögen

- aus Vermietung und Verpachtung sowie
- sonstige Einkünfte

Aufgabe 58

Von den Einkünften abzuziehen sind die Betriebsausgaben. Diese stellen Aufwendungen dar, die durch den Betrieb veranlasst wurden. Abzugsfähig sind sie bei Einkünften aus Land- und Forstwirtschaft, Gewerbebetrieb und selbstständiger Tätigkeit.

Davon zu trennen sind die Werbungskosten. Werbungskosten sind Aufwendungen zur Erwerbung, Sicherung und Erhaltung der Einnahmen. Sie sind bei der Einkunftsart abzuziehen, bei der sie erwachsen sind. Dies ist etwa bei den Einkünften aus nichtselbstständiger Arbeit der Fall.

Aufgabe 59

Für die Berechnung der Steuerzahlung relevant sind nur die echten Betriebsausgaben eines Steuerpflichtigen, nicht aber privat veranlasste Ausgaben. Damit sind dem Ergebnis vor Steuern von 200.000 € die privat veranlassten Ausgaben in Höhe von 50.000 € zuzurechnen.

Die Körperschaftsteuer beträgt 250.000 € × 15% = 37.500 €. Darauf werden 5,5% Solidaritätszuschlag erhoben = 5,5% × 37.500 € = 2.062,50 €

Aufgabe 60

Der Steuersatz für die Gewerbesteuer ist nicht einheitlich. Zum einen gibt es Freibeträge (§ 11 GewStG), zum anderen haben die Gemeinden ein so genanntes Hebesatzrecht. Der Steuermessbetrag der Gewerbesteuer wird mit dem Hebesatz multipliziert, der von Gemeinde zu Gemeinde unterschiedlich sein kann, sich aber nicht innerhalb einer Gemeinde unterscheiden kann. Das Minimum für den Hebesatz liegt bei 200 Prozent (§ 16 Abs. 4 Satz 2 GewStG).

Aufgabe 61

Der Steuersatz für die Umsatzsteuer beträgt normalerweise 19%. Einen ermäßigen Steuersatz gibt es u. a. für Lebensmittel oder Bücher mit 7%. Daneben gibt es nicht steuerbare Umsätze, für die damit rechnerisch ein Steuersatz von 0% gilt.

3 Aufgaben zur Organisation und Personalwesen

Aufgabe 1

In einem Unternehmen werden Mitarbeiter über 55 Jahre beschäftigt. Welche Folgen hat dies für die Personalentwicklung?

Aufgabe 2

Was sind die relevanten Informationen zur Entgeltzahlung auf der Lohnsteuerkarte?

Aufgabe 3

Auf welche Weise ist der Betriebsrat bei der Kündigung eines Mitarbeiters zu berücksichtigen?

Aufgabe 4

Wie kann ein Mitarbeiter gegen eine Kündigung vorgehen?

Aufgabe 5

Was bedeutet MbO?

Aufgabe 6

Wie werden die Ziele im MbO ermittelt?

Aufgabe 7

Wie werden Mitarbeiter im MbO in die Zielvereinbarung einbezogen?

Aufgabe 8

Welche Vor- und Nachteile hat das MbO?

Aufgabe 9

Was ist die strategische Planung?

Aufgabe 10

Welche Kriterien verwendet die BCG-Matrix?

Aufgabe 11

In welche Kategorien werden Geschäftsfelder nach der BCG-Matrix eingeordnet?

Aufgabe 12

Was ist Aufgabe der operativen Planung?

Aufgabe 13

Worin unterscheiden sich Bottom-Up- und Top-Down-Verfahren?

Aufgabe 14

Was ist der Break-Even-Punkt?

Aufgabe 15

Ein Unternehmen verkauft ein Produkt zum Preis von 8 € bei Stückkosten von 3 €. Die Fixkosten betragen 150.000 €. Wo liegt der Break-Even-Punkt?

Aufgabe 16

Wie werden die Gesamtaufgaben eines Unternehmens im Rahmen der Aufbauorganisation aufgeteilt?

Aufgabe 17

Nennen Sie mögliche Kriterien für die Zerlegung der Gesamtaufgaben in Teilaufgaben!

Aufgabe 18

Was ist eine „Stelle“ und wie wird eine „Stelle“ beschrieben?

Aufgabe 19

Was ist die funktionale Organisation?

Aufgabe 20

Was ist die Matrixorganisation?

Aufgabe 21

Was ist die Divisionalorganisation?

Aufgabe 22

Was legt die Arbeitsplanung z. B. für ein Fertigerzeugnis fest?

Aufgabe 23

Was bedeuten die Begriffe „Durchlaufzeit", die „Rüstzeit" und die „Transportzeit"?

Aufgabe 24

Was ist die Primärforschung?

Aufgabe 25

Was ist die Sekundärforschung?

Aufgabe 26

Nennen Sie fünf Möglichkeiten, Daten für die Sekundärforschung zu gewinnen!

Aufgabe 27

Welche Vor- und Nachteile weist die Sekundärforschung aus?

Aufgabe 28

Welche Methoden der Primärforschung lassen sich unterscheiden?

Aufgabe 29

Was ist die Wertanalyse?

Aufgabe 30

Was beinhaltet die Motivationstheorie von Maslow?

Aufgabe 31

Was beinhaltet die 2-Faktoren-Theorie von Herzberg?

Aufgabe 32

Welches Ziel hat die Personalplanung?

Aufgabe 33

Welche Aufgaben hat die Personalplanung?

Aufgabe 34

Nennen Sie Verfahren zur Ermittlung des Bruttopersonalbedarfs!

Aufgabe 35

Welche Vorteile hat die interne Personalbeschaffung?

Aufgabe 36

Welche Nachteile hat die interne Personalbeschaffung?

Aufgabe 37

Welche Kriterien zur Entgeltfindung lassen sich unterscheiden?

Aufgabe 38

Welche Entlohnungsformen lassen sich unterscheiden und wie werden diese definiert?

Aufgabe 39

Welche Instrumente der Weiterbildung lassen sich unterscheiden?

Aufgabe 40

Welche Bereiche der Fortbildung lassen sich unterscheiden?

Aufgabe 41

Welche Sachverhalte muss der Vorgesetzte erkennen, um die innerbetriebliche Förderung optimal durchzuführen?

Aufgabe 42

Was sind Jobenrichment, Jobenlargement und Jobrotation?

Aufgabe 43

Wie unterscheiden sich Unternehmens- und Mitarbeiterbedürfnisse in der Personalwirtschaft?

Aufgabe 44

Welche generellen Aufgaben hat die Personalwirtschaft in einem Unternehmen?

Aufgabe 45

Aus welchen Sichtweisen kann die Belegschaft eines Unternehmens betrachtet werden?

Aufgabe 46

Welche Einteilung des Personals erfolgt aus arbeitsrechtlicher Sicht? Welche Tätigkeiten werden in der jeweiligen Ebene vorrangig ausgeübt?

Aufgabe 47

Nennen Sie die Träger der Personalwirtschaft.

Aufgabe 48

Benennen Sie Haupt- und Nebenziele einer Personalwirtschaft.

Aufgabe 49

Was bezeichnet man als Personalpolitik? Welche Bereiche bezüglich der Personalpolitik sprechen für eine ausgerichtete Unternehmenskultur?

Aufgabe 50

Wie erfolgt die Einteilung des Personalwesens in die Betriebsstruktur? Welcher Faktor sollte hierbei stets beachtet werden?

Aufgabe 51

Welche Organisation der Personalwirtschaft in die Hierarchie des Unternehmens gewährleistet eine unabhängige Einteilung zu Unternehmensbereichen?

Aufgabe 52

Welchen Nachteil hat eine Unterordnung der Personalwirtschaft unter die Führung eines Zwischenvorgesetzen in die 3. Hierarchiestufe?

Aufgabe 53

Nennen Sie Vor- und Nachteile einer Einteilung der Personalwirtschaft in die Spartenorganisation eines Unternehmens.

Aufgabe 54

Was unterscheidet die Zuordnung der Personalwirtschaft in ein Cost-Center zu der Einteilung in ein Profit- Center?

Aufgabe 55

Welche Anforderungen werden an Beschäftigte im Personalbereich gestellt?

Aufgabe 56

Definieren Sie individuelles und kollektives Arbeitsrecht.

Aufgabe 57

Welche arbeitsrechtlichen Bestimmungen finden sich im BGB, im HGB, in Tarifverträgen und in Betriebsvereinbarungen?

Aufgabe 58

Welchen Unterschied gibt es zwischen Arbeitsverhältnis und Arbeitsvertrag?

Aufgabe 59

Welche Pflichten ergeben sich aus dem Arbeitsverhältnis für Arbeitgeber und Arbeitnehmer?

Aufgabe 60

Aus welchen Gründen kann ein Arbeitsverhältnis beendet werden?

Aufgabe 61

Nennen und beschreiben Sie die Hauptbestandteile des Schuldrechts in einem Tarifvertrag.

Aufgabe 62

Welche Grundsätze gelten für die Zusammenarbeit zwischen Betriebsrat und Arbeitgeber?

Aufgabe 63

In welchem Bereich ist die Beteiligung des Betriebsrates besonders ausgeprägt? Zählen Sie 5 Elemente hieraus auf.

Aufgabe 64

Wie heißen die 3 Instanzen der Arbeitsgerichtsbarkeit?

Aufgabe 65

Was ist der Ausgangspunkt für die Planung des Personalbedarfs? Wie kann die Personalbedarfsplanung unterteilt werden?

Aufgabe 66

Welche unternehmensexternen Faktoren beeinflussen die Personalbedarfsplanung und welche Auswirkungen könnte dies haben?

Aufgabe 67

Was versteht man unter dem Bruttopersonalbedarf und wie setzt sich dieser zusammen?

Aufgabe 68

Wie definiert sich der Ersatzbedarf und wie wird dieser berechnet?

Aufgabe 69

Welche Faktoren berücksichtigt eine mittelfristige Personalbedarfsplanung?

Aufgabe 70

Welche Methoden zur Personalbedarfsplanung sind Ihnen bekannt?

Aufgabe 71

Welche organisatorischen Verfahren zur Ermittlung des Personalbedarfs sind Ihnen bekannt?

Aufgabe 72

Welche Statistiken kommen in der Personalbedarfsplanung zur Anwendung?

Aufgabe 73

Zeigen Sie Wege interner Personalbeschaffung mit Beispielen auf.

Aufgabe 74

Welche Maßnahmen zur Personalbeschaffung außerhalb des Unternehmens sind Ihnen bekannt? Nennen Sie Beispiele.

Aufgabe 75

Welche Attribute sollte eine wirksame Anzeigengestaltung beinhalten?

Aufgabe 76

Welche Elemente helfen bei der Beurteilung von Arbeitszeugnissen?

Aufgabe 77

Welche Angaben enthält ein Lebenslauf? In welcher Form kann dieser verfasst werden?

Aufgabe 78

Wie können Lebensläufe analysiert werden und wie können diese bewertet werden?

Aufgabe 79

Mit welchem Hilfsmittel kann ein direkter Einblick in die Qualifikation gegeben werden? Welche Arten unterscheidet man?

Aufgabe 80

Welche Kriterien können in einem Vorstellungsgespräch Aufschluss über den Bewerber geben?

Aufgabe 81

Welche Merkmale treffen auf die Assessment Center Methode zu?

Aufgabe 82

Welche Regelungen sollten in einem Arbeitsvertrag unbedingt enthalten sein?

Aufgabe 83

Womit beschäftigt sich die Personaleinsatzplanung? Wie unterscheiden sich unternehmensbezogene von den mitarbeiterbezogenen Zielen?

Aufgabe 84

Definieren Sie Stelle und Stellenplan.

Aufgabe 85

Welche Funktionen erfüllt die Stellenbeschreibung innerhalb der Personalwirtschaft?

Aufgabe 86

Nennen Sie 4 Kriterien einer menschengerechten Arbeitsgestaltung.

Aufgabe 87

Was kann mit der inhaltlichen Arbeitsgestaltung erreicht werden? Nennen Sie 3 Formen der inhaltlichen Gestaltung.

Aufgabe 88

Wie unterscheiden sich Reihenfertigung und Fließfertigung?

Aufgabe 89

Welche Vorteile können durch Personal Leasing erreicht werden?

Aufgabe 90

Welche Regelungen beinhaltet das Mutterschutzgesetz?

Aufgabe 91

Welches Ziel verfolgt die Personalentwicklung?

Aufgabe 92

Welche unternehmensbezogenen und welche mitarbeiterbezogenen Sichtweisen können unterschieden werden?

Aufgabe 93

Welche Aufgaben werden für die Personalentwicklung festgestellt?

Aufgabe 94

Welche Bereiche der Personalentwicklung werden unterschieden? Orientieren Sie sich an der individuellen und an der kollektiven Bildung.

Aufgabe 95

Welche Vorteile hat eine berufliche Umschulung?

Aufgabe 96

Was bedeutet die Organisationsentwicklung für das Personalwesen?

Aufgabe 97

Nennen Sie Voraussetzungen für die Durchführung von Bildungsmaßnahmen.

Aufgabe 98

Welche Systematisierung ist geeignet für die unterschiedlichen Methoden der Personalentwicklung?

Aufgabe 99

Nennen Sie das Hauptziel der Personalfreisetzung.

Aufgabe 100

Nennen Sie Beispiele für unternehmensinterne und unternehmensexterne Ursachen der Personalfreisetzung.

Aufgabe 101

Wann ist eine Einsparung an Arbeitskräften im Hinblick auf den Produktionsplan nicht notwendig?

Aufgabe 102

Welche personalpolitischen Maßnahmen zur Vermeidung der Personalfreisetzung sind Ihnen bekannt?

Aufgabe 103

Nennen Sie diverse arbeitszeitverkürzende Faktoren.

Aufgabe 104

Was ist ein Aufhebungsvertrag und welche Vorteile ergeben sich dadurch?

Aufgabe 105

Welche generellen Kündigungsarten und welche Sonderform gibt es?

Aufgabe 106

Welche Bedingungen gelten als anerkannt, wenn eine personenbedingte Kündigung ausgesprochen wird?

Aufgabe 107

Wie unterscheiden sich verhaltens- und betriebsbedingte Kündigungen?

Aufgabe 108

Welche Gründe müssen für eine fristlose Kündigung vorliegen?

Aufgabe 109

Was bezeichnet man als Abmahnung?

Aufgab 110

Welche Personengruppen genießen einen besonderen Kündigungsschutz?

Aufgabe 111

Was ist die Grundlage der Motivation im Leistungserhaltungsprozess? Welche unterschiedlichen Motive gibt es?

Aufgabe 112

Beschreiben Sie die Bedürfnispyramide von Maslow.

Aufgabe 113

Nennen Sie Beispiele für Sicherheitsbedürfnisse und für Achtungsbedürfnisse.

Aufgabe 114

Welche Wirkungskette könnten vielseitige, selbstständig ausgeführte Aufgaben für den Mitarbeiter und das Unternehmen haben?

Aufgabe 115

Nennen Sie Faktoren für ein gutes und für ein schlechtes Betriebsklima.

Aufgabe 116

Welche Handlungen beschreiben Tatbestände des Mobbing?

Aufgabe 117

Welche Merkmale sind charakteristisch für die Personalführung?

Aufgabe 118

Zählen Sie verschiedene Theorien zur Machtausübung auf.

Aufgabe 119

Nennen Sie Beispiele für interaktive und für organisatorische Führung.

Aufgabe 120

Welche Attribute sollte eine Führungspersönlichkeit aufweisen?

Aufgabe 121

Welche unsichtbaren Strukturen, die eine Führung im Unternehmen beeinflussen können, sind Ihnen bekannt?

Aufgabe 122

Was versteht man unter einem Führungsstil und welches sind die Grundausrichtungen?

Aufgabe 123

Wie unterscheiden sich das mitarbeiterorientierte und das aufgabenorientierte Führungsverhalten?

Aufgabe 124

Was bedeutet Delegation von Aufgaben und welche Faktoren müssen dabei abgestimmt werden?

Aufgabe 125

Welche Arten der Kontrolle über Mitarbeiter kann eine Führungskraft nutzen?

Aufgabe 126

Nennen Sie Hinweise für eine optimale Kontrolle.

Aufgabe 127

Welche Anlässe für Mitarbeitergespräche sind Ihnen bekannt?

Aufgabe 128

Welche Vor- und Nachteile ergeben sich aus einer indirekten Gesprächsführung?

Aufgabe 129

Beschreiben Sie den organisatorischen Rahmen einer Besprechung.

Aufgabe 130

Nennen Sie 3 Führungsgrundsätze.

Aufgabe 131

Welche Beispiele für Einsatzmöglichkeiten sehen Sie für einen unabhängigen, welche für einen lebhaften Mitarbeiter?

Aufgabe 132

Welche Gründe sehen Sie in der gestiegenen Coaching- Bereitschaft?

Aufgabe 133

Zählen Sie die Formen des Einzel- bzw. des Gruppencoachings auf.

Aufgabe 134

Was ist ein Anreizsystem? Wie gliedern sich Anreizsysteme und welches Element hat eine übergeordnete Bedeutung?

Aufgabe 135

Aus welchen Komponenten setzt sich die Entlohnung für einen Mitarbeiter zusammen? Was versteht man unter absoluter und relativer Lohnhöhe?

Aufgabe 136

Wie können Löhne und Gehälter bezüglich der Gerechtigkeit aufgeteilt werden?

Aufgabe 137

Nennen Sie die Hauptlohnformen. Was verstehen Sie unter einem Leistungslohnsystem?

Aufgabe 138

Charakterisieren Sie den Zeitlohn. Welche Berufsgruppen fallen darunter?

Aufgabe 139

Unter welchen Umständen ist die Anwendung eines Zeitlohnes denkbar?

Aufgabe 140

Welche Nachteile hat der Akkordlohn für einen Mitarbeiter? Welche Vorteile entstehen aus Sicht des Unternehmens?

Aufgabe 141

Was wird als die 5 Säulen der Sozialversicherung bezeichnet?

Aufgabe 142

Welche Vorteile hat die Gewährung von freiwilligen sozialen Leistungen seitens des Arbeitgebers?

Aufgabe 143

Nennen Sie Formen der Erfolgsbeteiligung und dazu je ein Beispiel.

Aufgabe 144

Welche weiteren sozialen Leistungen kann ein Unternehmen gewähren, um seine Attraktivität zu steigern?

Aufgabe 145

Nennen Sie die Ziele für den Einsatz der betrieblichen Sozialarbeit.

Aufgabe 146

Mit welchen Grundsätzen sollte die Sozialarbeit eingeführt werden?

Aufgabe 147

Welche Informationssysteme benutzt die Personalwirtschaft? Welcher Aspekt spielt hier eine bedeutende Rolle?

Aufgabe 148

Wie lassen sich die Anforderungen an die Personalverwaltung formulieren?

Aufgabe 149

Nennen Sie Beispiele für praktische Tätigkeiten einer Personalverwaltung.

Aufgabe 150

Auf welche unterschiedlichen Quellen lassen sich Personaldaten zurückführen?

Aufgabe 151

Definieren Sie das Personalinformationssystem.

Aufgabe 152

Wozu dient eine Personalakte und welche Grundsätze sollten dabei eingehalten werden?

Aufgabe 153

Nennen Sie alle Abzüge aus dem Weg vom Brutto- zum Nettoentgelt.

Aufgabe 154

Im Rahmen der Statistik zur Personalstruktur können Arbeitsverhältnisse bzw. Arbeitnehmer nach bestimmten Kriterien unterschieden werden. Nennen Sie 4 Kriterien.

Aufgabe 155

Nennen Sie Arten der Personalbewegung.

Aufgabe 156

Zählen Sie Arbeiten unter Zuhilfenahme eines elektronischen Personalwesensystems auf, die bei einer Beendigung eines Arbeitsverhältnisses anfallen.

Aufgabe 157

Welche Anlässe für eine Personalbeurteilung gibt es?

Aufgabe 158

Benennen Sie verschiedene Ziele einer Beurteilung.

Aufgabe 159

Erklären Sie das Einstufenverfahren zur Personalbeurteilung und geben Sie einen Hinweis auf die Anwendung in Wirtschaftsunternehmen.

Aufgabe 160

Welche Vorteile haben die Beurteilungen durch Kollegen und die Selbstbeurteilung?

Aufgabe 161

Welche allgemeingültigen Richtlinien müssen bei der Erstellung von Arbeitszeugnissen beachtet werden?

Aufgabe 162

Nennen Sie inhaltliche Vorschriften bei der Formulierung eines Arbeitszeugnisses.

Aufgabe 163

Unterscheiden Sie verschiedene Arten von Arbeitszeugnissen. Welcher Unterschied ist hierbei zu erkennen?

Aufgabe 164

Was verstehen Sie unter einer verdeckten Zeugnissprache? Wodurch ist diese gekennzeichnet und aus welchem Grund ist sie entstanden?

Aufgabe 165

Durch welchen Zusammenhang kann die Aussagekraft eines Zwischenzeugnisses erschwert werden?

Aufgabe 166

Unter den heutigen Umwelt- und Umfeldbedingungen lassen sich Trends und Entwicklungstendenzen der Personalwirtschaft erkennen. Zählen Sie diverse Trends auf.

Aufgabe 167

Welche neuen Anforderungen werden seitens der Arbeitnehmer an eine Arbeit gestellt?

Aufgabe 168

Zählen Sie einige Einflussfaktoren für das Angebot an Arbeit auf.

Aufgabe 169

Welche Auswirkungen wird der technologische Wandel für die Personalwirtschaft der Zukunft haben? Welcher Wirtschaftszweig gewinnt an Bedeutung?

Aufgabe 170

In welchen Bereichen werden Frauen in der Zukunft vorrangig eingesetzt werden können?

Aufgabe 171

Worin unterscheiden sich der polyzentrische, der geozentrische und der ethnozentrische Ansatz im Bereich des internationalen Personalwesens?

Aufgabe 172

Warum könnten Mitarbeiter negativ reagieren bei der Einführung von neuen technologischen Verbesserungen?

Aufgabe 173

Welche Maßnahmen zur Sicherung der bestehenden Arbeitsplätze sind Ihnen bekannt?

Aufgabe 174

Nennen Sie Faktoren, die für die Qualifikation von Führungskräften in der Zukunft notwendig sein werden.

Aufgabe 175

Was muss bei der Einführung neuer Arbeitszeitregelungen beachtet werden?

Aufgabe 176

Was kennzeichnet einen flexiblen, an die Umweltbedingungen angepassten Mitarbeiter aus?

Aufgabe 177

Welche Probleme treten bei der Möglichkeit für Arbeitnehmer auf, zwischen dem Entgelt und Unternehmens- und Sozialleistungen des Arbeitgebers zu wählen?

Aufgabe 178

Welche Charakteristik ergibt sich aus der Orientierung an flachen Hierarchien und Verwaltungsstrukturen für das Personalwesen?

Aufgabe 179

Was sollte im Vorfeld einer Qualitätsausrichtung im Unternehmen mit den Mitarbeitern besprochen werden?

Aufgabe 180

Wann ist eine Organisation oder ein Management innovativ?

Aufgabe 181

Welche Wirkungen haben Visionen auf Mitarbeiter?

Aufgabe 182

Welche Anforderungen werden an eine Führungskraft mit der Forderung nach ganzheitlichem Management gestellt?

Aufgabe 183

In welchen Punkten unterscheidet sich das Personalcontrolling von dem herkömmlichen Controlling in Unternehmungen?

Aufgabe 184

Wie unterscheiden sich operatives und strategisches Personalcontrolling?

Aufgabe 185

Nennen Sie Ziele eines effektiven Personalcontrollings.

Aufgabe 186

Nennen Sie die 3 Ebenen des Personalcontrollings und geben Sie je ein Beispiel.

Aufgabe 187

Zählen Sie verschiedene Instrumente des Personalcontrollings auf.

Aufgabe 188

Wie unterscheiden sich die personalpolitischen Maßnahmen bei unterschiedlichen Unternehmensstrategien? Gehen Sie auf die Wachstums,- Konsolidierungs,- Diversifikations- und Rückzugsstrategie ein.

Aufgabe 189

Definieren Sie das prozessorientierte Personalcontrolling und nennen Sie die Ziele.

Aufgabe 190

Wie werden die Kosten in der Prozesskostenrechnung im Personalwesen aufgeteilt? Welchen Vorteil hat diese Einteilung?

Aufgabe 191

Welche Anforderungen werden an einen Personalcontroller gestellt?

Aufgabe 192

Nennen Sie Beispiele für Aufgaben des Personalcontrolling aus den Bereichen Personalbeschaffung, Personalentwicklung und Personalfreisetzung.

Aufgabe 193

Welche Problemfelder sehen Sie bei der Integration des Personalcontrollings in die Unternehmensorganisation?

Aufgabe 194

Was verstehen Sie unter dem Ausdruck „*betriebliches Zielsystem*“ ? Nennen Sie gleichzeitig das Hauptziel jedes Unternehmens!

Aufgabe 195

Wie lassen sich die Ziele des Unternehmens einteilen? Geben Sie 3 Untergliederungen mit je einem Beispiel an.

Aufgabe 196

Welches Risiko entsteht bei ungenauen, unbegrenzten Zielvorgaben des Unternehmens?

Aufgabe 197

Was ist Planung und welche Aufgaben und Anforderungen bestehen für die Planungsabteilung eines Unternehmens?

Aufgabe 198

Welche Bedeutung hat die Planung für das betriebliche Zielsystem?

Aufgabe 199

Was wird strategisch und was wird operativ im Unternehmen geplant?

Aufgabe 200

Welchen zeitlichen Horizont hat die strategische bzw. operative Planung?

Aufgabe 201

Was ist auf operativer Ebene notwendig, um die strategische Planungsziele zu erreichen?

Aufgabe 202

Erklären Sie den Zusammenhang zwischen strategischer und operativer Planung am Beispiel eines langfristig geplanten Absatzplanes und kurzfristig aufgetretenen Produktionsengpässen!

Aufgabe 203

Wodurch ermöglicht die betriebliche Statistik die Bewertung vergangenheitsbezogener, aktueller oder zukünftiger Entwicklungen?

Aufgabe 204

Was unterscheidet die Vergleichsrechnung von der Planungsrechnung?

Aufgabe 205

Nennen Sie das Grundproblem der Planung und erforderliche Maßnahmen zur Vermeidung und Abschwächung dieses Problems.

Aufgabe 206

Grundlage für die strategische Entscheidung ist der strategische Handlungsspielraum. Wodurch wird dieser bestimmt?

Aufgabe 207

Welche Voraussetzungen müssen vorliegen, um Entscheidungen treffen zu können?

Aufgabe 208

Die Planung hängt entscheidend von der Strategiewahl für das Unternehmen ab. Erklären Sie die unterschiedlichen Planungsprozesse am Beispiel der Kostenführerschaft bzw. der Differenzierung.

Aufgabe 209

Welche Elemente gehören zu einer Organisation?

Aufgabe 210

Was ist eine Organisation?

Aufgabe 211

Wie unterscheiden sich die Ziele von Organisation und Organisationsentwicklung?

Aufgabe 212

Was verbindet die Aufbau- und Ablauforganisation eines Unternehmens miteinander?

Aufgabe 213

Welche Gründe sind ursächlich für die Entstehung der Organisationsentwicklung (OE) ? Nennen Sie 3 Gründe.

Aufgabe 214

Nennen Sie das Oberziel der Organisationsentwicklung und mindestens 3 weitere Nebenziele.

Aufgabe 215

Unterscheiden Sie die Modelle „Top- Down“ und „Bottom- Up“ zur Berücksichtigung des Wertewandels im Unternehmen.

Aufgabe 216

Wie äußert sich der Zusammenhang bezüglich des Wandels der Managementmethoden in den USA, Japan und in Europa?

Aufgabe 217

Durch welche Reihenfolge kann die Organisationsentwicklung schrittweise umgesetzt werden?

Aufgabe 218

Welche 4 Formen des organisationalen Lernens sind Ihnen bekannt?

Aufgabe 219

Welche Probleme ergeben sich bei der Entwicklung und Durchführung einer lernenden Organisation?

Aufgabe 220

Worin unterscheiden sich Informationen vom Wissen?

Aufgabe 221

Wie entsteht Wissen und wie kann Wissen eingeteilt werden?

Aufgabe 222

Was versteht man unter dem Begriff Wissensmanagement?

Aufgabe 223

Nennen Sie 5 verschiedene Aufgaben des Wissensmanagements in einer Unternehmung.

Aufgabe 224

Nennen Sie Barrieren und Erfolgsfaktoren des Wissensmanagements.

Aufgabe 225

Wie definieren Sie Wissenstransfer und welche Bestandteile hat dieser?

Aufgabe 226

Warum gewinnt die Erforschung neuer Informations- und Wissensvorsprünge eine bedeutende Rolle für die Erreichung von Wettbewerbsvorteilen?

Aufgabe 227

Erklären Sie die Aufgaben des Wissenstransfers anhand der verschiedenen Ebenen im Unternehmen.

Aufgabe 228

Wie unterscheiden sich individuelles und strukturelles Wissen voneinander?

Aufgabe 229

Welcher Zusammenhang besteht zwischen individuellem, latentem und strukturellem Wissen in einer Organisation?

Aufgabe 230

Definieren Sie implizites und explizites Wissen.

Aufgabe 231

Wodurch wird das implizite Wissen beeinflusst?

Aufgabe 232

Welche Maßnahmen zur Umwandlung des impliziten in explizites Wissen sind Ihnen bekannt?

Aufgabe 233

Welche Voraussetzungen für eine optimale Wissenserfassung gibt es?

Aufgabe 234

Nennen Sie 3 Methoden zur Erfassung von Wissen.

Aufgabe 235

Welche Faktoren sind bei der Wissenserfassung maßgeblich?

Aufgabe 236

Erklären Sie das Wesen von Unternehmensnetzwerken.

Aufgabe 237

Welche Ausprägungen von Netzwerken sind Ihnen bekannt?

Aufgabe 238

Wo ist der Unterschied zwischen Informations- und Wissensnetzwerken?

Aufgabe 239

Welche Risiken und welche Spannungsfelder können sich durch Netzwerke ergeben?

Aufgabe 240

Definieren Sie Informationstechnologie und erklären Sie die Bedeutung für den Unternehmenserfolg.

Aufgabe 241

Welche Herausforderungen ergeben sich für das Management der Informationstechnologie im Unternehmen?

Aufgabe 242

Welche Ansprüche werden an das Zusammenspiel von Information und Informationsverarbeitung gestellt?

Aufgabe 243

Welche Ziele werden mithilfe der Informationstechnologie verfolgt?

Aufgabe 244

Nennen Sie je zwei Beispiele für Anwendersysteme auf operativer und strategischer Ebene.

Aufgabe 245

Unterscheiden Sie Managementinformationssysteme von Entscheidungsunterstützungs-systemen.

Aufgabe 246

Finden Sie je ein Beispiel für branchenspezifische und branchenneutrale Anwenderprogramme.

Aufgabe 247

Worin unterscheiden sich primäre und sekundäre Informationen?

Aufgabe 248

Welche Bereiche versorgen das Unternehmen von innen mit Informationen?

Aufgabe 249

Welche externen Informationsquellen existieren?

Aufgabe 250

Was versteht man allgemein unter Management und welche Unterscheidungen von Managementtechniken gibt es?

Aufgabe 251

Welche 5 Faktoren fördern das Selbstmanagement?

Aufgabe 252

Welche Vorteile können durch das Selbstmanagement erreicht werden?

Aufgabe 253

Unterteilen Sie anhand der ABC- Methode Aufgaben nach ihrer Wertigkeit und dem zeitlichen Aufwand.

Aufgabe 254

Welche Vorteile entstehen durch eine Kreativitätsförderung im Unternehmen?

Aufgabe 255

Mit welchen Methoden lassen sich Probleme diagnostizieren?

Aufgabe 256

Was sind Kreativitätstechniken? Nennen Sie 4 Unterteilungen zu den Kreativitätstechniken.

Aufgabe 257

Worin unterscheiden sich Reizworttechniken von Assoziationstechniken?

Aufgabe 258

Beschreiben Sie den Unterschied von Mind Mapping und Brainstorming.

Aufgabe 259

Nennen Sie die Phasen der Entscheidungsfindung!

Aufgabe 260

Welche Techniken zur Entscheidungsfindung sind Ihnen bekannt?

Aufgabe 261

Welchen Charakter haben Projekte?

Aufgabe 262

Was beinhaltet das Management von Projekten?

Aufgabe 263

Welche verschiedenen Aufgaben werden dem Lenkungsausschuss bei Projektorganisationen übertragen?

Aufgabe 264

Nennen Sie mindestens 5 Bestandteile eines Projekthandbuches.

Aufgabe 265

Welche Formen der Projektorganisation sind Ihnen bekannt?

Aufgabe 266

Erläutern Sie die reine Projektorganisation.

Aufgabe 267

Welche Projektphasen sind Ihnen bekannt?

Aufgabe 268

Wozu dienen Projektstrukturpläne?

Aufgabe 269

Welche Arten von Projektstrukturplänen gibt es?

Aufgabe 270

Was ist ein sogenanntes Arbeitspaket?

Aufgabe 271

Definieren Sie den Begriff Projektsteuerung und nennen Sie gleichzeitig 3 Aufgaben.

Aufgabe 272

Welche Bedeutung hat der Projektleiter bei der Projektsteuerung und welche Aufgaben hat dieser zu erfüllen?

Aufgabe 273

Wie kann die Projektsteuerung bei einem bevorstehenden Verzug reagieren?

Aufgabe 274

Wozu dient eine Projektdokumentation?

Aufgabe 275

Wo ist der Unterschied zwischen der Projektakte und der Projektdokumentation?

Aufgabe 276

Nennen Sie mindestens 4 Inhalte des Projektabschlussberichtes.

Aufgabe 277

Was ist Kommunikation?

Aufgabe 278

Wie wird die nonverbale Kommunikation beschrieben?

Aufgabe 279

Welche Kommunikationsmethoden sind Ihnen bekannt?

Aufgabe 280

Welche Anforderungen werden an eine Präsentation gestellt?

Aufgabe 281

Unter Zuhilfenahme welcher Kommunikationsmittel kann ein Vortrag gehalten werden?

Aufgabe 282

Welche Regeln zum erfolgreichen Gelingen eines Vortrages sind zu beachten?

Aufgabe 283

Was ist mit Moderation gemeint?

Aufgabe 284

Welche Aufgabe hat der Moderator?

Aufgabe 285

Bei der Durchführung hat der Moderator die Wahl zwischen unterschiedlichen Abfragearten. Welche sind Ihnen bekannt?

Aufgabe 286

Wozu dient das Konfliktmanagement in einem Unternehmen?

Aufgabe 287

Was ist Mediation? Nennen Sie auch die beteiligten Personen.

Aufgabe 288

Unterscheiden Sie den offenen Fragestil im Interview von einem geschlossenen Fragestil.

Aufgabe 289

Was sind Mitarbeitergespräche? Nennen Sie verschiedene Ausprägungen.

Aufgabe 290

Welche Vorteile haben Mitarbeitergespräche für das Unternehmen, die Mitarbeiter und den Vorgesetzten?

Aufgabe 291

Bringen Sie Mitarbeitergespräche in Verbindung mit der Personalentwicklung einer Unternehmung.

Aufgabe 292

Wovon kann die Kaufentscheidung abhängen?

Aufgabe 293

Beschreiben Sie das AIDA Modell im Hinblick auf die erfolgreiche Führung von Verkaufsgesprächen.

Lösungen zur Unternehmensführung

Aufgabe 1

Ältere Mitarbeiter können als Mentoren für jüngere Mitarbeiter dienen, um etwa die Wissensweitergabe zu gewährleisten. Daneben sollten erfahrungsabhängige Schulungsprogramme durchgeführt werden, die zugeschnitten auf die Bedürfnisse dieser Zielgruppe ausgerichtet sind. Letztlich sollte gewährleistet sein, dass der Aufstieg im Unternehmen altersunabhängig (diskriminierungsfrei) erfolgt.

Aufgabe 2

- Steuerklasse,
- Anzahl Kinder unter 18,
- Religionszugehörigkeit,
- Zahl der Kinderfreibeträge,
- steuerliche Freibeträge bzw. Abzüge sowie
- steuerliche Zuschläge

Aufgabe 3

Vor jeder Kündigung ist der Betriebsrat zu hören. Wird dies versäumt, ist die Kündigung nichtig (§ 102 BetrVG). Der Betriebsrat hat die in § 102 Abs. 3 BetrVG genannten Widerspruchmöglichkeiten.

Aufgabe 4

Gegen eine Kündigung hat der Arbeitnehmer Klagemöglichkeit. Klageberechtigt nach dem Kündigungsschutzgesetz sind dabei alle Arbeitnehmer, deren Arbeitsverhältnis in demselben Betrieb ohne Unterbrechung länger als sechs Monate bestanden hat. Dies gilt nicht in Betrieben mit fünf oder weniger Beschäftigten.

Aufgabe 5

Führen durch Zielvereinbarung – in englisch Management by objectives (MbO) bedeutet, dass die Mitarbeiter über Ziele gesteuert werden und nicht durch Vorgaben, wie sie die Arbeit zu erledigen haben.

Aufgabe 6

Der Ablauf des Management by Objectives beginnt mit der Festlegung der Gesamtziele der Unternehmenspolitik und -strategie durch die Unternehmensleitung sowie der Übermittlung dieser an die Mitarbeiter. Aus diesen Gesamtzielen leiten die jeweils untergeordneten Ebenen ihre Zielvorstellungen ab, wobei die Organisationsstruktur anzupassen ist. Danach sind mit jedem einzelnen Mitarbeiter die persönlichen Einzelziele zu konkretisieren sowie klare Verantwortlichkeiten für die Zielsetzungen zu vereinbaren. Diese Festlegungen werden an die nächst höhere Leitungsebene zurückgemeldet und können wiederum zu Zielkorrekturen führen.

Aufgabe 7

Grundlage des MbO ist das gemeinsame Zielvereinbarungsgespräch. Vor dem Gespräch sollte der Mitarbeiter die Gelegenheit haben, sich selbst Gedanken um die möglichen Ziele zu machen und eigene Vorstellungen in das Gespräch einzubringen.

Aufgabe 8

Die Vorteile des MbO lassen sich wie folgt zusammenfassen:

- Kenntnis der Erwartungen und Einschätzungen
- Zwang zur Planung
- Spontane Koordination und Kooperation werden angeregt
- Kommunikation zwischen Mitarbeitern und Vorgesetzten wird angeregt
- Organisationsziele werden aktiv aufgezeigt
- Konzentration auf Schlüsselgebiete
- Bindung von Belohnung an Leistung
- Beitrag zur Personal- und insbesondere Führungskräfteentwicklung
- Größere Transparenz von Problemfeldern wie notwendigen Ausbildungs- und Organisationsmaßnahmen
- Unterstützung besserer und fairerer Kontrollen durch präzise Zielvorgaben

Damit einher gehen aber auch eine Reihe von Nachteilen:

- Verwaltungsaufwand, Sitzungen und Diskussionen
- Oftmals unrealistische Ziele, dadurch Anfangseuphorie mit folgender Rückkehr zum Betriebsalltag

- Feedback wird nicht ausreichend oder verspätet gegeben
- Keine nachhaltige Unterstützung durch Einzelne
- Konkrete Ziele behindern Kreativität
- Nutzen falscher quantitativer Ziele anstelle sinnvoller qualitativer Ziele
- Autoritätserosion wird befürchtet
- Individuelle Erfolgszurechnung behindert Kooperation
- Notwendige Kontrollgespräche können das Betriebsklima belasten, teilweise frisierte Ergebnisse
- Hohe Ziele werden nicht durch entsprechende Kompetenzen gestützt
- Problem bei sehr flexiblen Umweltparametern, weil Ziele immer wieder angepasst werden müssen

Aufgabe 9

Die strategische Planung umfasst die Festlegung von Geschäftsfeldern und langfristigen Produktprogrammen. Damit soll das Unternehmenspotenzial ermittelt werden.

Instrumente der strategischen Planung sind u. a.:

- Portfolioanalyse
- Benchmarking
- Produktlebenszyklus

Aufgabe 10

In der BCG-Matrix werden Geschäftsfelder nach den Faktoren Marktwachstum und relativer Marktanteil eingruppiert.

Aufgabe 11

- Die Poor Dogs können nach diesem Schema eingestellt werden (Desinvestitionsstrategie).
- Die Question Marks können durch Investitionsstrategien ausgebaut werden und damit zu Stars werden.
- Für Stars sollte ein solches Wachstum angestrebt werden, dass Konkurrenten nicht oder nur sehr schwer in den Markt eindringen können.
- Bei Cash Cows sollte eine Abschöpfungsstrategie angewendet werden.

Aufgabe 12

Die operative Planung beschreibt die Festlegung kurzfristiger Programmpläne in einzelnen Funktionsbereichen.

Aufgabe 13

Beim Top-Down-Verfahren wird die Planung von der Spitze entschieden und nach unten weitergegeben. Beim Bottum-Up-Verfahren werden die Planungen hingegen zunächst im Middle Management oder sogar tiefer begonnen und mit dem Top Management abgeglichen.

Aufgabe 14

Der Break-Even-Punkt ist der Punkt, an dem die Gewinnschwelle (bzw. ein vorher definierter Mindestgewinn) genau erreicht wird.

Aufgabe 15

150.000 € / (8 € - 3 €) = 30.000 Stück

Aufgabe 16

Darin werden die Gesamtaufgaben eines Unternehmens aufgeteilt in:

- Hauptaufgaben (z. B. Vertrieb),
- Teilaufgabe 1. Ordnung (z. B. Verkauf)
- Teilaufgabe 2. Ordnung
- usw.

Diese Teilaufgaben werden in die organisatorischen Einheiten zusammengefasst (z. B. Abteilung, Gruppe, Stelle). Die organisatorischen Einheiten werden dann im nächsten Schritt Aufgabenträgern, d. h. Einzelpersonen oder Personengruppen, zugeordnet.

Aufgabe 17

Die Zerlegung in Teilaufgaben kann nach unterschiedlichen Gesichtspunkten erfolgen. Möglich sind beispielsweise:

- nach den Teilfunktionen, die zur Erfüllung der Aufgabe notwendig sind
- nach dem Objekt, d. h. etwa den Produkten, Regionen o. ä.

- nach der Phase, d. h. danach, ob die Aufgabe zur Planung, Durchführung oder Kontrolle gehört

Aufgabe 18

Die Stelle ist die kleinste betriebliche organisatorische Einheit. Die Stellenbeschreibung enthält die Hauptaufgaben der Stellen, deren Eingliederung in das Unternehmen und die Befugnisse der Stelle. Eine eindeutige, immer gleiche Stellenbeschreibung hat sich bislang nicht durchgesetzt. Es können nur verschiedene Punkte genannt werden, die üblicherweise in einer Stellenbeschreibung enthalten sind:

- Stellenbezeichnung
- obergeordnete Stelle
- untergeordnete Stellen
- Stellvertretung
- Ziel der Stelle
- Hauptaufgaben des Stelleninhabers
- Kompetenzen des Stelleninhabers
- besondere Befugnisse des Stelleninhabers
- notwendige Ausbildung des Stelleninhabers
- notwendige Berufspraxis des Stelleninhabers
- notwendige Weiterbildung des Stelleninhabers
- notwendige Kenntnisse des Stelleninhabers

Aufgabe 19

In der funktionalen Organisation gliedert man die Organisation in der zweiten Ebene nach den Aufgaben im Unternehmen, beispielsweise Forschung und Entwicklung, Beschaffung etc.

Aufgabe 20

In einer Matrixorganisation werden zwei Gliederungsprinzipien, beispielsweise funktionale und eine andere Organisationsform, gleichzeitig verfolgt

Aufgabe 21

Eine Divisionalorganisation ist eine Organisation, die nach Geschäftsbereichen, Produkten/Produktgruppen oder Werken aufgestellt ist.

Aufgabe 22

Die Arbeitsplanung legt z. B. für ein Fertigerzeugnis fest,

- in welcher Weise (Arbeitsgang),
- in welcher Reihenfolge (Arbeitsablauf),
- auf welchen Maschinen (Arbeitsplatz),
- mit welchen Hilfsmitteln (Werkzeuge),
- in welcher Zeit (Durchlaufzeit)

gefertigt werden soll.

Aufgabe 23

Die Durchlaufzeit ist dabei die Zeitdauer, die zwischen Beginn und Auslieferung eines Auftrages für die Produktion eines Gutes ergibt. Sie setzt sich aus der Belegungszeit und der Übergangszeit zusammen. Ersteres enthält die Rüst- und die Bearbeitungszeit, letzteres die Transport- und Liegezeit.

Zur Rüstzeit gehört die Zeit, die für das Vor- und Nachbereiten einer Maschine bzw. eines Arbeitsplatzes notwendig ist. Die Bearbeitungszeit ist die Zeit für das konkrete Produzieren eines Gutes. Sie ergibt sich aus Arbeitsmenge * Stückzeit * Leistungsgrad

Während die Transportzeit die Zeit für den Transport zwischen zwei oder mehreren Orten beinhaltet, zeigt die Liegezeit die Zeit an, die vergeht, weil der Auftrag zwischenzeitlich liegen bleiben muss.

Aufgabe 24

Die Primärforschung greift auf Methoden der direkten Kundenansprache zurück.

Aufgabe 25

In der Sekundärforschung werden bestehende Daten und Informationen ausgewertet, die aus anderen Gründen gesammelt wurden.

Aufgabe 26

Die Sekundärforschung greift beispielsweise auf folgende Informationen zurück:

- Unterlagen des Rechnungswesens
- Allgemeine Statistiken
- Vertriebsstatistiken
- Berichte und Meldungen des Außendienstes
- Frühere Primärerhebungen, die für neue Problemstellungen ausgewertet werden
- Statistisches Bundesamt
- Handwerkskammer
- Bundesstelle für Außenhandelsinformationen (BfAI)
- Deutsche Auslands-Handelskammer, UNO, Weltbank
- Wirtschaftswissenschaftliche Institute
- Kreditinstitute
- Universitäten
- Werbeträger
- Marktforschungs-Institute
- Fachbücher und –zeitschriften
- Firmenverlautbarungen
- Tagungen, Messe
- Internet

Aufgabe 27

Die Vorteile der Sekundärforschung lassen sich wie folgt zusammen:

- Schnelle Beschaffung der Information
- Geringe Kosten
- Teilweise einzig verfügbare Quelle (z.B. Bevölkerungsstatistik)
- Unterstützung der Problemdefinition
- Unterstützung der Durchführung und Interpretation der Primärforschung

Neben diesen Vorteilen bestehen aber auch eine Reihe von Nachteilen:

- Informationen sind nicht vorhanden

- Geringe Aktualität
- unspezifisch
- Exklusivität fehlt
- zu hohe Aggregation
- oft fehlen Angaben zur Erhebungsmethodik

Aufgabe 28

- Befragung
- Beobachtung
- Experiment
- Panel

Aufgabe 29

Der Kerngedanke der Wertanalyse besteht darin, den Funktionswert zu erhalten, die damit verbundenen Kosten aber zu minimieren. Ausgangspunkt sind damit die Kosten und nicht die Erlöse. Die Kernfrage der Wertanalyse ist, ob die gerade betrachtete Funktion eine Hauptfunktion ist oder eine Hauptfunktion unterstützt bzw. den Marktwert erhöht. Ist dies der Fall, ist die Funktion notwendig. Wenn nicht, kann sie als unnötige Funktion gestrichen werden.

Aufgabe 30

Maslow trennt die Bedürfnisse in Wachstumsbedürfnisse und Defizitbedürfnisse ein. Wachstumsbedürfnisse sind beispielsweise der Status bzw. die Anerkennung, die ein Mensch erhält. Zu den Defizitbedürfnissen zählen dagegen Sicherheitsbedürfnisse oder die Grundbedürfnisse wie Essen.

Aufgabe 31

Herzberg trennte dagegen die Bedürfnisse in Entlastungs- und Entfaltungsbedürfnisse. Entlastungsbedürfnisse sind die so genannten Hygienefaktoren. Hier handelt es sich um solche Faktoren, die den Mensch nicht zu einer besonderen Leistung motivieren, sondern die für ein gesundes Betriebsklima unerlässlich sind, etwa die zwischenmenschlichen Beziehungen. Durch Entfaltungsbedürfnisse entsteht dagegen echter Zugewinn für den Mitarbeiter. Hierunter fallen etwa Verantwortung, die der Mitarbeiter übernimmt, oder auch das Vorwärtskommen im Unternehmen.

Aufgabe 32

Die Personalplanung hat das Ziel, dass das Unternehmen jederzeit

- die richtige Anzahl an Personal,
- in der richtigen Qualifikation,
- zum richtigen Zeitpunkt,
- am richtigen Ort und
- im vorgegebenen Kostenplan

zur Verfügung hat

Aufgabe 33

Die Aufgaben, die die Personalplanung hierzu übernehmen muss, sind:

- den quantitativen Personalbedarf ermitteln;
- den qualitativen Personalbedarf ermitteln;
- die Personalfreisetzung – wenn nötig – ermitteln;
- Personalengpässe erkennen und entsprechende Maßnahmen entwicklen;
- die Personalentwicklung erkennen und planen;
- die Personalkosten planen;
- die Personalkosten steuern.

Aufgabe 34

Zur Ermittlung des Bruttopersonalbedarfs werden u. a. eingesetzt:

- Schätzverfahren,
- Trendverfahren,
- Regressionsrechnungen,
- Korrelationsanalysen

Aufgabe 35

- Bessere Motivation,
- höhere Bindung der Mitarbeiter an das Unternehmen,

- Mitarbeiter kennt bereits das Unternehmen,
- Beschaffungskosten sind geringer,
- Einarbeitungszeit ist in der Regel geringer,
- Stellenbesetzung kann schneller vorgenommen werden,
- Fachkenntnisse sind bereits bekannt,
- in der Regel kostengünstiger,
- positive Auswirkungen auf das Betriebsklima

Aufgabe 36

- es entsteht eine neue Lücke, die wiederbesetzt werden können müsste,
- Gefahr des „Weglobens“,
- der Mitarbeiter ist möglicherweise „betriebsblind“,
- es werden keine Impulse von außen gegeben,
- es bestehen mögliche Akzeptanzprobleme,
- Auswahl ist geringer als unter Hinzuziehung externer Quellen

Aufgabe 37

- Leistung des Mitarbeiters (Kriterien: Normalleistung, Zielvereinbarung etc.)
- Anforderungen des Arbeitsplatzes (Kriterien: Arbeitsbewertung: wie schwer ist die Arbeit?)
- soziale Überlegungen (Familienstand, Alter, etc.)
- Leistungsmöglichkeiten (beispielsweise durch Führungsstil, Organisatione etc.)
- Branche
- Region
- Tarifzugehörigkeit
- Qualifikationen

Aufgabe 38

- Zeitlohn (unterteilt in reiner Zeitlohn und Zeitlohn mit Zulagen)
- Leistungslohn (unterteilt in Akkordlohn und Prämienlohn) sowie

- Sonderformen (Zuschläge, Erfolgsbeteiligung etc.)

Beim Zeitlohn wird das Entgelt in Abhängigkeit von der eingesetzten Zeit gezahlt, aber unabhängig von der tatsächlichen Leistung. Diese wird vorab definiert und ein "relativ" gerechter Lohn definiert.

Beim Akkordlohn wird die tatsächlich erbrachte Leistung entgeltet. Unterscheiden lassen sich Einzel- und Gruppenakkord. Beim Einzelakkord wird die Leistung des Einzelnen bezahlt, beim Gruppenakkord das Ergebnis einer Gruppe. Beim Akkordlohn wird ein Entgelt je erbrachter Leistung bestimmt und mit der erbrachten Leistung multipliziert. Das Ergebnis ist der Bruttolohn des Mitarbeiters.

Beim Prämienlohn setzt sich das Gehalt aus einem leistungsunabhängigen Teil, dem Grundlohn, und einem leistungsabhängigen Teil, der Prämie, zusammen. Der Prämienlohn wird eingesetzt, wenn die Berechnung genauer Akkordsätze unwirtschaftlich ist.

Aufgabe 39

Als Instrumente der Weiterbildung existieren:

1. Potenzialeinschätzung (Prognose des erwarteten Leistungsvermögens des Mitarbeiters)

2. Laufbahnplanung (die Positionen, die der Mitarbeiter bei Erfüllen bestimmter Qualifikationsmerkmale erreichen kann)

3. Nachfolgeplanung (gedanklich vorweggenommene Überlegung zur zukünftigen Besetzung von Positionen)

4. Nachwuchskräfteförderung (Vorbereitung der Mitarbeiter zur Übernahme von Führungspositionen)

Aufgabe 40

Generell lässt sich die Fortbildung in vier Bereiche unterteilen:

- Erhaltungsfortbildung: Sie dient dem Ausgleich von Kenntnissen und Fertigkeiten, die weggefallen sind;

- Erweiterungsfortbildung: Zusätzliche Fähigkeiten werden vermittelt;

- Anpassungsfortbildung: hier werden solche Fähigkeiten vermittelt werden, die durch eine Anpassung an Veränderungen am Arbeitsplatz nötig werden;

- Aufstiegsfortbildung: dient der Vorbereitung auf höherwertige Aufgaben.

Aufgabe 41

- in welchen Bereichen Qualifizierungsbedarf besteht,
- welche Potenziale der einzelne Mitarbeiter hat,
- welche Maßnahmen zur Schließung der Lücken ergriffen werden können,
- welche Unterstützung der Vorgesetzte selbst geben kann und muss sowie
- welche Erwartungen der Mitarbeiter an die innerbetriebliche Förderung hat.

Aufgabe 42

- Jobenrichment: der Mitarbeiter erhält zusätzliche Aufgaben auf höherem Aufgabenniveau; zur Unterstützung erhält er entsprechende Weiterbildungmaßnahmen;
- Jobenlargement: der Mitarbeiter erhält zusätzliche Aufgaben auf seinem Aufgabenniveau, die sich von seinen bisherigen Tätigkeiten aber unterscheiden;
- Jobroration: der Mitarbeiter wechselt seine Aufgaben im Betrieb

Aufgabe 43

Wie unterscheiden sich Unternehmens- und Mitarbeiterbedürfnisse in der Personalwirtschaft?

✓ Unternehmensbedürfnisse: optimale Versorgung mit geeigneten Mitarbeitern

✓ Mitarbeiterbedürfnisse: Gerechte Entlohnung bei guten Arbeitsbedingungen

Aufgabe 44

Welche generellen Aufgaben hat die Personalwirtschaft in einem Unternehmen?

✓ Planung des Personalbedarfs

✓ Personalbeschaffung

✓ Personaleinsatz

- ✓ Freisetzung von Personal
- ✓ Personalentwicklung
- ✓ Personalführung
- ✓ Personalentlohnung
- ✓ Personalorganisation
- ✓ Personalbeurteilung

Aufgabe 45

Aus welchen Sichtweisen kann die Belegschaft eines Unternehmens betrachtet werden?

- ✓Personal ist ein Arbeitsträger
- ✓ Personal ist Kostenverursacher
- ✓ Personal ist Bündnispartner
- ✓ Personal ist Entscheidungsträger
- ✓ Personal ist engagiertes Individuum

Aufgabe 46

Welche Einteilung des Personals erfolgt aus arbeitsrechtlicher Sicht? Welche Tätigkeiten werden in der jeweiligen Ebene vorrangig ausgeübt?

- ✓Arbeiter: vorrangig körperliche Arbeiten
- ✓ Angestellte: hauptsächlich geistige Arbeit
- ✓ Leitende Angestellte: besitzen bestimmte Vollmachten, Übertragung von
- ✓ Arbeiten mit hoher Verantwortung

Aufgabe 47

Nennen Sie die Träger der Personalwirtschaft.

- ✓ Geschäftsleitung
- ✓ Vorgesetzte
- ✓ Betriebsrat

✓ Personalabteilung

Aufgabe 48

Benennen Sie Haupt- und Nebenziele einer Personalwirtschaft.

✓ Hauptziel: Wirtschaftlichkeit, Sozialziele

✓ Nebenziele: Deckung des erforderlichen Mitarbeiterbedarfs in Quantität, Qualität, Zeit und Ort, Steigerung der Arbeitsleistung

Aufgabe 49

Was bezeichnet man als Personalpolitik? Welche Bereiche bezüglich der Personalpolitik sprechen für eine ausgerichtete Unternehmenskultur?

✓ Personalpolitik: Formulierung von Unternehmenskultur, Unternehmensethik, Unternehmensidentität

✓ Bereiche: Mitarbeiterführung, Mitbestimmung, Qualifizierung, Selbstverwirklichung, Wertschätzung

Aufgabe 50

Wie erfolgt die Einteilung des Personalwesens in die Betriebsstruktur? Welcher Faktor sollte hierbei stets beachtet werden?

✓ Einteilung erfolgt in Abhängigkeit der Unternehmensgröße und Struktur

✓ Grundlegend zu beachten ist die Einteilung als zentrale Funktionseinheit, die in der Hierarchieebene hoch angeordnet ist

Aufgabe 51

Welche Organisation der Personalwirtschaft in die Hierarchie des Unternehmens gewährleistet eine unabhängige Einteilung zu Unternehmensbereichen?

✓ Einfachunterstellung der Linienorganisation (z.B. eine Stufe unter der kaufmännischen Leitung)

Aufgabe 52

Welchen Nachteil hat eine Unterordnung der Personalwirtschaft unter die Führung eines Zwischenvorgesetzen in die 3. Hierarchiestufe?

- ✓ Personalwesen ist in der Entscheidungsbefugnis sowie der Delegation von Richtlinien stark eingeschränkt

Aufgabe 53

Nennen Sie Vor- und Nachteile einer Einteilung der Personalwirtschaft in die Spartenorganisation eines Unternehmens.

- ✓ Vorteile: Anforderungen jedes Geschäftsbereiches werden personalseitig erfüllt, Kontakt zu Mitarbeitern wird gehalten
- ✓ Nachteil: aufwändige Kontrolle des Personalwesens aufgrund vieler eigener Personalwirtschaftskonzepte

Aufgabe 54

Was unterscheidet die Zuordnung der Personalwirtschaft in ein Cost-Center zu der Einteilung in ein Profit- Center?

- ✓ Cost- Center: Detaillierte Analyse der Personalkosten wird möglich sowie Feststellung und Beseitigung von Ineffizienz des Personalwesens
- ✓ Profit- Center: Personalabteilung mit der Vorgabe der Gewinnerzielung

Aufgabe 55

Welche Anforderungen werden an Beschäftigte im Personalbereich gestellt?

- ✓ Zielorientierung
- ✓ Fachwissen
- ✓ Selbstständigkeit
- ✓ Arbeitserfüllung unter Einsatz der EDV

- ✓ Kooperationsfähigkeit
- ✓ Überzeugungskraft

Aufgabe 56

Definieren Sie individuelles und kollektives Arbeitsrecht.

✓ Individuelles Arbeitsrecht: Rechtsbeziehungen, die sich aus dem individuellem Arbeitsverhältnis ergeben

✓ Kollektives Arbeitsrecht: Tarifvertragsrecht, dass für eine Gruppe von Arbeitnehmern verfasst wird

Aufgabe 57

Welche arbeitsrechtlichen Bestimmungen finden sich im BGB, im HGB, in Tarifverträgen und in Betriebsvereinbarungen?

✓ BGB: Basis des Arbeitsvertragsrechts

✓ HGB: Rechtliche Verhältnisse der kaufmännischen Angestellten im

✓ Handelsgewerbe

✓ Tarifverträge: schuldrechtliche Verträge zwischen Arbeitgeber und

✓ Arbeitnehmerverbänden

✓ Betriebsvereinbarungen: innerbetriebliche Vereinbarungen, die alle

✓ Arbeitsverhältnisse umfassen

Aufgabe 58

Welchen Unterschied gibt es zwischen Arbeitsverhältnis und Arbeitsvertrag?

✓ Arbeitsverhältnis beschreibt das Rechtsverhältnis zwischen Arbeitgeber und Arbeitnehmer

✓ Arbeitsvertrag: Form des Dienstvertrages, der im BGB geregelt ist

Aufgabe 59

Welche Pflichten ergeben sich aus dem Arbeitsverhältnis für Arbeitgeber und Arbeitnehmer?

✓ Arbeitnehmerpflichten: Arbeitspflicht, Treuepflicht, Pflicht zur Verschwiegenheit

✓ Arbeitgeberpflichten: Lohnzahlungspflicht, Urlaubsgewährung, Fürsorgepflicht

Aufgabe 60

Aus welchen Gründen kann ein Arbeitsverhältnis beendet werden?

✓ Kündigung

✓ Tod oder Rente

✓ Aufhebungsvertrag

✓ Zeitablauf

✓ Anfechtung

Aufgabe 61

Nennen und beschreiben Sie die Hauptbestandteile des Schuldrechts in einem Tarifvertrag.

✓ Friedenspflicht: Verbot des Streikes während der Laufzeit des Tarifvertrages

✓ Einwirkungspflicht: Pflicht zur Einhaltung der Vereinbarungen

✓ Nachwirkungspflicht: Bestandsschutz der Regelungen nach Ablauf des Vertrages bis zur Neuregelung

Aufgabe 62

Welche Grundsätze gelten für die Zusammenarbeit zwischen Betriebsrat und Arbeitgeber?

✓Schaffung einer vertrauensvollen Zusammenarbeit und Vereinbarung von

✓ Sitzungen mit dem Ziel der Einigung

✓ Einhaltung der Friedenspflicht

✓ Keine Bevor- oder Benachteiligung der Mitglieder des Betriebsrates

✓ Gewerkschaften haben eine Unterstützungsfunktion

Aufgabe 63

In welchem Bereich ist die Beteiligung des Betriebsrates besonders ausgeprägt? Zählen Sie 5 Elemente hieraus auf.

✓ Soziale Angelegenheiten

Elemente:

✓ Betriebsordnung

✓ Arbeitszeit- und Pausenregelungen

✓ Aufstellung des Urlaubsplanes

✓ Regelungen zur Verhütung von Arbeitsunfällen

✓ Sozialeinrichtungen des Betriebes (Kantine)

Aufgabe 64

Wie heißen die 3 Instanzen der Arbeitsgerichtsbarkeit?

✓ 1. Instanz: Arbeitsgericht

✓ 2. Instanz: Landesarbeitsgericht

✓ 3. Instanz: Bundesarbeitsgericht

Aufgabe 65

Was ist der Ausgangspunkt für die Planung des Personalbedarfs? Wie kann die Personalbedarfsplanung unterteilt werden?

✓ Personalbestand ist Ausgangspunkt für die Planung

✓ Unterteilung in quantitative und qualitative Personalbedarfsplanung

Aufgabe 66

Welche unternehmensexternen Faktoren beeinflussen die Personalbedarfsplanung und welche Auswirkungen könnte dies haben?

✓ Faktor: Gesamtwirtschaftliche Entwicklung; Auswirkungen: Absatzveränderungen des Unternehmens

✓ Faktor: Arbeitsrechtsänderungen; Auswirkungen: Arbeitszeitregelungen der Arbeitnehmer

✓ Faktor: Technologie; Auswirkungen: Nutzung veränderter Produktionstechnologien

Aufgabe 67

Was versteht man unter dem Bruttopersonalbedarf und wie setzt sich dieser zusammen?

✓ Bedarf aller Personen zur Leistungserstellung

✓ Zusammensetzung aus Einsatzbedarf und Reservebedarf

Aufgabe 68

Wie definiert sich der Ersatzbedarf und wie wird dieser berechnet?

✓ Ersatzbedarf: Anzahl der Mitarbeiter, die zusätzlich zum Ablauf des

✓ Geschäftsjahres eingestellt werden müssen, um den Personalbestand zum Beginn des neuen Geschäftsjahres zu sichern

✓ Berechnung: Ersatzbedarf= Voraussichtliche Abgänge – Voraussichtliche Zugänge

Aufgabe 69

Welche Faktoren berücksichtigt eine mittelfristige Personalbedarfsplanung?

✓ Zeitraum: 3-5 Jahre

✓ Berücksichtigung der technischen und organisatorischen

Veränderungen in

✓ Verwaltung und Produktion

✓ Planung unter Beachtung der geltenden Arbeits- und Sozialgesetze

Aufgabe 70

Welche Methoden zur Personalbedarfsplanung sind Ihnen bekannt?

✓ Schätzungen

✓ Monetäre Verfahren

✓ Personalbemessungsmethoden

✓ Organisatorische Verfahren

✓ Statistische Verfahren

Aufgabe 71

Welche organisatorischen Verfahren zur Ermittlung des Personalbedarfs sind Ihnen bekannt?

✓ Stellenplanmethode

✓ Arbeitsplatzmethode

Aufgabe 72

Welche Statistiken kommen in der Personalbedarfsplanung zur Anwendung?

✓ Personalstatistik- Personalbestand

✓ Altersstatistik: Altersstruktur

✓ Fluktuationsstatistik: Personalabgänge und Gründe

Aufgabe 73

Zeigen Sie Wege interner Personalbeschaffung mit Beispielen auf.

✓ Bedarfsdeckung ohne Umsetzung: Mehrarbeit, Überstunden,

Urlaubsverschiebung, Arbeitszeitverlängerung, Qualifizierung, Umschulung

✓ Bedarfsdeckung mit Personalbewegung: Versetzung durch Änderungsvertrag, Innerbetriebliche Neubesetzung, Personalentwicklung

Aufgabe 74

Welche Maßnahmen zur Personalbeschaffung außerhalb des Unternehmens sind Ihnen bekannt? Nennen Sie Beispiele.

✓ Aktive Beschaffung durch Stellenanzeige, Internetnutzung, Personalberater, Öffentlichkeitsarbeit

✓ Passive Beschaffung durch Arbeitsverwaltung, Bewerberkartei

Aufgabe 75

Welche Attribute sollte eine wirksame Anzeigengestaltung beinhalten?

✓ Aussagen über das Unternehmen

✓ Aussagen zur freien Stelle

✓ Aussagen zu Anforderungsmerkmalen

✓ Aussagen über Leistungsmerkmale

✓ Angabe der einzureichenden Bewerberunterlagen

Aufgabe 76

Welche Elemente helfen bei der Beurteilung von Arbeitszeugnissen?

✓ Augenmerk auf außergewöhnliche Formulierungen

✓ Vergleich mehrerer Arbeitszeugnisse

Aufgabe 77

Welche Angaben enthält ein Lebenslauf? In welcher Form kann dieser verfasst werden?

- ✓ Vollständiger Name, Wohnort, Straße, Geburtsort, Geburtsname, Familienstand, beruflichen Tätigkeiten, Fähigkeiten, Weiterbildung
- ✓ Tabellarische Form, handschriftlicher Lebenslauf

Aufgabe 78

Wie können Lebensläufe analysiert werden und wie können diese bewertet werden?

✓ Nach der Häufigkeit des Stellenwechsels, nach der Dauer des Arbeitsverhältnisses, Beruflicher Auf- oder Abstieg, Besondere Hobbys oder Interessen

✓ Gründe für häufige Wechsel und Positionen aufzeigen, Anhaltspunkte und Motivationen für die Leistung suchen, Erkennbarkeit der Kontinuität des Berufsweges

Aufgabe 79

Mit welchem Hilfsmittel kann ein direkter Einblick in die Qualifikation gegeben werden? Welche Arten unterscheidet man?

✓ Mit Hilfe von Arbeitsproben

✓ Arten: durch Einreichung (Texte, Berichte) oder durch Leistung (Praktikum, Übersetzung)

Aufgabe 80

Welche Kriterien können in einem Vorstellungsgespräch Aufschluss über den Bewerber geben?

✓ Spezielle Kenntnisse

✓ Intellektuelle Fähigkeiten

✓ Motivation

✓ Kontaktfreude

✓ Äußere Erscheinung

✓ Auftreten

✓ Urteilsvermögen

- ✓ Mündlicher Ausdruck
- ✓ Dynamik, innerer Antrieb

Aufgabe 81

Welche Merkmale treffen auf die Assessment Center Methode zu?

- ✓ Vielfalt durch Interviews, Beobachtungen, Psychologische Tests
- ✓ Beurteilung durch mehrere Prüfer
- ✓ Übungstechniken zur Verhaltensfeststellung
- ✓ Teilung in Beobachtungs- und Beurteilungsphase
- ✓ Führungskräfte des Unternehmens beurteilen Teilnehmer

Aufgabe 82

Welche Regelungen sollten in einem Arbeitsvertrag unbedingt enthalten sein?

- ✓ Einstellungsdatum, Probezeit, Arbeitszeit, Urlaubsregelungen, Kündigungsfristen
- ✓ Art der Tätigkeit, Vollmachten, Verpflichtungen zur Mehrarbeit, Versetzungsvorbehalte
- ✓ Entlohnung, Auszahlung der Entlohnung, Zusatzlohn, Erfolgsbeteiligung, Altersversorgung
- ✓ Nebentätigkeiten, Schweigepflichten

Aufgabe 83

Womit beschäftigt sich die Personaleinsatzplanung? Wie unterscheiden sich unternehmensbezogene von den mitarbeiterbezogenen Zielen?

- ✓ Bestimmung der beschäftigten Personen zu den einzelnen Stellen
- ✓ Unternehmensbezogenes Ziel: Optimale Kosten-Leistungsrelation
- ✓ Mitarbeiterbezogenes Ziel: Einsatz nach Fähigkeiten, Interessen, Bedürfnissen

Aufgabe 84

Definieren Sie Stelle und Stellenplan.

- ✓ Stelle: Summe der Teilaufgaben, die dem Leistungsvermögen eines Aufgabenträgers entspricht, Stellenbildung ist unabhängig von einer Person, kleinste Organisationseinheit, auf Dauer angelegt
- ✓ Stellenplan: Summe aller im Unternehmen gebildeten Stellen

Aufgabe 85

Welche Funktionen erfüllt die Stellenbeschreibung innerhalb der Personalwirtschaft?

- ✓ Orientierung für Aufgabenfeststellung und Kompetenzen für Personalbedarfsplanung
- ✓ Anhaltspunkt der freizusetzenden Stellen innerhalb der Personalfreisetzungsplanung
- ✓ Personalbeschaffung kann zielgerichtet nach Bewerbern suchen
- ✓ Feststellung von Differenzen von derzeitigen und zukünftigen Qualitätsanforderungen
- ✓ Unterstützung bei der Entgeltplanung

Aufgabe 86

Nennen Sie 4 Kriterien einer menschengerechten Arbeitsgestaltung.

- ✓ Zumutbarkeit der Arbeit
- ✓ Zufriedenheit durch die Arbeitsausführung
- ✓ Ausführbarkeit der Arbeit
- ✓ Erträglichkeit der Arbeit

Aufgabe 87

Was kann mit der inhaltlichen Arbeitsgestaltung erreicht werden? Nennen Sie 3 Formen der inhaltlichen Gestaltung.

- ✓ Humanisierung der Arbeitsprozesse
- ✓ Erhöhung der Arbeitszufriedenheit, dadurch Leistungssteigerung, Selbstverwirklichung, Abbau von Isolierung im Arbeitsprozess
- ✓ Formen: Job Enlargement, Job Enrichment, Job Rotation

Aufgabe 88

Wie unterscheiden sich Reihenfertigung und Fließfertigung?

- ✓ Reihenfertigung: keine direkte zeitliche Bindung zwischen Arbeitsvorgang und der im Fertigungsfluss stehenden Arbeitsplätzen
- ✓ Fließfertigung: zeitliche Einordnung der Fertigungsfolge

Aufgabe 89

Welche Vorteile können durch Personal Leasing erreicht werden?

- ✓ Reaktion auf personale Engpässe möglich
- ✓ Zusätzlicher Einsatz von zeitlich begrenztem Personaleinsatz wird möglich
- ✓ Schaffung neuer Impulse durch zusätzliches Personal

Aufgabe 90

Welche Regelungen beinhaltet das Mutterschutzgesetz?

- ✓ Gestaltung des Arbeitsplatzes
- ✓ Beschäftigungsverbote während der Schwangerschaft
- ✓ Regelungen zur Mehrarbeit, Nachtschichten
- ✓ Besonderer Kündigungsschutz

Aufgabe 91

Welches Ziel verfolgt die Personalentwicklung?

✓ Qualifizierung aller Mitarbeiter für gegenwärtige und zukünftige Aufgaben und Herausforderungen

Aufgabe 92

Welche unternehmensbezogenen und welche mitarbeiterbezogenen Sichtweisen können unterschieden werden?

✓ Unternehmensbezogen: Zwang zur Weiterentwicklung aufgrund von innovativen Produkten, Techniken und veränderten Märkten, neue Kommunikationstechniken

✓ Mitarbeiterbezogenen: Wünsche, Bedürfnisse, Selbstverwirklichung, Erfahrungsaustausch, Mitarbeiterzufriedenheit durch Umsetzung individueller Erwartungen

Aufgabe 93

Welche Aufgaben werden für die Personalentwicklung festgestellt?

✓ Formulierung der Entwicklungsziele

✓ Feststellung des Entwicklungsbedarfs

✓ Bedarfsdeckung

✓ Kontrolle über die Erreichung der Ziele

Aufgabe 94

Welche Bereiche der Personalentwicklung werden unterschieden? Orientieren Sie sich an der individuellen und an der kollektiven Bildung.

✓Individuell: Berufsausbildung, Berufliche Fortbildung, Berufliche Umschulung

✓Kollektiv: Unternehmensentwicklung, Organisationsentwicklung, Unternehmenskultur

Aufgabe 95

Welche Vorteile hat eine berufliche Umschulung?

- ✓ Korrektur früherer Berufswahl
- ✓ Rehabilitierung behinderter Menschen
- ✓ Eingliederung von Arbeitslosen
- ✓ Resozialisierung straffälliger Menschen

Aufgabe 96

Was bedeutet die Organisationsentwicklung für das Personalwesen?

- ✓ Steigerung von Entfaltungs- und Entwicklungspotenzial
- ✓ Verbesserter Entscheidungsspielraum
- ✓ Erhöhte Mitbestimmungsrechte

Aufgabe 97

Nennen Sie Voraussetzungen für die Durchführung von Bildungsmaßnahmen.

- ✓ Erstellung des Programmes, Einladungen für Kursteilnehmer, Bestimmung der Unterbringung, Referentenbeauftragung, Raum- und Zeitplanung, Unterlagenvorbereitung, Moderationsstil, Informationsweitergabe

Aufgabe 98

Welche Systematisierung ist geeignet für die unterschiedlichen Methoden der Personalentwicklung?

- ✓ Aktive oder passive Methoden
- ✓ Methoden für einzelne Arbeitnehmer oder für Gruppen
- ✓ Interne oder externe Methoden
- ✓ Methoden am Arbeitsplatz oder außerhalb des Arbeitsplatzes

Aufgabe 99

Nennen Sie das Hauptziel der Personalfreisetzung.

✓ Vermeidung und Beseitigung personeller Überkapazitäten bezogen auf zeitliche, örtliche, qualitative und quantitative Hinsicht

Aufgabe 100

Nennen Sie Beispiele für unternehmensinterne und unternehmensexterne Ursachen der Personalfreisetzung.

✓ Unternehmensinterne Ursachen: steigender Einsatz von Informationstechnologien zu Lasten der menschlichen Arbeit, Rationalisierungsprozesse

✓ Unternehmensexterne Ursachen: Veränderte Umweltbedingungen, Absatzrückgang, Konjunkturelle Schwankungen

Aufgabe 101

Wann ist eine Einsparung an Arbeitskräften im Hinblick auf den Produktionsplan nicht notwendig?

✓ Voraussetzung ist die langfristige Flexibilisierung des Produktionsprogramms, um konjunkturelle Schwankungen oder technische Änderungen abzufangen

Aufgabe 102

Welche personalpolitischen Maßnahmen zur Vermeidung der Personalfreisetzung sind Ihnen bekannt?

✓ Vereinbarung befristeter Arbeitsverträge aufgrund unsicherer Absatzsituation als kurzfristige Abbaureserve

✓ Ständige Unterauslastung des Personalbestandes

Aufgabe 103

Nennen Sie diverse arbeitszeitverkürzende Faktoren.

✓ Abbau von Überstunden

- ✓ Kurzarbeit
- ✓ Reguläre Arbeitszeitverkürzung
- ✓ Angepasste Urlaubsplanung
- ✓ Steigerung der Teilzeit- statt Vollzeitstellen

Aufgabe 104

Was ist ein Aufhebungsvertrag und welche Vorteile ergeben sich dadurch?

- ✓ Aufhebungsvertrag: Nutzung der Vertragsfreiheit zur einvernehmlichen Lösung von Arbeitnehmern und Arbeitgebern mit dem Ziel der Aufhebung aller Rechte und Pflichten
- ✓ Vorteile liegen in der Planbarkeit und in den geringeren Kosten als alternative Techniken

Aufgabe 105

Welche generellen Kündigungsarten und welche Sonderform gibt es?

- ✓ Kündigungsarten: Ordentliche Kündigung, Außerordentliche Kündigung, Änderungskündigung
- ✓ Sonderform: Massenentlassungen

Aufgabe 106

Welche Bedingungen gelten als anerkannt, wenn eine personenbedingte Kündigung ausgesprochen wird?

- ✓ Leistungsfähigkeit wird erheblich durch gesundheitliche Einschränkungen gemindert, Vorhandensein einer langfristigen Dauererkrankung, häufige krankheitsbedingte Fehlzeiten

Aufgabe 107

Wie unterscheiden sich verhaltens- und betriebsbedingte Kündigungen?

- ✓ Verhaltensbedingt: Pflichtverletzungen durch Vertrauensmissbrauch, Mängelleistungen, Störung im

Arbeitsprozess

✓ Betriebsbedingt: Ursächlich sind meist wirtschaftliche Schwierigkeiten, Rationalisierungsmaßnahmen

Aufgabe 108

Welche Gründe müssen für eine fristlose Kündigung vorliegen?

✓ Betrug, dauernde Arbeitsunfähigkeit, Arbeitsverweigerung, Verstoß gegen Schweigepflicht

Aufgabe 109

Was bezeichnet man als Abmahnung?

✓ Hinweis auf Gefährdung des Arbeitsverhältnisses bei fortgeführtem Fehlverhalten sowie Aufforderung zur Änderung des Verhaltens oder der Einstellung

Aufgab 110

Welche Personengruppen genießen einen besonderen Kündigungs-schutz?

✓ Wehrdienstleistende

✓ Schwangere Frauen und Mütter

✓ Auszubildende

✓ Mitglieder des Betriebsrates

✓ Schwerbehinderte

Aufgabe 111

Was ist die Grundlage der Motivation im Leistungserhaltungsprozess? Welche unterschiedlichen Motive gibt es?

✓ Grundlage sind die einzelnen Bedürfnisse der Menschen

✓ Motive: Psychische, Physische, intrinsische und extrinsische, soziale, primäre, sekundäre Motive

Aufgabe 112

Beschreiben Sie die Bedürfnispyramide von Maslow.

✓ Zuordnung der menschlichen Bedürfnisse in 5 Bereiche

✓ Grundlegende Annahmen für jedes Individuum

✓ Die bereits befriedigten Bedürfnisse reichen nicht mehr zur Motivation aus, nur die unbefriedigten Bedürfnisse sind Basis der Motivation

Aufgabe 113

Nennen Sie Beispiele für Sicherheitsbedürfnisse und für Achtungsbedürfnisse.

✓ Sicherheitsbedürfnis: Kündigungsschutz, Betriebliche Altersvorsorge

✓ Achtungsbedürfnis: Lob, Anerkennung, Prämiensystem

Aufgabe 114

Welche Wirkungskette könnten vielseitige, selbstständig ausgeführte Aufgaben für den Mitarbeiter und das Unternehmen haben?

✓ Die Übertragung dieser Aufgaben führt zum engagierten Einsatz der Mitarbeiter, dann zur Identifikation, zur Leistungssteigerung, zur Leistungsanerkennung und zur weiteren Suche nach anspruchsvollen Aufgaben

Aufgabe 115

Nennen Sie Faktoren für ein gutes und für ein schlechtes Betriebsklima.

✓ Schlechtes Betriebsklima: Neid untereinander, Intrigen, Unehrlichkeit, keine Anerkennung für erbrachte Leistung, Launenhaftigkeit

✓ Gutes Betriebsklima: Selbstständigkeit, Teamgeist, Kooperation und Anerkennung

Aufgabe 116

Welche Handlungen beschreiben Tatbestände des Mobbing?

✓ Dauerhafte Angriffe auf soziale Beziehungen, Kommunikationsmöglichkeiten, Werte und Einstellungen, die Persönlichkeit oder Gesundheit einer Person

Aufgabe 117

Welche Merkmale sind charakteristisch für die Personalführung?

✓ Beteiligung zweier Partner- Führer und Geführter

✓ Soziale Beziehungen

✓ Zielorientierung und Steuerung

Aufgabe 118

Zählen Sie verschiedene Theorien zur Machtausübung auf.

✓ Macht durch Bestrafung, Belohnung, Identifikation, Führungsposition, Information

Aufgabe 119

Nennen Sie Beispiele für interaktive und für organisatorische Führung.

✓ Interaktive Führung: Gespräche, Diskussionen

✓ Organisatorische Führung: Hierarchie, Stellenbeschreibung

Aufgabe 120

Welche Attribute sollte eine Führungspersönlichkeit aufweisen?

✓ Befähigung durch Intelligenz, Urteilskraft, Menschenkenntnis

✓ Leistung durch Wissen, Arbeitsleistung

✓ Verantwortlichkeit durch Zuverlässigkeit, Selbstvertrauen

✓ Status durch wirtschaftliche und soziale Lage

✓ Teilnahme durch Einsatzwille, Kontaktfähigkeit

Aufgabe 121

Welche unsichtbaren Strukturen, die eine Führung im Unternehmen beeinflussen können, sind Ihnen bekannt?

✓ Werte, Einstellungen, Intuitionen, Moralvorstellungen

✓ Erwartungen, keine organisatorischen Regelungen

Aufgabe 122

Was versteht man unter einem Führungsstil und welches sind die Grundausrichtungen?

✓ Charakteristische Grundausrichtung über die Theorie zur Führung von Menschen

✓ Grundausrichtungen: autokratischer, charismatischer, bürokratischer, patriarchalischer Führungsstil

Aufgabe 123

Wie unterscheiden sich das mitarbeiterorientierte und das aufgabenorientierte Führungsverhalten?

✓ Mitarbeiterorientiert: Berücksichtigung sozialer und humanistischer Elemente und Mitarbeiterbedürfnisse bei der Führung

✓ Aufgabenorientiert: Führung durch strikte Aufgabenzuteilung, Produktivitätszwang

Aufgabe 124

Was bedeutet Delegation von Aufgaben und welche Faktoren müssen dabei abgestimmt werden?

✓ Delegation: Aufgabenzuteilung mit begrenzten Befugnissen und Verantwortungen

✓ Abstimmung der Aufgaben, der Kompetenzen und der Verantwortung des Mitarbeiters

Aufgabe 125

Welche Arten der Kontrolle über Mitarbeiter kann eine Führungskraft nutzen?

✓ Prozesskontrolle: Abgleich zwischen angewandten und vorgeschriebenen Handlungen

✓ Ergebniskontrolle: Abgleich von Quantität und Qualität der ausgeführten Arbeit

Aufgabe 126

Nennen Sie Hinweise für eine optimale Kontrolle.

✓ Kontrolle durch emotionsfreie, objektive Bewertung

✓ Ausgewogenheit bezüglich der Kontrollhäufigkeit beachten

✓ Selbstkontrolle fördern

✓ Gespräche über gute und schlechte Arbeitsergebnisse führen

Aufgabe 127

Welche Anlässe für Mitarbeitergespräche sind Ihnen bekannt?

✓ Neueinstellung, Entlassung, Umsetzung

✓ Beurteilung des Mitarbeiters, Kritikäußerung

✓ Beförderung

Aufgabe 128

Welche Vor- und Nachteile ergeben sich aus einer indirekten Gesprächsführung?

✓ Vorteil: Aktive Teilnahme des Mitarbeiters, Zufriedenheit steigt durch offene Aussprache, Gefühl der Mitbestimmung, kein Zeitdruck

✓ Nachteil: Keine Konzentration auf das Wesentliche, längere Gesprächsdauer, Unsicherheiten über das Ziel des Gespräches

Aufgabe 129

Beschreiben Sie den organisatorischen Rahmen einer Besprechung.

✓ Feststellung der aktuellen Situation

✓ Protokollführung wird festgelegt

✓ Tagesordnungspunkte werden genannt und besprochen

✓ Definition des Umfanges und Diskussionsausmaßes der Themen

✓ Reihenfolge der Tagesordnungspunkte bestimmen

Aufgabe 130

Nennen Sie 3 Führungsgrundsätze.

✓ Führung und alle Führungsmaßnahmen sind an den Unternehmenszielen auszurichten

✓ Einbeziehung der Mitarbeiter in die Zielbildung sowie die Aufgabenplanung

✓ Eigenverantwortliche Wahrnehmung der delegierten Aufgaben

Aufgabe 131

Welche Beispiele für Einsatzmöglichkeiten sehen Sie für einen unabhängigen, welche für einen lebhaften Mitarbeiter?

✓ Unabhängiger Mitarbeiter: Kein Teamwork, Einzelarbeit, sachliche Tätigkeiten

✓ Lebhafter Mitarbeiter: Innovationsmanagement, Umsetzung von Kreativitätstechniken in der Gruppenarbeit

Aufgabe 132

Welche Gründe sehen Sie in der gestiegenen Coaching- Bereitschaft?

✓ Wertewandel

- ✓ Mitarbeiter sowie die Führung sind anspruchsvoller
- ✓ Weiterentwicklung der Führungsstärke

Aufgabe 133

Zählen Sie die Formen des Einzel- bzw. des Gruppencoachings auf.

- ✓ Externes Coaching mit unternehmensfremden Berater
- ✓ Firmeninternes Coaching
- ✓ Coaching durch Vorgesetzten

Aufgabe 134

Was ist ein Anreizsystem? Wie gliedern sich Anreizsysteme und welches Element hat eine übergeordnete Bedeutung?

- ✓ Anreizsystem: System zur Befriedigung der unterschiedlichen Mitarbeiter- Bedürfnisse unter Zuhilfenahme diverser Anreize
- ✓ Gliederung in materielle und immaterielle Anreize
- ✓ Höchste Bedeutung hat die Entlohnung, also der monetäre Anreiz

Aufgabe 135

Aus welchen Komponenten setzt sich die Entlohnung für einen Mitarbeiter zusammen? Was versteht man unter absoluter und relativer Lohnhöhe?

- ✓ Komponenten: Lohn und Gehalt, Betriebliche Sozialleistungen, Erfolgsbeteiligung
- ✓ Absolute Lohnhöhe: Ausrichtung nach Art und Umfang der Leistungen
- ✓ Relative Lohnhöhe: Verhältnis der einzelnen Löhne, unabhängig von der Leistungsart

Aufgabe 136

Wie können Löhne und Gehälter bezüglich der Gerechtigkeit aufgeteilt werden?

✓ Marktgerechte, sozialgerechte, qualifikationsgerechte, leistungsgerechte, anforderungsgerechte Entlohnung

Aufgabe 137

Nennen Sie die Hauptlohnformen. Was verstehen Sie unter einem Leistungslohnsystem?

✓ Formen: Zeitlohn, Akkordlohn, Prämienlohn

✓ Leistungslohnsystem: zusammenfassende Nennung von Akkordlohn und Prämienlohn

Aufgabe 138

Charakterisieren Sie den Zeitlohn. Welche Berufsgruppen fallen darunter?

✓ Entlohnung für geleistete Zeit ohne Berücksichtigung der Arbeitsmenge

✓ Festgelegter Lohnsatz

✓ Beamte, Angestelltenvergütung

Aufgabe 139

Unter welchen Umständen ist die Anwendung eines Zeitlohnes denkbar?

✓ Anwendung denkbar bei Tätigkeiten, die unter Sorgfaltspflicht und Gewissenhaftigkeit ausgeübt werden oder bei schlechter bis gar keiner Messbarkeit der Leistung

Aufgabe 140

Welche Nachteile hat der Akkordlohn für einen Mitarbeiter? Welche Vorteile entstehen aus Sicht des Unternehmens?

✓ Nachteil Mitarbeiter: Überschätzung, Lohnschwankungen

✓ Vorteil Unternehmen: Planung aller Produktionsfaktoren im Vorfeld, Optimale Fertigungssteuerung

Aufgabe 141

Was wird als die 5 Säulen der Sozialversicherung bezeichnet?

✓ Krankenversicherung
✓ Pflegeversicherung
✓ Unfallversicherung
✓ Rentenversicherung
✓ Arbeitslosenversicherung

Aufgabe 142

Welche Vorteile hat die Gewährung von freiwilligen sozialen Leistungen seitens des Arbeitgebers?

✓ Verringerung der Steuerlast
✓ Förderung der Attraktivität bei Stellenbewerbern
✓ Verringerung der Gewerkschaftsmacht
✓ Arbeitsmotivation wächst

Aufgabe 143

Nennen Sie Formen der Erfolgsbeteiligung und dazu je ein Beispiel.

✓ Ertragsbeteiligung: Umsatzbeteiligung
✓ Gewinnbeteiligung: Ausschüttungsgewinnbeteiligung
✓ Leistungsbeteiligung: Produktivitätsbeteiligung

Aufgabe 144

Welche weiteren sozialen Leistungen kann ein Unternehmen gewähren, um seine Attraktivität zu steigern?

✓ Betriebskindergärten
✓ Betriebswohnungen
✓ Betriebsrente

Aufgabe 145

Nennen Sie die Ziele für den Einsatz der betrieblichen Sozialarbeit.

✓ Vermeidung von Fluktuation im Unternehmen

✓ Bindung an das Unternehmen

✓ Verringerung von Stress für Arbeitnehmer durch zusätzliche Sicherheiten

✓ Zufriedene, motivierte Mitarbeiter erzielen höhere Arbeitsleistung

Aufgabe 146

Mit welchen Grundsätzen sollte die Sozialarbeit eingeführt werden?

✓ Geltungsbereich für alle Mitarbeiter

✓ Verbindung diverser Ziele verschiedener Personen- und Anspruchsgruppen

✓ Positive Beeinflussung der Unternehmensprinzipien

Aufgabe 147

Welche Informationssysteme benutzt die Personalwirtschaft? Welcher Aspekt spielt hier eine bedeutende Rolle?

✓ Arten: Personalinformationssysteme, Personalbeurteilung, Organisatorische Personaldatensysteme

✓ Hohe Bedeutung hat der Datenschutz in der Nutzung von Personaldaten

Aufgabe 148

Wie lassen sich die Anforderungen an die Personalverwaltung formulieren?

✓ Bereitstellung der Personaldaten zum angeforderten Termin

✓ Verwaltung der Personaldaten für interne und externe Belange

✓ Erfassung, Pflege, Aufbereitung, Aktualisierung der

Personaldaten

✓ Anwendung spezieller EDV für die Wahrnehmung der Aufgaben

Aufgabe 149

Nennen Sie Beispiele für praktische Tätigkeiten einer Personalverwaltung.

✓ Lohnauszahlungen, Erstellung von Entgeltabrechnungen, Berechnung der Abzüge für Sozialversicherungen, Erstellen von Lohnstatistiken, Kontrolle der Arbeitszeiterfassungen

Aufgabe 150

Auf welche unterschiedlichen Quellen lassen sich Personaldaten zurückführen?

✓ Personenbezogene Daten

✓ Entgeltbezogene Daten

✓ Marktbezogene Daten

✓ Produktionsbezogene Daten

✓ Stellenbezogene Daten

Aufgabe 151

Definieren Sie das Personalinformationssystem.

✓ System mit vollständigen, geordneten Daten zur Erfassung, Aktualisierung, Speicherung, Weiterverarbeitung, Auswertung aller relevanten Personalinformationen

Aufgabe 152

Wozu dient eine Personalakte und welche Grundsätze sollten dabei eingehalten werden?

✓ Sammlung und Aufbewahrung aller relevanten Informationen und Unterlagen zum Arbeitsverhältnis, ermöglicht schnellen Überblick über alle Mitarbeiter

- ✓ Grundsätze: jeder Arbeitnehmer bekommt eine Personalakte, Zentrale Verwaltung, Vollständigkeitsregel, Aktualisierungsgebot

Aufgabe 153

Nennen Sie alle Abzüge aus dem Weg vom Brutto- zum Nettoentgelt.

- ✓ Lohnsteuer, Solidaritätsbeitrag, Kirchensteuer, Krankenversicherung, Pflegeversicherung, Arbeitslosenversicherung, Rentenversicherungsbeitrag

Aufgabe 154

Im Rahmen der Statistik zur Personalstruktur können Arbeitsverhältnisse bzw. Arbeitnehmer nach bestimmten Kriterien unterschieden werden. Nennen Sie 4 Kriterien.

- ✓ Art des Arbeitnehmers: Auszubildender, Angestellter, Arbeiter
- ✓ Dauer der Betriebszugehörigkeit
- ✓ Entlohnungsform: Lohn, Gehalt, Vergütung
- ✓ Qualifikation: Studium, Lehre, Angelernte Kräfte

Aufgabe 155

Nennen Sie Arten der Personalbewegung.

- ✓ Innerbetriebliche Personalbewegung (Versetzung)
- ✓ Außerbetriebliche Personalbewegung (Rente)
- ✓ Zwischenbetriebliche Personalbewegung (Kündigung)

Aufgabe 156

Zählen Sie Arbeiten unter Zuhilfenahme eines elektronischen Personalwesensystems auf, die bei einer Beendigung eines Arbeitsverhältnisses anfallen.

- ✓ Ausstellung eines Arbeitszeugnisses
- ✓ Formulierung des Kündigungsschreibens

- ✓ Änderung der Personalakte

Aufgabe 157

Welche Anlässe für eine Personalbeurteilung gibt es?

- ✓ Ablauf der Probezeit oder des Arbeitsverhältnisses
- ✓ Weiterbildung- oder Fördermaßnahmen
- ✓ Umsetzung, Versetzung
- ✓ Entgelterhöhung
- ✓ Auf Wunsch des Mitarbeiters

Aufgabe 158

Benennen Sie verschiedene Ziele einer Beurteilung.

- ✓ Leistungssteigerung, Motivation der Mitarbeiter
- ✓ Objektive, einheitliche Beurteilung und Schaffung einer Vergleichbarkeit
- ✓ Förderung der Führungsleistung
- ✓ Verbesserung der Arbeitsergebnisse

Aufgabe 159

Erklären Sie das Einstufenverfahren zur Personalbeurteilung und geben Sie einen Hinweis auf die Anwendung in Wirtschaftsunternehmen.

- ✓ Zuordnungsprinzip von Bewertungsstufen (z.B. 1-10) zu Abstufungen des Verhaltens der Mitarbeiter (z.B. erledigte seine Arbeit gut oder sehr gut oder erfüllte die Erwartungen)
- ✓ Höchste Verbreitung in der Wirtschaft

Aufgabe 160

Welche Vorteile haben die Beurteilungen durch Kollegen und die Selbstbeurteilung?

✓ Durch Kollegen: Bessere Einschätzung durch täglichen Kontakt und soziale Bindung möglich

✓ Selbstbeurteilung: Größerer Überblick über eigene Leistung, Ehrlichkeit und Selbstreflexion wird sichtbar

Aufgabe 161

Welche allgemeingültigen Richtlinien müssen bei der Erstellung von Arbeitszeugnissen beachtet werden?

✓ Schriftliche Verfassung, Format A4, Umfang ca. 2 Seiten, Vermeidung nachträglicher Veränderungen, Klare Wortwahl

Aufgabe 162

Nennen Sie inhaltliche Vorschriften bei der Formulierung eines Arbeitszeugnisses.

✓ Wahrheitspflicht, Sorgfaltspflicht, Fürsorgepflicht auch für die Zukunft des Arbeitnehmers, grobe Verfehlungen je nach Sachverhalt aufnehmen/weglassen

Aufgabe 163

Unterscheiden Sie verschiedene Arten von Arbeitszeugnissen. Welcher Unterschied ist hierbei zu erkennen?

✓ Einfache Arbeitsbescheinigung

✓ Qualifiziertes Arbeitszeugnis

✓ Unterscheidung: bei dem qualifiziertem Arbeitszeugnis werden zusätzlich zur Dauer und Art der Tätigkeit die Leistungen und das Verhalten des Mitarbeiters beurteilt

Aufgabe 164

Was verstehen Sie unter einer verdeckten Zeugnissprache? Wodurch ist diese gekennzeichnet und aus welchem Grund ist sie entstanden?

✓ Angewendete Sprache von Führungskräften, die bestimmte

Wörter und Wortgruppen enthalten

✓ Kennzeichnung: eine durchweg positive Grundstimmung der gewählten Wörter

✓ Grund: Forderungen der Gerichte und Gesetze nach einer wohlwollenden Formulierung in Arbeitszeugnissen

Aufgabe 165

Durch welchen Zusammenhang kann die Aussagekraft eines Zwischenzeugnisses erschwert werden?

✓ Zwischenzeugnisse können durchaus bessere Ergebnisse und Bewertungen aufweisen als Endzeugnisse, da der Arbeitgeber mit einer positiven Bewertung motivieren will

Aufgabe 166

Unter den heutigen Umwelt- und Umfeldbedingungen lassen sich Trends und Entwicklungstendenzen der Personalwirtschaft erkennen. Zählen Sie diverse Trends auf.

✓ Kultur- und Technologiewandel

✓ Frauen in der Personalführung

✓ Flexibilisierung der Systeme und Arbeitszeiten

✓ Individualisierung und Humanisierung

Aufgabe 167

Welche neuen Anforderungen werden seitens der Arbeitnehmer an eine Arbeit gestellt?

✓ Arbeit soll mehr Spaß als Pflicht sein

✓ Arbeitsentlohnung als Stellenwert für eigene Achtung

✓ Arbeit muss einen nachvollziehbaren Sinn ergeben

✓ Weniger Arbeitsmotivation durch besonderen Status oder Stellenwert

✓ Mehr Freizeit als Arbeit

Aufgabe 168

Zählen Sie einige Einflussfaktoren für das Angebot an Arbeit auf.

✓ Bevölkerung (-sschicht)

✓ Arbeitszeiten

✓ Erwerbsquote

✓ Entlohnung

✓ Verteilung der Fachkräfte

Aufgabe 169

Welche Auswirkungen wird der technologische Wandel für die Personalwirtschaft der Zukunft haben? Welcher Wirtschaftszweig gewinnt an Bedeutung?

✓ Bedarf an Hoch-Qualifizierten steigt durch Bedeutungsabnahme der einfachen, ausführenden Tätigkeiten

✓ Dienstleistungswirtschaft gewinnt an Bedeutung, da die reine Produktion von Waren an Bedeutung verliert

Aufgabe 170

In welchen Bereichen werden Frauen in der Zukunft vorrangig eingesetzt werden können?

✓ Einzelhandel

✓ In Unternehmen, die mittelfristig bereits den Frauenanteil erhöht haben

✓ Bereiche mit geringer Attraktivität

Aufgabe 171

Worin unterscheiden sich der polyzentrische, der geozentrische und der ethnozentrische Ansatz im Bereich des internationalen Personalwesens?

✓ Geozentrische Ansatz: Verbindung zwischen kulturellen und nationalen Unterschieden der Personalwirtschaft herstellen

✓ Ethnozentrische Ansatz: Übertragung der Personalpolitik des Stammhauses auf alle internationalen Niederlassungen

✓ Polyzentrischer Ansatz: Selbstständigkeit der internationalen Niederlassungen

Aufgabe 172

Warum könnten Mitarbeiter negativ reagieren bei der Einführung von neuen technologischen Verbesserungen?

✓ Angst vor Verlust des Arbeitsplatzes aufgrund Rationalisierung durch EDV

✓ Unsicherheit im Umgang neuer Technologien

✓ Abbau des individuellen Arbeitsprozesses des Mitarbeiters

Aufgabe 173

Welche Maßnahmen zur Sicherung der bestehenden Arbeitsplätze sind Ihnen bekannt?

✓ Eigene Ausführung von Arbeiten bei bisheriger Fremdvergabe

✓ Neue Stellen werden durch firmeneigenes Personal besetzt

✓ Keine Benachteiligung bei Versetzungen

Aufgabe 174

Nennen Sie Faktoren, die für die Qualifikation von Führungskräften in der Zukunft notwendig sein werden.

✓ Kreativität, Lernfähigkeit, Konfliktfähigkeit, Teamfähigkeit, Denken in großen Zusammenhängen, Humanität bei der Menschenführung

Aufgabe 175

Was muss bei der Einführung neuer Arbeitszeitregelungen beachtet werden?

✓ Keine Freizeitschmälerung, keine Einkommenseinbußen, keine

Zusatzbelastungen

Aufgabe 176

Was kennzeichnet einen flexiblen, an die Umweltbedingungen angepassten Mitarbeiter aus?

- ✓ Soziale Intelligenz
- ✓ Mehrfach- Qualifikation
- ✓ Schnelle Auffassungsgabe an veränderte Bedingungen
- ✓ Fähigkeit zur Selbstorganisation und Motivation

Aufgabe 177

Welche Probleme treten bei der Möglichkeit für Arbeitnehmer auf, zwischen dem Entgelt und Unternehmens- und Sozialleistungen des Arbeitgebers zu wählen?

- ✓ Erheblicher Verwaltungsaufwand
- ✓ Abbau allgemeiner Leistungen
- ✓ Wegfall von Kontrollmöglichkeiten für Gewerkschaften

Aufgabe 178

Welche Charakteristik ergibt sich aus der Orientierung an flachen Hierarchien und Verwaltungsstrukturen für das Personalwesen?

- ✓ Ausrichtung am Humankapital
- ✓ Ständige Lern- und Wandelbereitschaft
- ✓ Kooperation
- ✓ Ganzheitlichkeit
- ✓ Beachtung der Individualisierung

Aufgabe 179

Was sollte im Vorfeld einer Qualitätsausrichtung im Unternehmen mit den Mitarbeitern besprochen werden?

- ✓ Begriffliche Klärung von Qualität
- ✓ Qualität ist eine Aufgabe für alle und nicht nur der Qualitätsabteilung
- ✓ Qualität soll nicht unter einem (kostengünstigem) System leiden

Aufgabe 180

Wann ist eine Organisation oder ein Management innovativ?

- ✓ Vorliegen einer Erneuerung
- ✓ Veränderung eines bestehenden Systems
- ✓ Änderungen betreffen Objekte oder soziale Verhaltensweisen

Aufgabe 181

Welche Wirkungen haben Visionen auf Mitarbeiter?

- ✓ Identifikation und Motivation
- ✓ Sinnvermittlung, Anerkennung
- ✓ Begeisterungskraft

Aufgabe 182

Welche Anforderungen werden an eine Führungskraft mit der Forderung nach ganzheitlichem Management gestellt?

- ✓ Zeitintensive Problemlösungsphase
- ✓ Situation im Zusammenhang, als Netzwerk betrachten
- ✓ Recherche aller Einflüsse zu Personalentscheidungen
- ✓ Ständiges, kritisches Hinterfragen

Aufgabe 183

In welchen Punkten unterscheidet sich das Personalcontrolling von dem herkömmlichen Controlling in Unternehmungen?

✓ Personalcontrolling hat die Personalarbeit im Vordergrund und das menschliche Verhalten

✓ Konzentration auf arbeitsbedingte Prozesskontrolle

✓ Basis ist die Unternehmenspolitik und demnach die Hauptausrichtung nach ökonomischen oder sozialen Zielen

Aufgabe 184

Wie unterscheiden sich operatives und strategisches Personalcontrolling?

✓ Strategisches Personalcontrolling: Langfristige Maßnahmen unter der Voraussetzung der Abstimmung und Anpassung, ausgehend von der Unternehmensphilosophie

✓ Operatives Personalcontrolling: Interne Organisation des quantitativen Personalmanagementbereiches, z.B. Kosten, Aufwand, Ertrag in Vergleich mit den Wirkungen und Führungsgrundsätzen

Aufgabe 185

Nennen Sie Ziele eines effektiven Personalcontrollings.

✓ Umfangreiche Unterstützungsfunktion der Personalabteilung

✓ Aufbereitung und Förderung des Informationswesens im Personalwesen

✓ Verbesserung der Koordination der Personalwirtschaft

Aufgabe 186

Nennen Sie die 3 Ebenen des Personalcontrollings und geben Sie je ein Beispiel.

✓ Effektivitätscontrolling- Produktivität der Arbeitsausführung

✓ Effizienzcontrolling- Zeitanalysen

✓ Kalkulatorisches Controlling- Kostenrechnung

Aufgabe 187

Zählen Sie verschiedene Instrumente des Personalcontrollings auf.

✓ Mitarbeiterbefragung

✓ Stärken-Schwächen Analysen

✓ Früherkennungssysteme

✓ Beurteilungssysteme

✓ Portfolio- Techniken

Aufgabe 188

Wie unterscheiden sich die personalpolitischen Maßnahmen bei unterschiedlichen Unternehmensstrategien? Gehen Sie auf die Wachstums,- Konsolidierungs,- Diversifikations- und Rückzugsstrategie ein.

✓ Wachstumsstrategie: Erhöhung der Personalquantität- oder Qualität

✓ Konsolidierungsstrategie: Erhaltung der Personalqualität, Suche nach rationelleren Lösungen

✓ Diversifikationsstrategie: Personalrekrutierung mit Fachpersonal in neuen Tätigkeitsfeldern

✓ Rückzugsstrategie: Personalabbau

Aufgabe 189

Definieren Sie das prozessorientierte Personalcontrolling und nennen Sie die Ziele.

✓ Einsatz von Instrumenten zur Erhöhung der Arbeitsleistung in der Wertschöpfungskette

✓ Ziel: Erhöhung der Wirtschaftlichkeit, Abbau von Störungen im Prozess,

✓ Kostentransparenz

Aufgabe 190

Wie werden die Kosten in der Prozesskostenrechnung im Personalwesen aufgeteilt? Welchen Vorteil hat diese Einteilung?

✓ Verursachungsgerechte Kostenaufteilung

✓ Vorteil: Chance zur Reflektion und Änderung des Verhaltens der Führungskräfte durch direkte Zuordnung von Kosten und Nutzen einzelner Entscheidungen

Aufgabe 191

Welche Anforderungen werden an einen Personalcontroller gestellt?

✓ Verantwortlichkeit über Berichte, Analysen

✓ Kommunikationsbereitschaft zu kritisch eingestellten Mitarbeitern

✓ Entscheidungskompetenz über Datenqualität und dessen Aussagekraft

Aufgabe 192

Nennen Sie Beispiele für Aufgaben des Personalcontrolling aus den Bereichen Personalbeschaffung, Personalentwicklung und Personalfreisetzung.

✓ Personalbeschaffung: Ermittlung kostengünstiger Beschaffungsquellen

✓ Personalentwicklung: Laufbahncontrolling

✓ Personalfreisetzung: Festsetzung der kostengünstigsten Freisetzungsform

Aufgabe 193

Welche Problemfelder sehen Sie bei der Integration des Personalcontrollings in die Unternehmensorganisation?

✓ Erhebliches Akzeptanzproblem bei Mitarbeitern

✓ Angst der Arbeitnehmer vor dem gläsernen Mitarbeiter

✓ Zuordnungsproblem: Personalabteilung oder Controllingabteilung

Aufgabe 194

Was verstehen Sie unter dem Ausdruck „*betriebliches Zielsystem*" ? Nennen Sie gleichzeitig das Hauptziel jedes Unternehmens!

✓ Vorhandensein mehrerer Haupt- und Nebenziele im Unternehmen, die sich wechselseitig beeinflussen

✓ Hauptziel: Langfristige Gewinnmaximierung

Aufgabe 195

Wie lassen sich die Ziele des Unternehmens einteilen? Geben Sie 3 Untergliederungen mit je einem Beispiel an.

✓ Monetäre und nichtmonetäre Ziele

Beispiel monetäres Ziel: Umsatzsteigerung

Beispiel nichtmonetäres Ziel: Sicherung der Arbeitsplätze

✓ Ober-, Zwischen-, und Unterziele

Beispiel: Oberziel: Gewinnmaximierung

Beispiel Zwischenziel: Steigerung des Absatzes bei Produktgruppe A um 15%

Beispiel Unterziel: Umsatzsteigerung um 5 % durch Mitarbeiter der Vertriebsabteilung C im Gebiet X

✓ Begrenzte und unbegrenzte Ziele

Beispiel begrenztes Ziel: Erhöhung des Umsatzes um 30 %

Beispiel unbegrenztes Ziel: maximale Kostensenkung

Aufgabe 196

Welches Risiko entsteht bei ungenauen, unbegrenzten Zielvorgaben des Unternehmens?

✓ Nichtkontrollierbarkeit der Unterziele

✓ Fehlende Motivation der Mitarbeiter

✓ Kein Vergleich möglich, Vorgaben können nicht an jeweilige Situation angepasst werden

Aufgabe 197

Was ist Planung und welche Aufgaben und Anforderungen bestehen für die Planungsabteilung eines Unternehmens?

✓ Planung ist das Vorausdenken der eigenen Tätigkeiten und Handlungen

✓ Aufgabe: Entscheidungen für einen Zeitraum fällen und in alle Teilbereiche des Unternehmens tragen

✓ Herausforderung besteht darin, aus vielen Möglichkeiten die geeignete auszuwählen und anzuwenden

Aufgabe 198

Welche Bedeutung hat die Planung für das betriebliche Zielsystem?

✓ Für die Umsetzung der festgelegten Ziele ist die Planung der betrieblichen Prozesse nötig

Aufgabe 199

Was wird strategisch und was wird operativ im Unternehmen geplant?

✓ Strategisch: langfristige Ausrichtungen zur Schaffung/Erhaltung von Erfolgsfaktoren im Unternehmen

✓ Operativ: Umsetzung der strategisch geplanten Ziel

Aufgabe 200

Welchen zeitlichen Horizont hat die strategische bzw. operative Planung?

✓ Strategisch: langfristige Planungen

✓ Operativ: mittel- und kurzfristige Planungen

Aufgabe 201

Was ist auf operativer Ebene notwendig, um die strategische Planungsziele zu erreichen?

✓ Formulierung von Maßnahme- Plänen

Aufgabe 202

Erklären Sie den Zusammenhang zwischen strategischer und operativer Planung am Beispiel eines langfristig geplanten Absatzplanes und kurzfristig aufgetretenen Produktionsengpässen!

✓ Um langfristig den Absatzplan *-produzierte Menge bei geplantem Absatz-* einhalten zu können, ist ein Ausgleich auf operativer Ebene durch den Ausgleich der Teilpläne notwendig

✓ Im Beispiel kann vom Absatzplan abgewichen werden, indem auf die Lagerplanung zurückgegriffen wird, um die kurzfristigen Schwankungen von Produktion und Absatz auszugleichen

Aufgabe 203

Wodurch ermöglicht die betriebliche Statistik die Bewertung vergangenheitsbezogener, aktueller oder zukünftiger Entwicklungen?

✓ Durch den Vergleich von betrieblichen Kennzahlen

Aufgabe 204

Was unterscheidet die Vergleichsrechnung von der Planungsrechnung?

✓ Vergleichsrechnung betrachtet die Entwicklung im Zeitablauf und setzt Kennzahlen zueinander in Beziehung

✓ Planungsrechnung hingegen bezieht sich auf Schätzwerte für zukünftige Entwicklungen

Aufgabe 205

Nennen Sie das Grundproblem der Planung und erforderliche Maßnahmen zur Vermeidung und Abschwächung dieses Problems.

✓ Grundproblem = Unsicherheit

✓ Kontrolle der Ist- Ziele mit den Soll – Zielen

✓ Nachbesserung und Ursachenforschung bei Abweichungen der Pläne

Aufgabe 206

Grundlage für die strategische Entscheidung ist der strategische Handlungsspielraum. Wodurch wird dieser bestimmt?

✓ Handlungszwänge, Ausmaß der Eigengestaltung

✓ Externe Restriktionen wie Gesetze, Verbraucherschutzregelungen, Arbeitsrecht, Umweltschutz

✓ Interne Restriktionen: Verantwortungsethik, moralische Verantwortung des Entscheiders

Aufgabe 207

Welche Voraussetzungen müssen vorliegen, um Entscheidungen treffen zu können?

✓ Ausgereifte Informationen

✓ Wissen über betriebliche Abläufe und Zusammenhänge im Vorfeld der Entscheidung

Aufgabe 208

Die Planung hängt entscheidend von der Strategiewahl für das Unternehmen ab. Erklären Sie die unterschiedlichen Planungsprozesse am Beispiel der Kostenführerschaft bzw. der Differenzierung.

✓ Kostenführerschaft: Planung hinsichtlich aggressiver Preispolitik, hoher Rationalisierung, ausgereiftem Vertriebsnetz

✓ Differenzierung: Planung hinsichtlich qualitativem Kundendienst, Zusatznutzen, Unternehmensphilosophie

Aufgabe 209

Welche Elemente gehören zu einer Organisation?

✓ Menschen, Aufgaben, Prozesse

Aufgabe 210

Was ist eine Organisation?

✓ Soziales System zur Erreichung verschiedener Ziele mit mehreren Menschen

✓ Organisationen sind auf längere Zeit angelegt und strukturiert durch Verantwortungshierarchien und Arbeitsteilung

Aufgabe 211

Wie unterscheiden sich die Ziele von Organisation und Organisationsentwicklung?

✓ Ziel der Organisation ist die Steigerung der Leistungsfähigkeit

✓ Ziel der Organisationsentwicklung ist die Einbeziehung des Wandel in einer Organisation

Aufgabe 212

Was verbindet die Aufbau- und Ablauforganisation eines Unternehmens miteinander?

✓ Aufbauorganisation verknüpft die Grundelemente und stellt eine Hierarchie der Verantwortung dar

✓ Ablauforganisation legt Arbeitsvorgänge fest, die sich durch die Aufbauorganisation ergeben

Aufgabe 213

Welche Gründe sind ursächlich für die Entstehung der Organisationsentwicklung (OE) ? Nennen Sie 3 Gründe.

✓ Wandel der Arbeitswelt

✓ Technologische Entwicklung

✓ Globalisierung der Märkte, internationaler Konkurrenzdruck

Aufgabe 214

Nennen Sie das Oberziel der Organisationsentwicklung und mindestens 3 weitere Nebenziele.

✓ Oberziel: Steigerung der Leistungsfähigkeit

✓ Nebenziele: Schaffung von menschenwürdigen Organisationen, Zufriedene Mitarbeiter, Verbesserung des Zusammenwirkens von Aufbau- und Ablauforganisation, Gestaltung der Organisation mit flexiblen, anpassungs- und reaktionsfähigen Elementen, Förderung der Selbstorganisation

Aufgabe 215

Unterscheiden Sie die Modelle „Top- Down“ und „Bottom- Up“ zur Berücksichtigung des Wertewandels im Unternehmen.

✓ Top- Down: Veränderungsprozess ausgehend von der oberen Führungsebene an untere Ebenen (z.B. Wertevermittlung)

✓ Bottom- Up: Veränderungsprozess ausgehend von der unteren Ebene an darüber liegende Ebenen (Tägliche Erfahrungen der Mitarbeiter)

Aufgabe 216

Wie äußert sich der Zusammenhang bezüglich des Wandels der Managementmethoden in den USA, Japan und in Europa?

- ✓ Japan: Entwicklung neuer Managementmethoden
- ✓ USA: Übernahme dieser neuen Methoden und regionale Anpassung
- ✓ Europa: Vorurteile, aber langsame und schrittweise Integration der Mitarbeiter in die Unternehmensprozesse

Aufgabe 217

Durch welche Reihenfolge kann die Organisationsentwicklung schrittweise umgesetzt werden?

- ✓ Problemanalyse und Problembewusstsein schaffen
- ✓ Zielsetzung und Willensbildung, fixiert im Soll- Plan
- ✓ Aktives Lernen der Mitarbeiter
- ✓ Unterstützung und Schaffung der Veränderungen in der Organisation
- ✓ Durchführung des Soll- Planes in die Organisation und deren Abläufe

Aufgabe 218

Welche 4 Formen des organisationalen Lernens sind Ihnen bekannt?

- ✓ Lernen aus Erfahrungen
- ✓ Lernen durch vermitteltes Lernen
- ✓ Lernen durch Zukauf neuen Wissens
- ✓ Lernen durch Fähigkeit zum verknüpften Denken

Aufgabe 219

Welche Probleme ergeben sich bei der Entwicklung und Durchführung einer lernenden Organisation?

- ✓ Schnittstellenproblem bei der Weitergabe des erlernten Wissens in die Organisation oder Prozesse des Unternehmens

Aufgabe 220

Worin unterscheiden sich Informationen vom Wissen?

- ✓ Eine Information ist die unbewertete Kenntnis über einen Sachverhalt

✓ Wissen ist die begründete, bewertete Kenntnis über einen Sachverhalt

Aufgabe 221

Wie entsteht Wissen und wie kann Wissen eingeteilt werden?

✓ Entstehung: angeboren, durch Kultur geprägt oder angelernt

✓ Unterteilung: zeitlich beschränkt, allgemein oder speziell, individuell oder strukturiert, explizit oder implizit

Aufgabe 222

Was versteht man unter dem Begriff Wissensmanagement?

✓ Förderung, Erfassung, Speicherung, Weiterentwicklung, Nutzung, Auswertung, Analyse und Weiterführung des Wissens einer Organisation

Aufgabe 223

Nennen Sie 5 verschiedene Aufgaben des Wissensmanagements in einer Unternehmung.

✓ Versorgung des Unternehmens mit Informationen

✓ Management der internen und externen Informationsquellen

✓ Förderung und Erfassung des Wissens

✓ Unternehmensweite, wissensorientierte Ausrichtung in der Unternehmenskultur

✓ Formulierung einer Wissensstrategie für das Unternehmen

Aufgabe 224

Nennen Sie Barrieren und Erfolgsfaktoren des Wissensmanagements.

✓ Barrieren: Wissenslücken, Informationsmängel, Unvollständigkeit, fehlende Zeit, unausgereifte technische Basis

✓ Unternehmenskultur, die Wissen als Erfolgsfaktor betrachtet und integriert, flexibel denkende, motivierte Mitarbeiter, technische Infrastruktur

Aufgabe 225

Wie definieren Sie Wissenstransfer und welche Bestandteile hat dieser?

✓ Wissenstransfer: Weitergabe, Austausch, Kommunikation von Wissen

✓ Bestandteile: Information, Erfahrungsaustausch, Datentransfer

Aufgabe 226

Warum gewinnt die Erforschung neuer Informations- und Wissensvorsprünge eine bedeutende Rolle für die Erreichung von Wettbewerbsvorteilen?

✓ Durch Wissensvorsprünge können Chancen erarbeitet werden, erfolgreicher Einsatz vor der Konkurrenz möglich

✓ Selbst bei Imitation bestehender Erfolgsfaktoren ist Anpassungsfähigkeit durch bereits neu generierte Informationen denkbar

Aufgabe 227

Erklären Sie die Aufgaben des Wissenstransfers anhand der verschiedenen Ebenen im Unternehmen.

✓ Unternehmensführungsebene: Planung des Wissensbedarfes und der Abdeckung, Kontrolle der Nutzung

✓ Mittlere Managementebene: Ordnung der Wissensstrukturen, Gliederung der Wissensträger, Ressourcen und Informationsquellen

✓ Untere Ebene: Bereitstellung der Wissensträger, Informationsquellen und der technologischen Unterstützung

Aufgabe 228

Wie unterscheiden sich individuelles und strukturelles Wissen voneinander?

✓ Individuelles Wissen: Wissen eines Menschen im Verlauf seines Lebens

✓ Strukturelles Wissen: Abbild des Wissens von Mitarbeitern, Systemen, Erfahrungen und Einflüssen einer Organisation

Aufgabe 229

Welcher Zusammenhang besteht zwischen individuellem, latentem und strukturellem Wissen in einer Organisation?

✓ Latentes Wissen besteht durch strukturelle Hindernisse, strukturelles Wissen ist abhängig von dem individuellen Wissen

Aufgabe 230

Definieren Sie implizites und explizites Wissen.

✓ Implizit: verborgenes, nicht durch Worte erklärbares Wissen

✓ Explizit: greifbares, aussprechbares, diskutierbares Wissen

Aufgabe 231

Wodurch wird das implizite Wissen beeinflusst?

✓ Individuelle Erfahrungen, Fähigkeiten, Intuitionen, Persönlichkeit, Kultur, Glaube, Religion, Ideale, Werte, Moralvorstellungen

Aufgabe 232

Welche Maßnahmen zur Umwandlung des impliziten in explizites Wissen sind Ihnen bekannt?

✓ Kommunikation mit dem Inhalt über angewandtes implizites Wissen an andere

✓ Nonverbale Kommunikation, z.B. Beobachtung

Aufgabe 233

Welche Voraussetzungen für eine optimale Wissenserfassung gibt es?

✓ Bereitstellung ausreichender Zeit für die Wissenserfassung neben dem Alltagsgeschäft

✓ Kenntnis über die Wissensträger

✓ Ausgereifte technische Basis

Aufgabe 234

Nennen Sie 3 Methoden zur Erfassung von Wissen.

✓ Wissensanalysen

✓ Erfassung durch die Untersuchung von Geschäftsprozessen

✓ Ausarbeitung durch Interviewtechniken oder kreative Techniken

Aufgabe 235

Welche Faktoren sind bei der Wissenserfassung maßgeblich?

- ✓ Zeitliche Dimensionierung der Erfassung (Aktualität des Wissens)
- ✓ Ausmaß des Wissensvorsprung vor der Konkurrenz
- ✓ Nutzungsgrad der Wissenskategorie
- ✓ Analyse der Bedeutung des Wissens für das Unternehmen

Aufgabe 236

Erklären Sie das Wesen von Unternehmensnetzwerken.

✓ Wirtschaftlich selbstständige Unternehmen schließen sich aufgrund gleicher Zielstellungen zusammen

✓ Freiwilliges Zusammenarbeiten von Konkurrenten, um gemeinsam Wettbewerbsvorteile zu erreichen

Aufgabe 237

Welche Ausprägungen von Netzwerken sind Ihnen bekannt?

✓ Netzwerke auf regionaler Ebene, strategischer oder operativer Ebene, zeitlich begrenzte, stabile oder instabile Formen, nach der Hierarchieebene, nach der Art der Netzwerkpartner

Aufgabe 238

Wo ist der Unterschied zwischen Informations- und Wissensnetzwerken?

✓ Informationsnetzwerk: Aufsuchen, Einbringen, Nutzen von Daten und Dokumenten

✓ Wissensnetzwerk: Recherche, Nutzung und Verteilung des Wissens

Aufgabe 239

Welche Risiken und welche Spannungsfelder können sich durch Netzwerke ergeben?

- ✓ Differenzen aufgrund unterschiedlicher Unternehmenskulturen
- ✓ Verschiedene Zielvorstellungen
- ✓ Spannungen aufgrund von unterschiedlich hohem Etat
- ✓ Vernachlässigung einzelner Interessen der Netzwerkpartner
- ✓ Gestörte Kommunikation durch unterschiedliche Informationstechnik

Aufgabe 240

Definieren Sie Informationstechnologie und erklären Sie die Bedeutung für den Unternehmenserfolg.

✓ Informationstechnologie: Aufnahme, Verarbeitung und Sicherung von Informationen und Daten

✓ Bedeutung: Informationstechnik ist mit dem heutigen Wandel zum entscheidenden Erfolgsfaktor geworden und nicht mehr nur zur Unterstützung des Arbeitsalltages gedacht

Aufgabe 241

Welche Herausforderungen ergeben sich für das Management der Informationstechnologie im Unternehmen?

✓ Organisation und Dokumentation der zu verarbeitenden Informationen

✓ Bewusste Steuerung der Wissensbasis im Unternehmen

✓ Beachtung der Kapazitätsgrenze der Aufnahmefähigkeit von Informationen

✓ Überangebot an Information führt zu Überlastung und veränderten Arbeitsreaktionen

✓ Zu viele Informationen verschlechtern die Urteilskraft und mindern die Fähigkeit zur komplexen Betrachtung

Aufgabe 242

Welche Ansprüche werden an das Zusammenspiel von Information und Informationsverarbeitung gestellt?

✓ Anpassung an Veränderungen durch Wandel

✓ Kommunikation zwischen Aufgabenträgern, Objekten und sachlicher Ressourcen

✓ Zielgerichtete Motivation der Mitarbeiter

Aufgabe 243

Welche Ziele werden mithilfe der Informationstechnologie verfolgt?

✓ Leistungssteigerung durch anwenderbezogene Aufgabenunterstützung

- ✓ Aufwertung der Qualität der Tätigkeiten und die Steigerung der Effizienz des Verwaltungshandels
- ✓ Verbesserung der Arbeitsabläufe: einfacher, sicherer und schneller
- ✓ Optimierung der Kommunikationsmöglichkeiten interner und externer Kommunikation

Aufgabe 244

Nennen Sie je zwei Beispiele für Anwendersysteme auf operativer und strategischer Ebene.

- ✓ Operative Ebene: Kontrolle der Prozesse: Zahlungseingänge, Arbeitszeiterfassungen
- ✓ Strategische Ebene: Ziele des Unternehmens: Trendforschung, Innovationsmanagement

Aufgabe 245

Unterscheiden Sie Managementinformationssysteme von Entscheidungsunterstützungs-systemen.

- ✓ Managementinformationssysteme: Anwendungen zur Unterstützung des Managements, geringe Analysefähigkeit, stellen eher Ergebnisse zusammen
- ✓ Entscheidungsunterstützungssysteme: Anwendungen zur Ausarbeitung entscheidungsrelevanter Tatbestände, anspruchsvolle Grafiken und hochaktuelle Analyse möglich

Aufgabe 246

Finden Sie je ein Beispiel für branchenspezifische und branchenneutrale Anwenderprogramme.

- ✓ Branchenspezifisch: Hotelreservierungssystem
- ✓ Branchenneutral: Finanz- und Rechnungswesen- Systeme

Aufgabe 247

Worin unterscheiden sich primäre und sekundäre Informationen?

- ✓ Primär: originale, durch eigene Erfahrung geprägte Basis der Daten
- ✓ Sekundäre: weitergegebene, bereits subjektiv beeinflusste Datenbasis

Aufgabe 248

Welche Bereiche versorgen das Unternehmen von innen mit Informationen?

✓ Buchführung, Kosten- und Leistungsrechnung, Absatzstatistik , Außendienstmitarbeiterberichte

✓ Personalwesen, Vertriebssystem, Lagerwirtschaft

Aufgabe 249

Welche externen Informationsquellen existieren?

✓ Einrichtungen, Verbände und Interessengemeinschaften, Industrie- und Handelskammern, wirtschaftswissenschaftlichen Institute, Landesämter

✓ Diverse Literatur: Bücher, Zeitschriften, Magazine, Fachveröffentlichungen

✓ Mediale Mittel, insbesondere das Internet

Aufgabe 250

Was versteht man allgemein unter Management und welche Unterscheidungen von Managementtechniken gibt es?

✓ Management: Lenkungsfunktion von mehreren Menschen in Organisationen

✓ Techniken: Förderung der eigenen Persönlichkeit und Selbstständigkeit und Maßnahmen zur gemeinsamen Problemlösung in der Gruppe

Aufgabe 251

Welche 5 Faktoren fördern das Selbstmanagement?

✓ Förderung der Willensbildung

✓ Ausbau der Kritikfähigkeit

✓ Ausbau der Gestaltungsfähigkeit

✓ Kontaktfähigkeit

✓ Förderung der Durchsetzungsfähigkeit

Aufgabe 252

Welche Vorteile können durch das Selbstmanagement erreicht werden?

✓ Optimale Organisation der eigenen Arbeit

✓ Stressabbau, weniger Aufwand und bessere Ergebnisse

✓ Steigerung der Arbeitsmotivation und der Zufriedenheit

Aufgabe 253

Unterteilen Sie anhand der ABC- Methode Aufgaben nach ihrer Wertigkeit und dem zeitlichen Aufwand.

✓ A- Aufgaben: nicht delegierbar, wichtige Aufgabe, geringer Zeitaufwand

✓ B- Aufgaben: durchschnittlich wichtig, nicht so dringend wie A-Aufgaben, mittlerer Zeitaufwand

✓ C- Aufgaben: unwichtige, routinemäßige Arbeiten, geringer Wertanteil, aber hoher Zeitaufwand

Aufgabe 254

Welche Vorteile entstehen durch eine Kreativitätsförderung im Unternehmen?

✓ Durch neue Impulse entstehen Entwicklungsmöglichkeiten hinsichtlich neuen Märkten, Zielgruppen und Produkten

✓ Wettbewerbsvorteile vor der Konkurrenz

✓ Motivation der Mitarbeiter wächst

Aufgabe 255

Mit welchen Methoden lassen sich Probleme diagnostizieren?

✓ Eckpunkt- Methode: Auswahl des Eckpunktes (Mensch, Thema, Produkt), Sammlung der Probleme zu den Eckpunkten, schrittweise Konkretisierung der Probleme , im Nachgang Ursachenforschung

✓ Progressive Abstraktion: Entfremdung des Problems, dadurch neue Sichtweise möglich

Aufgabe 256

Was sind Kreativitätstechniken? Nennen Sie 4 Unterteilungen zu den Kreativitätstechniken.

✓ Definition: Methoden zur kreativen Problemlösung, Anregungen schaffen, Ideenfindung

✓ Bereiche: Reizworttechniken, Assoziationstechniken, Bild- und Analogietechniken und systematische Ideensuche

Aufgabe 257

Worin unterscheiden sich Reizworttechniken von Assoziationstechniken?

✓ Reizworttechnik: Begriff aus Lexikon wird ausgesucht, Eigenschaften dazu aufgeschrieben, Zuordnung zum eigentlichen Problem

✓ Assoziationstechnik: in alle Richtungen denken, neue Ideen, Brainstorming

Aufgabe 258

Beschreiben Sie den Unterschied von Mind Mapping und Brainstorming.

✓ Mind- Mapping: Spezielle Grafik, die durch die Untergliederungen in Haupt- und Nebenäste immer mehr Details aufzeigt

✓ Brainstorming: Gruppenarbeit, in der spontan alle Äußerungen ohne Wertung zugelassen werden

Aufgabe 259

Nennen Sie die Phasen der Entscheidungsfindung!

✓ Problemdefinition, Zielklärung, Aufzeigen der Alternativen, Strukturierung des Problems, Entscheidungsfindung, Nachhaltigkeit prüfen

Aufgabe 260

Welche Techniken zur Entscheidungsfindung sind Ihnen bekannt?

✓ Einfache Entscheidungstabelle

✓ Entscheidungsbaum

✓ Nutzwertanalyse

✓ ABC Betrachtung

✓ Portfolio- Analyse

Aufgabe 261

Welchen Charakter haben Projekte?

- ✓ Zeitlich begrenzte Aufgabenfelder
- ✓ Abgegrenzt vom Arbeitsalltag
- ✓ Einzelfall mit spezieller Zielvorgabe

Aufgabe 262

Was beinhaltet das Management von Projekten?

- ✓ Planen, Steuern, Koordinieren, Kommunizieren von Projekten

Aufgabe 263

Welche verschiedenen Aufgaben werden dem Lenkungsausschuss bei Projektorganisationen übertragen?

- ✓ Formulierung des Projektauftrages, der Projektziele und Aufgaben
- ✓ Festlegung der Projektleitung
- ✓ Planung der Arbeitsmittel
- ✓ Zusammenstellung der Projektgruppen
- ✓ Genehmigung der Projektplanung
- ✓ Festsetzung der Zuständigkeiten und Hierarchien zwischen dem Lenkungsausschuss, der Projektleitung und dem Projektteam

Aufgabe 264

Nennen Sie mindestens 5 Bestandteile eines Projekthandbuches.

- ✓ Problemdarstellung und Ausgangssituation
- ✓ Änderungsverzeichnis mit Ansprechpartnern und Kontaktdaten
- ✓ Projektzielplan
- ✓ Projektauftragsformulierung
- ✓ Projektorganisation
- ✓ Projektkommunikationsplan
- ✓ Projekt - Terminplan
- ✓ Projektfortschrittsbericht
- ✓ Projektabschlussbericht

Aufgabe 265

Welche Formen der Projektorganisation sind Ihnen bekannt?

✓ Projektkoordination

✓ Reine Projektorganisation

✓ Matrix- Projektorganisation

Aufgabe 266

Erläutern Sie die reine Projektorganisation.

✓ Fester Bestandteil der Aufbauorganisation, aber organisatorisch selbstständig

✓ Team bearbeitet Projektinhalte losgelöst von der eigentlichen Aufgabe

✓ Anwendung bei umfassenden Umstrukturierungen

Aufgabe 267

Welche Projektphasen sind Ihnen bekannt?

✓ Problemerkennung

✓ Projektabschluss

✓ Projektdurchführung

✓ Projektplanung

Aufgabe 268

Wozu dienen Projektstrukturpläne?

✓ Sie zerlegen das Projekt in Haupt- und Unterziele und geben den Beteiligten eine zeitliche und übersichtliche Orientierung

Aufgabe 269

Welche Arten von Projektstrukturplänen gibt es?

✓ Objektorientierte Projektstrukturpläne

✓ Funktionsorientierte Projektstrukturpläne

✓ Gemischt orientierte Projektstrukturpläne

Aufgabe 270

Was ist ein sogenanntes Arbeitspaket?

✓ Arbeitspaket: eine nicht mehr weiter aufzuteilende Aufgabe

✓ Summe aller Arbeitspakete ergibt den gesamten Arbeitsaufwand eines Projektes

Aufgabe 271

Definieren Sie den Begriff Projektsteuerung und nennen Sie gleichzeitig 3 Aufgaben.

✓ Projektsteuerung: befasst sich mit Methoden zur Sicherung des Erreichens der festgesetzten Projektziele aus der Projektplanung

✓ Aufgaben: Entwicklung eines Frühwarnsystems zur Vermeidung größerer Planabweichungen, Entwicklung von angemessenen Kennzahlen zur Messung von Abweichungen, Unterstützung des Projektleiters

Aufgabe 272

Welche Bedeutung hat der Projektleiter bei der Projektsteuerung und welche Aufgaben hat dieser zu erfüllen?

✓ Projektleiter beeinflusst Erfolg des Projektes maßgeblich, trägt Gesamtverantwortung

✓ Aufgaben: Konzeptausarbeitung, Planung und Koordination der Teilpläne, Festlegung der Schnittstellen, Schaffung einer Kommunikationsbasis, Leitung der Projektsitzungen

Aufgabe 273

Wie kann die Projektsteuerung bei einem bevorstehenden Verzug reagieren?

✓ Versuch der zeitlichen Verkürzung der Arbeitspakete

✓ Zusätzlicher Einsatz von Personal

✓ Einführung von Überstunden oder die Abgabe von Arbeitspaketen an Fremddienstleister

✓ Unterstützung durch Experten

✓ Neue Festsetzung des Endtermines

Aufgabe 274

Wozu dient eine Projektdokumentation?

✓ Nachvollziehbarkeit des vollständigen Projektprozesses mit sämtlichen Zwischenschritten und Änderungen sowie den Ergebnissen und dem Mitteleinsatz

Aufgabe 275

Wo ist der Unterschied zwischen der Projektakte und der Projektdokumentation?

✓ Projektakte: beinhaltet den Verlauf des Projektes mit z.B. Projektstrukturplänen oder Statusberichten

✓ Projektdokumentation ist das Ergebnis des Projektes

Aufgabe 276

Nennen Sie mindestens 4 Inhalte des Projektabschlussberichtes.

✓ Thema des Projektes, Inhaltsverzeichnis des Abschlussberichtes

✓ Aufgabenstellung

✓ Abgleich zwischen Soll und Ist- Projektplan, Planabweichungen, Projektkosten

✓ Zeitplan, Tätigkeiten, Phasen

✓ Wirtschaftlichkeitsbetrachtungen

✓ Verlauf des Projektes, Beschreibungen zur Durchführung und auftretende Ereignisse

Aufgabe 277

Was ist Kommunikation?

✓ Beziehung zwischen einem Sender und einem Empfänger, die eine Nachrichtenübermittlung mithilfe eines Kanals beinhaltet und darauf gerichtet ist, eine bestimmte Reaktion zu erreichen

Aufgabe 278

Wie wird die nonverbale Kommunikation beschrieben?

✓ Durch Mimik, Gestik und Handlungen werden verschiedene Inhalte kommuniziert

✓ Kommunikation ohne Sprache, sondern mit Signalen, die die Umgebung aufnimmt

Aufgabe 279

Welche Kommunikationsmethoden sind Ihnen bekannt?

- ✓ Sender – Empfänger Modell
- ✓ Johari Fenster
- ✓ Eisberg- Modellbetrachtung
- ✓ Sachverhaltsinformations- Schema

Aufgabe 280

Welche Anforderungen werden an eine Präsentation gestellt?

- ✓ Nachvollziehbare gedankliche Struktur
- ✓ Verständlichkeit der Inhalte
- ✓ Rhetorische Leistung
- ✓ Techniken der Visualisierung

Aufgabe 281

Unter Zuhilfenahme welcher Kommunikationsmittel kann ein Vortrag gehalten werden?

- ✓ Tafeln (Kreidetafeln, Flip- Chart, Pinnwände, Magnettafeln)
- ✓ Folien
- ✓ Videos
- ✓ Personalcomputer

Aufgabe 282

Welche Regeln zum erfolgreichen Gelingen eines Vortrages sind zu beachten?

- ✓ Überlegungen zum wesentlichen Hauptziel der Präsentation treffen
- ✓ Planung des Inhaltes
- ✓ Reihenfolge bedenken
- ✓ Je nach Publikum Art und Ansprache planen (Bildungsniveau und Interessenlage beachten)
- ✓ Blickkontakt, frei sprechen, kurze Sätze formulieren

Aufgabe 283

Was ist mit Moderation gemeint?

✓ Lenkung und Aufsicht von Gruppen bei Präsentationen, um den Meinungsbildungsprozess eines Zuhörers anzuregen

Aufgabe 284

Welche Aufgabe hat der Moderator?

✓ Besteht darin, Interessen aller Teilnehmer ausgleichend darstellen zu können

✓ Steuerung der Meinungsäußerungen, Dokumentation der Ergebnisse

Aufgabe 285

Bei der Durchführung hat der Moderator die Wahl zwischen unterschiedlichen Abfragearten. Welche sind Ihnen bekannt?

✓ Zuruffragen, Kartenabfragen

✓ Gewichtungsfragen

✓ Tätigkeitslisten

✓ Thesenbildung

Aufgabe 286

Wozu dient das Konfliktmanagement in einem Unternehmen?

✓ Langfristige Erarbeitung von Chancen

✓ Förderung der Kreativität der Mitarbeiter

✓ Wettbewerbsvorteile schaffen, noch vor der Konkurrenz

Aufgabe 287

Was ist Mediation? Nennen Sie auch die beteiligten Personen.

✓ Schlichtungsprozess zweier Parteien mit gegenteiligen Positionen

✓ Meinungsvermittlung und schrittweise Einigung

✓ Personen: Medianten –Konfliktparteien und Mediator - Vermittler

Aufgabe 288

Unterscheiden Sie den offenen Fragestil im Interview von einem geschlossenen Fragestil.

✓ Offen: entstehender Freiraum, keine Steuerungsfunktion, Eingangsfrage meist in „WIE"- Form

✓ Geschlossen: kein Freiraum für spontane, reaktive Fragen, Interviewrahmen ist komplett vorgegeben

Aufgabe 289

Was sind Mitarbeitergespräche? Nennen Sie verschiedene Ausprägungen.

✓ Gespräche mit Mitarbeitern und Vorgesetzten, deren Inhalte über die alltäglichen Themen heraus gehen

✓ Qualifizierungsgespräch, Kontrollgespräch, Beurteilungsgespräch, Entwicklungsgespräch, Zielerreichungsgespräch

Aufgabe 290

Welche Vorteile haben Mitarbeitergespräche für das Unternehmen, die Mitarbeiter und den Vorgesetzten?

✓ Mitarbeiter: Feedback über seine geleistete Arbeit, über den Zufriedenheitsgrad der Aufgabenausführung, Entwicklungsmöglichkeiten, Zukunftsziele

✓ Vorgesetzten: Sichtweise des Mitarbeiters kennenzulernen, Schaffung neuer Ideen daraus, Rückinformation zur eigenen Führungsarbeit, Missverständnisse werden verhindert

✓ Unternehmen: Steigerung der Effektivität durch Mitarbeiterzufriedenheit, Erhöhung der Leistungsfähigkeit, Verbesserung der Arbeitsqualität

Aufgabe 291

Bringen Sie Mitarbeitergespräche in Verbindung mit der Personalentwicklung einer Unternehmung.

✓ Mitarbeitergespräche: bedeutender Bestandteil der erfolgreichen Personalentwicklung

✓ Aufdecken von Weiterentwicklungsmöglichkeiten des Angestellten, entsprechend seiner persönlichen Erfahrungen und Fähigkeiten

✓ Teil des Mitarbeitergespräches kann demnach die Zielsetzung von Entwicklungsangeboten sein

Aufgabe 292

Wovon kann die Kaufentscheidung abhängen?

✓ von Erwartungen im Bereich des Produktes, Erwartung über Behandlung des Kunden, schlechte Abschätzbarkeit der Erwartungshaltungen, erforderliche Menschenkenntnis

Aufgabe 293

Beschreiben Sie das AIDA Modell im Hinblick auf die erfolgreiche Führung von Verkaufsgesprächen.

✓ Aufmerksamkeit auf das Produkt lenken

✓ Interesse seitens des Kunden wecken

✓ Wunsch zur Befriedigung des Bedürfnisses

✓ Aktion, der Kauf

4 Aufgaben zur Investition, Finanzierung

Aufgabe 1

Strukturieren Sie die Finanzierungsarten nach verschiedenen Gesichtspunkten!

Aufgabe 2

Die Hybrid-AG weist ein Rating von Ba auf. Die X-Bank bietet der Hybrid-AG einen Kredit mit einer Laufzeit von zehn Jahren an, der mit 7% verzinst wird. Prüfen Sie, ob die Hybrid-AG diesen Kredit annehmen soll, wenn die Bearbeitungskosten 1% und die Eigenkapitalkosten 0,6% des Kreditbetrages betragen! Der risikolose Zinssatz beträgt 3%. Die ratingabhängigen Ausfallraten lassen sich folgender Tabelle entnehmen:

	1 J.	2 J.	3 J.	4 J.	5 J.	6. J.	7 J.	8 J.	9 J.	10 J.
Aaa	0,00	0,00	0,00	0,04	0,14	0,24	0,35	0,47	0,61	0,77
Aa	0,03	0,04	0,09	0,23	0,36	0,50	0,64	0,80	0,91	0,99
A	0,01	0,06	0,20	0,35	0,50	0,68	0,85	1,05	1,29	1,55
Baa	0,12	0,38	0,74	1,24	1,67	2,14	2,67	3,20	3,80	4,39
Ba	1,29	3,60	6,03	8,51	11,1	13,4	15,2	17,1	18,9	20,6
B oder schlechter	6,47	12,8	18,5	23,3	27,7	31,6	35,0	38,0	40,7	43,9

Aufgabe 3

Die Hybrid-AG möchte sich am Kapitalmarkt über eine fünfjährige Anleihe selbst refinanzieren. Das Rating liegt bei Ba. Bei einem Volumen von 10 Mio. € würde die Anleihe mit 6,2% verzinst, wobei zusätzliche Kosten von jährlich 300.000 € für die Anleihe entstehen. Alternativ bietet die Billig-Bank einen Kredit mit dem gleichen Volumen an, der fair bepreist ist. Die Bearbeitungskosten betragen 1% und die Eigenkapitalkosten 0,6% des Kreditbetrages. Der risikolose Zinssatz beträgt 3%. Wie sollte sich die Hybrid-AG finanzieren?

Aufgabe 4

Welchen Risiken sind Unternehmen im internationalen Geschäft insbesondere ausgesetzt?

Aufgabe 5

Die Hybrid-AG weist eine offene passivische Fremdwährungsposition auf. Bei welcher Wechselkursentwicklung erleidet die Hybrid-AG Verluste?

Aufgabe 6

Wovon hängt das Wechselkursrisiko ab?

Aufgabe 7

Die Hybrid-AG hat eine offene Forderung über 100.000 US-$, die in drei Monaten fällig wird. In gleicher Höhe hat die Hybrid-AG eine Verbindlichkeit über 100.000 US-$, fällig ebenfalls in drei Monaten. Welche Auswirkungen hat eine Kursveränderung von 1,30 US-$/€ auf 1,20 US-$/€?

Aufgabe 8

Von welchen Determinanten hängt der Währungskurs ab?

Aufgabe 9

Die Hybrid-AG will ein neues Werk in China errichten. Chinas Währung ist an einen nicht veröffentlichen Währungskorb gebunden. Welches Risiko trägt die Hybrid-AG in diesem Fall?

Aufgabe 10

Welche Arten von Risikomessungen werden bei Wechselkursrisiken unterschieden?

Aufgabe 11

Gegeben sind die folgenden Zahlungsreihen:

	0	1	2	3	4
A	-100	50	35	45	0
B	-150	40	40	60	60

Sie können zu jedem Zeitpunkt Geld für jährlich 10% mit einer Laufzeit von 1 Jahr aufnehmen bzw. anlegen! Welche Investition würden sie auswählen? Welchen Wert haben diese Investitionen im Zeitpunkt t = 0?

Aufgabe 12

Ein Autofahrer hat einen Unfall verschuldet. Er steht vor folgendem Entscheidungsproblem:

- Er zahlt den Schaden selbst. Die sofort fällige Auszahlung beläuft sich auf 3.000 €.
- Er überlässt die Schadenregulierung seiner Haftpflichtversicherung. Dafür hat er in der Zukunft folgende zusätzliche Prämienzahlungen zu leisten:
  - 1. Jahr: 1.000 € zusätzliche Prämienzahlung
  - 2. Jahr: 800 € zusätzliche Prämienzahlung
  - 3. Jahr: 800 € zusätzliche Prämienzahlung
  - 4. Jahr: 600 € zusätzliche Prämienzahlung
  - 5. Jahr: 600 € zusätzliche Prämienzahlung
  - 6. Jahr: 0 € zusätzliche Prämienzahlung

Welche Entscheidung empfehlen Sie, wenn mit einem Zinssatz von

a) i = 8% oder

b) i = 10% zu rechnen ist?

Aufgabe 13

Ein Geschädigter erhält vom Gericht eine Jahresrente von g = 120.000 € für vier Jahre zugesprochen und möchte diese kapitalisieren. Welche sofortige Barabfindung K_0 entspricht der Rente beim Zinssatz von

a) i = 6%

b) i = 10%

Aufgabe 14

Zu welchem Zinssatz muss ein Geldbetrag X angelegt werden, damit in zehn Jahren das Dreifache vorhanden ist?

Aufgabe 15

Ein Warenkorb kostet in Deutschland 1.000 €, in den USA 1.300 US-$. Der heutige Wechselkurs beträgt 1,20 US-$/€. Wie muss sich der Wechselkurs entwickeln, wenn die Kaufpreisparität erreicht werden soll?

Aufgabe 16

Ein Unternehmen ist bislang nur in Ländern mit solchen Fremdwährungen investiert, die eine positive Korrelation gegeneinander aufweisen. Das Unternehmen möchte in ein neues Land investieren. Wie sollte die Fremdwährungen dieses Landes bestmöglich zu den anderen Fremdwährungen korreliert sein, um das Fremdwährungsrisiko zu minimieren?

Aufgabe 17

In einem Unternehmen sind folgende Vorgänge aufgezeichnet worden:

1. Am 3.2. treffen Rohstoffe (Holz) von einem Lieferanten für 900 € ein.
2. 200 € sind bereits am 2.1. angezahlt worden, der Rest wird am 2.05. bezahlt.
3. Am 10.3. werden aus dem Holz zwei Stühle in der Fertigungsabteilung hergestellt.
4. Dabei fallen neben den Materialkosten Lohnkosten in Höhe von 400 € und sonstige Kosten (Hilfsmaterial, Energiekosten) in Höhe von 120 € an. Das verwendete Hilfsmaterial wurde am 5.3. gekauft, angeliefert und bar bezahlt. Löhne und Stromrechnung werden am 28.3. durch Banküberweisung beglichen.
5. Am 25.3. und am 4.4. werden die beiden Stühle für je 1.000 € verkauft.
6. Der eine Kunde zahlt am 9.4. und der andere begleicht seine Rechnung am 2.5.

Ermitteln Sie die Höhe der Auszahlungen, Ausgaben, Aufwendungen, Einzahlungen, Einnahmen und Erträge (Abrechnungsperiode: 1 Monat)

	Januar	Februar	März	April	Mai
Auszahlung Ausgabe Aufwand					

Einzahlung Einnahme Ertrag					

Aufgabe 18: Bestimmen Sie die geeignete Investition nach der Kostenvergleichsrechnung!

Planungszeitraum = 4 Jahre

Maximaler Absatz = 100.000 Stück

Nettopreis je Stück = 10 €

Kalkulatorische Zinsen = 10%

Investition	A	B
Anschaffungspreis	600.000 €	600.000 €
Erwartete Nutzungsdauer	4 Jahre	4 Jahre
Produktionsmenge je Jahr	60.000 Stück	60.000 Stück
Beschäftigungsvariable Kosten je Stück	4 €	3 €
Beschäftigungsfixe Kosten (ohne Abschreibung und Zinsen) je Jahr	70.000 €	120.000 €

Aufgabe 19: Bestimmen Sie die geeignete Investition nach der Kostenvergleichsrechnung!

Planungszeitraum = 5 Jahre

Maximaler Absatz = 100.000 Stück

Nettopreis je Stück= 10 €

Kalkulatorische Zinsen = 10%

Investition	A	B
Anschaffungspreis	600.000 €	600.000 €
Erwartete Nutzungsdauer	4 Jahre	5 Jahre
Produktionsmenge je Jahr	60.000 Stück	60.000 Stück
Beschäftigungsvariable Kosten je Stück		

Beschäftigungsfixe Kosten (ohne Abschreibung und Zinsen) je Jahr	4 € 70.000 €	3 € 120.000 €

Aufgabe 20: Bestimmen Sie die geeignete Investition nach der Gewinnvergleichsrechnung!

Planungszeitraum = 4 Jahre

Maximaler Absatz = 100.000 Stück

Nettopreis je Stück= 10 €

Kalkulatorische Zinsen = 10%

Investition	A	B
Anschaffungspreis	600.000 €	600.000 €
Erwartete Nutzungsdauer	4 Jahre	4 Jahre
Produktionsmenge je Jahr	60.000 Stück	80.000 Stück
Beschäftigungsvariable Kosten je Stück	4 €	5 €
Beschäftigungsfixe Kosten (ohne Abschreibung und Zinsen) je Jahr	70.000 €	120.000 €

Aufgabe 21: Bestimmen Sie die geeignete Investition nach der Gewinnvergleichsrechnung!

Planungszeitraum = 5 Jahre

Maximaler Absatz = 100.000 Stück

Nettopreis je Stück = 10 €

Kalkulatorische Zinsen = 10%

Investition	A	B
Anschaffungspreis	500.000 €	600.000 €
Erwartete Nutzungsdauer	5 Jahre	4 Jahre
Produktionsmenge je Jahr	60.000 Stück	80.000 Stück
Beschäftigungsvariable Kosten je Stück		

	6 €	5 €
Beschäftigungsfixe Kosten (ohne Abschreibung und Zinsen) je Jahr	70.000 €	170.000 €

Aufgabe 22: Bestimmen Sie die geeignete Investition nach der Rentabilitätsvergleichsrechnung!

Planungszeitraum = 4 Jahre

Maximaler Absatz = 100.000 Stück

Nettopreis je Stück= 10 €

Kalkulatorische Zinsen = 10%

Investition	A	B
Anschaffungspreis	600.000 €	600.000 €
Erwartete Nutzungsdauer	4 Jahre	4 Jahre
Produktionsmenge je Jahr	60.000 Stück	80.000 Stück
Beschäftigungsvariable Kosten je Stück	4 €	5 €
Beschäftigungsfixe Kosten (ohne Abschreibung und Zinsen) je Jahr	70.000 €	120.000 €

Aufgabe 23: Bestimmen Sie die geeignete Investition nach der Gewinn- und der Rentabilitätsvergleichsrechnung!

Planungszeitraum = 5 Jahre

Maximaler Absatz = 100.000 Stück

Nettopreis je Stück = 10 €

Kalkulatorische Zinsen = 10%

Investition	A	B
Anschaffungspreis	500.000 €	600.000 €
Erwartete Nutzungsdauer	5 Jahre	5 Jahre
Produktionsmenge je Jahr	60.000 Stück	80.000 Stück
Beschäftigungsvariable Kosten je Stück		

Beschäftigungsfixe Kosten (ohne Abschreibung und Zinsen) je Jahr	6 € 70.000 €	5 € 200.000 €

Aufgabe 24: Bestimmen Sie die geeignete Investition nach der statischen Amortisationsdauer!

Jahr	A	B
0	-1.000.000	-1.000.000
1	50.000	150.000
2	100.000	150.000
3	150.000	150.000
4	200.000	150.000
5	250.000	150.000
6	300.000	150.000
7	350.000	150.000
8	400.000	150.000

Aufgabe 25

Wie lang ist die Amortisationsdauer einer Investition, wenn die Anschaffungsauszahlung 60.000 € beträgt und über eine Nutzungsdauer von sechs Jahren mit jährlichen Rückflüssen in Höhe von 30.000 € gerechnet wird? Wie lang ist die Amortisationszeit, wenn die gleichen Rückflüsse nur drei Jahre lang erzielt werden?

Aufgabe 26

Zu vergleichen sind drei Investitionsalternativen, für deren identisches Produkt sich der mögliche maximale Absatz bei einem festen Preis von 10 € im Zeitablauf wie folgt entwickelt:

Jahr	Maximaler Absatz
1	60.000
2	70.000
3	80.000
4	90.000
5	100.000
6	100.000

Die drei möglichen Investitionsalternativen weisen dabei folgende maximale Produktionsmengen je Jahr, fixe Kosten je Jahr und Anschaffungskosten auf:

	Produktionsmenge je Jahr	fixe Kosten je Jahr	Anschaffungskosten
A	70.000	120.000 €	1.200.000 €
B	80.000	40.000 €	900.000 €
C	100.000	10.000 €	600.000 €

Aufgrund von Produktionsverbesserungen im Zeitablauf wird für die variablen Kosten von folgenden Entwicklungen ausgegangen:

	A	B	C
1	6 €	10 €	12 €
2	5 €	8,5 €	10 €
3	4 €	7 €	8 €
4	3 €	5,5 €	8 €
5	2 €	4 €	6 €
6	1 €	2,5 €	4 €

Bestimmen Sie die geeignete Investition nach Gewinn-, Kosten- und Rentabilitätsvergleichsrechnung sowie nach der statischen Amortisationsrechnung! Welchen Einfluss hat die Abschreibungsmethode auf die Berechnung? Gehen Sie dabei von einem kalkulatorischen Zinssatz von 10% aus!

Aufgabe 27

Aufgrund der Lage am Chipmarkt ist das Unternehmen Alpha AG zur Schließung einer Fabrik gezwungen. Die Unternehmensleitung hat die Wahl zwischen folgenden Fabriken, wobei die Kapazität dauerhaft um 650 Mio. Stück verringert werden kann:

Investition	A	B	C
Kapazität in 1.000 Stück	500.000	600.000	600.000
Abbruchkosten der Fabrik in Mio. €	100	85	115
Abfindungszahlungen an Mitarbeiter in Mio. €	50	65	35
Fixe Kosten in Mio. €	50	55	60
Variable Kosten je Stück in €	0,30	0,25	0,20

Welche Fabrik soll geschlossen werden? Wählen Sie die Fabrik nach der Kostenvergleichsrechnung!

Aufgabe 28

Die Alpha-AG ist Chiphersteller und aufgrund der aktuellen Lage zu einer Restrukturierung gezwungen. Zurzeit kann die Alpha AG insgesamt 2 Milliarden Chips mit einem Marktpreis von 10 € je Stück produzieren. Aufgrund der Marktbedingungen geht die Absatzplanung für die kommenden fünf Jahre von folgenden maximalen Verkaufszahlen aus:

Jahre	maximale Verkaufszahl
1	800 Mio. Stück
2	1.300 Mio. Stück
3	1.400 Mio. Stück

4	1.600 Mio. Stück
5	2.000 Mio. Stück

Die Produktion der Alpha AG läuft zurzeit in drei Fabriken, wobei Fabrik A eine Kapazität von 600 Mio. Stück, Fabrik B von 500 Mio. Stück und Fabrik C von 900 Mio. Stück hat. Die Fixkosten der Fabriken betragen für die Fabriken A und C jeweils 2 Mrd. € und für Fabrik B 1,5 Mrd. €. Etwaige Abbruchkosten führen zu Belastungen von jeweils 3 Mrd. €. Die variablen Kosten betragen bei Fabrik A 6 € je Stück, bei Fabrik B 6 € je Stück und bei Fabrik C 7 € je Stück.

Entscheiden Sie aufgrund der vorliegenden Daten anhand eines geeigneten Verfahrens der statischen Investitionsrechnung, in welcher Form eine Restrukturierung durchgeführt werden soll!

Aufgabe 29

Gegeben sind die folgenden Zahlungsreihen:

	0	1	2	3
A	-90	40	50	61
B	-90	60	50	40

a) Bestimmen Sie zu wählende Investition nach der statischen Gewinnvergleichsrechnung bei einem kalkulatorischen Zinssatz von 10%!

b) Welche Kritikpunkte bestehen an den Verfahren der statischen Investitionsrechnung?

c) Wie würden Sie entscheiden, wenn Sie zu jedem Zeitpunkt Geld für jährlich 10% aufnehmen bzw. für 10% anlegen können und jeweils eine Laufzeit von einem Jahr besteht?

d) Ein Unternehmen will die Investition von Ihnen übernehmen. Welchen Wert hat die Investition im Zeitpunkt t = 0?

Aufgabe 30

Gegeben sind die folgenden Zahlungsreihen:

	0	1	2	3	4

A	-100	50	40	40	0
B	-150	40	40	60	60

Sie können zu jedem Zeitpunkt Geld für jährlich 10% mit einer Laufzeit von 1 Jahr aufnehmen bzw. anlegen! Welche Investition würden sie auswählen? Welchen Wert haben diese Investitionen im Zeitpunkt t = 0?

Aufgabe 31

Ein Autofahrer, der einen Unfall verschuldet hat, steht vor folgendem Entscheidungsproblem:

- Er kann den Unfallschaden ohne Inanspruchnahme seiner Haftpflichtversicherung selbst regulieren. Die dabei entstehende und sofort fällige Auszahlung beläuft sich auf 4.250 €.
- Er kann die Schadenregulierung seiner Haftpflichtversicherung überlassen, hat dann jedoch durch den Verlust des Schadenfreiheitsrabattes in den nächsten Jahren mit folgenden zusätzlichen Prämienzahlungen zu rechnen:
  - 1. Jahr: 1.800 € zusätzliche Prämienzahlung
  - 2. Jahr: 1.000 € zusätzliche Prämienzahlung
  - 3. Jahr: 800 € zusätzliche Prämienzahlung
  - 4. Jahr: 700 € zusätzliche Prämienzahlung
  - 5. Jahr: 600 € zusätzliche Prämienzahlung
  - 6. Jahr: 500 € zusätzliche Prämienzahlung

Welche Entscheidung empfehlen Sie, wenn mit einem Zinssatz von

a) i = 8% oder

b) i = 10% zu rechnen ist?

Aufgabe 32

Ein bei einem Autounfall Geschädigter erhält eine Jahresrente von g = 8.000 € für n = 8 Jahre zugesprochen und möchte diese kapitalisieren. Welche sofortige Barabfindung K_0 entspricht der Rente beim Zinssatz von i = 8%?

Aufgabe 33

Ein Lottospieler gibt jährlich 4.000 € für das Lottospielen aus. Welchen Endwert K_n hat diese Zahlungsreihe bei einer Spielzeit von n = 10 Jahren und einem Zinssatz von i = 7%?

Aufgabe 34

Zu welchem Zinssatz müssen 100 € angelegt werden, damit in zehn Jahren das Doppelte vorhanden ist?

Aufgabe 35

Sie haben im Preisausschreiben gewonnen und können nun wählen. Entweder Sie nehmen 10.000 € in bar, oder Sie erhalten einen zinslosen Kredit über 70.000 €, den Sie in sieben jährlichen Raten zu je 10.000 € zurückzuzahlen haben. Für welche Alternative entscheiden Sie sich bei einem Marktzins von 4%?

Aufgabe 36

Ein Schuldner hat sich verpflichtet zu zahlen: 20.000 € nach zwei Jahren, 50.000 € nach fünf Jahren und 40.000 € nach sieben Jahren. Er will sich dieser Verpflichtung durch eine einzige Zahlung zum Zeitpunkt 0 entledigen. Wie hoch muss diese sein, wenn mit i = 8% gerechnet wird?

Aufgabe 37

Für ein Wohnhaus bietet A 240.000 € in bar, B 300.000 € nach fünf Jahren und C 360.000 € nach sechs Jahren. Welches Angebot ist das günstigste bei i = 8%?

Aufgabe 38

Ein Betrieb plant den Kauf einer Maschine zum Preis von 20.000 €. Die Lebensdauer der Maschine wird auf n = 4 Jahre geschätzt. In jedem Jahr werden Einzahlungen von 15.000 € erwartet. Die jährlichen Betriebs- und Instandhaltungsauszahlungen werden mit 10.000 € veranschlagt. Nach Ablauf von vier Jahren kann ein Restwert von 8.000 € realisiert werden. Lohnt sich diese Investition bei einem Zinssatz von i = 6%?

Aufgabe 39

Jemand macht mit 40 Jahren eine Erbschaft von 200.000 €, die er für 20 Jahre zu i = 8% anlegt. Nach dieser Zeit lässt er sich die nach dieser Zeit jeweils am Jahresende auf das akkumulierte Kapital anfallenden Jahreszinsen auszahlen. Wie hoch sind diese?

Aufgabe 40

Sie gründen ein Unternehmen für genau eine Investition, die folgende Merkmale aufweist:

- Anschaffungsauszahlung: 1.000.000 €
- Produzierte = abgesetzte Menge pro Jahr = 15.000 Stück
- Absatzpreis = 90 €
- Variable Kosten pro Stück = 55 €
- Fixkosten = 200.000 €
- Nutzungsdauer = 4 Jahre
- Marktzins = 8%

a) Welchen Barwert hat die Investition?

b) Die BWM-AG möchte Ihnen das Unternehmen abkaufen. Wegen besonderer Fertigungsmöglichkeiten kann die BWM-AG die variablen Kosten von 55 € auf 50 € pro Stück senken, wovon Sie wissen. Welchen Kaufpreis wird Ihnen die BWM-AG maximal bezahlen? Kommt es zwischen Ihnen und der BMW-AG zu einer Einigung? Begründen Sie ihre Antwort!

Aufgabe 41

Betrachten Sie die beiden folgenden Investitionen:

	0	1	2	3	4
Investition A	-100	20	30	40	50
Investition B	-120	30	40	40	50

Welches der beiden Projekte ist vorzuziehen, wenn die Kassazinssätze mit $i_{0,1}$ = 5%, $i_{0,2}$ = 7%, $i_{0,3}$ = 8% und $i_{0,4}$ = 9% anzusetzen sind?

Wie groß ist unter den angegebenen Bedingungen der Terminzinssatz $i_{1,2}$?

Aufgabe 42

Ein Zero-Bond, dessen Inhaber in vier Jahren mit Einzahlungen in Höhe von 1.000 € rechnen kann, notiert heute zu 777 €. Ein zweiter Zero Bond, der in drei Jahren den gleichen Betrag verspricht, wird zum Preise von 840 € gehandelt.

a) Berechnen Sie die Kassazinssätze für Laufzeiten von drei und vier Jahren.

b) Ermitteln Sie den Terminzinssatz $i_{3,4}$.

Aufgabe 43

Eine Investition hat die Zahlungsreihe -100;110. Wie hoch ist der interne Zinssatz?

Aufgabe 44

Ein Investor hat die Wahl zwischen folgenden Projekten:

Zeitpunkt	0	1
Projekt A	-1	10
Projekt B	-10	25

Wählen Sie die geeignete Investition nach dem Verfahren der internen Zinssätze und nach der Kapitalwertmethode!

Aufgabe 45

Eine Investition hat die Zahlungsreihe -100;10;110. Wie hoch ist der interne Zinssatz?

Aufgabe 46

Eine Investition hat die Zahlungsreihe -100;150;-20. Wie hoch ist der interne Zinssatz?

Aufgabe 47

Das Unternehmen Alpha AG erwirtschaftet einen Gewinn von 1 Mrd. € pro Jahr und bewegt sich in einem stagnierenden Markt. Für die Zukunft wird damit gerechnet, dass der Gewinn konstant bleibt. Wie groß muss der Marktwert der Aktien bei einer Renditeerwartung von 10% sein? Das Unternehmen hat 500 Mio. Aktien begeben. Wie hoch ist der faire Aktienkurs?

Aufgabe 48

Das Unternehmen Beta AG erwirtschaftet ebenfalls einen Gewinn von 1 Mrd. € pro Jahr. Analysten rechnen mit einer Gewinnsteigerung pro Jahr von 20%, die 10 Jahre andauern wird. Ab diesem Zeitpunkt wird von einem konstanten Gewinn ausgegangen. Wie hoch ist der Marktwert der Aktien bei einer Renditeerwartung von 10% bzw. 15% und der Aktienkurs bei 500 Mio. begebenen Aktien?

Aufgabe 49

Es gelten die Rahmenbedingungen von der vorigen Aufgabe. Ein Analyst rechnet für die Beta AG nur mit einer Gewinnsteigerung pro Jahr von 18%. Welchen Einfluss hat dies auf den Aktienkurs?

Aufgabe 50

Es gelten die Rahmenbedingungen von Aufgabe 53. Das Unternehmen Beta AG gibt eine Gewinnwarnung heraus. Im ersten Jahr kann der Gewinn nur um 10% gesteigert werden. In den folgenden neun Jahren soll wieder eine Gewinnsteigerung von 20% erzielt werden. Wie entwickelt sich der Aktienkurs?

Aufgabe 51

Die Lev-GmbH plant ein neues Investitionsobjekt mit einem Volumen von 24.000.000 €. Aufgrund der Investitionsplanung wird ein Kapitalertrag von 4.560.000 € pro Jahr erwartet.

Für die Finanzierung stehen Bankkredite zu einem Zinssatz von 8% p.a. zur Verfügung.

Um den Verschuldungsgrad nicht zu stark steigen zu lassen, planen die Gesellschafter eine anteilige Finanzierung mit zusätzlichem Eigenkapital, wobei drei Alternativen in Betracht gezogen werden:

a) Erhöhung der Stammeinlagen der „alten" Gesellschafter um insgesamt 6.000.000 €;
b) Aufnahme eines neuen Gesellschafters, der 12.000.000 € einbringen will;
c) Die Alternativen a) und b) werden zusammen durchgeführt;

–

a) Auf welchem Effekt basiert die Lösung des Finanzierungsproblems, wenn unterstellt wird, dass die Gesellschafter eine maximale Verzinsung des Eigenkapitals anstreben?

b) Zeigen Sie, für welche Alternative sich die Gesellschafter unter der oben genannten Zielsetzung entscheiden werden!

c) Welche Gründe könnten für eine Wahl der anderen Alternativen sprechen?

Aufgabe 52

Erläutern Sie, welche Auswirkungen Basel II auf die Unternehmensfinanzierung haben wird!

Aufgabe 53

Erläutern Sie, welche Aussagen der interner Zinssatz über eine Investition treffen kann und welche nicht!

Aufgabe 54

Bestimmen Sie die geeignete Investition nach einem Ihnen bekannten Verfahren der statischen Investitionsrechnung!

Planungszeitraum = 5 Jahre

Maximaler Absatz = 100.000 Stück

Nettopreis je Stück = 10 €

Kalkulatorische Zinsen = 10%

Investition	A	B
Anschaffungspreis	500.000 €	600.000 €
Erwartete Nutzungsdauer	4 Jahre	5 Jahre
Produktionsmenge je Jahr	60.000 Stück	80.000 Stück
Beschäftigungsvariable Kosten je Stück	6 €	5 €
Beschäftigungsfixe Kosten (ohne Abschreibung und Zinsen) je Jahr	70.000 €	200.000 €

Aufgabe 55

Ein Zero-Bond mit einer Restlaufzeit von vier Jahren und einem Endwert von 100 notiert heute zu 79,21. Ein anderer Zero-Bond hat eine Restlaufzeit von zwei Jahren und bei einem Endwert von 100 einen heutigen Kurs von 90,70. Wie hoch ist der Terminzinssatz $i_{2,4}$?

Aufgabe 56

Ein Betrieb verfügt über eine Maschine, deren jährliche Betriebskosten (fixe und variable Kosten) 200.000 € betragen. Auf dem Markt erscheint eine neue Maschine, deren Anschaffungspreis 310.000 € und deren jährliche Betriebskosten (bei der gleichen Produktion) 120.000 € betragen. Die Nutzungsdauer der neuen Maschine wird auf 5 Jahre veranschlagt. Soll die alte Maschine nach der statischen Investitionsrechnung weiter benutzt oder soll sofort die neue Maschine angeschafft werden, wenn der Investor mit einem Kalkulationszinssatz von i=10% rechnet? Begründen Sie ihre Antwort!

Aufgabe 57

Zu vergleichen sind zwei Investitionsalternativen, für deren identisches Produkt folgender Absatz prognostiziert wird:

Jahr	Maximaler Absatz
1	30.000
2	50.000
3	60.000
4	70.000
5	80.000

Der Planungszeitraum beträgt 5 Jahre und der Nettoabsatzpreis pro Stück 10 €. Zu rechnen ist mit kalkulatorischen Zinsen von 10%.

Investition	A	B
Anschaffungspreis	500.000 €	600.000 €
Erwartete Nutzungsdauer	5 Jahre	4 Jahre
Maximale Produktionsmenge je Jahr	60.000 Stück	80.000 Stück
Beschäftigungsvariable Kosten je Stück	6 €	5 €
Beschäftigungsfixe Kosten (ohne Abschreibung und Zinsen) je Jahr	10.000 €	115.000 €

Bestimmen Sie die geeignete Investition nach den Methoden der statischen Investitionsrechnung! Interpretieren Sie Ihre Lösung!

Aufgabe 58

Der Manager eines Rentenfonds erwartet in naher Zukunft einen Rückgang der langfristigen Renditen. Er hält größtenteils Papiere mit kurzer Restlaufzeit, möchte aber von der vermuteten Entwicklung profitieren, ohne das Portfolio umzuschichten. Da er nur geringe liquide Mittel hält, scheidet der Kauf langfristiger Anleihen aus. Zeigen Sie, auf welches Finanzinstrument der Manager zurückgreifen und welche Position er aufbauen muss, um die erwartete Entwicklung nutzen zu können! Wie beurteilen Sie diese Strategie?

Aufgabe 59

Die Industrie-AG beabsichtigt, in zwei Monaten insgesamt 40 Mio. € durch die Emission einer festverzinslichen Anleihe zu beschaffen. Das Papier soll mit einem Kupon von 6,5% ausgestattet und nach Ablauf von vier Jahren getilgt werden. Da das Renditeniveau für vergleichbare Titel im Moment bei 6,5% liegt, könnte die Schuldverschreibung zum Kurs von 100 am Markt platziert werden. Allerdings wird in Kürze mit einem Anstieg der Renditen für vierjährige Papiere gerechnet. Die Industrie-AG müsste in diesem Fall entweder

- einen höheren Kupon bieten, um für das Papier weiterhin einen Emissionskurs von 100 zu erzielen, oder
- einen geringeren Kurs akzeptieren, falls der Kupon beibehalten wird.

Aus diesem Grund wird nach geeigneten Hedge-Instrumenten gesucht. Die Entscheidung fällt auf Zinsfutures.

Welcher Future sollte eingesetzt werden und welche Position sollte eingenommen werden? Beschreiben Sie die Auswirkungen eines

- Renditeanstiegs,
- Renditerückgangs

auf die Future-Position und den Erlös im Rahmen der Platzierung der oben beschriebenen Schuldverschreibung! Gehen Sie davon aus, dass die Industrie-AG die Anleihe in jedem Fall mit einem Nominalzinssatz von 5,5% ausstattet und die Papiere der Industrie-AG ein erstklassiges Rating erzielen werden!

Aufgabe 60

Zeigen Sie die wesentlichen Unterschiede auf, die einen „Perfect Hedge“ unterbinden können, wenn Rentenpapiere mit Hilfe von Futures gegen Kursverluste gesichert werden!

Aufgabe 61

Die A-AG verkauft am 1.6.2006 für 2,9 Millionen Euro eine Maschine und räumt dem Kunden ein Zahlungsziel von drei Monaten ein. Der Finanzmanager der A-AG rechnet damit, dass der Kunde diese Frist ausschöpft und die Zahlung am 1.9.2006 leistet. Der Betrag wird erst wieder Anfang Dezember benötigt. Bis dahin möchte der Finanzmanager das Geld anlegen. Da er in naher Zukunft einen Rückgang des Zinsniveaus befürchtet, strebt er eine Fixierung des aktuellen Zinsniveaus für „3-Monats-Geld“ an. Welche Absicherungsinstrumente kann der Finanzmanager einsetzen und wie würde die Absicherung genau aussehen?

Aufgabe 62

Die A-AG hat zur Finanzierung einer Investition einen dreijährigen, variabel verzinslichen Kredit über 20 Millionen Euro aufgenommen, dessen Zinssatz jährlich angepasst wird. Es wird mit einem Zinsanstieg in der Zukunft gerechnet, wogegen das Unternehmen geschützt werden soll. Welche Absicherungsinstrumente können eingesetzt werden und wie würde die Ausstattung genau aussehen?

Aufgabe 63

Der Manager eines Rentenportfolios hält zehn Million Euro nominal einer Floating Rate Note, deren Ausstattung wie folgt ist:

- Zinssatz: 12-Monats-Euribor,
- Roll-over-Termin: jährlich am 1.6.
- Restlaufzeit: 6 Jahre
- Tilgung: 100%

Der Fondsmanager wendet sich am 1.6.2006 an eine Geschäftsbank, weil er die Zinszahlung für die übernächste Zinsperiode, die vom 1.6.2007 bis zum 1.6.2008 reicht, festschreiben möchte.

Die Geschäftsbank hat soeben zehn Million Euro nominal einer festverzinslichen Anleihe erworben. Die Ausgestaltung des Papiers ist wie folgt:

- Kupon: 7%,
- Zinstermine: jährlich am 1.6.,
- Restlaufzeit: 3 Jahre,
- Tilgung: 100%,
- Aktueller Kurs: 100%

Der Portfolio-Manager der Bank möchte das Papier in einem Jahr veräußern und sucht einen Weg, sich gegen Kursverluste zu schützen. Fondsmanager und Geschäftsbank vereinbaren ein Forward Rate Agreement „12 gegen 24“, das folgendermaßen ausgestattet ist:

- Referenzzins: 12-Monats-Euribor,
- Forward Rate: 7%
- Volumen: 10 Mio. Euro
-

a) Prüfen Sie, ob der Abschluss eines FRA zwischen dem Fondsmanager und der Geschäftsbank zweckmäßig erscheint! Bedenken Sie, dass beide Parteien damit einen Sicherungseffekt erzielen wollen! Welche Position nehmen die Partner jeweils ein?

b) Zeigen Sie, welche der beiden Parteien Ausgleichszahlungen leistet, wenn der 12-Monats-Euribor am 1.6.2007 entweder bei 9% oder bei 6%

liegt! Bestimmen Sie jeweils die Ausgleichszahlung und untersuchen Sie, inwieweit die Vertragspartner ihr Ziel erreicht haben!

Aufgabe 64

Die A-AG hat vor einem Jahr insgesamt 60 Millionen Euro in eine Floating Rate Note investiert, die folgende Ausstattung aufweist:

- Zinssatz: 12-Monats-Euribor + 2%
- Zinsanpassung: jährlich am 1.7.
- Laufzeit: 4 Jahre

Da der Fondsmanager in den nächsten Jahren mit sinkenden Zinsen rechnet, entscheidet er sich zur Absicherung eines bestimmten Mindestzinsniveaus. Als Hedge-Instrument wählt er den nachstehenden Floor:

- Referenzzinsatz: 12-Monats-Euribor
- Roll-over-Termine: jährlich am 1.7.
- Gesamtlaufzeit: 4 Jahre
- Strike: 6%
- Volumen: 60 Mio. Euro
- Prämie: 0,8% p.a.

a) Zeigen Sie auf, in welches Intervall der 12-Monats-Euribor fallen muss, damit sich der Kauf des Floors lohnt!

Der Fondsmanager überlegt, statt einer Floor-Long- eine Cap-Short-Position zu eröffnen. Er möchte den folgenden Cap verkaufen:

- Referenzzinsatz: 12-Monats-Euribor
- Roll-over-Termine: jährlich am 1.7.
- Gesamtlaufzeit: 4 Jahre
- Strike: 8%
- Volumen: 60 Mio. Euro
- Prämie: 1,5% p.a.

b) Erläutern Sie, wann die Veräußerung des Caps vorteilhaft ist!

Aufgabe 65

Die A-AG hat Kapital über die Emission einer Floating Rate Note beschafft, die folgendermaßen ausgestattet ist:

- - Zinssatz: 12-Monats-Euribor + 1,5%
- - Zinsanpassung: jährlich am 1.7.
- - Laufzeit: 6 Jahre

Die Gesellschaft möchte die Gefahr steigender Referenzzinssätze beseitigen und entscheidet sich für einen Long Collar, der aus den beiden nachstehenden Zinsbegrenzungsverträgen konstruiert werden soll:

Cap:

- Referenzzinsatz: 12-Monats-Euribor
- Roll-over-Termine: jährlich am 1.7.
- Gesamtlaufzeit: 5 Jahre
- Strike: 8%
- Volumen: 50 Mio. Euro
- Prämie: 1,5% p.a.

Floor:

- Referenzzinsatz: 12-Monats-Euribor
- Roll-over-Termine: jährlich am 1.7.
- Gesamtlaufzeit: 5 Jahre
- Strike: 5%
- Volumen: 50 Mio. Euro
- Prämie: 0,6% p.a.

Bestimmen Sie jeweils den kritischen 12-Monats-Euribor, bei dem eine Absicherung mit dem Long Collar zu derselben effektiven Zinsbelastung führt, wie

- ein vollständiger Verzicht auf eine Absicherung,
- eine Absicherung mit dem oben beschrieben Cap!

Aufgabe 66

Eine Geschäftsbank hat vor einiger Zeit Kapital in einen Reverse Floater investiert. Die Ausstattung des Papiers lässt sich dem folgenden Tableau entnehmen:

- Nominalwert: 10 Mio. €
- Zinssatz: 15% – 2 × 12-Monats-Euribor; 0% falls 12-Monats-Euribor ≥ 7,5%
- Zinsanpassung: jährlich am 1.7.
- Laufzeit: 4 Jahre
-

Da für die Zukunft heftige Schwankungen des Referenzzinsatzes erwartet werden, sucht die Geschäftsbank nach einer Möglichkeit, sich gegen ungünstige Entwicklungen des 12-Monats-Euribors zu schützen. Er sucht nach einem geeigneten Hedge-Instrument und seine Wahl fällt schließlich auf Zinsbegrenzungsverträge. Dabei stehen dem Manager die beiden folgenden Instrumente zur Verfügung:

Cap:

- Referenzzinsatz: 12-Monats-Euribor
- Roll-over-Termine: jährlich am 1.7.
- Gesamtlaufzeit: 3 Jahre
- Strike: 4%
- Prämie: 1,2% p.a.

Floor:

- Referenzzinsatz: 12-Monats-Euribor
- Roll-over-Termine: jährlich am 1.7.
- Gesamtlaufzeit: 3 Jahre
- Strike: 4%
- Prämie: 0,8% p.a.

a) Beschreiben Sie zunächst, wie sich Änderungen des Referenzzinssatzes auf die Zinserträge der Geschäftsbank auswirken! Welcher Gefahr ist die Geschäftsbank ausgesetzt?

b) Für welchen Zinsbegrenzungsvertrag sollte sich der Portfolio-Manager entscheiden? Welches Volumen sollte dem ausgewählten Instrument zugrunde liegen?

c) Bestimmen Sie den effektiven Zinsertrag für folgende Ausprägungen des 12-Monats-Euribors:

- 3%
- 8%
- 12%

Gehen Sie davon aus, dass die Geschäftsbank den im Aufgabenteil b) ermittelten Zinsbegrenzungsvertrag abgeschlossen hat!

Die Geschäftsbank hat sich dafür entschieden, den weiter unten aufgeführten Cap zu verkaufen. Diese Position wird zusätzlich zu der im Aufgabenteil b) ermittelten aufgebaut.

Cap:

- Referenzzinsatz: 12-Monats-Euribor
- Roll-over-Termine: jährlich am 1.7.
- Gesamtlaufzeit: 3 Jahre
- Volumen: 10 Mio. €
- Strike: 12%
- Prämie: 0,4% p.a.

d) Zeigen Sie, wie die Transaktion den effektiven Zinsertrag der Geschäftsbank beeinflusst! Bestimmen Sie sodann den effektiven Zinsertrag für die folgenden Ausprägungen des Referenzzinssatzes:

- 3%
- 8%
- 12%
- 16%

Aufgabe 67

Der Manager eines Rentenfonds hält eine festverzinsliche Bundesanleihe (Straight Bond), die folgende Ausstattungsmerkmale aufweist:

- Nominalwert: 7 Mio. €
- Restlaufzeit: 5 Jahre
- Kupon: 4%
- Zinsanpassung: jährlich am 1.6.
- Tilgung: 100%

Da in der Zukunft mit einem merklichen Zinsanstieg gerechnet wird, sucht der Fondsmanager nach einer Möglichkeit, die fixen in variable Kuponzahlungen zu verwandeln. Er könnte beispielsweise in den untenstehenden Interest Rate Swap eintreten, den eine Geschäftsbank quotiert:

- Volumen: 7 Mio. €
- Laufzeit: 5 Jahre
- Referenzzinssatz: 12-Monats-Euribor
- Roll-over-Termine: jährlich am 1.6.
- Swap-Satz: 4,95-5,00
-

a) Welche Position muss der Fondsmanager beim Abschluss des Interest Rate Swaps einnehmen, um sein Ziel zu erreichen? Wie hoch ist der Swap-Satz?

b) Bestimmen Sie den kritischen Referenzzinssatz (Break-Even-Zinssatz), bei dem die „Bundesanleihe mit Swap“ denselben Zinsertrag beschert, wie ein Verzicht auf den Interest Rate Swap!

Lösungen zur Finanzwirtschaft

Aufgabe 1

Die Finanzierungsarten lassen sich einerseits in Außen- und Innenfinanzierung und andererseits in Eigen- und Fremdfinanzierung gliedern:

Finanzierungsarten	Außenfinanzierung	Innenfinanzierung	
Eigenfinanzierung	Beteiligungsfinanzierung (Einlagenfinanzierung)	Selbstfinanzierung (Gewinnthesaurierung)	
	Subventionsfinanzierung		
Eigen- und Fremdfinanzierung		Finanzierung aus durch Vermögensverkauf freigesetzten Mitteln	
		Sale-and-Lease-Back-Verfahren	
		Factoring	Aus Sicht der Gesellschafter
		Forfaitierung	
		Asset Backed Securities	
		Swap-Geschäfte	
		Finanzierung durch Rationalisierung	
		Finanzierung aus Abschreibungsgegenwerten	
Fremdfinanzierung	Kreditfinanzierung	Finanzierung aus Rückstellungen	

Aus der Sicht der Gesellschaft

Aufgabe 2

Die Kosten des Kredites setzen sich zusammen aus:

Risikoloser Zinssatz

+ Bearbeitungskosten

+ Eigenkapitalkosten

+ Risikokosten.

Bei einem risikolosen Zinssatz von 3%, Bearbeitungskosten von 1% und Eigenkapitalkosten von 0,6% ergibt sich vor Risikokosten ein Zinssatz von 4,6%. Die Ausfallrate für zehnjährige Anleihen mit einem Rating von Ba beträgt 20,63%, d. h. pro Jahr 2,063%. Damit ergibt sich ein fairer Zinssatz nach Risikokosten von 6,663%, der unter dem angebotenen von 7% beträgt. Das Angebot sollte somit abgelehnt werden.

Aufgabe 3

Die Kosten des Kredites setzen sich zusammen aus:

Risikoloser Zinssatz

+ Bearbeitungskosten

+ Eigenkapitalkosten

+ Risikokosten.

Bei einem risikolosen Zinssatz von 3%, Bearbeitungskosten von 1% und Eigenkapitalkosten von 0,6% ergibt sich vor Risikokosten ein Zinssatz von 4,6%. Die Ausfallrate für fünfjährige Anleihen mit einem Rating von Ba beträgt 11,10%, d. h. pro Jahr 2,22%. Damit ergibt sich ein fairer Zinssatz nach Risikokosten von 6,82%. Die Anleihe wird mit 6,2% verzinst zuzüglich 0,3% (300.000 €/10.000.000 €) jährlichen Kosten = 6,5%. Somit ist die Anleihe günstiger als der Kredit.

Aufgabe 4

Als wesentliche Risiken treten Wechselkurs- und Länderrisiken auf. Wechselkursrisiken entstehen durch die mögliche negative Entwicklung eines Wechselkurses. Unter dem Länderrisiko ist dagegen die Gefahr zu verstehen, dass ein Schuldner seinen Verpflichtungen aus politischen Gründen nicht nachkommen will oder aus wirtschaftlichen Gründen nicht nachkommen kann. Daneben existieren auch im internationalen Geschäft Zinsänderungsrisiken, die durch Zinsänderungen auf internationale Forderungen und Verbindlichkeiten wirken.

Aufgabe 5

Bei einem Anstieg des Wechselkurses erleidet die Hybrid-AG Verluste. Bei einer offenen aktivischen Position würde hingegen bei sinkenden Kursen ein Verlust entstehen.

Aufgabe 6

Das Wechselkursrisiko hängt von drei Determinanten ab:

- der Zusammensetzung des Währungsportfolios,
- der Volatilität der Kurse untereinander sowie
- der Korrelation zwischen den Wechselkursveränderungen.

Aufgabe 7

Da die Fremdwährungspositionen faktisch ausgeglichen sind und somit keine offene Fremdwährungsposition besteht, hat die Währungskursentwicklung keine Auswirkung auf die Hybrid-AG. Allerdings kann eine offene Währungsposition bei Konkurs einer Fremdwährungsgegenpartei entstehen, so dass neben dem Ausfallrisiko noch ein Fremdwährungsrisiko tritt.

Neben dem Fremdwährungsrisiko besteht aber noch ein Risiko in der Rechnungslegung, da in Rechnungslegungssystemen, in denen keine unrealisierten Gewinne ausgewiesen werden dürfen, sondern nur unrealisierte Verluste, Verluste ausgewiesen werden müssen.

Aufgabe 8

Folgende Determinanten wirken auf den Währungskurs:

- ein Defizit (Überschuss) in der Außenhandelsbilanz bewirkt eine größere(s) Nachfrage (Angebot) der betreffenden Fremdwährung. Der Kurs steigt (sinkt).
- Inflationsrate: steigt die Inflationsrate schneller (langsamer) als in einem anderen Land, so steigt (sinkt) der Kurs.
- Zinsniveau: liegt das Zinsniveau im Ausland höher (niedriger) als im Inland, so steigt (sinkt) der Kurs, da die Nachfrage in fremde Währung stärker (schwächer) wird.

- Kaufkraftparität: kann im Ausland für denselben Geldbetrag eine größere (kleinere) Gütermenge erworben werden, so steigt (sinkt) der Kurs, da die Nachfrage in fremde Währung größer (kleiner) wird.
- Verhalten der Zentralbanken: durch Intervention der Zentralbanken kann die Nachfrage bzw. das Angebot in Fremdwährungen steigen bzw. sinken. Dementsprechend reagiert auch der Kurs.
- Spekulation: infolge der Erwartungen der Spekulanten steigt (sinkt) die Nachfrage in eine Fremdwährung. Der Kurs steigt (sinkt) dementsprechend.
- politische Ereignisse: bestimmte politische Ereignisse nehmen auf den Kurs Einfluss, beispielsweise Wahlsiege bestimmter Politiker.

Aufgabe 9

Aus Sicht der Hybrid-AG bestehen zwei Risiken:

- einerseits das Risiko einer Veränderung der Währungen im Währungskorb, die zu einer Veränderung des Wechselkurses mit der chinesischen Währungen führen und
- andererseits das Risiko, dass China den Währungskorb ändert und damit die Determinanten des Wechselkursrisikos verändert.

Aufgabe 10

Es werden drei Exposure-Konzepte unterschieden:

- Translationsrisiken (Risiken bei der Umrechnung im Jahresabschluss),
- Transaktionsrisiken (Risiken durch zukünftige Fremdwährungsein- oder -ausgänge) sowie
- Ökonomische Wechselkursrisiken (Transaktionsrisiken zuzüglich mögliche zukünftige Fremdwährungs-Cash-flows).

Aufgabe 11

A: $-100 + \frac{50}{1,1} + \frac{35}{1,1^2} + \frac{45}{1,1^3} = 8,19$

B: $-150 + \frac{40}{1,1} + \frac{40}{1,1^2} + \frac{60}{1,1^3} + \frac{60}{1,1^4} = 5,48$

Da A den größeren Barwert aufweist, sollte er aus ökonomischen Gründen gewählt werden.

Aufgabe 12

Im ersten Fall zahlt der Autofahrer sofort 3.000 €. Im zweiten Fall entsprechen seine zukünftigen Prämienzahlungen einem Barwert von

a) $\frac{1.000}{1{,}08}+\frac{800}{1{,}08^2}+\frac{800}{1{,}08^3}+\frac{600}{1{,}08^4}+\frac{600}{1{,}08^5}=$ 3.096,23 €

b) $\frac{1.000}{1{,}1}+\frac{800}{1{,}1^2}+\frac{800}{1{,}1^3}+\frac{600}{1{,}1^4}+\frac{600}{1{,}1^5}=$ 2.953,66 €

Bei 8% Zinssatz würde der Autofahrer somit selbst den Schaden regulieren, bei 10% würde die Versicherung den Schaden übernehmen, da dies günstiger als 3.000 € selbst zahlen ist.

Aufgabe 13

Die Jahresrente entspricht einem Barwert von

a) $\frac{120.000}{1{,}06}+\frac{120.000}{1{,}06^2}+\frac{120.000}{1{,}06^3}+\frac{120.000}{1{,}06^4}=$ 415.812,67 €

b) $\frac{120.000}{1{,}1}+\frac{120.000}{1{,}1^2}+\frac{120.000}{1{,}1^3}+\frac{120.000}{1{,}1^4}=$ 380.383,85 €

Aufgabe 14

Wenn ein Geldbetrag X angelegt wird, um daraus das Dreifache 3X nach zehn Jahren zu erhalten, so ergibt sich der Zusammenhang 3X = X × $(1+i)^{10}$ => 3 = $(1+i)^{10}$ => $\sqrt[10]{3}$-1 = i => i = 11,61%.

Aufgabe 15

Da der aktuelle Kurs zur Erreichung der Kaufkraftparität 1,30 US-$/€ beträgt, muss der Kurs deutlich steigen.

Aufgabe 16

Risikominimierend wäre eine solche Fremdwährung, die zu allen anderen Fremdwährungen negativ korreliert wäre. In einem solchen Fall sinkt das Gesamt-Fremdwährungsrisiko am stärksten. Insofern ist eine solche Strategie dann am besten, wenn das Fremdwährungsrisiko allein Entscheidungsrelevant für das Unternehmen wäre.

Aufgabe 17

Zur Bearbeitung der Aufgabe empfiehlt es sich die Bearbeitung in Einzelabschnitte wie folgt zu unterteilen:

1) Zugang von Holz und damit Ausgabe von 900 €.

2) Bezahlung führt zur Auszahlung von 200 € im Januar und 700 € im Mai.

3) Betriebsbedingter Verbrauch des Holzes führt zu Aufwand von 900 € im März.

4) Zugang von Arbeitsleistung und sonstigen Stoffen führt zu Ausgabe von 520 € bei gleichzeitiger Auszahlung, da alles im selben Monat bezahlt wird. Der betriebsbedingte Verbrauch zieht Aufwand und Kosten von 250 € ebenfalls im Juli nach sich.

5) Verkauf und Lieferung des Stuhls 1 führt zu Ertrag und Einnahme von 1.000 € im März. Stuhl 2 wird im März ins Lager eingestellt und darf somit nur zu Herstellungskosten (710 €) bewertet werden. Ertrag zusätzlich 710 €. Wenn Stuhl 2 im April vom Lager genommen und verkauft wird, ist dies Aufwand (710 €). Gleichzeitig entstehen Einnahmen und Erträge von 1.000 €.

6) Bezahlung der Tische führt zu Einzahlungen von jeweils 1.000 € im April und Mai

	Januar	Februar	März	April	Mai
Auszahlung	200		520		700
Ausgabe		900	520		
Aufwand			900+520	710	
Einzahlung				1.000	1.000
Einnahme			1.000	1.000	
Ertrag			1.000+710	1.000	

Aufgabe 18

	A	B
Fixkosten	70.000	120.000
Var. Kosten	240.000	180.000
Kalk. Abschr.	150.000	150.000
Kalk. Zinsen	30.000	30.000
Gesamtkosten	490.000	480.000

Investition B ist zu wählen, da bei gleicher Produktionsmenge geringere Kosten entstehen.

Aufgabe 19

	A	B
Fixkosten	70.000	120.000
Var. Kosten	240.000	180.000
Kalk. Abschr.	150.000	120.000
Kalk. Zinsen	30.000	30.000
Gesamtkosten	490.000	450.000

Investition B ist zu wählen, da geringere Kosten entstehen. Allerdings ist die Lösung nicht eindeutig, da Investition A eine geringere Nutzungsdauer aufweist und eine Erweiterung der Investition für das fünfte Jahr untersucht werden müsste. Da solche Angaben fehlen, ist eine eindeutige Antwort nicht ermittelbar.

Aufgabe 20

	A	B
Umsatz	600.000	800.000
Fixkosten	70.000	170.000
Var. Kosten	240.000	400.000
Kalk. Abschr.	150.000	150.000
Kalk. Zinsen	30.000	30.000

Gesamtkosten	490.000	700.000
Gewinn	110.000	100.000

Investition A ist eindeutig zu wählen, da ein höherer Gewinn erwartet werden kann.

Aufgabe 21

	A	B
Umsatz	600.000	800.000
Fixkosten	70.000	170.000
Var. Kosten	360.000	400.000
Kalk. Abschr.	100.000	150.000
Kalk. Zinsen	25.000	30.000
Gesamtkosten	555.000	750.000
Gewinn	45.000	50.000

Investition B ist zu wählen, da ein höherer Gewinn erwartet werden kann. Allerdings ist die Lösung nicht eindeutig, da bei Investition B der Gewinn nur vier Jahre erwartet werden kann und nicht fünf Jahre wie bei Investition A. Der Totalgewinn über die Gesamtnutzungsdauer liegt bei Investition A bei 225.000, bei Investition B nur bei 200.000. Wenn für das fünfte Jahr eine weitere Investition gefunden wird, die mehr als 25.000 Gewinn verspricht, sollte B gewählt werden, ansonsten A. Zudem ist bei B eine höhere Investition nötig, so dass für einen Vergleich die Alternativanlage für die 100.000 einzubeziehen ist, die anfangs weniger durch Investition A gebunden sind.

Aufgabe 22

	A	B
Umsatz	600.000	800.000
Fixkosten	70.000	120.000
Var. Kosten	240.000	400.000
Kalk. Abschr.	150.000	150.000

Kalk. Zinsen	30.000	30.000
Gesamtkosten	490.000	700.000
Gewinn	110.000	100.000
Durchschnittlich gebundenes Kapital	300.000	300.000
Rentabilität	$110.000/300.000 = 36{,}7\%$	$100.000/300.000 = 33{,}3\%$

Investition A ist eindeutig zu wählen, da eine höhere Rentabilität erwartet werden kann.

Aufgabe 23

	A	B
Umsatz	600.000	800.000
Fixkosten	70.000	200.000
Var. Kosten	360.000	400.000
Kalk. Abschr.	100.000	120.000
Kalk. Zinsen	25.000	30.000
Gesamtkosten	555.000	750.000
Gewinn	45.000	50.000
Durchschnittlich gebundenes Kapital	250.000	300.000
Rentabilität	$45.000/250.000 = 18\%$	$50.000/300.000 = 16{,}7\%$

Investition B ist nach der Gewinnvergleichsrechnung zu wählen, Investition A nach der Rentabilitätsvergleichsrechnung. Es stellt sich das Problem, dass für Investition A eine geringere Investitionssumme benötigt wird, so dass durchschnittlich 50.000 mehr Kapital für andere Investitionen zur Verfügung stehen. Wenn hieraus ein zusätzlicher Gewinn von mehr als 5.000 erwirtschaftet werden könnte, wäre Investition A vorzuziehen.

Aufgabe 24

Bei A wird die Anschaffungsauszahlung im sechsten Jahr amortisiert. Nach fünf Jahren sind 750.000 eingezahlt, so dass mit der Zahlung im sechsten Jahr von 300.000 die Anschaffungsauszahlung wieder erreicht wird. Bei Investition B wird die Anschaffungsauszahlung dagegen erst im siebten Jahr amortisiert. Nach sechs Jahren sind erst 6 × 150.000 = 900.000 eingezahlt, so dass die Zahlung im siebten Jahr die Amortisierung sichert.

Aufgabe 25

Die Amortisationsdauer beträgt in beiden Fällen zwei Jahre. Hier zeigt sich ein elementares Problem der Amortisationsdauer: Sie zeigt nicht den Erfolg einer Investition an, sondern kann nur als Risikomaß dienen.

Aufgabe 26

	Alternative A	Alternative B	Alternative C
Umsatz	683.333,33	750.000	833.333,33
Var. Kosten	235.000	452.500	630.000
Fixkosten	120.000	40.000	10.000
Kalk. Abschr.	200.000	150.000	100.000
Kalk. Zinsen	60.000	45.000	30.000
Kosten	615.000	687.500	770.000
Gewinn	68.333,33	62.500	63.333,33
Rentabilität	21,39%	23,89%	31,11%
Amortisationszeit	3,65 Jahre	3,49 Jahre	3,1 Jahre

Die Abschreibungsmethode beeinflusst die statische Rechnung nicht, da Durchschnittszahlen verwendet werden.

Aufgabe 27

Es findet die Kostenvergleichsrechnung Anwendung, da die Absatzseite hier zur Entscheidungsfindung nicht relevant ist. Da die Summe der Abbruchkosten und Abfindungszahlungen bei allen drei Alternativen gleich hoch ist, kann auf eine Berücksichtigung verzichtet werden. So ergeben sich folgende Alternativen:

1. A schließen, B minimieren: 347,5 Mio.
2. A minimieren, B schließen: 365 Mio.
3. C schließen, A minimieren: 390 Mio.
4. C schließen, B minimieren: 392,5 Mio.
5. A schließen, C minimieren: 355 Mio.
6. B schließen, C minimieren: 370 Mio.

Die Entscheidung fällt somit für Alternative 1, da dort die geringsten Kosten anfallen.

Aufgabe 28

Es findet die Gewinnvergleichsrechnung Anwendung, da die Absatzseite hier zur Entscheidungsfindung relevant ist. So ergeben sich folgende 8 Alternativen:

1. keine schließen: 14,4 Mrd. – 5,5 Mrd. – 8,9 Mrd. – 0 = 0
2. alle schließen: -4,5 Mrd. / 5 Jahre = -0,9 Mrd.
3. A schließen: 12,12 Mrd – 0,3 Mrd. – 3,5 Mrd. – 8,32 Mrd. = 0
4. B schließen: -0,14 Mrd.
5. C schließen: -0,32 Mrd.
6. A und B schließen: -0,72 Mrd.
7. A und C schließen: – 0,6 Mrd.
8. B und C schließen: -0,8 Mrd.

Die Entscheidung fällt somit für Alternative 1 oder 3, da dort zumindest kein Verlust gemacht wird. Welche der beiden Alternativen vorgezogen werden soll, ist von strategischer Seite zu beurteilen und kann nicht mit der Gewinnvergleichsrechnung beantwortet werden.

Aufgabe 29

a)

	A	B
Zahlungsüberschuss	50,333	50
Kalk. Abschr.	30	30
Kalk. Zinsen	4,5	4,5
Gewinn	15,833	15,5

Nach der Gewinnvergleichsrechnung ist Investition A zu wählen.

b)

- keine Berücksichtigung des zeitlichen Anfalls
- keine Berücksichtigung unterschiedlicher Planungsdauern
- keine Berücksichtigung unterschiedlicher Anschaffungsinvestitionen

c)

Barwert A = $-90 + \frac{40}{1{,}1} + \frac{50}{1{,}1^2} + \frac{61}{1{,}1^3} = 33{,}52$

Barwert B = $-90 + \frac{60}{1{,}1} + \frac{50}{1{,}1^2} + \frac{40}{1{,}1^3} = 35{,}92$

Nach der Barwertberechnung ist Barwert B zu wählen.

d) Der minimale Preis des Verkäufers beträgt 35,92, der maximale Preis des Käufers ebenfalls 35,92.

Aufgabe 30

Barwert A = $-100 + \frac{50}{1{,}1} + \frac{40}{1{,}1^2} + \frac{40}{1{,}1^3} = 8{,}56$

Barwert B = $-150 + \frac{40}{1{,}1} + \frac{40}{1{,}1^2} + \frac{60}{1{,}1^3} + \frac{60}{1{,}1^4} = 5{,}48$

Barwert A ist wegen des höheren Barwertes auszuwählen. Nach den statischen Investitionsrechenverfahren wäre ein solcher Vergleich auf-grund der unterschiedlichen Nutzungsdauern problematisch gewesen.

Aufgabe 31

Barwert A = -4.250

Barwert B = $\frac{-1.800}{1,1}+\frac{-1.000}{1,1^2}+\frac{-800}{1,1^3}+\frac{-700}{1,1^4}+\frac{-600}{1,1^5}+\frac{-500}{1,1^6}$ = -4.196,76

Bei einem Zinssatz von 10% wäre die Versicherung vorzuziehen.

Barwert A = -4.250

Barwert B = $\frac{-1.800}{1,08}+\frac{-1.000}{1,08^2}+\frac{-800}{1,08^3}+\frac{-700}{1,08^4}+\frac{-600}{1,08^5}+\frac{-500}{1,08^6}$ = -4.397,03

Bei einem Zinssatz von 8% wäre die Selbstregulierung vorzuziehen.

Aufgabe 32

Es gibt mehrere Möglichkeiten, diese Aufgabe zu bearbeiten.

Zum einen lässt sich der Barwert über die normale Barwertberechnung ermitteln:

Barwert = $\frac{8.000}{1,08}+\frac{8.000}{1,08^2}+\frac{8.000}{1,08^3}+\frac{8.000}{1,08^4}+\frac{8.000}{1,08^5}+\frac{8.000}{1,08^6}+\frac{8.000}{1,08^7}+\frac{8.000}{1,08^8}$ = 45.973,11 €

Zum anderen lässt sich der Barwert über die ewige Rente berechnen:

Barwert = $\frac{8.000}{0,08}$ = 100.000 €. Da die ewige Rente nicht besteht, sondern nur acht Jahre gezahlt wird, muss von den berechneten 100.000 € der Wert der Rente von Jahr 9 bis Jahr ∞ abgezogen werden:

$\text{Barwert}_{9\ldots\infty}$ = $\frac{100.000}{1,08^8}$ = 54.026,89 €.

Der Barwert der ersten acht Jahre ergibt sich damit zu 100.000 € – 54.026,89 € = 45.973,11 €.

Aufgabe 33

Der Endwert lässt sich am einfachsten über den Barwert berechnen:

Barwert = $\frac{4.000}{0,07} - \frac{\frac{4.000}{0,07}}{1,07^{10}}$ = 28.094,33 €. Der Endwert nach zehn Jahren ergibt sich damit zu Endwert = Barwert × $1,07^{10}$ = 55.265,79 €.

Aufgabe 34

Barwert × $(1+i)^n$ = 2 × Barwert → $(1+i)^n = 2 \rightarrow i = \sqrt[n]{2}$ -1. Bei n = 10 Jahren ergibt sich der Zinssatz zu i = 7,18%.

Aufgabe 35

Barwert A = 10.000 €

Barwert B = 70.000 € $- \frac{10.000}{1,04} - \frac{10.000}{1,04^2} - \frac{10.000}{1,04^3} - \frac{10.000}{1,04^4} - \frac{10.000}{1,04^5} - \frac{10.000}{1,04^6}$ = 17.578,63 €

Der Kredit über 70.000 € ist die bessere Alternative.

Aufgabe 36

Barwert = $\frac{20.000}{1,08^2} + \frac{50.000}{1,08^5} + \frac{40.000}{1,08^7}$ =74.515,55 €

Aufgabe 37

Barwert A = 240.000 €

Barwert B = $\frac{300.000}{1,08^5}$ = 204.174,96 €

Barwert C = $\frac{360.000}{1,08^6}$ = 226.861,07 €

Das Angebot von A ist das Beste.

Aufgabe 38

Barwert = $-20.000 + \frac{5.000}{1,06} + \frac{5.000}{1,06^2} + \frac{5.000}{1,06^3} + \frac{13.000}{1,06^4}$ = 832,09 €. Die Investition lohnt sich.

Aufgabe 39

Der Endwert nach 20 Jahren Anlage beträgt

Endwert = 200.000 × $1,08^{20}$ = 932.191,43 €. Die jährlichen Zinsen betragen danach 74.575,31 €.

Aufgabe 40

a) Barwert = $-1.000.000+\frac{325.000}{1{,}08}+\frac{325.000}{1{,}08^2}+\frac{325.000}{1{,}08^3}+\frac{325.000}{1{,}08^4}$ = 76.441,22 €.

b) Der Barwert für die BWM-AG beträgt

$-1.000.000+\frac{400.000}{1{,}08}+\frac{400.000}{1{,}08^2}+\frac{400.000}{1{,}08^3}+\frac{400.000}{1{,}08^4}$ = 324.850,74 €

Die BWM-AG könnte maximal diesen Preis für das Unternehmen bezahlen, der Verkäufer verlangt mindestens 76.441,22 €. Es wird deshalb definitiv zu einer Einigung kommen.

Aufgabe 41

a)

t	Alternativ e A:	Alternativ e B:	Kassazin s	Abz.-Faktor	Barwerte A	Barwert e B
0	-100,00	-120,00			-100,00	-120,00
1	20,00	30,00	0,05	0,9524	19,05	28,57
2	30,00	40,00	0,07	0,8734	26,20	34,94
3	40,00	40,00	0,08	0,7938	31,75	31,75
4	50,00	50,00	0,09	0,7084	35,42	35,42
b)					12,43	10,68

X * 1,05 * (1+i) = X * 1,07^2

I1,2 = 1,07² / 1,05 – 1

I1,2 = 9,0381%

Aufgabe 42

a) $i_{0,4} = 4\sqrt{\frac{1000}{777}}-1$

= 6,51107% Kassazinssatz

$i_{0,3} = 3\sqrt{\frac{1000}{840}}-1$

$=5{,}98398\%$ Kassazinssatz

b) $X^3 = 1{,}0598398 * (1+i\ ) = X * 1{,}0651107$

$i3{,}4 = 1{,}0651107^4 / 1{,}0598398^3 - 1$

$i3{,}4 = 8{,}10812\%$

Aufgabe 43

Der interne Zinssatz beträgt 10%.

Aufgabe 44

Projekt A: Interner Zinssatz = 10/1 – 1 = 900%

Projekt B: Interner Zinssatz = 25/10 – 1 = 150%

Die Berechnung der Kapitalwerte ergibt bei A 8,09 und bei B 12,73, so dass die Entscheidung genau anders herum ausfallen würde. Dieses Problem besteht wiederum durch die nicht berücksichtigten Opportunitäten.

Aufgabe 45

Sobald Zahlungsreihen mehr als eine Periode umfassen, kann das Problem von mehrdeutigen Ergebnissen auftreten. Zur Lösung müssen mehrdeutige Polynomgleichungen aufgelöst werden, worauf hier im Detail verzichtet werden soll. Es sei an Tabellenkalkulationsprogramme bzw. auf mathematische Grundlagenliteratur dazu verwiesen. Werden die Polynomgleichung aufgelöst, ergeben sich als Lösungen -200% und 10%. Betriebswirtschaftlich wird hier allerdings die Lösung -200% ausgeschlossen.

Aufgabe 46

Hier zeigt sich die Problembehaftung der internen Zinssätze ganz deutlich: als Ergebnisse errechnen sich 4% bzw. 5%, so dass eine Entscheidung auf betriebswirtschaftlicher Grundlage auszuschließen ist. Die Kapitalwertmethode weist diese Probleme nicht auf, deswegen sollte sie immer bevorzugt werden.

Aufgabe 47

Bei einer Gewinnerwartung von 1 Mrd. € pro Jahr und einer Renditeerwartung von 10% ergibt sich der faire Wert über die ewige Rentenformel: 1 Mrd. € / 0,1 = 10 Mrd. €. Der Aktienkurs beträgt somit 20 €, das KGV ist 10.

Aufgabe 48

0	1	2	3	4	5	6	7	Unendlich
1.000,00	1.200	1.440	1.728	2.074	2.488	2.986	3.583	6.192
Barwerte 0,1	1091	1190	1298	1416	1545	1686	1839	
Barwerte 0,15	1043	1089	1136	1186	1237	1291	1347	
Barwert bei i=0,1	40.518	/500 =	81,04		KGV	40,5		
Barwert bei i=0,15	22.935	/500 =	45,87			22,9		

8	9	10	11	...
4.299,82	5.159,78	6.191,74	6.191,74	6.191,74
2005,8963	2188,2506			
Summe bis 9	14259,0067			
ewige Rente ab Jahr 10:				
6191,74/0,1/Potenz(1,1;9)	26259,0067			
	40518,0134			
1405,6178	1466,7316			
Summebis9	11201,5586			
ewige Rente ab Jahr 10:				

6191,74/0,15/Potenz(1,15;9)	11733,8529			
	22935,4115			

Aufgabe 49

0	1	2	3	4	5	6	7
1.000	1.180	1.392	1.643	1.939	2.288	2.700	3.185
Barwerte 0,1	1.073	1.151	1.234	1.324	1.421	1.524	1.635
Barwerte 0,15	1026	1053	1080	1109	1137	1167	1198
Barwert bei i=0,1	35.192	/500 =	70,38		KGV	35,2	
Barwert bei i=0,15	20.178	/500 =	40,36			20,2	

8	9	10	11	...	unendlich
3.759	4.435	5.234	5.234	5.234	5.234
1754	1881				
Summebis9	12996				
ewige Rente ab Jahr 10:					
6191,74/0,1/Potenz(1,1;9)	22197				
	35192				
1229	1261				
Summebis9	10259				
ewige Rente ab Jahr 10:					
6191,74/0,15/Potenz(1,15;9)	9919				
	20178				

Aufgabe 50:

0	1	2	3	4	5	6	7
1.000	1.100	1.320	1.584	1.901	2.281	2.737	3.285
Barwert e 0,1	1000	1091	1190	1298	1416	1545	1686
Barwert e 0,15	957	998	1042	1087	1134	1183	1235
Barwert bei i=0,1		37.142	/500 =	74,28		KGV	37,1
Barwert bei i=0,15		21.024	/500 =	42,05			21

8	9	10	11	...	unendlich
3.942	4.730	5.676	5.676	5.676	5.676
1839	2006				
Summebis9	13070,7561				
ewige Rente ab Jahr 10:					
6191,74/0,1/Potenz(1,1;9)		24071			
	37142				
1288	1345				
Summebis9	10268				
ewige Rente ab Jahr 10:					
6191,74/0,15/Potenz(1,15;9)		10756			
	21024				

Aufgabe 51

a) Das Problem basiert auf dem Leverage-Effekt, der nachfolgend hergeleitet wird:

$$r_{EK} = \frac{\text{Gewinn}}{\text{Eigenkapital}} \qquad r_{GK} = \frac{\text{Gewinn} + \text{FZ-Zinsen}}{\text{Gesamtkapital}}$$

$$\text{Gewinn} = (EK \times r_{GK} + FK \times r_{GK}) - FK \times r_{FK}$$

$$r_{EK} = \frac{EK \times r_{GK} + FK \times (r_{GK} - r_{FK})}{EK}$$

$$r_{EK} = r_{GK} + \frac{FK}{EK} \times (r_{GK} - r_{FK})$$

b) Die Gesamtkapitalrentabilität beträgt $\frac{4.560.000}{24.000.000} = 19\%$.

Bei Fremdkapitalkosten von 8% beträgt die Eigenkapitalrentabilität

- im Fall I $19\% + \frac{18}{6} \times (19\% - 8\%)$ = 52%
- im Fall II $19\% + \frac{12}{12} \times (19\% - 8\%)$ = 30%
- im Fall III $19\% + \frac{6}{18} \times (19\% - 8\%)$ = 22,67%

Die Entscheidung sollte somit für Fall I fallen.

c)

- Insolvenzgefahr durch zuviel FK
- mangelnde rentable Alternative für übriges EK
- keine anderen sollen Unternehmensdaten sehen
- Bankkredite sollen nicht komplett ausgenutzt werden

Aufgabe 52

- Spreizung der Kreditkonditionen durch unterschiedliche Eigenkapitalunterlegung
- durch Einbezug der Ausfallwahrscheinlichkeit steigt das Risikobewusstsein auf Bankenseite

- Unternehmen müssen stärker auf „weiche“ Faktoren eingehen und diese dem Kreditberater vermitteln können => Strategie etc. muss ausgearbeitet vorliegen

Aufgabe 53

- bildet Rendite einer Investition ab => leicht vermittelbar
- mathematisch maximal so viele Lösungen wie betrachtete Zahlungszeitpunkte => im Regelfall keine eindeutige Lösung
- Lösung entspricht nicht der tatsächlichen Rendite => Fehlsteuerung möglich

Aufgabe 54

Geeignet sind Gewinn- und Rentabilitätsvergleichsrechnung. Kostenvergleichsrechnung aufgrund unterschiedlicher Umsätze nicht einsetzbar.

	A	B
Umsatz	600.000	800.000
Fixkosten	70.000	200.000
Var. Kosten	360.000	400.000
Kalk. Abschr.	125.000	120.000
Kalk. Zinsen	25.000	30.000
Gewinn	20.000	50.000
Rentabilität	$\frac{20.000+25.000}{250.000}=18\%$	$\frac{50.000+30.000}{300.000}=26{,}7\%$

Lösung ist nicht eindeutig, da A nur vier Jahre Nutzungsdauer hat und 50.000 € Kapital weniger gebunden ist. Allerdings muss A einen Gewinnnachteil von 170.000 € über die fünf Gesamtjahre aufholen. B ist somit aus Risikogesichtspunkten vorzuziehen.

Aufgabe 55

a)

$$\boxed{i_{0,4} = \sqrt[4]{\frac{100}{79{,}21}} - 1}$$

=
5,9998% Kassazinssatz

$$i_{0,2} = 2\sqrt{\frac{100}{90,70}} - 1$$

=5,0017% Kassazinssatz

b) X * 1,050017² * (1+i) = X * 1,059998^4

= 1,059998^4/ 1,050017²

i2,4 – 1

I2,4 = 14,0581%

Aufgabe 56

	Neue Maschine	Alte Maschine
Betriebskosten	120.000	200.000
Kalk. Abschr.	62.000	-
Kalk. Zinsen	15.500	-
Gesamtkosten	197.500	200.000

Die neue Maschine sollte verwendet werden, da die Gesamtkosten unter denen der alten Maschine liegen.

Aufgabe 57

	A	B
Umsatz	520.000	580.000
Fixkosten	10.000	115.000
Var. Kosten	312.000	290.000
Kalk. Abschr.	100.000	150.000
Kalk. Zinsen	25.000	30.000
Gewinn	73.000	-5.000
Rentabilität	$\frac{73.000 + 25.000}{250.000} = 39{,}2\%$	$\frac{-5.000 + 30.000}{300.000} = 8{,}3\%$

A ist eindeutig zu wählen, da B einen negativen Gewinn erzielt.

Aufgabe 58

Der Fondsmanager hält die Kassa-Position aufrecht und investiert in einen BUND- oder einen BUXL-Future. Diese erfüllen die Anforderungen des Portfolio-Managers – ein Rückgang der Renditen führt zu einem Anstieg des Kurses. Die Strategie ist natürlich mit einem gewissen Risiko verbunden, da eine gegenteilige Renditeentwicklung zu einem hohen Kursverlust führen würde.

Aufgabe 59

Es sollte in einen BOBL-Future investiert werden, da dieser der Struktur des Underlyings im Wesentlichen entspricht. Da der Schutz gegen steigende Renditen beabsichtigt wird, muss eine Absicherung gegen einen Kursrückgang angestrebt werden. Somit ist der BOBL-Future zu verkaufen. Der Future darf dabei frühestens in zwei Monaten verfallen. Bei einem Anstieg (Rückgang) der Rendite erhält die Industrie-AG aus der Emission der Schuldverschreibung weniger (mehr) Kapital. Bei einer idealen Absicherung wird das geringere (höhere) Kapital exakt durch den Gewinn (Verlust) aus dem BOBL-Future kompensiert.

Aufgabe 60

Üblicherweise entspricht die Struktur des Futures nicht exakt der Struktur des Renten-Portfolios, so dass allein dadurch nicht ein „Perfect Hedge“

erreicht wird. Darüber hinaus muss exakt ein Vielfaches des Nominalvolumens des Futures erworben werden. Andere fehlerhafte Entwicklung können durch eine falsche Bepreisung der Futures entstehen.

Aufgabe 61

Der Finanzmanager schließt einen FRA „3 gegen 6“ ab und nimmt die Rolle des Verkäufers ein. Liegt der Referenzzinssatz unter der Forward Rate, so erhält der Manager eine Ausgleichszahlung. Alternativ könnte auch ein Future abgeschlossen werden, sofern ein passendes Produkt existiert.

Aufgabe 62

Es wird ein FRA „12 gegen 24“ und ein FRA „24 gegen 36“ abgeschlossen, wobei das Unternehmen die Rolle des Käufers einnimmt.

Aufgabe 63

a) Da der Manager des Rentenportfolios dem Risiko einer Zinssenkung gegenübersteht und die Geschäftsbank dem Risiko eines Zinsanstieges, passt die Situation genau zusammen. Der Manager muss somit von einem sinkenden Zins profitieren, die Geschäftsbank von einem steigenden Zinssatz. Es ist somit ein FRA abzuschließen, wobei der Fondsmanager die Position des Verkäufers und die Geschäftsbank die Rolle des Käufers einnimmt.

b) Bei einem Zinssatz von 9% zahlt der Manager an die Geschäftsbank eine Ausgleichszahlung von

$$\frac{(7\% - 9\%) \times 10 \text{ Mio. €} \times 360 \text{ Tage}}{360 \text{ Tage}}$$

= 200.000 €. Bei einem Zinssatz von 6% erhält der Manager dagegen von der Geschäftsbank eine Ausgleichszahlung von

$$\frac{(7\% - 6\%) \times 10 \text{ Mio. €} \times 360 \text{ Tage}}{360 \text{ Tage}}$$

= 100.000 €.

Aufgabe 64

a) Der effektive Zinssatz ist gleich hoch, wenn gilt:

Euribor + 2% = Euribor + 2% – 0,8% + (6% – Euribor)

=> Euribor = 5,2%

Der Floor lohnt sich damit bei Zinssätzen unter 5,2%.

b) Der effektive Zinssatz ist gleich hoch, wenn gilt:

Euribor + 2% = Euribor + 2% + 1,5% – (Euribor – 8%)

=> Euribor = 9,5%

Der Cap lohnt sich damit bei Zinssätzen unter 9,5%.

Aufgabe 65

Bei einem vollständigen Verzicht ergibt sich die Zinsbelastung zu 12-Monats-Euribor + 1,5%.

Aus dem Cap ergibt sich eine Ausgleichszahlung zu -1,5% + (12-Monats-Euribor – 8%) für 12-Monats-Euribor > 8% und -1,5% für einen 12-Monats-Euribor ≤ 8%.

Aus dem Floor ergibt sich eine Ausgleichszahlung zu +0,6% – (5% – 12-Monats-Euribor) für 12-Monats-Euribor < 5% und +0,6% für einen 12-Monats-Euribor ≥ 5%.

Aus dem Long Collar ergeben sich damit folgende Ausgleichszahlungen:

-1,5% + (12-Monats-Euribor – 8%) + 0,6% = 12-Monats-Euribor – 8,9% für 12-Monats-Euribor > 8%

-1,5% + 0,6% = -0,9% für 5% ≤ 12-Monats-Euribor ≤ 8%

-1,5% + 0,6% – (5% – 12-Monats-Euribor) = 12-Monats-Euribor – 5,9% für 12-Monats-Euribor < 5%

Bei Zinssätzen unter 8% ist die Ausgleichszahlung immer negativ, so dass der effektive Zinssatz nicht gleich groß werden kann.

Bei Zinssätzen über 8% ist dagegen der effektive Zinssatz gleich, wenn gilt:

12-Monats-Euribor + 1,5% = 12-Monats-Euribor + 1,5% + (12-Monats-Euribor – 8,9%) => 12-Monats-Euribor = 8,9%.

Bei einem 12-Monats-Euribor von 8,9% ist der effektive Zinssatz somit gleich groß.

Aufgabe 66

a) Das Risiko besteht in einem Anstieg des Referenzzinssatzes, da ein solcher zu einem Absinken des Zinssatzes führt. Ein Anstieg (Rückgang) des Referenzzinsatzes führt zu einem Absinken (Anstieg) der Zinserträge.

b) Ein Cap Long mit einem Volumen von 20 Mio. Euro (2fache des Volumens des Reverse Floaters) aufgrund des 2fachen Hebels im Zinssatz.

c)

	3%	8%	12%
Zinsertrag des Reverse Floaters	+9,0%	0,0%	0,0%
Cap-Prämie	-2,4%	-2,4%	-2,4%
Ausgleichszahlung aus dem Cap	0,0%	+8,0%	+16,0%
Effektiver Zinsertrag	+6,6%	+5,6%	+13,6%

Die Zinssätze beziehen sich dabei immer auf das Nominalvolumen des Reverse Floaters.

d) Die Geschäftsbank würde mit dem Cap Short eine Prämie für Zinssätze unter 12% erhalten, aber bei Zinssätzen über 12% Ausgleichszahlungen leisten müssen. Damit wäre diese Vorgehensweise bei Zinssätzen unter 12% vorteilhaft.

	3%	8%	12%	16%
Zinsertrag des Reverse Floaters	+9,0%	0,0%	0,0%	0,0%
Cap-Prämie	-2,4%	-2,4%	-2,4%	-2,4%
Ausgleichszahlung aus dem Cap	0,0%	+8,0%	+16,0%	+24,0%
Cap-Prämie	+0,4%	+0,4%	+0,4%	+0,4%
Ausgleichszahlung für den Cap	0,0%	0,0%	0,0%	-4,0%

Effektiver Zinsertrag	+7,0%	+6,0%	+14,0%	+18,0%

Die Zinssätze beziehen sich dabei immer auf das Nominalvolumen des Reverse Floaters.

Aufgabe 67

a) Der Manager empfängt den variablen Zins und zahlt den Festzins von 5%.

b) Der Manager erhält aus der festverzinslichen Bundesanleihe einen Kupon von 4%. Aus dem Interest Rate Swap erhält eine Zahlung von (12-Monats-Euribor – 5%). Der Break-Even-Zinssatz beträgt damit

4% = 4% + (12-Monats-Euribor – 5%) => 12-Monats-Euribor = 5%.

5 Aufgaben zum Marketing

Aufgabe 1

Was sind die Schritte des Marketingprozesses?

Aufgabe 2

Was sind Marketingziele?

Aufgabe 3

Grenzen Sie operative und strategische Marketingziele voneinander ab!

Aufgabe 4

Nennen Sie Beispiele für strategische Marketingziele!

Aufgabe 5

Nennen Sie Beispiele für operative Marketingziele!

Aufgabe 6

Was sind Marketingstrategien?

Aufgabe 7

Was versteht man unter Marktsegmentierung?

Aufgabe 8

Welche Schritte werden in der Marktsegmentierung durchlaufen?

Aufgabe 9

Was ist eine Wettbewerbsstrategie?

Aufgabe 10

Was versteht man unter dem Produktlebenszyklus?

Aufgabe 11

Was ist die Portfolio-Analyse?

Aufgabe 12

Was sind die fünf Wettbewerbskräfte im Rahmen der Branchenstrukturanalyse?

Aufgabe 13

Welches Ziel hat die Konkurrenzanalyse?

Aufgabe 14

Was sind Marketinginstrumente?

Aufgabe 15

Was ist Ziel der Produktpolitik?

Aufgabe 16

Was sind die Aufgaben der Produktpolitik?

Aufgabe 17

Was gehört zur Produktgestaltung?

Aufgabe 18

Was sind Produktinnovationen, -variationen, -diversifikation und –elimination?

Aufgabe 19

Was ist Aufgabe der Preispolitik?

Aufgabe 20

Was ist die kostenorientierte Preispolitik?

Aufgabe 21

Was ist die konkurrenzorientierte Preispolitik?

Aufgabe 22

Wie wird die Preiselastizität ermittelt und welche Aussage hat eine geringe Preiselastizität?

Aufgabe 23

Was versteht man unter Preisdifferenzierung?

Aufgabe 24

Was ist die Skimming Strategie?

Aufgabe 25

Was ist die Penetration Strategie?

Aufgabe 26

Wie ist die typische Vertriebsorganisation aufgebaut?

Aufgabe 27

Was ist das strategische Vertriebscontrolling?

Aufgabe 28

Was ist das operative Vertriebscontrolling?

Aufgabe 29

Was ist der Deckungsbeitrag und welche Aussage hat er?

Aufgabe 30

Was ist der Unterschied zwischen variablen und fixen Kosten?

Aufgabe 31

Was sind nicht-tarifäre Handelshemmnisse?

Aufgabe 32

Welche Kooperationsformen lassen sich unterscheiden?

Aufgabe 33

Welche rechtlichen Formen von Marken lassen sich unterscheiden?

Aufgabe 34

Erläutern Sie die Entwicklung des Marketings. Geben sie auch die jeweiligen Anspruchsspektren an!

Aufgabe 35

Welche Elemente beinhaltet das Corporate-Identity-Konzept? Erläutern sie diese! Worauf muss im Rahmen des Corporate Identity-Konzepts besonders geachtet werden? Welche Ziele werden mit dem Konzept verfolgt?

Aufgabe 36

Basierend auf der traditionellen Theorie des Unternehmens galt das Gewinnmaximierungsprinzip als konsequente Umsetzung des ökonomischen Prinzips als eines der zentralen Ziele der allgemeinen Betriebswirtschaftslehre. Mit den Jahren wurden Anhaltspunkte aufgewiesen, dass für die Unternehmen als wesentliche Leitlinien weniger die Gewinnziele, sondern vielmehr Umsatz- oder Marktanteilsziele gelten. Nennen Sie fünf Unternehmensziele und ordnen Sie diesen jeweils mindestens zwei entsprechende Beispiele zu.

Aufgabe 37

In welche Bereiche wird die Marketingplanung eingeteilt? Beschreiben Sie kurz!

Aufgabe 38

Um welchen Führungsstil handelt es sich bei der wie folgt vorgegebenen Beschreibung?

Der ____________ Führungsstil beruht auf einem hierarchisch gegliederten System von Über- und Unterordnung auf mehreren Führungsebenen. Umfangreiche Stellenbeschreibungen machen diesen Stil zu einem System schriftlich fixierter Regelungen. Die Führungsanweisungen folgen einem vorgeschriebenen Instanzenweg. Die Schwierigkeit dieses Stils liegt in der Inflexibilität hinsichtlich einer schnellen Anpassung an Veränderungen.

Aufgabe 39

Diskutieren Sie Chancen und Risiken der Automobilbranche (z.B. VW) und kombinieren Sie diese mit den Stärken und Schwächen am Beispiel des VW-Konzerns zu einer SWOT-Analyse.

Aufgabe 40

Welche Perspektiven enthält die Balanced Scorecard und welche Bedeutung haben sie? Nennen Sie Beispiele für die dazugehörigen Kennzahlen!

Aufgabe 41

Führen Sie eine Umsatzstrukturanalyse anhand der vorgegeben Werte durch! Bestimmen Sie, welche Produkte in die Kategorien A, B oder C eingeteilt werden!

Art.-Nr.	Absatz (Stk)	Preis/Stk.	Umsatz	Rangplatz
101	90			
102	10.000			
103	900			
104	500			
105	500			
106	200			
107	190			
108	30			
109	14.000			
110	900			

Aufgabe 42

Was bedeutet die demographische Marktsegmentierung. Nennen Sie Beispiele!

Aufgabe 43

Nennen Sie mindestens drei Kundenstrategien! Was sind ihre Merkmale? Nennen sie Bespiele!

Aufgabe 44

Wie können die Wachstumsstrategie in die Produkt-Markt-Matrix eingegliedert werden?

Aufgabe 45

Vergleichen Sie die Bottom-up-Planung mit der Top-down-Planung und nennen Sie die Vor- und Nachteile. Worin sehen Sie den Unterschied zwischen der Bottom-up- und der Top-down-Planung gegenüber der Gegenstromplanung?

Aufgabe 46

Was versteht man unter dem Soll-Ist-Vergleich? Was ist das Hauptziel?

Aufgabe 47

Im Rahmen der Leistungshierarchie können verschiedene Stellen unterschieden werden. Bei welcher Stelle handelt es sich mit den folgenden Merkmalen? Nennen Sie anschließend mindestens ein Beispiel!

Handeln in der Regel auf Anweisung der Instanz

Keine Weisungsbefugnis, jedoch Entscheidungsspielraum innerhalb der eigenen Aufgabenerfüllung

Aufgabe 48

Welche Unterteilung erfolgt bei der produktorientierten Marketingorganisation? Was sind ihre Vor- und Nachteile?

Aufgabe 49

Was sind die Besonderheiten des Dienstleistungsmarketing?

Aufgabe 50

Welche Ziele der Kommunikationspolitik kennen Sie?

Aufgabe 51

Was verstehen Sie unter UAP? Nennen Sie mindestens ein Beispiel!

Aufgabe 52

Welche Elemente umfasst die Copy-Strategie?

Aufgabe 53

Welche Möglichkeiten Produktinnovationen zu beziehen haben Unternehmen?

Aufgabe 54

Was ist die Deckungsbeitragsanalyse? Wie berechnen sich der Deckungsbeitrag, der Gesamtdeckungsbeitrag und der Betriebsgewinn?

Aufgabe 55

Wie gewinnt ein Unternehmen Ideen für neue Produkte?

Aufgabe 56

Was versteht man unter Imagetransfer?

Aufgabe 57

Der Preis-Mix beschäftigt sich mit der Frage, welcher Preis zum Angebot passt. Es handelt sich dabei um die Festlegung eines Preises, der die Kosten deckt und darüber hinaus eine angemessene Rendite abwirft.

a) Bei der Preisdifferenzierung geht es darum, gleiche Produkte zu unterschiedlichen Preisen anzubieten. Nennen Sie mögliche Arten einer solchen Differenzierung und erläutern Sie kurz.

b) Berechnen Sie die Gewinnschwelle (Break-even-Punkt) aufgrund folgender Ausgangsdaten:

Preis: 20 EUR.

variable Stückkosten: 14 EUR.

Fixkosten pro Periode: 120.000 EUR

Aufgabe 58

Beschreiben Sie die Methode des Target Pricing anhand von Formeln und nennen Sie die Nachteile.

Aufgabe 59

Vergleichen Sie die Premiumstrategie mit der Promotionsstrategie und nennen Sie deren Ziele!

Aufgabe 60

Erläutern Sie ausführlich die Elemente der Konditionenpolitik. Welche Ziele werden hierbei verfolgt?

Aufgabe 61

Nennen Sie Aufgaben und Ziele der Distributionspolitik!

Aufgabe 62

Welche Entscheidungskriterien sind für die Wahl der Absatzwege charakteristisch?

Aufgabe 63

Erläutern Sie kurz den Begriff Absatzweg des E-Business!

Aufgabe 64

Vergleichen Sie die Pull- mit der Push-Strategie und beschreiben Sie die Vorgehensweisen!

Aufgabe 65

Welche Ziele werden im Rahmen der Marketinglogistik verfolgt?

Aufgabe 66

Was wird unter „integrierter Kommunikation“ verstanden?

Aufgabe 67

Nennen Sie die Instrumente des Kommunikations-Mix!

Aufgabe 68

Erläutern Sie das Zielsystem der Werbung!

Aufgabe 69

Nennen Sie die 2 Verfahren der Werbeträgerauswahl und grenzen Sie diese voneinander ab!

Aufgabe 70

Anhand welcher Methoden erfolgt die Kontrolle außerökonomischer Größen bei der Werbeerfolgskontrolle? Erläutern Sie die Methoden kurz!

Aufgabe 71

Beschreiben Sie Ziele und Aufgaben der Verkaufsförderung. Unterscheiden Sie dabei handelsorientierte, konsumentenorientierte sowie ökonomische Ziele!

Aufgabe 72

Erläutern Sie die PR-Formel „AKTION“ anhand Ihrer Bestandteile!

Aufgabe 73

Grenzen Sie Sponsoring und Product Placement voneinander ab!

Aufgabe 74

Nennen Sie die Instrumente der klassischen Direktwerbung!

Aufgabe 75

Erläutern Sie die Grundzüge des Eventmarketing!

Aufgabe 76

Was versteht man unter einem CRM-System? Nennen Sie Gründe für die Verwendung einer Datenbank!

Aufgabe 77

Wie gestaltet sich der Marketing-Mix im Bereich des Handels?

Aufgabe 78

Nennen und beschreiben Sie die Verfahren der Marketingbudgetplanung.

Aufgabe 79

Erläutern Sie Deregulierung sowie die Gewährleistungsaspekte im Rahmen regionalen Wirtschafts-rechts der europäischen Union!

Aufgabe 80

Zeigen Sie den Geltungsbereich und das Ziel des UN-Kaufrechts auf!

Aufgabe 81

Erläutern Sie den Begriff der Moderation!

Aufgabe 82

Setzen Sie die fehlenden Begriffe ein!

Mit Hilfe der ________________ legt ein Unternehmen seine Strategien fest. Es trifft damit grundsätzliche Entscheidungen darüber, welche ________________ den Weg des Unternehmens in der Zukunft bestimmen soll.

Aufgabe 83

Setzen Sie die fehlenden Begriffe ein!

Der Soll-Ist-Vergleich ist die Grundlage für ______________________ der Unternehmung und ein Steuerungsinstrument hinsichtlich der Planerfüllung. Es sollen gesetzte Ziele der Unternehmung mit den geplanten Soll-Werten und den tatsächlichen Ist-Werten verglichen werden. Dies sollte in regelmäßigen Abständen (monatlich oder quartalsweise) erfolgen. Mithilfe des Soll-Ist-Vergleichs können ____________________ rechtzeitig erkannt werden.

Lösungen zum Marketing

Aufgabe 1

Folgende Schritte werden in der Regel durchlaufen:

6. Marktforschung und Umfeldanalyse: der Sachverhalt wird im Rahmen der Marktforschung analysiert.
7. Zielformulierung: aus den Ergebnissen der Marktforschung werden die Ziele für das Marketing identifiziert und formuliert.
8. Strategiefestlegung: die für die Erreichung des Zieles gewählte Strategie wird ausgewählt.
9. Marketing-Mix: der geeignete Marketing-Mix wird festgelegt.

Marketingcontrolling: der Marketing-Mix wird hinsichtlich der Zielerreichung überwacht.

Aufgabe 2

Marketingziele sind die angestrebten zukünftigen Zustände, die durch Entscheidungen erreicht werden sollen. Aus den Marketzingzielen werden die Marketingstrategien entwickelt und aus diesen die operative Umsetzung im Rahmen des Marketing-Mix.

Aufgabe 3

Während operative Marketingziele kurzfristig erzielbar sind, stellen strategische Marketingziel langfristige Ziele dar.

Aufgabe 4

Strategische Marketingziele sind beispielsweise:

- Beispiele für Marktdurchdringung:
    - Erhöhtes Cross-Selling, um bestehende Kunden weiter zu binden,

  - Neukundengewinnung,
  - Abwerbung von Kunden von Mitbewerbern.
- Beispiele für die Markterschließung:
  - Erschließung neuer Absatzgebiete oder neuer Verwendungsbereiche,
  - Erweiterung des Produktsortiments,
  - Angebot an neue Zielgruppen.

Aufgabe 5

Typische operative Marketingziele sind beispielsweise

- Umsatz
- Deckungsbeitrag
- Absatz
- Preise und
- Marktanteile.

Diese Ziele werden abgeleitet aus den unternehmerischen Oberzielen, die beispielsweise Rentabilitätsziele sein können.

Aufgabe 6

Marketingstrategien beinhalten langfristige, globale Verhaltenspläne zur Erreichung der Marketingziele eines Unternehmens.

Aufgabe 7

Unter der Marktsegmentierung versteht man die die Aufteilung eines Gesamtmarktes in Untergruppen. Dabei ist der Anspruch zu stellen, dass die Untergruppen bezüglich ihrer Marktreaktion intern homogen und untereinander heterogen reagieren.

Aufgabe 8

Die Marktsegmentierung besteht aus folgenden Schritten:

4. Markterfassung,
5. Marktaufteilung und
6. Marktbearbeitung

Nach der Marktbearbeitung wird das Marktsegment mit den geeigneten Marketinginstrumenten bearbeitet.

Aufgabe 9

Unter einer Wettbewerbsstrategie versteht man eine am Wettbewerber orientierte Geschäftspolitik, wobei man versucht, die Branchenposition zu verbessern. Typische Instrumente sind:

- die Kostenführerschaft oder
- die Differenzierung.

Bei der Kostenführerschaft versucht das Unternehmen, der kostengünstigste Anbieter einer Branche zu werden. Bei der Differenzierung versucht man hingegen, sich mit seinen Produkten gegenüber dem Wettbewerb zu differenzieren.

Aufgabe 10

Unter dem Produktlebenszyklus versteht man den Prozess zwischen der Markteinführung bzw. Fertigstellung eines marktfähigen Gutes und seiner Herausnahme aus dem Markt. Man unterteilt dabei das „Leben" des Produktes in folgende vier Phasen:

- Entwicklung und Einführung,
- Wachstum,
- Reife/Sättigung und
- Schrumpfung/Degeneration mit anschließender Produktelimination.

Aufgabe 11

Die Portfolio-Analyse stammt aus der Finanzwirtschaft und wurde ursprünglich für die Ermittlung des optimalen Portfolios geschaffen.

Die Boston Consulting Group (BCG) hat hieraus das Marktwachstum-Marktanteil-Portfolio entwickelt, das anhand der Kriterien Marktwachstum und Marktanteil die Geschäftseinheiten eines Unternehmens einordnet.

Folgende Empfehlungen bestehen für die vier Felder der Matrix:

- Cash-cows: Gewinne abschöpfen
- Stars: Marktanteil halten oder ausbauen
- Fragezeichen: bei hohem Wachstum ist der Marktanteil noch niedrig. Hier liegen die Zukunftshoffnungen des Unternehmens
- Arme Hunde: Marktanteil senken oder Geschäftseinheit veräußern

Aufgabe 12

6. der bracheninterne Wettbewerb
7. Verhandlungsmacht der Abnehmer
8. Verhandlungsmacht der Lieferanten
9. Bedrohung durch Ersatzprodukte
10. Bedrohung durch neue Anbieter

Aufgabe 13

Ziel der Konkurrenzanalyse ist es, mittels der Informationen über die Konkurrenten eine Abgrenzung zu diesen zu erreichen. Indem man die relevanten Informationen über die Konkurrenten beschafft und auswertet, soll ein Einblick in deren Wettbewerbsstärke gefunden werden.

Aufgabe 14

Marketinginstrumente sind diejenigen Marketingmaßnahmen, mit denen ein Unternehmen Zielgruppengerecht das Marketing gestaltet. Es werden die Produkte nach den Bedürfnissen der Zielgruppe gestaltet oder der Vertrieb adäquat aufgebaut.

Die gängigsten Marketinginstrumente sind:

- die Produkt- und Sortimentspolitik,

- die Distributionspolitik,
- die Kommunikationspolitik und
- die Preispolitik.

Aufgabe 15

Ziel der Produktpolitik ist es, den Bedürfnissen und Wünschen der Kunden entsprechende Produkte und Dienstleistungen anzubieten. Zur Produktpolitik gehören alle Instrumente, die mit der Auswahl und Weiterentwicklung eines Produktes sowie dessen Vermarktung zusammenhängen

Aufgabe 16

Folgende Aufgaben sind Teil der Produktpolitik:

- Produktgestaltung
- Programm- und Sortimentspolitik
    - Produktinnovation
    - Produktvariation
    - Produktdiversifikation
    - Produktelimination
- Servicepolitik

Aufgabe 17

Zur Produktgestaltung zählen alle Maßnahmen, die das äußere Erscheinungsbild eines Erzeugnisses im Hinblick auf Qualität, Form und Verpackung beeinflussen, um damit die Nachfrage zu steigern. Damit ist die Produktgestaltung gleichzeitig ein wesentlicher Kostentreiber, durch dessen gezielte Steuerung nicht nur der Absatz verbessert werden kann, sondern auch die Produktion rationalisiert werden kann.

Aufgabe 18

- Produktinnovationen: neue, innovative Produke werden etabliert. Hier geht es darum, wirklich neue Produkte zu schaffen. Ein Beispiel ist beispielsweise das iPhone. Man unterscheidet hier angebots- und nachfrageinduzierte Produktinnovationen, d. h. man geht von der Frage aus, ob die Nachfrager das Produkt „gewollt“ haben oder ob es sich aus technologischen Weiterentwicklungen ergeben hat. Von einer Marktinnovation spricht man, wenn der „Markt“ für das Produkt komplett neu geschaffen wurde;
- Produktvariationen: bestehende Immobilien werden anders genutzt, beispielsweise alte Fabriken als Hotels;
- Produktdiversifikation: Produkte werden aus Bereichen angeboten, die bislang nicht im Produktportfolio waren;
- Produktelimination: bestehende Produkte werden vom Markt genommen, da sie entweder nicht erfolgreich sind oder durch andere Produkte ersetzt werden.

Aufgabe 19

Zur Preispolitik gehören alle Instrumente, durch die über die Preisbildung Kaufanreize gestellt werden sollen.

Aufgabe 20

Mit der kostenorientierten Preisgestaltung wird der Preis berechnet, der mindestens für ein Produkt genommen werden muss. Er wird aus den Instrumenten der Kostenabrechnung abgeleitet.

Aufgabe 21

Bei der konkurrenzorientierten Preisgestaltung wird der Preis aus den Preisen der Konkurrenz abgeleitet. Damit wird der optimale Preis ermittelt.

Aufgabe 22

$$\frac{relative Mengenänderung}{relative\,\mathrm{Pr}\,eisänderung} \times -1$$

Eine geringe Elastizität bedeutet, dass selbst bei relativ starker Preisvariation nur eine geringe Mengenveränderung eintritt. Dies bedeutet beispielsweise eine Präferenz des Kunden für den Anbieter.

Aufgabe 23

Unter Preisdifferenzierung versteht man eine Preispolitik, in der die gleiche Leistung zu unterschiedlichen Preisen angeboten wird. Diese Differenzierung kann zeitlich, räumlich, personell oder sachlich begründet sein.

Aufgabe 24

Hierbei werden nach der Produkteinführung zunächst sehr hohe Preise genommen, die danach fallen.

Aufgabe 25

Hierbei wird bei der Markteinführung ein günstiger Preis genommen, der mit steigender Bekanntheit ansteigt.

Aufgabe 26

In der Regel wird der eigentliche Vertrieb durch den Außendienst vorgenommen, der vom Innendienst unterstützt wird.

Aufgabe 27

Im strategischen Vertriebscontrolling erfolgt eine enge Zusammenarbeit mit den anderen Unternehmensbereichen. Damit werden Instrumente eingesetzt, die auch bereits in anderen Controllingbereichen verwendet werden. Hier werden die langfristigen Vertriebsziele des Unternehmens definiert.

Aufgabe 28

Das operative Vertriebscontrolling ist im Gegensatz zum strategischen Vertriebscontrolling eine Einjahresbetrachtung, die der Überwachung sämtlicher Vertriebsaktivitäten dient.

Aufgabe 29

Da die fixen Kosten unabhängig von der Ausbringungsmenge bestehen, muss es erstes Ziel sein, die fixen Kosten durch die Erlöse abzüglich variabler Kosten zu decken. Hierzu steht als Analyseinstrument die Break-Even-Analyse zur Verfügung. Der Break-Even-Punkt ist der Punkt, an dem die Gewinnschwelle (bzw. ein vorher definierter Mindestgewinn) genau erreicht wird.

Im Break-Even-Punkt (für den Einproduktfall!) gilt:

Betriebsergebnis = 0

Erlöse = Kosten

Erlöse = Menge × Preis

Kosten = variable Kosten + Fixkosten

Variable Kosten = Stückkosten × Menge

- ⇨ Erlöse – Kosten = 0 => Menge × Preis – Menge × Stückkosten – Fixkosten = 0
- ⇨ Menge × (Preis –Stückkosten) = Fixkosten
- ⇨ Menge = $\frac{\text{Fixkosten}}{\text{Preis - Stückkosten}}$

Ein anderes Wort für die Differenz zwischen Preis und Stückkosten ist der so genannte Deckungsbeitrag.

Aufgabe 30

Bei **variablen Kosten** handelt es sich um Kostenbestandteile, die sich bei Variation einer Kosteneinflussgröße ändern. Wird als Kosteneinflussgröße die Beschäftigung unterstellt, so wird dann von **beschäftigungsvariablen Kosten** gesprochen, wenn eine Änderung der Beschäftigung (Ausbringung) auch eine Änderung dieser Kostenbestandteile bewirkt. Wird bei einer Analyse auf die Gestalt des Zusammenhangs zwischen Beschäftigungsänderung und Kostenverlauf abgestellt, so lassen sich die beschäftigungsvariablen Kosten weiter unterteilen in proportionale, degressive, progressive und regressive Kosten.

Im Unterschied zu den variablen Kosten handelt es sich bei den **fixen Kosten** um Kostenbestandteile, die bei Variation der betrachteten Kosteneinflussgröße in unveränderter Höhe anfallen. Beschäftigungsfixe Kosten als Beispiel fallen unabhängig von Veränderungen im qualitativen oder quantitativen Leistungsprogramm in gleicher Höhe an. Sie sind bei kurzfristiger Betrachtungsweise auch durch eine Einstellung der Produktion des Leistungsprogramms nicht abbaubar. Durch ihre Zeitraumbezogenheit lassen sich diese beschäftigungsfixen Kosten jedoch in aller Regel gleichzeitig als variabel in Bezug auf die Kosteneinflussgröße Kalenderzeit bezeichnen (Wechsel der Bezugsgröße).

Aufgabe 31

Nicht-tarifäre Handelshemmnisse sind versteckte und willkürliche Behinderungen.

Aufgabe 32

Generell sind solche Kooperationen in unterschiedlichen Formen denkbar:

- horizontale Kooperationen: Unternehmen der gleichen Produktionsstufe arbeiten gemeinsam
- vertikale Kooperationen: Unternehmen vor- oder nachgelagerter Produktionsstufen arbeiten zusammen
- komplementäre Kooperationen: Unternehmen mit sich ergänzenden Produkten arbeiten zusammen (Beispiel: Hard- und Softwareunternehmen)
- heterogene Kooperationen: Zusammenarbeit von Unternehmen aus verschiedenen Bereichen (Beispiel: Flugzeughersteller und Automobilhersteller)

Aufgabe 33

Es lassen sich drei „Formen“ von Marken unterscheiden:

- Registermarken entstehen durch die Registrierung der Marke;
- Benutzungsmarken entstehen durch die Benutzung der Marke und die Erlangung der Verkehrsgeltung;
- Notoritätsmarken entstehen durch die notorische Bekanntheit der Marke.

Aufgabe 34

60er Jahre

Das Marketing wurde als dominante Engpassfunktion erkannt. Es galt als operative Beeinflussungstechnik, dessen besonderes Interesse vor allem den Instrumenten des Marketing-Mix und der Implementierung von Marketingabteilungen galt.

Anspruchsspektrum: Distributionsfunktion

70er Jahre

Wachsende Nachfragemacht des Handels („Gatekeeper“); steigendes Interesse am vertikalen Marketing; das Marketing als strategische Managementaufgabe entwickelte sich langsam als Führungsfunktion

Anspruchsspektrum: dominante Engpassfunktion

80er Jahre

die Wissenschaft befasste sich überwiegend mit Wettbewerbsvorteilen und –positionierung; verstärkte Internationalisierung und Globalisierung des Wettbewerbs steigerte den Beachtung am „Global Marketing“

Anspruchsspektrum: Führungsfunktion

90er Jahre

Erweiterung des Anspruchsspektrums unter wachsender Orientierung an rechtlichen, gesellschaftlichen und ökologischen Rahmenbedingungen

Anspruchsspektrum: Marktorientiertes Führungskonzept

2000er Jahre

Informations- und Kommunikationstechnologien; Entwicklungen wie Database-Marketing, Netzwerk-Marketing, interaktives und virtuelles Marketing

Anspruchsspektrum: Individuelles, multi-optionales vernetztes Beziehungsmarketing

Aufgabe 35

Zu den Elementen des Corporate-Identity-Konzepts gehören:

1. Corporate Design, oder auch Unternehmenserscheinungsbild

Das Corporate Design stellt das visuelle Erscheinungsbild nach innen und nach außen dar.

2. Corporate Communication, oder auch Unternehmenskommunikation

Die Corporate Communication umfasst die Gesamtheit sämtlicher Kommunikationsinstrumente und -maßnahmen eines Unternehmens, die eingesetzt werden, um das Unternehmen und seine Leistungen den relevanten Zielgruppen der Kommunikation darzustellen.

3. Corporate Behaviour, oder auch Unternehmensverhalten

Das Corporate Behaviour bezeichnet

die Verhaltensweisen der Mitarbeiter untereinander, gegenüber Kunden, Verbrauchern und Lieferanten.

das Firmenverhalten gegenüber: den Mitarbeitern (z.B. Verhalten im Führungsstil, in der Lohn- und Gehaltspolitik), dem Marktpartner (z.B. bei Garantie- und Serviceleistungen, beim Umgang mit Reklamationen und Beschwerden), Aktionären und Geldgebern (z.B. in Bezug auf die Ausschüttung der Dividende), Staat, Öffentlichkeit und Umwelt

Innerhalb eines Corporate-Identity-Konzepts muss darauf geachtet werden, dass alle Bestandteile (Design, Kommunikation und Verhalten) berücksichtigt werden um ein einheitliches Bild zu gewährleisten.

Ziele des Corporate Identity-Konzepts:

- Informationsdefizite beseitigen
- Imageprobleme bei bestimmten Zielgruppen beseitigen

- ein modernes, einheitliches Erscheinungsbild gewährleisten
- durch Fusionen entstandenen Unternehmen eine Identität geben

Hauptzweck: Verleihung des Unternehmens einer einzigartige Identität oder Persönlichkeit und Sicherung einer starken Wettbewerbsposition

Aufgabe 36

1. Marktstellungsziele

Beispiele: Marktanteil, Umsatz, Marktgeltung, Neue Märkte

2. Rentabilitätsziele

Beispiele: Gewinn, Umsatzrentabilität, Rentabilität des Eigenkapitals, Rentabilität des Gesamtkapitals

3. Finanzielle Ziele:

Beispiele: Kreditwürdigkeit, Liquidität, Selbstfinanzierungsgrad, Kapitalstruktur

4. Soziale Ziele:

Beispiele: Arbeitszufriedenheit, Einkommen und soziale Sicherheit, soziale Integration, persönliche Entwicklung

5. Macht- und Prestigeziele:

Beispiele: Unabhängigkeit, Image und Prestige, politischer Einfluss, gesellschaftlicher Einfluss

Aufgabe 37

Die Marketingplanung wird in die Bereiche

- Strategische Planung: Entwicklung des langfristigen marketingpolitischen Konzepts und
- Operative Planung: Planung des Einsatzes der marketingpolitischen Instrumente eingeteilt.

Aufgabe 38

Bürokratischer Führungsstil

Aufgabe 39

Eine SWOT-Analyse in der Automobilbranche am Beispiel VW könnte so dargestellt werden:

	Chancen	Risiken
Stärken	Starke Nachfragebelebung bei verbrauchsgünstigen TDI (Diesel-) Motoren als Folge einer drastischen Mineralölsteuererhöhung Nachfrageverlagerung von Oberklasse- zu Mittelkasse-PKW aufgrund wachsender Preissensibilität der Verbraucher	die chinesische Regierung erlaubt zahlreiche Konkurrenten den Aufbau von Fabriken in China ohne weitere Auflagen Schwächen der Marke VW aufgrund umfassender Verwendung von Gleichteilen bei allen Konzerngesellschaft; VW, Seat, Skoda werden austauschbar (Mehrmarkenstrategie wird statt zur Chance zu einem Risiko)
Schwächen	Starkes Marktanteilswachstum leistungsstarker Sport- und Fun-PKW Nachfragesteigerung bei zweisitzigen, elektrisch betriebenen Stadtautos aufgrund technischer Innovationen außerhalb des Unternehmens	Starkes Nachfragewachstum in der Kompaktwagenklasse in den USA aufgrund steigender Benzinpreise und schlechter Wirtschaftsentwicklung; geringe Partizipation am US-Marktwachstum wegen niedrigen VW-Marktanteils in den USA

Aufgabe 40

Finanzielle Perspektive

Bedeutung: Messung der finanziellen Ziele; Endziele der anderen Perspektiven

Kennzahlen: Cash Flow, Gewinn, Return on Investment

Kundenperspektive

Bedeutung: Identifizierung von Kundengruppen und Marktsegmenten auf die sich das Unternehmen ausrichtet

Kennzahlen: Markt- oder Kundenanteil, Anteil zufriedener Kunden

Betriebsinterne Perspektive/Prozessperspektive

Bedeutung: Sicherung der Produktqualität, Lieferfähigkeit, Schnelligkeit bei der Produktinnovation; Herausstellen interner Prozesse, mit denen die Ziele der Finanz- und Kundenperspektive erreicht werden können

Kennzahlen: Dauer der Entwicklung von Start- bis Markteinführung

Innovations- und Wissensperspektive/Lern- und Wachstumsperspektive

Bedeutung: Qualifizierung und Motivation der Mitarbeiter, Informationsversorgung, Organisationsstruktur

Kennzahlen: Anzahl direkter Kundenkontakte pro Mitarbeiter, Anzahl Produktideen und Verbesserungs-vorschläge

Aufgabe 41

Art.-Nr.	Absatz (Stk)	Preis/Stk.	Umsatz	Rangplatz
101	90	350	31.500	1
102	10.000	2	20.000	4

103	900	25	22.500	3
104	500	6	3.000	6
105	500	4	2.000	7
106	200	9	1.800	9
107	190	10	1.900	8
108	30	450	13.500	5
109	14.000	2	28.000	2
110	900	1	900	10
	27.310		125.100	

Art.-Nr.	Absatz (Stk)	Preis/Stk.	Umsatz	Rangplatz
101	90	350	31.500	1
109	14.000	2	28.000	2
103	900	25	22.500	3
102	10.000	2	20.000	4
108	30	450	13.500	5
104	500	6	3.000	6
105	500	4	2.000	7
107	190	10	1.900	8
106	200	9	1.800	9
110	900	1	900	10
	27.310		125.100	

Rangplatz	Art.-Nr.	Absatz in %	kumuliert	Umsatz in %	kumuliert
1	101	0,33%	0,33%	25,18%	25,18%
2	109	51,26%	51,59%	22,38%	47,56%
3	103	3,30%	54,89%	17,99%	65,55%
4	102	36,62%	91,50%	15,99%	81,53%
5	108	0,11%	91,61%	10,79%	92,33%
6	104	1,83%	93,45%	2,40%	94,72%
7	105	1,83%	95,28%	1,60%	96,32%
8	107	0,70%	95,97%	1,52%	97,84%
9	106	0,73%	96,70%	1,44%	99,28%
10	110	3,30%	100,00%	0,72%	100,00%
		100%		100%	

		Mengenanteil	Umsatzanteil
A	101	0,33%	47,56%
B	109, 103	54,56%	33,97%
C	102, 108, 104, 105, 107, 106, 110	45,11%	18,47%

Aufgabe 42

Individuen werden nach ökonomischen, soziologischen, geografischen und ähnlichen Kriterien zu Gruppen zusammengefasst.

Beispiele Kriterien: Geschlecht, Alter, Haushaltsgröße, Schichtzugehörigkeit, Wohnort

Aufgabe 43

Niedrigpreiskonzepte	Schnäppchenkonzepte	Fairnesskonzepte	Value-Konzepte	Premiumkonzepte
Preisgünstigkeit Zeitersparnis Sparsamkeit	Preisgünstigkeit Cleverness Preisstolz	Preissicherheit Preisindividualität Lean Buying	Preiswürdigkeit Einzigartige Leistung Preisvertrauen	Snob-Effekt (Exklusivität) Prestige Verwöhn-Effekt Purismus
Aldi Ratiopharm People Express Ibis	Media-Markt McDonald Ricardo Last-Minute-Reisen	Migros City-Bank IKEA Lands End Pit-Stop	3M Ferrero Miele SAP	Rolex Mövenpick Erco Mercedes S-Klasse

Aufgabe 44

		Absatzmärkte	
		Vorhanden	nicht vorhanden
Produkte	vorhanden	(1) Marktausweitung	(2) Segmentierung
	nicht vorhanden	(3) Produktentwicklung	(4) Diversifikation

Aufgabe 45

Bottom-up-Planung

Die Bottom-up-Planung ist eine Planung von unten nach oben, bei der die (Teil-)Pläne in Anwendungsnähe auf unteren Ebenen entstehen. Auf den höheren Ebenen werden diese schrittweise zusammengesetzt. So entsteht der Gesamtplan.

Vorteile: praxisnah und somit Motivation der Mitarbeiter

Nachteile: Gefahr der Ausrichtung der Planansätze an einem geringen Anforderungsniveau

Top-down-Planung

Die Top-down-Planung ist eine Planung von oben nach unten, bei der der Plan auf oberer Hierarchieebene formuliert wird und in Teilpläne aufgegliedert an die unteren Ebenen zur Ausführung weitergegeben wird.

Vorteil: Ausrichtung an dem Gesamtziel

Nachteil: Ausführung auf unteren Ebenen stößt möglicherweise auf Widerstand.

Da die Bottom-up- und die Top-down-Planung in der Praxis kaum angewendet werden können, greift die Gegenstromplanung (Down-up-Planung) ihre Vorteile auf.

Aufgabe 46

Der Soll-Ist-Vergleich ist die Grundlage für die Planung und Budgetierung der Unternehmung und ein Steuerungsinstrument hinsichtlich der Planerfüllung. Es sollen gesetzte Ziele der Unternehmung mit den geplanten Soll-Werten und den tatsächlichen Ist-Werten verglichen werden. Dies sollte in regelmäßigen Abständen (monatlich oder quartalsweise) erfolgen.

Ziel: Beseitigung von innerbetrieblichen Unwirtschaftlichkeiten

Aufgabe 47

Ausführungsstelle

Beispiel: Mitarbeiter am Fließband in der Produktion, Sachbearbeiter in der Verwaltung

Aufgabe 48

Die Marketingabteilung wird je nach Größe des Leistungsprogramms einer Unternehmung nach Produktsparten/-gruppen, Produkten bzw. Marken unterteilt.

Vorteile: geringes Konfliktpotenzial, schnelle und flexible produktspezifische Reaktionen auf Marktveränderungen

Nachteile: bei Befassung ähnlicher Aktivitäten in unterschiedlichen Abteilungen, können Produktspezialisierung, aber keine Aufgabenspezialisierungen gefördert werden → es entstehen Synergieverluste

Aufgabe 49

weitestgehend immaterielle Leistungen

Leistungsfähigkeit in Form personeller, sachlicher oder immaterieller Ressourcen

Integration eines externen Faktors zur Dienstleistungserbringung in Form von Objekten (z.B. Auto in der Werkstatt) oder Subjekten (z.B. Patient im Krankenhaus)

Aufgabe 50

Die Kommunikationspolitik hat zum Ziel, allgemeine Informationen über das Unternehmen und über dessen Produkte aktuellen und potenzielle Kunden, sowie der an dem Unternehmen interessierten Öffentlichkeit zu vermitteln. Weitere Ziele sind gegeben in der Bekanntheit, Einstellung, Wettbewerbsprofilierung (Differenzierung), Kaufabsicht/Wiederkaufabsicht, Information, Emotion und Aktualität,

Aufgabe 51

UAP bedeutet „Unique Advertising Proposition“. Es ist ein einzigartiges Werbeversprechen oder ein spezieller

Punkt, welcher in der Werbung stark hervorgehoben wird.

Beispiel: Bär bei Bärenmarke; „...wäscht nicht nur sauber, sondern rein.“ - Ariel

Aufgabe 52

Die Copy-Strategie umfasst die Positionierung, die Zielgruppen, Customer benefit, Reason why, die Werbeidee sowie die Tonality.

Aufgabe 53

Bei der Entscheidung über den Bezug von Innovationen („Make-or-Buy“) gilt es Überlegungen zweierlei Richtungen zu tätigen:

1. Vorantreiben von Innovation im eigenen Unternehmen oder
2. Übernahme von Innovationen fremder Unternehmen

- Innovationseinkauf (Übernahme von Innovation Dritter),
- Lizenznahme (Übernahme von Innovation Dritter),
- Imitation (Nachahmen von bereits am Markt vorhandenen Produkten),
- Akquisition (ein gesamtes Unternehmen wird übernommen, um den dort
- vorhandenen Innovationen bzw. das Know-How für das eigene Unternehmen zu nutzen) oder
- Kooperation (Zusammenarbeit mit externen Partner)

Aufgabe 54

Der Deckungsbeitrag ist der Beitrag eines Produkts zur Deckung der Gemeinkosten und damit zum Gesamterfolg. Mithilfe der Analyse wird aufgezeigt, welche Produkte erfolgreich und welche weniger erfolgreich waren. Es werden die Programme der Produkte bereinigt, die ausschließlich niedrige Beiträge oder keine Beiträge mehr liefern.

Deckungsbeitrag = Verkaufserlöse – variable Kosten

Gesamtdeckungsbeitrag = Summe der einzelnen Deckungsbeiträge

Betriebsgewinn = Gesamtdeckungsbeitrag – fixe Kosten

Aufgabe 55

Die Ideengenerierung erfolgt mittels Befragung von innerbetrieblichen technologie-experten (technology-push-Orientierung) z.B. durch Brainstorming-Meetings oder von Nachfragern (market-pull-Ausrichtung) z.B. durch Interviews.

Aufgabe 56

Unter Imagetransfer versteht man die Übertragung von Imagebestandteilen von einem Gegenstand (Produkt, Marke, Person o.ä.) auf einen anderen. Der Aufbau einer neuen Marke ist teuer und mit hohem Risiko verbunden. Hilfe eines gemeinsamen Markennamens werden positive Ausstrahlungseffekte der Markenelemente und der Kommunikation für die jeweiligen Produkte wechselseitig genutzt. Die Übertragung eines bestehenden Markennamens auf ein Erweiterungsprodukt ist eine sinnvolle Lösung dieses Problems, Beispiel Hugo Boss: Sortimentserweiterung durch Entwicklung von BOSS Eau de Toilette.

Aufgabe 57

Zu a) vertikale Preisdifferenzierung

Preisdifferenzierung bei gegebener Marktaufteilung (Marktsegmente = Daten der Preispolitik; jedes Marktsegment/Teilmarkt umfasst Nachfrager mehrerer oder aller Preisklassen)

→ Beispiel: McDonalds

→ Anpassung der Preise an die Kaufkraft des Landes („Bic Mac-Index“)

horizontale Preisdifferenzierung

Preisdifferenzierung bei vom Unternehmen willkürlich vorgenommener Marktaufteilung (Zusammenfassung der Nachfrager mit gleicher oder ähnlicher Kaufbereitschaft zu einem Marktsegment; resultierend daraus werden unterschiedliche Preise der Marktsegmente verlangt)

→ Folge: Einsatz von Produktdifferenzierungsmaßnahmen, bei Kenntnis der Nachfrager über verschiedene Preisangaben bei demselben Produkt; um negativen Imagetransfer zu verhindern, kann eine neue Marke eingeführt werden um Produktunterschiede zu verdeutlichen

Zu b) $G = p \cdot x - (kv \cdot x + kf)$

$G = 0 = p \cdot x - (kv \cdot x + kf)$

$0 = 20 \text{ EUR} \cdot x - (14 \text{ EUR} \cdot x + 120.000 \text{ EUR})$

$0 = 6 \text{ EUR} \cdot x - 120.000 \text{ EUR}$

$x = 20.000 \text{ Stk}$

Aufgabe 58

Bei der Methode des Target Pricing (zielorientierte Preisbestimmung) wird die Absatzmenge x geschätzt, ein erwünschter Mindestgewinn G vorgegeben und die bei der Menge x anfallende fixe und variable Kosten angenommen. Somit ist es möglich den Preis zu bestimmen, der bei der angegebenen Menge x zu einem Erlös führt, welcher gleich den Gesamtkosten zuzüglich dem Mindestgewinn G ist.

$$E = p \cdot x = K_v \cdot x + K^F + G \rightarrow p = \frac{K_v \cdot x + K^F + G}{x}$$

Nachteile:

Fehlen einer angemessenen Berücksichtigung der Nachfrage- und Konkurrenzseite

Absatzmenge wird geschätzt, ohne vorherige Preisfestlegung; ein Preis resultiert, bei dem die wirkliche Absatzmenge über oder unter der geschätzten Absatzmenge liegt

Aufgabe 59

Von einer Premium- oder Prämienstrategie wird im Fall einer Hochpreisstrategie gesprochen. Nicht der Preis, sondern die angebotene Leistung steht dabei im Fokus.

Ziel: Angebot eines überlegenen Nutzens zu einem sogenannten Prämienpreis

Der von dem Nachfrager subjektiv empfundene Wert (Value) des Produktes ist Grundlage der Preisfestsetzung (Value Pricing). Der Nutzen lässt sich nicht allein aus der Produktqualität ziehen. Er setzt sich aus der Gestaltung aller Marketinginstrumente zusammen. Jene Unternehmen, welche eine Premiumstrategie verfolgen, müssen in der Lage sein, einen im Vergleich zur Konkurrenz spürbar höheren Preis über einen längeren Zeitraum zu verteidigen. Folglich kann dies zu extrem hohen Gewinnen führen, sofern der Mehrumsatz nicht durch äußerst hohen Kosten aufgebraucht wird.

Promotions gelten als Engagement und positives Signal der Hersteller gegenüber den Wiederverkäufern, deren Gunst für das Produkt gesteigert werden soll. Mit Hilfe der Promotionsstrategie soll in hohem Maße Aufmerksamkeit auf das jeweilige Produkt erregt und der Markenwert gestärkt werden. Weitere Aufgaben und Ziele der Promotionsstrategie lauten:

Gewinn neuer Kunden für den Erst- und späteren Wiederkauf → Erhöhung der Marktanteile

Kurzfristige Steigerung des Absatzes

Reduzierung von Lagerbeständen

Erhöhung des Kundenverkehrs am Verkaufspunkt → Erzeugung von Cross-Selling-Effekte

Nachhaltige Steigerung der Erträgen von Herstellern und Händlern

Untersuchungen der Ertragseffekte von Promotions haben ergeben, dass Preisreduktion, Organisation und Bewerbung der Sonderaktionen oft derart kostspielig sind, dass die erlangten Mehreinnahmen die verursachten Kosten nicht ausgleichen können. Erschwerend kommt hinzu, dass die getätigten Preisnachlässe Langzeiteffekte aufweisen, die zu einem Preisniveau führen, welches langfristig unter dem vor Aktionsstart liegt.

Aufgabe 60

Zu den Elementen der Konditionenpolitik gehören:

- Rabattpolitik

  Bei der Rabattgewährung wird ein prozentualer oder absoluter Abschlag auf den Endverbraucher- oder Herstellerabgabepreis vorgenommen.

  Definition:

  Rabatte sind unterschiedliche Arten von Preisnachlässen, die im Vergleich zum Normal- oder Listenpreis bei Rechnungsstellung gewährt werden.

  Rabattformen/-arten:

  Funktionsrabatt, Mengenrabatt, Bonus, Barzahlungsrabatt: Skonto, Delkredere- und Inkassorabatt, Zeitrabatt, Treuerabatt

  Ziel: kurzfristige Umsatzsteigerung

- Lieferungs- und Zahlungsbedingungen

  Definition:

  Lieferungs-und Zahlungsbedingungen stellen im Rahmen eines Kaufvertrages einen Katalog von Bestimmungen und Regelungen dar, welche den Inhalt und das Ausmaß der angebotenen bzw. erbrachten Leistungen spezifizieren.

National können die nachfolgend aufgeführten Lieferbedingungen vereinbart werden:

Werksabgabe-Preis, Frei-Haus-Preis, Frachtbasis-Preis, Preis mit flexibler Frachtkostenübernahme. Lieferungsbedingungen im Außenhandel werden in internationalen Handelsbedingungen geregelt („Incoterms" – „International Commercial Terms"); Hinsichtlich der Zahlungsbedingungen werden auch Informationen über den Zeitpunkt der Bezahlung der Ware aufgeführt. Zu den Zahlungsbedingungen, welche in Deutschland überwiegend vorherrschen, gehören die Vorauszahlung, Anzahlung, Zahlung sofort, Zahlung nach Lieferung. Ratenzahlung und die Zahlung mit Wertstellung. Wird keine Regelung über die Zahlung vereinbart, gilt gesetzlich, dass die Zahlung mit der Lieferung der Ware fällig ist. Innerhalb des Außenhandels sind hinsichtlich der Zahlungsbedingungen Vorauszahlungen, Anzahlungen, Dokumente gegen Kasse, Akzept, Akkreditiv, Remburskredit sowie Forfaitierung üblich.

- Absatzkreditpolitik

„Innerhalb der Absatzkreditpolitik sollen (potentielle) Kunden durch die Gewährung oder Vermittlung von Krediten oder leasingangeboten zum Kauf veranlasst werden."

Ziel: Steigerung des Absatzvolumens.

Absatzkredite können unterschiedenen werden in:

Absatzgeldkreditpolitik: KEINE Kopplung der Kreditvergabe an den Bezug der Güter des Kreditgebers

Absatzgüterkreditpolitik: Kopplung der Kreditvergabe an den Bezug der Güter des Kreditgebers

Für die deutsche Exportwirtschaft ist die Bedeutung der Absatzkreditpolitik besonders hoch. Produkte „Made in Germany" können in weniger entwickelte Staaten und Regionen nur mit Hilfe geeigneter Instrumente abgesetzt werden.

Es gilt die Finanzierung der Ausfuhr zu klären, die Absicherung der Risiken des Exporteurs (wirtschaftliches Risiko) Garantendelkredererisiken, politische Risiken der Absatzkreditpolitik sowie Wechselkursrisiken zu minimieren.

Aufgabe 61

Ziele:

- eine angemessene Verfügbarkeit der eigenen Produkte am Markt
- Kostenminimierung (Reduktion von Personal-, Lager- und Transportkosten für den Vertrieb)
- Hohe Einflussnahme (Einfluss für Hersteller bzgl. Vermarktung und Präsentation der Produkte)

zentrale Aufgaben:

- Wahl des Absatzweges
- Bestimmung des Absatzorgans
- Logistikentscheidungen

Aufgabe 62

Bei der Wahl der Absatzwege sind die folgenden Zielgrößen charakteristisch:

- Marktausschöpfung und Sicherung der Marktpräsenz
- Kontrollierbarkeit und Steuerbarkeit des Absatzweges
- Flexibilität und Anpassungsfähigkeit des Absatzweges an nachfragemäßige Veränderungen
- Image des Absatzweges
- Vertriebskosten
- Schaffung von Kundentreue
- Einfluss auf den Endverbrauchspreis

Auf der Grundlage von z.B. Kostenvergleichsrechnungen, Gewinnvergleichsrechnungen oder Scoring-Modellen können Entscheidungen für den Absatzweg getroffen werden.

Aufgabe 63

Der Begriff E-Business stellt den Oberbegriff für den gesamten elektronischen Geschäftsprozess, der über das Internet abläuft, dar. Sämtliche Transaktionen (z.B. Werbung, Aktionen zur Kundenbindung, Online-Banking, Geschäftsbahnung und –abwicklung, After-Sales-Services) mit dem Kunden und dem Lieferanten sowie alle weiteren am Prozess beteiligten Personen sind Inhalt des E-Business.

Aufgabe 64

Pull-Strategie: „Bei der Pull-Strategie soll ein effektives endverbrauchergerichtetes Marketing einen NACHFRAGESOG durch den Kunden erzeugen, der den Handel sozusagen zur Listung der Produkte zwingt. Es resultiert dadurch eine geringere Abhängigkeit vom Handel sowie ein unmittelbar besserer Kontakt zum Kunden."

Push-Strategie („Druckkonzept"): „Verfolgt das Unternehmen eine Push-Strategie, so wird durch ein effektives Handelsbezogenes Marketing (u.a. durch niedrige Preise und sogenannte Listungsgelder) versucht, eine adäquate Listung der Produkte im Handel zu erreichen.

Aufgabe 65

Mit Hilfe der Marketinglogistik werden Waren und Informationen verteilt und die Lagerhaltung und der Warentransport geregelt. Sie gilt somit als Implementierung der Entscheidungen im Absatzkanalmanagement

Primärziel: Breitstellung des vom Nachfrager gewünschten Produkts in richtiger Menge und Sorte, im richtigen Zustand, zur richtigen Zeit am richtigen Ort zu den dafür minimalen Kosten

Oberziele der Logistik:

a) Zielgruppengerechte Optimierung des Lieferservices

Der Lieferservice beinhaltet folgende Elemente:

Lieferzeit

Lieferzuverlässigkeit

Lieferbeschaffenheit

Lieferflexibilität

Welche Bedeutung jeder einzelnen Komponente dabei zugeordnet wird, richtet sich nach der jeweiligen Marktsituation und den produkt- und unternehmensbezogenen Einflussgrößen:

Grad der Substituierbarkeit der Produkte (Gefahr des Lieferantenwechsels)

Physische Produkteigenschaften (z.B. Verderblichkeit)

Niveau des Lieferservice der Konkurrenz

Standort des Kunden

Abhängigkeit der Kunden

Andere unternehmenspolitische Zielvorstellungen (z.B. Imageaspekte)

b) Minimierung der Logistikkosten bei gegebenem Lieferserviceniveau

Im Regelfall hat eine Verbesserung des Lieferservice eine Erhöhung der Logistikkosten zur Folge. Das Ziel sollte es aus diesem Grunde sein, den Lieferservice im Verhältnis zu den Lieferkosten aus Sicht der Nachfrager zu optimieren anstelle einen für sich hohen Lieferservice sicherzustellen. Daraus resultierend kann sich das Unternehmen einen Wettbewerbsvorteil sichern, in dem es einen gleichen Service zu geringeren Kosten oder einen erhöhten Service zu gleichen Kosten anbietet. In Einzelfällen ist eine Senkung der Lieferkosten bei Erhöhung des Lieferservices möglich.

Durch das wachsende Umweltbewusstsein haben sich ökologische Ziele im Zusammenhang mit der Logistik ergeben. Aus Unternehmenssicht gelten als die bedeutendsten Gesetze und Verordnungen das Kreislaufwirtschafts- und Abfallgesetz, die

Verpackungsverordnung, die Gewerbeabfallverordnung, die Technische Anleitung Siedlungsabfall sowie die Deponieverordnung.

Aufgabe 66

Integrierte Kommunikation bezeichnet den Prozess der Planung, Organisation, Durchführung und Kontrolle aller Kommunikationsmaßnahmen des Unternehmens mit den Konsumenten zur Durchsetzung der Unternehmensziele. Die Integrierte Kommunikation hat die Aufgabe, aus der Vielfalt der eingesetzten Kommunikationsinstrumente und Maßnahmen der internen und externen Kommunikation ein in sich geschlossenes und widerspruchsfreies Kommunikationssystem zu erstellen, um ein für die Zielgruppen des Unternehmens konsistentes Erscheinungsbild über das Unternehmen zu vermitteln.

Aufgabe 67

Zu den Instrumenten des Kommunikations-Mix gehören:

above the line („klassische" Instrumente): z.B. klassische Werbung, Public Relations

below the line („nicht klassische" Instrumente): z.B. Verkaufsförderung, Sponsoring, Eventmarketing, Messen/Ausstellungen, Product-Placement, Direktmarketing, Multimedia

Aufgabe 68

Die Werbung hat es zur Aufgabe über Existenz, Eigenschaften und Bezugsbedingungen von Produkten/ Dienstleistungen zu informieren.

Weitere Ziele:

Bekanntmachung: Existenz des Produktes wird bei potentiellen Kunden bekannt gemacht

Information: Produktinformationen, über z. B. Preis, Bezugsquelle, technische Daten

Imagebildung: Produkt und Unternehmen sollen bei den Umworbenen einen guten Eindruck hinterlassen

Handlungsauslösung: Der Kunde soll zum Kauf bewegt werden

Formale Ziele: zeitliche Fixierung und präzise Formulierung

Ökonomische Ziele: Umsatzexpansion (z.B. Steigerung der wertmäßigen Nachfrage) und

Kostendegression (z.B. Auslastung nachfrageschwacher Zeiten)

Außerökonomische Ziele: Steigerung von Aufmerksamkeit (z.B. einprägsame Headline), Kenntnis (z.B.

Erhöhung des Bekanntheitsgrades) und Interesse (z.B. neues Produkt).

Aufgabe 69

Intermediaselektion

Kriterien:

- das einzusetzende Werbemittel (z.B. Anzeige, TV-Spot, Plakat)
- die Zielgruppe (z.B. Hausfrauen, Jugendliche)
- der Zeitpunkt und die Situation des Werbekontakts (z.B. am Arbeitsplatz, auf dem Weg zur Arbeit)
- die Werbebotschaft und die Möglichkeiten zu ihrer Darstellung (z.B. szenische Darstellung im TV-Spot mit der Möglichkeit zur Demonstration von Bewegungsabläufen)
- das Verbreitungsgebiet des Werbeträgers
- das Werbeverhalten der Mitbewerber
- der Werbeetat

Intramediaselektion

Kriterien sind werbeträgerspezifisch, d.h. z.B. bezogen auf eine einzelne Zeitschrift (z.B. Spiegel, Stern) oder auch einen einzelnen Fernsehsender (z.B. ARD, ZDF), zu bewerten

Kriterien: räumliche Reichweite, quantitative Reichweite, qualitative Reichweiter, zeitliche Verfügbarkeit, zeitliche Verfügbarkeit, Nutzenpreis bzw. das Verhältnis von Kosten zur Leistung

Aufgabe 70

- Recall-Methoden: ungestützter oder gestützter Recall (Erinnerung)
- Recognition-Methode: Wiedererkennung gesehener Werbemittel
- Ermittlung der Veränderung des Bekanntheitsgrades: Erhebung des Bekanntheitsgrades vor der Werbedurchführung und danach mit anschließendem Vergleich
- Ermittlung der Veränderung des Images: Methode zur Messung mittels Semantischem Differential oder Polaritätenprofil, das Gegensatzpaare verwendet
- Messung der Kaufbereitschaft: Testpersonen werden vor und nach der Werbedurchführung nach ihrer Einkaufsbereitschaft befragt
- Messung des Frequentierungserfolges: Messung der Veränderung der Frequentierung

Aufgabe 71

Psychologische Ziele werden eingeteilt in kognitive, affektive und konative Wirkungskategorien auf Handelsebene und Konsumentenebene

Handelsgerichtet kognitiv: Vermittlung Produktinformationen, Erhöhung Markenbekanntheit,

Handelsgerichtet affektiv: Weckung von Produktinteresse, Formung von Einstellungen und Images

Handelsgerichtet konativ: Realisierung Produktlisting, Beeinflussung Produktplatzierung

konsumentengerichtet kognitiv: Aktivierung, Wahrnehmung neuer Produkte, Markenbekanntheit

konsumentengerichtet affektiv: Weckung von Produktinteresse, Emotionales Erleben von Produkten

konsumentengerichtet konativ: Initiierung Erstkäufe, Impulskäufe, Wiederkäufe

Ökonomische Ziele: Absatz-und Umsatzsteigerungen, Verdrängung von Wettbewerbern, Vergrößerung von Marktanteilen

Aufgabe 72

Die Deutschen Public Relations Gesellschaft e.V. (DPRG) hat die Ziele der Öffentlichkeitsarbeit in der Formel AKTION zusammengefasst:

Analyse der Situation und Meinungen und Entwicklung von Strategien

Kontakt zu Kunden, Vorgesetzten, Dienstleistern und anderen relevanten Gruppen

Text und Design von PR-Instrumenten

Implementierung aller Maßnahmen

Operative Umsetzung der Strategie

Nacharbeit und Erfolgskontrolle

Aufgabe 73

Sponsoring umfasst die Planung, Durchführung und Kontrolle sämtlicher Aktivitäten, die mit der Bereitstellung von Geld, Sachmitteln, Dienstleistungen oder Know-How durch die Unternehmen und Institutionen zur Förderung von Personen und/oder Organisationen verbunden sind, um damit gleichzeitig die Ziele der Kommunikationspolitik zu erreichen.

Unter Product Placement wird die gezielte Darstellung eines Kommunikationsobjektes als dramaturgischer Bestandteil einer Video- oder Filmproduktion gegen finanzielle oder sachliche Zuwendungen verstanden.

Aufgabe 74

Zu den Instrumenten der klassischen Direktwerbung gehören:

Anzeigen in Tageszeitungen, Zeitschriften und Fachmedien

Online-Werbung

Kino-, Radio- und Fernsehspots

Messeauftritte und Werbeveranstaltungen

Plakatwerbung

Handzettel

Mailings (Brief oder E-Mail)

Guerilla Marketing

Aufgabe 75

Vorfeld: Teilnehmer werden auf Event vorbereitet (Weitergabe notwendiger Daten)

Kommunikation der zu erwartenden Atmosphäre an die potentielle Teilnehmer, um so das Interesse der Zielgruppe zu wecken und Spannung und Vorfreude zu erzeugen (z.B. durch: schriftliche Einladungen)

Umfeld: Schaffe Basis für die im Hauptfeld zu erreichende Botschaftsvermittlung

für Gestaltung des Umfeldes stehen verschiedene Komponenten zur Verfügung: Location, Catering, Logistik, Betreuung der Zielgruppe und begleitende Maßnahmen (z.B. Vergabe von Giveaways)

Hauptfeld: Vermittlung der eigentlichen Botschaft, Information und Entertainment

Nachfeld: dient der Erinnerung an das Erlebnis, zielt auf emotionale Aktualisierung ab (z.B. Dankschreiben des Veranstalter, Pressemaßnahmen

Aufgabe 76

Innerhalb des Customer Relationship Managements gibt es das so genannte CRM-System. Dies ist eine Datenbankanwendung bei der alle Kundendaten strukturiert erfasst sind. Die Mitarbeiter können „on demand" die für ihre Arbeit notwendigen Informationen aus der Datenbank abrufen.

Das Database-Marketing ist die systematische und zielgerichtete Verwaltung aller gespeicherten Daten. Die Datenbank wird verwendet für

- das namentliche Erfassen von Interessenten, bestehenden und ehemaligen Kunden,
- das Speichern und spätere Auswerten der Ergebnisse aller Direktmarketing-Aktionen,
- das Speichern und spätere Auswerten des Kauf- und Bestellverhaltens,
- das Steuern und Planen der direkten Kommunikation per Post, Telefon und der sonstigen Medien im Direktmarketing, unter anderem für Adressenabgleich, Selektion und Serienbrieferstellung,
- alle Maßnahmen der Kundenbetreuung,
- Absatzsteuerung und -kontrolle,
- die Akquisition und
- die Überwachung von Zahlungseingängen und die Fakturierung.

Aufgabe 77

Als Ausprägung eines differenzierten Handelsmarketing ist eine starke Differenzierung der Betriebsformen ersichtlich:

Sortiments-/Servicepolitik: welche Waren und Leistungen

Preis- und Konditionenpolitik: zu welchen Bedingungen

Distributionspolitik: auf welche Weise, wann und wo (Standorte, Ausstattung)

Kommunikationspolitik: wie wird das Leistungsangebot bekannt gemacht

Aufgabe 78

Top-down: Budgetplanung erfolgt retrograd von oben nach unten

Marketingleitung gibt zur Erstellung der Produktbudgets Bottom-up (Budgetplanung erfolgt progressiv von unten nach oben, Produktmanager machen Budgetvorschläge, die mit der Marketingleitung abgestimmt werden)

flexibel vs. starre Budgets

effiziente Höhe des Marketingbudgets

nach der Höhe des Umsatzes (Orientierung an Umsatz der Vorperiode, Kausalprinzip wird umgekehrt)

nach der Finanzkraft

Orientierung am Wettbewerb (Orientierung an den Etats der Konkurrenz, deren Ziele sind in der Regel aber nicht bekannt)

anhand von Zielen und Aufgaben (einzig sinnvolle Budgetfestlegung, Berücksichtigung von Ursache und Wirkung)

Aufgabe 79

Deregulierung

Unter Deregulierung wird die Abschaffung oder Vereinfachung staatlicher Vorschriften verstanden, um privatwirtschaftlicher Initiative mehr Raum zu geben und so zu einer Erhöhung der Wettbewerbsintensität beizutragen. (Beispiel: Energiewirtschaft- und Telekommunikationsgesetz)

Gewährleistung

In der Europäischen Union bestimmt die Richtlinie 1999/44/EG Mindeststandards für die Gewährleistung beim gewerblichen Verkauf an private Endverbraucher. Insbesondere darf die Verjährungsfrist zwei Jahre ab Lieferung nicht unterschreiten und innerhalb der ersten sechs Monate muss die Beweislast in der Regel beim Verkäufer liegen. Die Gewährleistungsansprüche bestehen gegenüber dem Verkäufer, nicht dem Hersteller der Ware.

Aufgabe 80

Die Regeln des UN-Kaufrechts gelten dann, wenn die Vertragspartner keine entsprechenden Vereinbarungen getroffen haben. Bei Fragen, die im UN-Kaufrecht nicht oder nicht ausreichend geklärt werden, sind die Regeln des internationalen Privatrechts anzuwenden. Bei Auslegung der Regeln ist der international Charakter des UN-Kaufrechts zu berücksichtigen, damit seine einheitliche Anwendung und die Wahrung des guten Glaubens im internationalen Handel gefördert werden. Das gilt z.B. bei der Auslegung von Willenserklärungen, bei der Bindung an Handelsbräuche und Gepflogenheiten.

Das Ziel des UN-Kaufrecht liegt in der Schaffung eines internationalen Kaufvertragsrechts. Es wird auf Kaufverträge angewendet, bei Warne zwischen Personen, die ihre Niederlassungen in verschiedenen Staaten haben, wenn diese Staaten Vertragsstaaten sind oder wenn die Regeln des internationalen Privatrechts zur Anwendung des Rechts eines Vertragsstaates führen.

Das UN-Kaufrecht gilt u.a. nicht für:

- den Kauf von Waren zum persönlichen oder familiären Gebrauch,
- den Kauf bei Versteigerungen
- den Kauf von Wertpapieren.

Aufgabe 81

Der Begriff Moderation (von lat. „moderatio") kann mit Lenkung oder Leitung bzw. mit Mäßigung und Selbstbeherrschung übersetzt werden. Ein Moderator leitet ein Gespräch, hält sich aber hinsichtlich der Meinungsäußerung bezüglich der Gesprächsinhalte zurück. Teilnehmeräußerungen dürfen seitens des Moderators nicht bewertet werden.

Weitere Aufgaben des Moderators:

- Schaffung und Erhaltung eines guten Gruppenklimas, Beseitigung von Störungen, Beilegung von Konflikten
- Erschließung der Fragen- und Problemstellungen durch angemessene Darstellung
- Aktivierung der Gruppe durch Fragen
- Strukturierung von Beträgen der Gruppenmitglieder
- Anwendung von Moderationstechniken
- Zusammenfassungen

Aufgabe 82

1. strategischen Planung
2. Unternehmenspolitik

Aufgabe 83

1. die Planung und Budgetierung

2. Planungsfehler